NCS 기반

자동차 기관 공학

UTOMOTIVE ELECTRONIC CONTROL CHASSIS PRACTICE

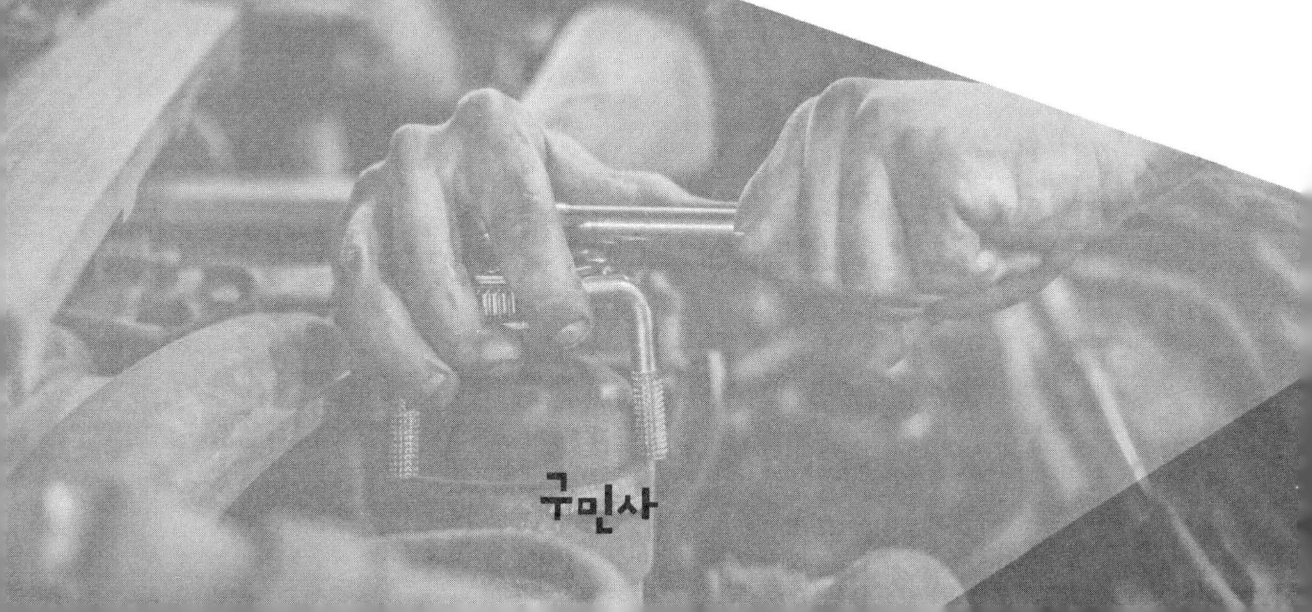

구민사

저자약력 | 정찬문

現 여주대학교 미래자동차과 교수

NSC 기반 자동차 기관 공학

초판 인쇄 | 2023년 3월 10일
초판 발행 | 2023년 3월 15일
초판 2쇄 발행 | 2023년 8월 31일

저 자 | 정찬문
발행인 | 조규백
발행처 | 도서출판 구민사
(07293) 서울특별시 영등포구 문래북로 116, 604호(문래동3가 46, 트리플렉스)
전화 | (02) 701-7421(~2)
팩스 | (02) 3273-9642
홈페이지 | www.kuhminsa.co.kr

신고번호 | 제2012-000055호 (1980년 2월 4일)
I S B N | 979-11-6875-222-1 93550

값 22,000원

PREFACE

머리말

최근 들어 자동차용 기관은 석유자원의 고갈에 대비한 대체엔진의 개발, 지구 온난화와 환경오염을 줄이기 위한 배출가스의 규제, 친환경 자동차의 개발 등으로 변화와 혁신의 중심에 서 있다. 하지만, 중·소형 승용차 엔진의 변화는 급진전을 보이는 반면, 대형버스와 화물자동차용 기관은 효율과 성능, 친환경 측면에서 기존 내연기관을 바탕으로 배출가스저감을 위한 클린디젤과 같은 신 시스템을 적용하면서 배가스 저감을 목표로 눈부신 발전을 이룰 것이다.

특히 중·대형 상용자동차는 기존의 4행정기관을 베이스로 하여 성능과 효율을 극대화시킨 초 저공해 기관이 지속적으로 개발 보급될 전망이다.

본 교과서는 첨단제어장치와 변화의 중심에 있는 자동차용 기관을 이해하기 위한 기관의 구조와 가솔린, 디젤, 가스연료제어 및 배출가스제어장치를 소개하고, 그 작동원리와 특성을 NCS를 기반으로 하여 다음과 같이 구성하였다.

첫 번째, 자동차용 기관의 개요에서는 기관의 역사와 발전과정, 기관의 작동과 기본 사이클을 소개하고 2행정과 4행정의 특성을 비교하였고 정비용 공구와 기기 및 정비실습 안전사항을 소개하였다.

두 번째, 자동차기관 본체의 분해조립에서 실린더헤드와 블록, 피스톤과 커넥팅로드, 크랭크축과 플라이휠 및 밸런스 축, 캠축과 밸브 및 타이밍장치를 설명하였다.

세 번째, 윤활과 냉각장치에서는 윤활과 냉각장치의 구성과 특성을 설명하였다.

네 번째, 가솔린엔진 및 연료장치에서는 흡·배기장치와 전자제어 터보시스템, 공회전 속도 제어장치와 가솔린 연료 제어 및 직접분사 장치를 설명하였다.

다섯 번째, 엔진 점화장치에서는 최적연소와 점화시기, 고압 스파크의 발생원리와 점화장치의 점검·정비를 소개하였다.

여섯 번째, 가스엔진 및 연료장치에서는 LPG와 CNG기관의 일반적인 구조와 기본 특성을 설명하였다.

일곱 번째, 디젤엔진 및 연료장치에서는 인젝션 펌프식 연료장치와 커먼레일식 연료장치를 설명하였다.

여덟 번째, 배출가스 제어장치에서는 배기가스 재순환장치, 삼원 촉매장치, 블로바이가스 제어장치와 연료 증발가스 제어장치, 후 처리 장치와 매연 포집기, 배출가스 측정 및 검사에 대하여 기술하였다.

아홉 번째, 엔진의 흡·배기 및 과급장치에서는 가변 흡기를 위한 가변밸브와 공회전속도 제어장를 설명하였고, 전자제어 과급장치의 종류와 인터쿨러를 기술하였다.

본서를 통해 자동차용 기관의 기본시스템과 제어장치, 자동차용 기관에 적용하는 배출가스 제어장치 및 성능향상장치의 이해를 위한 충실한 학습의 지침서가 되기를 바란다.

끝으로 이 책의 출판을 위해 적극적으로 도움을 주신 도서출판 구민사 조규백 대표님과 직원 여러분께 깊은 감사를 드린다.

저자

CONTENTS

차례

01 자동차 기관의 개요

02 자동차 기관본체

03 냉각 및 윤활장치

04 가솔린 연료제어장치

05 엔진 점화장치

06 가스엔진 전자제어장치

07 디젤 전자제어엔진

08 배출가스 제어장치

09 엔진 흡 · 배기 및 과급장치

CHAPTER 01

자동차 기관의 개요

※ NCS 적용코드 : 1506060220l~12_14V2

자동차 기관이란 공기와 연료를 연소시켜 발생한 열에너지를 기계적 에너지로 변환시켜 변속기와 구동축을 통해 바퀴를 회전시켜 자동차를 주행하게 하는 중요 부품을 말하며, 연료의 종류와 제어방식에 따라 구성부품과 그 특성이 다르다. 최근에는 지구 온난화와 환경오염을 줄이기 위한 배출가스의 규제와 석유자원의 고갈에 대응한 저연비 고효율 친환경 기관과 성능 향상용 기관의 개발이 눈부신 발전을 보이고 있다.

이 단원에서는 자동차용 기관의 구조와 원리, 정비 실습과 안전, 정비용 공구와 기기에 대해 알아보기로 한다.

01. 자동차용 기관의 개요

1.1. 자동차용 기관의 역사와 발전

자동차용 기관은 사람이나 가축의 힘이 아닌 순수한 동력을 이용하여 주행했던 1480년 레오나르도 다빈치(Leonardo Da Vinci)의 태엽자동차가 최초의 자동차라고 할 수 있다. 시계용 태엽처럼 사람의 힘으로 태엽을 감아 주행했던 태엽자동차는 주행거리가 짧고 출발시의 충격으로 내구성과 수명이 짧았다.

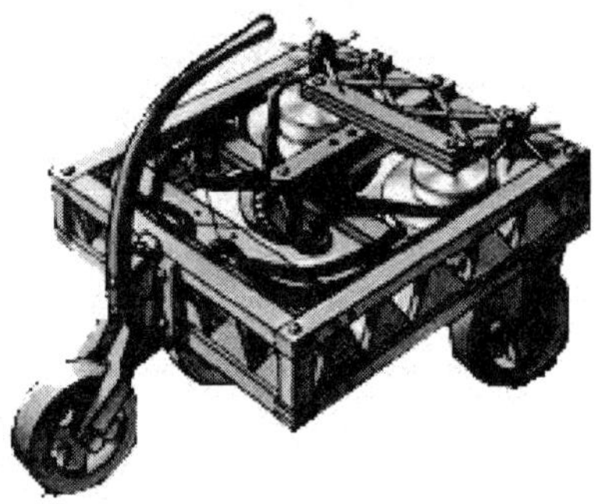

그림 1. 태엽자동차

기관의 개념은 1676년 장드 오떼페이유(J. D. Hautefeuille)가 최초로 구상하였고, 이 구상을 바탕으로 연소가스의 팽창으로 피스톤을 구동시켜 엔진을 만들었던 사람은 1860년 프랑스의 르노아르(P. Lenoir)였다. 그는 혼합가스를 전기 스파크로 점화시켜 0.5마력용 복동식 내연기관을 발명했다.

이후 1876년 독일의 니콜라우스 아우구스트 오토(N. A. Otto)는 단기통 4행정 압축 점화방식의 3마력용 엔진을 개발하였고, 이 엔진의 사이클은 140여년이 지난 오늘날에도 내연기관의 기본 사이클로 이용되고 있다. 오토는 이듬해에 "니콜라우스 오토 컴퍼니(Nikolaus Otto Company)" 사를 창업하였고 8마력 엔진 3천여 대를 판매하였다. 이후 1877년 조지베일리 브레이튼(G. B. Brayton)은 2행정 브레이튼 복동식 엔진을 개발하였고 브레이튼 사이클 이론을 발표하기도 하였다.

영국의 더갤드 클러크(Dugald Clerk)는 1878년에 2행정 가스기관을 발명하여 소형 엔진의 신기원을 이룩하였다.

독일에서는 1897년 루돌프 디젤(R. Diesel)이 최초의 디젤엔진을 개발하였다. 디젤은 1824년 레오나르도 사디 카르노(L. S. Carnot)가 발표했던 카르노사이클(carnot cycle) 이론을 바탕으로 등온에서의 에너지 부가방식을 이용한 4행정 엔진을 개발하면서 오늘날 상용차량, 산업용 엔진, 선박용 엔진 등의 대형기관의 시조가 되었다.

오늘날 적용되는 최초의 자동차는 독일의 고틀리프 다임러(Gottlieb Daimler)와 칼 벤츠(Karl Benz)가 1885년에 가솔린을 이용한 내연기관을 제작하면서 이루어지게 되었다. 최근에는 자동차 신기술의 접목과 카 일렉트로닉화를 위해 전자제어 가솔린엔진과 디젤엔진을 선보임으로서 자동차용 왕복형 내연기관은 배출가스 저감과 저연비, 그리고 최고의 성능을 추구하는 전성기를 맞고 있다.

그림 2. 칼 벤츠 자동차

1.2. 자동차 기관의 개요

자동차 기관은 연료가 연소될 때 일어나는 열에너지를 기계적인 에너지로 바꾸는 장치이며 열에너지를 방출하기 위한 작동물질인 연료를 필요로 한다. 이러한 작동물질이 연소하여 에너지로 바뀌는 방식에 따라 내연기관과 외연기관으로 구분한다.

외연기관은 화력, 풍력, 전력 등이 가지고 있는 에너지를 지속적인 기계적 에너지로 변환시켜 자동차를 구동시키는 방식으로 증기기관차, 풍력자동차 등에 해당하며 대부분의 자동차는 내연기관을 바탕으로 자동차가 구동되므로 본서에서는 내연기관을 중심으로 서술하기로 한다.

내연기관은 연료가 연소하면서 발생하는 열에너지를 기계적인 에너지로 변환시키는 열 에너지 변환장치라고 할 수 있다. 즉, 기관은 가솔린, 디젤, 가스 등의 연료를 연소시키면서 일어나는 열에너지를 기관이라는 매개체를 통해 기계적 에너지로 변환하여 자동차를 움직이게 하는 장치이다.

그림 3(a)에서는 열을 일로 바꾸려면 구증기와 같은 매체가 필요하며 이 매체를 작동유체라고 한다.

(a) 작동유체의 에너지 변환 사례

(b) 연소에 의한 화염의 전파

그림 3. 내연기관의 연소에 의한 에너지 변환

Reference 그림 3(a) 에너지 변환 사례 : 가스레인지 위의 끓는 물 주전자

가스레인지 위의 주전자에 물이 끓으면 수증기에 의해 뚜껑이 열리게 하는 힘이 생긴다. 열이 일을 하지만 수증기라는 작동유체가 뚜껑을 밀어올리고 주전자 뚜껑은 에너지 변환장치인 기관에 해당하는 것이다.

1. 3. 내연기관의 종류

내연기관은 사용연료, 행정과 내경 비, 냉각방식, 실린더수와 배열, 기타 피스톤의 운동과 사이클 등에 따라 다양하게 분류된다.

1.3.1. 사용연료에 따른 분류

[1] 가솔린기관(gasoline engine)

휘발유(gasoline)를 연료로 사용하는 기관으로 연료와 공기를 흡입하여 연소실에서 압축하고 점화플러그의 불꽃 점화하여 혼합기를 연소시켜 동력을 얻는 기관이다.

가솔린기관은 진동과 소음이 적어 고속운전을 하는 승용자동차에 주로 사용된다. 가솔린기관의 전자제어장치는 4장 "가솔린 연료제어장치" 항을 참고한다.

[2] 디젤기관(diesel engine)

경유(diesel)를 연료로 사용하며 공기만을 흡입·압축하여 고압의 경유를 분사하여 고온의 압축열로 자연 착화시켜 동력을 얻는 기관이다. 디젤기관은 가솔린기관에 비해 소음과 진동이 크다.

반면에 열효율이 높고 연료소비율이 낮으며 휘발유보다 경제적이기 때문에 버스나 화물 자동차는 물론 승용차에도 널리 사용되고 있다. 디젤기관의 전자제어장치는 7장 "디젤 전자제어 엔진" 항을 참고한다.

[3] LPG기관(liquefied petroleum gas engine)

LPG를 연료로 사용하고 점화방식이 가솔린기관과 같다. LPG는 휘발유나 경유보다 청정 연료이기 때문에 일산화탄소 등의 유해물질 발생량이 상대적으로 적다. 또한 가스용기에 대한 안전성이 입증되어 승용자동차에 많이 사용되고 있다. LPG기관의 전자제어장치는 6장 "가스엔진 전자제어장치" 항을 참고한다.

[4] CNG기관(compressed natural gas engine)

압축 천연가스를 연료를 사용하는 방식이며 점화방식이 가솔린기관과 같다. CNG는 석유와 달리 천연상태에서 채취한 가스를 고압으로 압축하여 사용하고 가스성분이 생산지역에 따라 다르며 대부분 메탄(CH_4)이 주성분(80~90%)이고 에탄(C_2H_6), 프로판(C_3H_8) 등의 불활성가스를 포함하고 있다. CNG기관은 열효율이 높고 매연은 디젤기관 대비 100%, 일산화탄소와 탄화수소는 가솔린대비 약 20~50% 적게 배출하는 친환경 기관이다.

CNG기관의 전자제어장치는 6장 "가스엔진 전자제어장치" 항을 참고한다.

1.3.2. 행정과 내경에 의한 분류

기관의 크기는 피스톤의 행정과 실린더의 내경에 의해 결정되며, 출력과 배기량, 최고회전수가 정해진다.

따라서 기관의 행정과 내경비는 엔진 설계의 중요한 요소이며 동일한 배기량이라도 행정과 내경비의 크기에 의해서 기관의 성능이 좌우된다. 그림 4와 같이 행정과 내경의 비가 1.0 이상이면 장행정 기관, 1.0이면 정방행정 기관, 1.0 이하이면 단행정 기관이라고 한다.

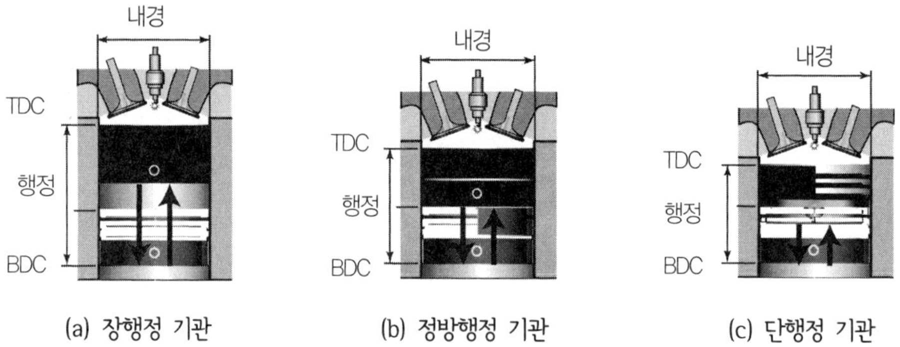

그림 4. 행정과 내경에 의한 기관의 분류

[1] 장행정 기관

언더 스퀘어엔진(under square engine)이라고 하며 피스톤의 행정이 실린더 내경보다 길다. 기관의 회전속도가 느리고 회전력이 크며 실린더 벽에 가해지는 힘이 낮아 내구성과 유연성이 좋다. 또한 기관의 높이가 높아지는 단점이 있으나 배기가스 중의 유해성분인 탄화수소(HC)의 배출량이 적어 배기가스 대책으로 유리하다.

장행정 기관은 엔진의 속도보다는 힘을 필요로 하는 중·저속형 기관에 주로 사용되며, 동일한 엔진회전일 경우 피스톤 평균속도는 장행정 기관일수록 높아진다.

Reference 피스톤 평균속도(average piston speed)란?

4행정 기관일 경우 행정에 시간당 왕복 횟수(회전수의 2배)를 곱한 것으로 대략 10~25m/sec 정도이다. 피스톤은 왕복운동을 하며 상사점과 하사점에서 멈추고 중앙에서 최고 속도로 움직이기 때문에 피스톤 속도는 피스톤 평균속도로 나타낸다. 동일한 기관과 회전수에서는 행정이 짧을수록 피스톤의 평균속도는 늦어진다. 따라서 동일 회전수일 경우 장행정 기관의 피스톤 평균속도는 빨라진다.

[2] 정방행정 기관

스퀘어엔진(square engine)이라고 하며 피스톤의 행정과 실린더 내경의 크기가 동일한 엔진으로 기관의 회전속도와 회전력이 장행정과 단행정기관의 중간 정도이다.

[3] 단행정 기관

오버스퀘어엔진(over square engine)이라고 하며 피스톤의 행정이 실린더 내경보다 작아서 기관의 회전속도가 빠르지만 실린더에 가해지는 피스톤 측압이 크다. 행정이 작기 때문에 기관의 높이가 낮아지지만 기관의 길이가 길어지는 경향이 있다. 단행정기관은 고속용 기관이므로 경주용이나 일반 승용차에 주로 사용한다.

Reference 피스톤측압(piston thrust)이란 ?

피스톤이 압축 또는 폭발행정을 할 때 실린더 벽(측면)에 가하는 압력으로 측압이 클수록 소음과 성능에 불리하다.

1.3.3. 냉각방식에 의한 분류

[1] 수랭식 엔진(water coolant engine)

수랭식 엔진은 연소를 통해 일어나는 열 에너지가 기계적 에너지로 바뀌면서 뜨거워진 엔진을 물로 냉각하는 방식이다. 냉각효율을 높이기 위해 부동액과 물을 혼합한 냉각수를 사용한다.

[2] 공랭식 엔진(air coolant engine)

공랭식 엔진은 대기 중의 공기로 직접 냉각하는 방식으로 2륜 자동차나 2행정 사이클 엔진, 산업기계용 엔진에 주로 이용된다.

1.3.4. 실린더 수와 배열에 의한 분류

[1] 직렬 3기통 기관(3cylinder straight engine)

3개의 실린더가 일렬로 배치된 기관으로 크랭크축의 위상차는 120° 이며, 점화순서는 1-3-2이고 일반적으로 경차에 주로 사용된다.

[2] 직렬 4기통 기관(4cylinder straight engine)

4개의 실린더가 일렬로 배치된 기관으로 크랭크축의 위상각은 180° 이고 5개의 메인베어링에 의해 엔진블록의 크랭크케이스에 지지된다. 점화순서는 1-3-4-2와 1-2-4-3방식이 있고, 주로 1-3-4-2를 사용한다.

[3] 직렬 6기통 기관(6cylinder straight engine)

6개의 실린더가 일렬로 배열된 기관으로 크랭크축의 위상각은 120° 이며, 7개의 메인베어링으로 지지된다. 점화순서는 우수식은 1-5-3-6-2-4, 좌수식은 1-4-2-6-3-5를 사용한다.

[4] V-6형 기관(6cylinder Vtype engine)

직렬 3기통 기관 두개를 V형으로 배치한 방식으로, V형의 실린더 배치각도는 90° 또는 120° 이다.

[5] 직렬 8기통 기관(8cylinder straight engine)

기관의 폭이 넓어지는 단점이 있고 점화순서는 1-6-2-5-8-3-7-4와 5-1-7-3-8-4-2-6이 사용한다.

(a) 직렬 4기통 기관　(b) V-8 기통 기관　(c) 수평 대향 6기통 기관

그림 5. 실린더 수와 배열에 의한 기관의 사례

[6] V8 기관(V8 cylinder engine)

직렬 4기통 기관 두개를 V형으로 배치한 방식으로 V형의 각도는 90° 이고, 1개의 크랭크 핀에 2개의 커넥팅로드가 설치된다.

[7] 수평 대향형 기관

V-8형 기관을 180° 로 배치한 방식으로 기관의 높이가 낮아져서 고속엔진이나 스포츠카에 적용되는 방식이다.

표 자동차용 내연기관의 분류와 특성

구 분	기관의 분류	기관의 특성
사이클	4행정 사이클 기관 (4stroke cycle engine)	피스톤 2왕복에 1사이클, 크랭크축 2회전에 4행정 사이클을 완료하는 기관으로 대부분의 자동차에 적용
	2행정 사이클 기관 (2stroke cycle engine)	피스톤의 1왕복에 1사이클, 크랭크축 1회전에 2행정 사이클을 완료하는 기관으로 발전기나 바이크에 적용
사용 연료	가솔린기관 (gasoline engine)	가솔린을 연료로 사용하는 불꽃 점화기관
	디젤기관(diesel engine)	디젤을 연료로 사용하는 압축 착화기관
	가스기관(gas engine)	LPG, CNG, LNG가스를 연료로 사용하는 불꽃 점화기관
냉각방식	수냉식 기관 (water coolant engine)	물을 기관의 냉가 매체로 사용하는 기관으로 대부분의 자동차에 적용
	공랭식 기관 (air coolant engine)	공기를 기관의 냉각매체로 사용하는 기관으로 주로 2행정 사이클 기관에 적용
피스톤 운동	왕복형 기관 (reciprocating engine)	피스톤이 실린더 내에서 피스톤이 상하 왕복운동을 하면서 동력을 발생
	로터리 기관 (rotary engine)	기관의 하우징 속에서 로터가 회전하면서 동력을 발생
실린더 수 및 배치	단기통 기관 (single cylinder engine)	실린더가 1개인 기관으로 2륜 자동차, 농기계용 경운기, 발전기 그리고 소형 컴프레서 등에 적용
	직렬 3기통 기관 (3cylinder straight engine)	3개의 실린더가 일렬로 배열되고 크랭크축의 위상각은 120° , 점화순서는 1-3-2이며 경차에 주로 적용
	직렬 4기통 기관 (4cylinder straight engine)	4개의 실린더가 일렬로 배열되고 크랭크축의 위상각은 180° , 점화순서는 1-3-4-2를 주로 적용

구 분	기관의 분류	기관의 특성
실린더 수 및 배치	직렬 6기통 기관 (6cylinder straight engine)	6개의 실린더가 일렬로 배열되고 크랭크축의 위상각은 120° 이고, 점화순서는 우수식 1-5-3-6-2-4를 주로 사용
	V-6형 기관(6cylinder V-type engine)	직렬 3기통 두개를 V형으로 배치한 방식으로, V형의 각도는 90° 또는 120° 로 이루어짐
	직렬 8기통 기관 (8cylinder straight engine)	기관의 폭이 넓어지는 단점이 있고, 점화순서는 1-6-2-5-8-3-7-4와 5-1-7-3-8-4-2-6를 사용
	V-8 기관 (V-8 cylinder engine)	직렬 4기통 두개를 90° V형으로 배치한 방식으로 1개의 크랭크 핀에 2개의 커넥팅로드가 설치
	수평 대향형 기관 (horizontal opposability engine)	V-8형 기관을 180° 로 배치한 방식으로 기관의 높이가 낮아져서 고속 스포츠카에 적합한 방식
점화방식	불꽃 점화기관 (spark ignition engine)	가솔린과 LPG기관과 같이 공기와 연료 혼합기를 점화플러그의 불꽃에 의해 점화, 연소시켜 동력발생
	압축 착화기관 (compression ignition engine)	디젤기관과 같이 공기를 압축하고 압축열에 의해 연료를 자연착화, 연소시켜 동력발생

02. 자동차 기관의 구조와 원리

NCS 활용

□NCS연계 : 엔진본체 정비(1506030201_14v2)

본 단원은 NCS 학습모듈과의 직접적인 연계는 없으나 자동차기관의 정비에 필요한 기본 지식을 이해하고, 엔진 본체를 점검·진단, 조정, 수리, 검사하는데 도움을 주는 기초 단원이

2.1. 자동차 기관의 구조와 형식

자동차 기관은 실린더 내부에서 연료와 공기가 혼합되어 연소되고, 이때 발생된 고온·고압의 연소가스가 피스톤에 작용하여 열에너지가 기계적 에너지로 변환되면서 동력을 발생시킨다. 피스톤은 상사점에서 하사점까지 상하 왕복운동을 하고, 이 동력은 커넥팅로드와 크랭크축을 통해 회전운동으로 바뀐다. 피스톤이 움직이는 거리를 행정(行程: stroke)이라고 하고, 이때 행정체적이 차지하는 공간의 크기를 배기량이라 한다. 기관은 이와 같이 상하왕복 운동을 반복하면서 동력을 발생시키는 것이다.

Reference 상사점, 하사점, 행정, 행정체적, 연소실체적이란 ?

- 상사점(Top Dead Center) : 피스톤이 최상단에 있을 때의 지점
- 하사점(Bottom Dead Center) : 피스톤이 최 하단에 있을 때의 지점
- 행정(Stroke) : 상사점과 하사점 간의 거리
- 행정과 내경비 : 피스톤의 행정과 실린더 내경의 비
- 행정 체적(Stroke Volume) : 상사점과 하사점 사이의 실린더 체적
- 연소실 체적(Clearance Volume) : 피스톤이 상사점에 있을 때의 체적

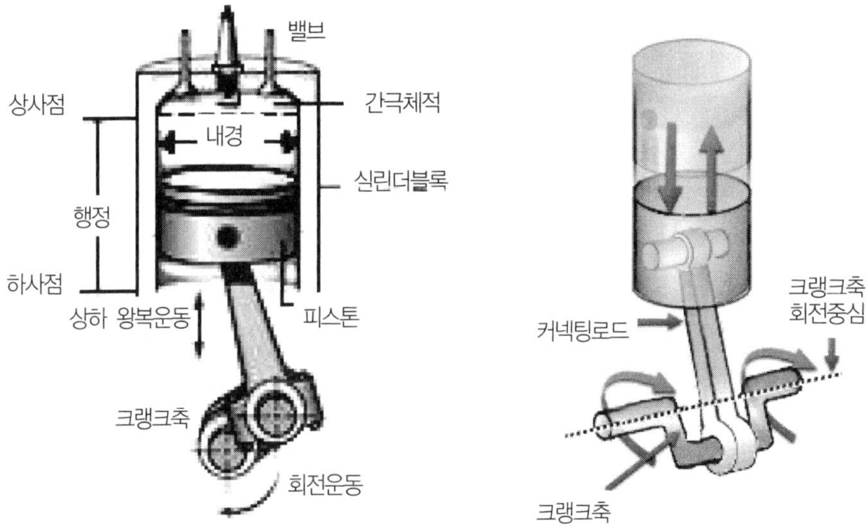

(a) 기관의 작동　　(b) 기계적 에너지로 전환

그림 6. 자동차용 기관의 작동

자동차용 기관은 일반적으로 기관 본체와 연료장치, 냉각 및 윤활장치, 흡·배기장치 등으로 구성된다. 기관본체는 동력을 발생시키는 주요부로 실린더헤드 및 블록, 피스톤, 커넥팅로드, 크랭크축, 플라이휠, 캠축과 밸브기구 등으로 구성된다.

연료장치에 의해 공급된 연료가 연소실에서 폭발하면서 피스톤은 상하로 움직이고 크랭크축은 회전한다. 크랭크축의 회전운동은 타이밍벨트 또는 체인, 기어 등에 의해 캠축과 밸브 구동장치에 전달되어 흡기와 배기밸브를 개폐시킨다. 이와 같이 피스톤과 크랭크축, 캠축과 밸브가 일정한 타이밍을 유지하면서 작동되기 때문에 기관은 흡입, 압축, 폭발, 배기의 4행정 1사이클을 통해 원활하게 동력을 발생시키는 것이다.

냉각장치는 뜨거워진 기관을 냉각시켜 기관의 온도를 일정하게 유지시킨다. 윤활장치는 피스톤이나 크랭크축 등과 같은 운동부분의 마찰과 마멸 등을 방지하고 각 부품의 운동을 원활하게 한다. 흡・배기장치는 연료의 연소에 필요한 공기를 흡입하고 연소가스를 배출시킨다. 배출가스 제어장치는 배출되는 연소가스에 포함되어 있는 유해물질인 일산화탄소, 탄화수소, 질소 산화물, 매연 등을 정화시킨다.

2.2. 자동차용 기관의 작동과 특성

자동차용 기관의 작동은 4행정과 2행정, 가솔린과 디젤에 따라 작동원리와 특성이 다르다.

2.2.1. 4행정 사이클 기관의 작동

4행정 사이클 기관은 1876년 독일의 오토(N. A. Otto)에 의해 개발되어 내연기관의 기본 사이클로 이용되며 그림 7(a~d)와 같이 흡입, 압축, 폭발, 배기의 4행정을 마무리하는 동안 1사이클을 완료하고 크랭크축은 2회전을 하면서 반복 작동한다. 따라서 1,000rpm으로 회전하는 엔진은 500번의 폭발을 하게 된다.

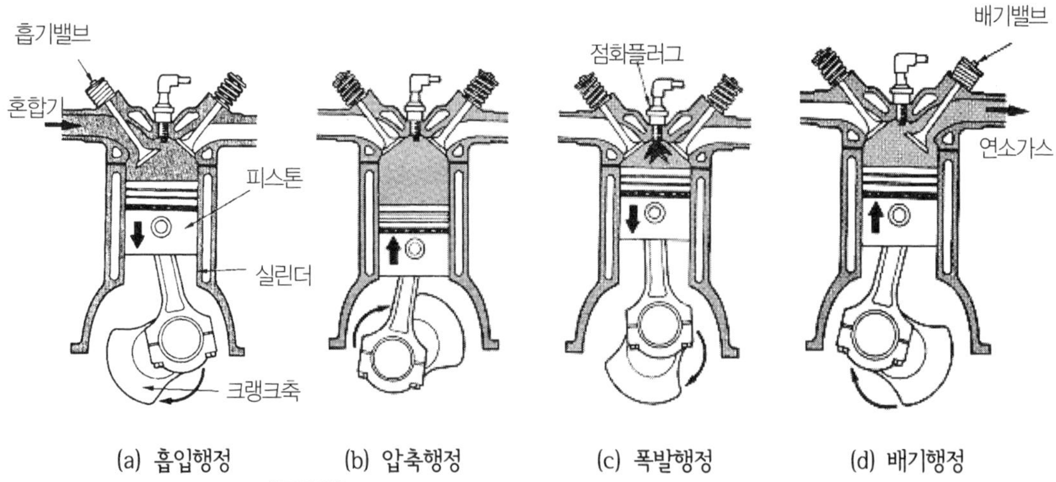

그림 7. 4행정 사이클 기관의 작동원리(가솔린기관)

[1] 흡입행정(intake stroke)

그림 7(a)와 같이 피스톤이 상사점에서 하사점까지 하강하면서 흡기밸브를 통해 공기 또는 혼합기를 흡입한 뒤 밸브가 닫힌다. 이때 흡입된 공기나 혼합기의 량을 행정체적 또는 배기량(排氣量)이라고 한다.

[2] 압축행정(compression stroke)

그림 7(b)와 같이 피스톤이 하사점으로부터 상사점으로 상승하면서 흡입된 공기 또는 혼합기를 압축하며, 실린더내부의 온도는 압축열에 의해 상승된다.

[3] 폭발행정(expansion stroke)

동력이 발생되기 때문에 동력행정이라고 한다. 그림 7(c)와 같이 압축된 고온·고압의 혼합기가 점화플러그 또는 고압의 연료가 분사되면 연소가 이루어지고 피스톤의 하강과 동시에 크랭크축을 회전시키면서 동력이 발생된다.

[4] 배기행정(exhaust stroke)

그림 7(d)와 같이 피스톤이 상승하면서 배기밸브가 열려 연소가스를 배출시킨다.

2.2.2. 2행정 사이클 기관의 구조와 작동

2행정 사이클 기관은 1878년 영국의 클러크(D. Clerk)에 의해 개발되었고 4행정보다 간단하다. 2행정 기관의 구조는 그림 8(a)과 같이 흡기 및 배기밸브가 없는 대신 실린더 측면에 있는 흡기구와 배기구를 피스톤이 개폐하며 상승과 하강행정을 할 때 흡입·압축·폭발·배기·소기과정을 마치게 된다.

상승행정은 압축과 흡입, 하강행정은 폭발과 배기 및 소기행정으로 이루어지고, 피스톤이 2행정을 하여 1사이클을 마치면 크랭크축은 1회전한다. 따라서 1,000rpm으로 회전하는 엔진은 1,000번의 폭발을 하게 된다.

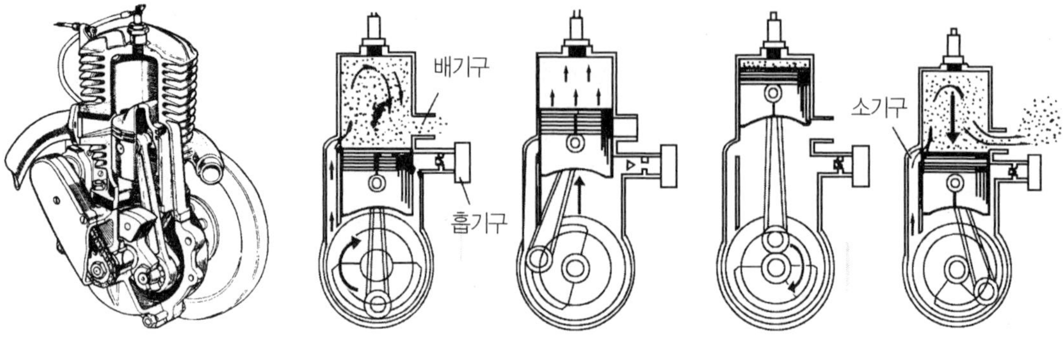

(a) 2행정 기관 구조 (b) 상승행정(배기, 소기, 압축) (c) 하강행정(폭발, 배기, 소기)

그림 8. 2행정 사이클 기관의 구조와 작동(가솔린기관)

[1] 하강행정

피스톤이 하강하여 하사점 부근에서 배기구가 열리면 연소가스가 배출되기 시작하고 이어서 소기구가 열리면서 예압된 혼합기가 크랭크케이스로부터 실린더 내부로 유입된다. 이때, 유입된 혼합기가 실린더 내의 잔류된 연소가스를 밀어 내어 실린더 내부를 소기작용을 하면서 새로운 혼합기의 일부도 배기구로 배출된다.

> **Reference** 소기작용(掃氣作用)이란 ?
>
> 소기작용(scavenging)이란 피스톤이 하강행정 말기에 소기구가 열리고 크랭크실에 미리 가압축된 혼합기가 실린더 안으로 밀려들어오면서 이미 연소된 배기가스를 밀어내면서 소기작용이 일어난다.

[2] 상승행정

피스톤이 상승하는 초기에는 소기작용을 하다가 소기구와 배기구가 닫혀 압축행정이 이루어지고 점화플러그의 불꽃에 의해 연소하면서 폭발하면서 동력이 발생된다.

2.2.3. 4행정과 2행정 사이클 기관의 비교

한 사이클이 완성되기까지 4행정 사이클 기관은 피스톤이 4왕복, 2행정 사이클 기관은 2왕복을 한다. 따라서 기관의 배기량이 같을 경우, 이론적으로는 2행정 기관의 동력이 4행정 기관보다 2배가 된다.

그러나 실제로 2행정 기관은 유효행정이 짧고 새로운 혼합기가 배기가스와 함께 배출되는 등 여러 가지 손실로 인하여 1.5~1.7배의 동력을 얻는다. 아래 표는 4행정과 2행정 사이클 기관의 특징을 비교한 것이다.

표 4행정과 2행정 사이클 기관의 비교

구 분	4행정 사이클	2행정 사이클
기관 구조	구조가 복잡하다 마력 당 중량이 무겁다	밸브기구가 없어 구조가 간단하다 마력 당 중량이 가볍다
폭발 횟수	크랭크축 2회전 당 1회 폭발한다	크랭크축 1회전 당 1회 폭발한다
배기량당 출력	낮다	높다(1.5~1.7배)
연료 소모량	적다	배기 중에 일부의 연료가 함께 배출되어 연료 소모량이 많다
윤활유 소모량	적다	윤활유가 연소실로 혼입되기 쉬워 윤활유 소모량이 많다
열효율	높다	낮다
적용	대부분의 자동차에 적용된다	소형 이륜차, 중·대형 선박에 적용된다

2.2.4. 가솔린과 디젤기관의 특성

가솔린기관은 가솔린과 공기의 혼합기 또는 공기만을 연소실에서 흡입하고 압축하여 점화플러그 불꽃에 의한 연소로 동력을 얻는 기관이다. 가솔린기관의 기본적인 구조는 그림 9(a)와 같고 가솔린연료를 분사하는 연료분사장치, 혼합기를 점화시키는 점화장치, 흡·배기장치, 배출가스 정화장치 등으로 구성되어 있다.

디젤기관은 실린더 내에 공기만를 흡입·압축하고 연료를 연소실내에 직접분사하여 자연착화시키는 기관이다. 디젤기관은 경유를 자연 착화하기 위하여 높은 압축비와 압축·압력이 요구되며 고압으로 연료를 분사시키기 위한 고압의 연료분사장치가 필요하다.

디젤기관의 구조는 그림 9(b)와 같이 연소실에 가열플러그(glow plug)와 고압의 연료를 분사하기 위한 커먼레일 연료분사(CRDI : common rail direct injection)식 인젝터(injector)를 사용하여 매연과 배기가스를 줄여주는 시스템이 적용된다.

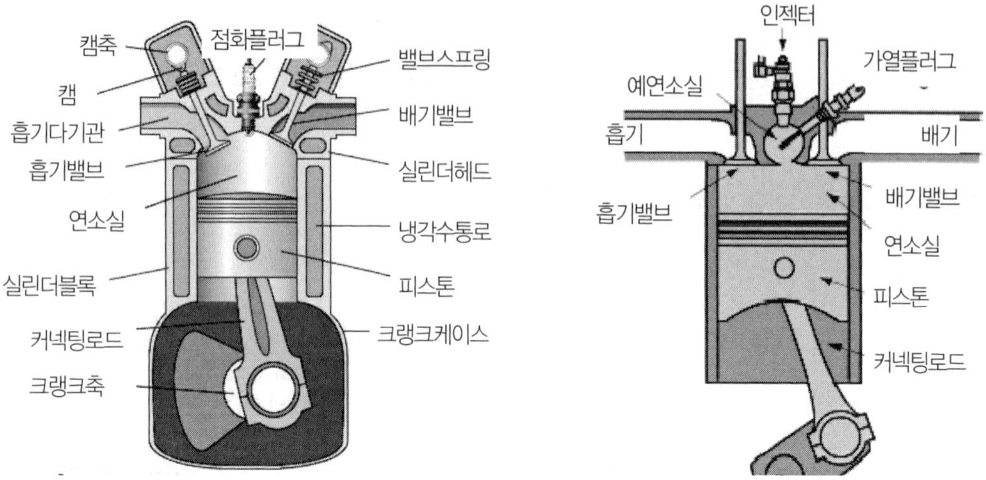

(a) 가솔린기관 (b) 디젤기관

그림 9. 가솔린과 디젤기관의 구조

2.2.5. 가솔린과 디젤기관의 비교

가솔린기관은 혼합기를 압축하여 점화플러그의 불꽃에 의해 연소시키기 때문에 불꽃 점화방식이며, 디젤기관은 공기만을 흡입·압축하고 연료를 분사하여 자연 착화시키기 때문에 압축 착화방식이라고 한다. 따라서 가솔린기관은 점화장치가 필요하고, 디젤기관은 연료를 압축 착화시키기 위하여 고압의 연료를 분사시키는 고압연료 분사장치가 필요하다. 가솔린기관과 디젤기관을 비교하면 아래의 표와 같다.

표 가솔린과 디젤기관의 비교(사례 : 배기량이 동일한 경우)

구 분	가솔린기관	디젤기관
연소방식	불꽃 점화방식	압축 착화방식
마력당 중량	가볍다	무겁다
연소실 형상	간단하다	복잡하다
열효율	낮다	높다
진동소음	작다	상대적으로 크다
저속성능	저속에서 회전력 적다	저속성능이 좋음, 회전력 크다
고속성능	최고회전수(4000~5000rpm)	최고 회전수(4,000rpm이내)

구 분	가솔린기관	디젤기관
속도조절	흡입되는 혼합기 양	분사되는 연료의 양
연료소비율	크다(230~300g · ps/h)	작다(150~240g · ps/h)
회전수	2000~6500rpm	1600~4000rpm
압축비	낮음(8~12 : 1)	높음(16~22 : 1)
압축온도	낮음(120~140℃)	높음(500~600℃)
압축압력	낮음(7~11kgf/cm^2)	높음(30~45kgf/cm^2)
폭발압력	낮음(30~35kgf/cm^2)	높음(45~70kgf/cm^2)

2.2.6. 가솔린과 디젤기관의 연소특성

가솔린기관의 연소는 그림 10과 같이 점화신호(A)에서 점화코일에 고전압이 형성되어 점화플러그에 스파크가 발생할 때까지 약 0.05ms의 지연기간(A-C)을 점화지연기간이라 한다. 또한 연소실의 혼합기가 유효한 화염 핵이 발생하여 착화될 때까지를 착화지연기간(A-B)이라고 한다. 착화신호인 (B)에서 혼합기가 착화되어 화염전파가 시작된 후(D)의 최대압력(peak pressure)에 도달할 때까지 압력이 상승하는 과정을 화염전파기간이라고 한다.

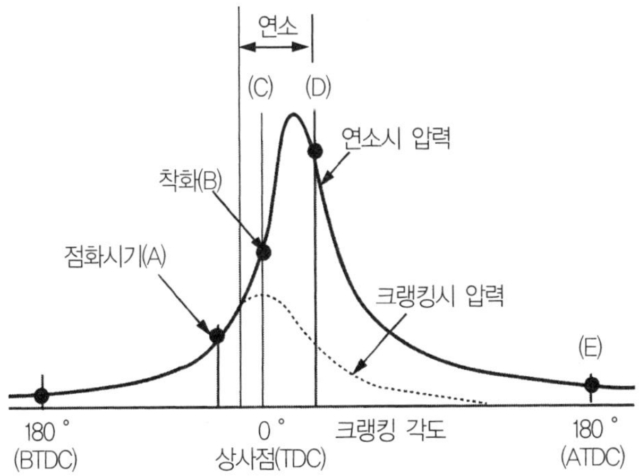

그림 10. 가솔린기관의 연소곡선도

디젤엔진은 그림 11과 같이 연료분사를 시작하면 착화지연 기간을 거쳐 연소가 시작되고, 분사가 완료된 후에 연소가 완료되기 까지 다음과 같은 4단계의 연소과정을 거친다. 착화지연기간(A-B)은 연료가 분사되면 연소가 가능한 기간이지만 실제는 착화가 되지 않는다. 화염전파기간(B-C)을 확산연소 또는 급격 연소기간이라고 부르며 착화와 화염전파가 동시에 일어나는 구간으로 연소실내의 압력이 급상승하여 동력이 발생한다.

직접연소기간(C-D)을 제어연소기간이라고 하며 혼합기의 연소가 동시에 발생하는 구역으로 분사 량의 영향을 가장 많이 받는다. 마지막으로 후기 연소기간(D-E)은 분사 종료 후 연소가 끝날 때까지의 기간이다.

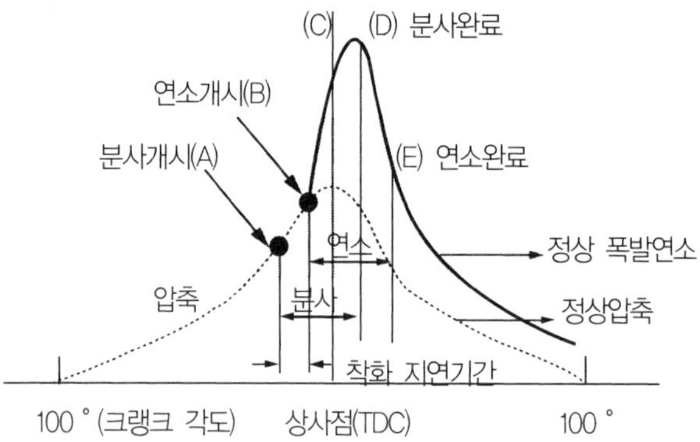

그림 11. 디젤기관의 연소곡선도

Reference 자동차 배기량(排氣量)과 압축비(壓縮比)란 ?

■자동차 배기량

1개의 실린더에 흡입되는 공기량을 행정체적(Vs)이라하며, 행정체적에 기통수를 곱한 값을 총배기량(Vt)이라하고 총배기량을 자동차의 총배기량(총체적)이라고 한다.

- 행정체적(Vs) = $\frac{\pi}{4}D^2L\ [cc]$

- 총배기량(Vt) = $\frac{\pi}{4}D^2L \times Z\,[cc]$

D : 실린더 직경[cm²]
L : 실린더 행정[cm]
Z : 실린더 수

■기관의 압축비

피스톤이 하사점에 있을 때의 실린더 총 체적과 상사점에 있을 때의 실린더헤드와의 간극(연소실체적)의 비를 압축비(壓縮比)라고 한다.

- 압축비(ε) $= \frac{Vt}{Vc} = \frac{Vs+Vc}{Vc} = 1+\frac{Vs}{Vc}$

$$Vs = Vc(\varepsilon - 1)\ ,\ Vc = \frac{Vs}{\varepsilon - 1}$$

Vt : 실린더 총 체적$[cc]$, Vc : 연소실 체적$[cc]$

Vs : 행정체적$[cc]$

03. 정비용 공구와 정비 기기

NCS 활용

□NCS연계 : 엔진본체 정비(1506030201_14v2)

본 단원은 NCS 학습모듈과의 직접적인 연계는 없으나 자동차기관의 정비에 필요한 기본 지식을 이해하고 엔진 본체를 점검·진단, 조정, 수리, 검사하는데 도움을 주는 기초 단원이다.

자동차 정비는 자동차 각부의 성능을 충분히 발휘하고 안전하게 주행할 수 있도록 자동차의 보수와 유지, 분해, 점검, 조정, 수리 등의 작업을 말한다. 따라서 자동차의 고장이나 성능의 저하를 예방하고, 배출가스 및 소음에 의한 환경 공해를 방지함과 더불어 안전하고 경제적인 운행을 할 수 있도록 정비를 하기 위한 정비용 공구와 기기를 설명하고자 한다.

3.1. 정비용 기본 공구

정비용 기본 공구는 볼트, 너트나 간단한 부품을 조이거나 풀 때 사용하는 공구이며 그림 12와 같이 다양하다.

3.1.1. 렌치(wrench)류

렌치는 일반적으로 볼트와 너트를 분해 조립할 때 주로 사용되는 공구로서 재질은 공구강, 크롬강, 니켈-크롬강 등이 사용된다.

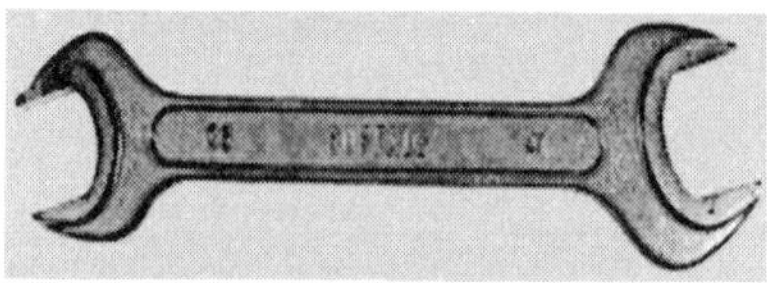

(a) 오픈엔드 렌치

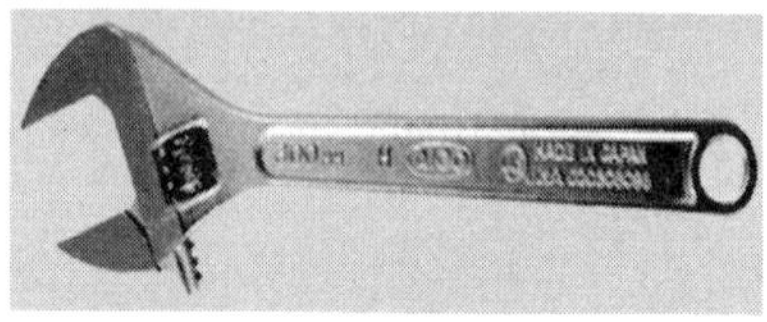

(b) 어저스터블 렌치

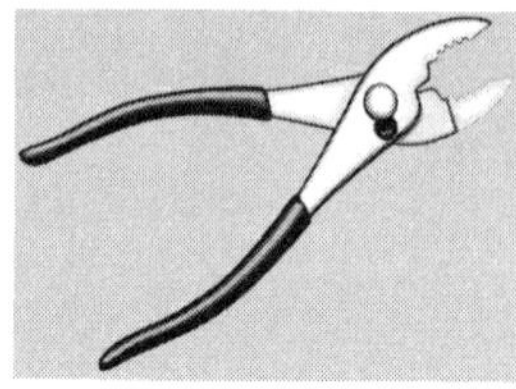

(c) 플라이어

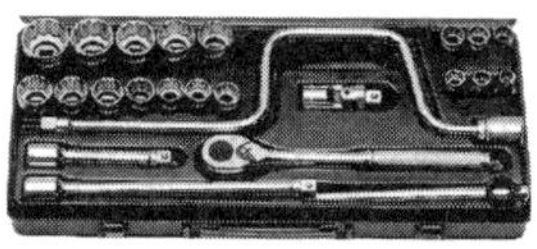

(d)소켓렌치세트

(e) 토크렌치

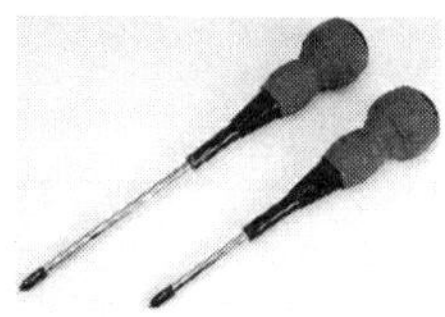

(f) 드라이버

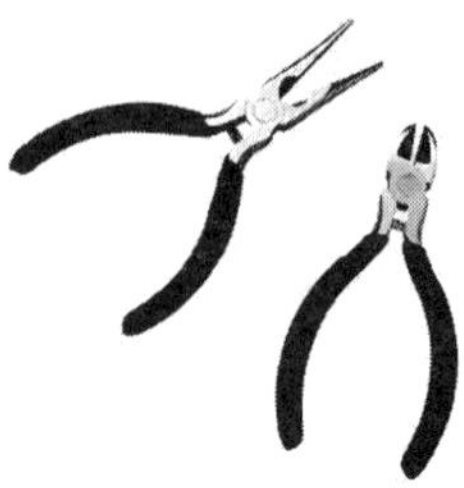

(g) 롱노즈 플라이어

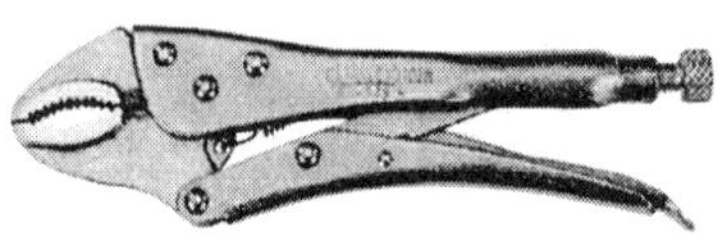

(h) 바이스 플라이어

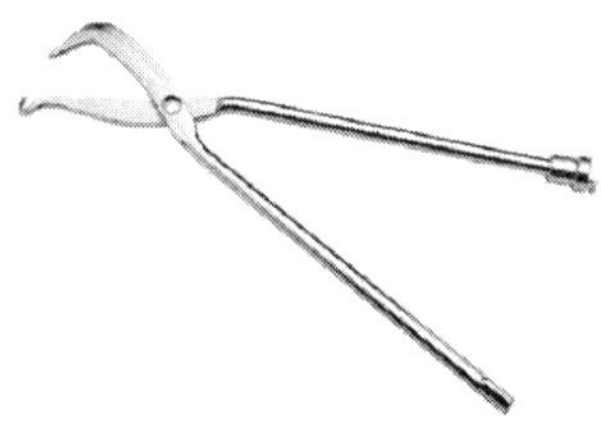

(i) 브레이크 스프링 플라이어

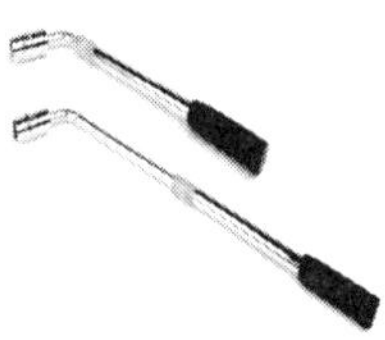

(j) 휠너트 렌치

(k) 와이어 스트립퍼

(l) 해머

그림 12. 정비용 일반공구

[1] 오픈 엔드렌치(open end wrench)

오픈 엔드렌치는 볼트와 너트의 분해조립에 사용하며, 일반적으로 렌치 6개가 한 세트로 되어 있다.

[2] 소켓렌치(socket wrench)

소켓렌치는 핸들에 끼워 볼트 또는 너트의 분해 조립에 사용하는 렌치이다.

[3] 옵셋 복스렌치(offset box wrench)

옵셋 복스렌치는 오픈 엔드렌치보다 토크가 큰 볼트나 너트의 분해 조립에 사용되며, 옵셋 각도는 여러 가지가 있다.

[4] 스파크플러그 렌치(spark plug wrench)

스파크플러그 렌치는 점화플러그를 분해 조립하기 쉽도록 소켓부의 길이가 길게 만들어진 플러그 전용렌치이다.

[5] U볼트 · 너트렌치

U볼트 · 너트렌치는 스프링의 U볼트와 너트를 풀거나 조일 때 사용하며, 큰 토크를 필요로 하도록 다른 렌치보다 긴 레버를 가지고 있다.

[6] 휠 너트 렌치(wheel nut wrench)

휠너트 렌치는 바퀴를 탈 · 부착할 때 사용하며, T형 또는 십자형으로 되어 있다.

[7] T/L형 렌치

렌치는 소켓렌치와 같은 구조이나 핸들이 T형 또는 L형으로 되어 있다.

[8] 어저스터블 렌치(adjustable wrench)

어저스터블 렌치는 렌치구경의 조우(jaw)를 슬라이딩시켜 조정할 수 있고 크기는 길이로 나타낸다.

[9] 토크렌치(torque wrench)

토크렌치는 볼트와 너트를 규정의 토크로 조일 때 사용하는 렌치이다.

3.1.2. 플라이어(plier)

플라이어는 금속판이나 와이어 등을 잡거나 구부리거나 자를 때 사용하는 공구로 다음과 같이 여러 가지가 있고, 호칭 치수는 전체 길이로 표시한다.

[1] 콤비네이션 플라이어(combination plier)

콤비네이션 플라이어는 일반적으로 플라이어로 불리며, 조(jaw)를 2단으로 바꿀 수 있는 구조를 갖고 있다.

[2] 롱 노즈 플라이어(long nose plier)

롱 노즈 플라이어는 플라이어의 끝이 가늘고 길게 되어 있어서 특히 좁고 깊은 곳이나 전기장치의 정비작업에 주로 쓰인다.

[3] 브레이크 스프링 플라이어(brake spring plier)

브레이크 스프링 플라이어는 드럼방식 브레이크의 리턴스프링을 탈착할 때 주로 사용한다.

[4] 스냅 링 플라이어(snap ring plier)

스냅 링 플라이어는 스냅 링을 분리하거나 끼울 때 사용하며, 바깥지름용과 안지름용 플라이어가 있다.

[5] 바이스 플라이어(vise plier)

바이스 플라이어는 부품이나 재료 등을 잡아주거나 고정할 수 있는 플라이어이다.

3.1.3. 기타 해머 및 드라이버

[1] 해머(hammer)

해머는 금속이나 부품 등을 박거나 빼낼 때 사용되며 용도에 따라 볼핀 해머, 테스트 해머, 비철 해머, 플라스틱 해머, 고무 해머, 나무 해머 등이 있다.

[2] 커터(cutter)

커터는 와이어나 전기배선 코드 등을 절단하는 공구로 각종 플라이어, 와이어 스트리퍼, 엔드 커팅 플라이어, 판금가위 등으로 나뉜다.

[3] 드라이버(driver)

드라이버는 나사를 조이거나 풀 때 사용하는 공구로, 드라이버 끝의 모양에 따라 (-)형과 (+)형 드라이버가 있다.

3. 2. 일반 정비용 기기

일반 정비용 기기는 공구를 보관하는 공구함, 중량물을 이동할 때 쓰이는 크레인과 호이스트, 가공용 드릴링머신과 연삭기 등을 말하며, 그림 12와 같다.

[1] 공구 스탠드(tool stand)

공구와 부품 등을 진열할 수 있으며 이동식과 고정식이 있다.

[2] 이동식 크레인(movable floor crane)

엔진 등의 중량물을 들어 올리는데 사용한다.

[3] 체인블록(chain block)

수동으로 중량물을 들어 올리는데 사용한다.

(a) 공구 스탠드

(b) 이동식 크레인

(c) 체인블록

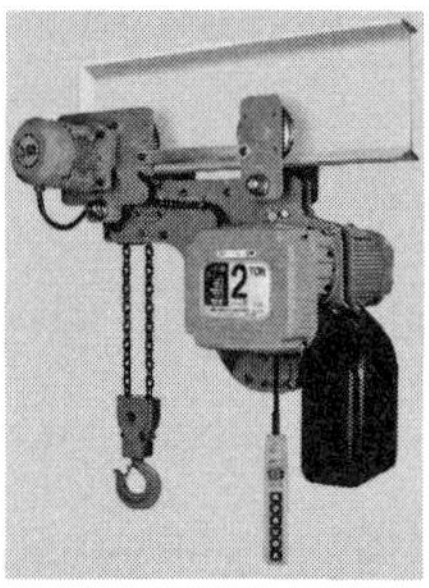

(d) 호이스트

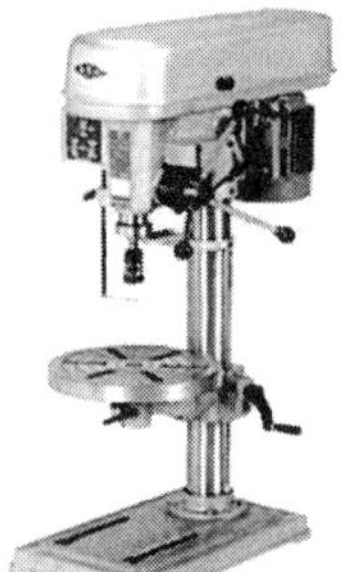

(e) 드릴링 머신

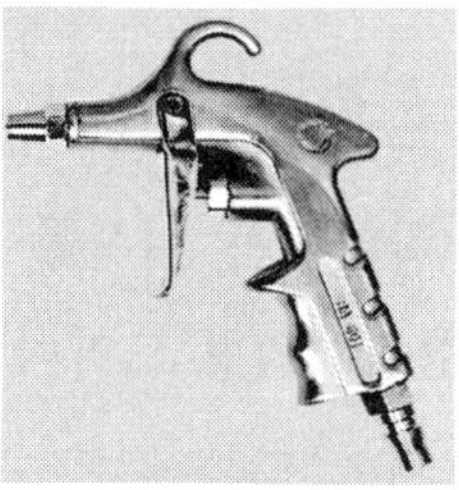

(f) 에어건

(g) 작업 침대

(h) 공기압축기

(i) 연삭기

그림 13. 일반 정비용 기기

[4] 호이스트(hoist)

중량물을 상 하, 좌 우로 이송하는 전동식 기기이다.

[5] 공기압축기(air compressor)

공기를 고압으로 압축하여 저장하였다가 고압기기나 라인에 공압을 공급해 주며, 압축기와 공기탱크로 구성된다.

[6] 에어건(air gun)

공기압축기로부터 공급받은 압축공기를 분출시켜 먼지를 제거하거나 부품 등을 세척할 때 사용한다.

[7] 작업침대(service creeper)

자동차 차체 아래에서 작업할 때 주로 사용하며 바퀴가 달려 있어 작업 중에 자유로이 이동할 수 있다.

[8] 드릴링머신(drilling machine)

공작물 또는 재료에 구멍을 뚫을 때 사용한다. 드릴링 머신과 달리 휴대하면서 구멍을 뚫을 때는 전기 드릴을 주로 사용한다.

[9] 연삭기(grinder)

회전 숫돌을 이용하여 공구, 부품, 면 등을 연삭할 때 사용한다.

3.3. 기관정비용 특수공구

기관정비용 기기는 기관의 정비에 주로 쓰이는 엔진스탠드, 풀러, 밸브시트 가공용 커터와 그라인더 및 연삭기, 드릴링과 보링 머신 등을 말하며 그림 14와 같다.

[1] 엔진 스탠드(engine stand)

기관을 분해하거나 조립할 때 설치 및 지지하는데 사용한다.

[2] 풀러(puller)

풀리, 기어, 베어링 등과 같이 축에 끼워 맞춤한 부품을 빼낼 때 사용하는 공구로서 기계식과 유압식이 있다.

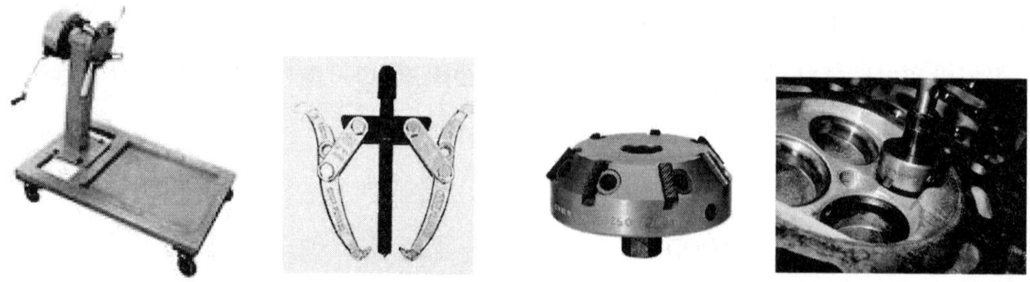

(a) 엔진스탠드 (b) 풀러 (c) 밸브시트 커터와 그라인더

그림 14. 기관 정비용 기기

[3] 밸브시트 커터(valve seat cutter)

기관의 밸브시트를 절삭할 때 사용하며, 보통 15°, 30°, 45°, 75° 각도의 커터가 있다.

[4] 밸브시트 그라인더(valve seat grinder)

기관의 흡·배기 밸브시트를 수정 연마하는 기기이다.

[5] 평면연삭기(surface grinder)

기관의 실린더헤드 및 블록의 면을 평면으로 연삭하는 기기이다.

[6] 보링머신(boring machine)

기관의 실린더의 내경을 크게 가공하는 기계이다.

[7] 호닝머신(honing machine)

보링한 기관의 절삭표면을 연마하는 기계이다.

[8] 점화플러그 클리너(spark plug cleaner)

점화플러그의 전극 부분을 청소하는 기계이다.

[9] 밸브스프링 압축기(valve spring compressure)

흡·배기밸브를 붕해하는 기기이다.

3.4. 자동차 고장진단용 장비

기관 시험용 기기는 기관의 시험과 진단에 쓰이는 압축압력 및 진공게이지, 타이밍라이트, 배기가스 및 매연측정기 등을 말하며 그림 15와 같다.

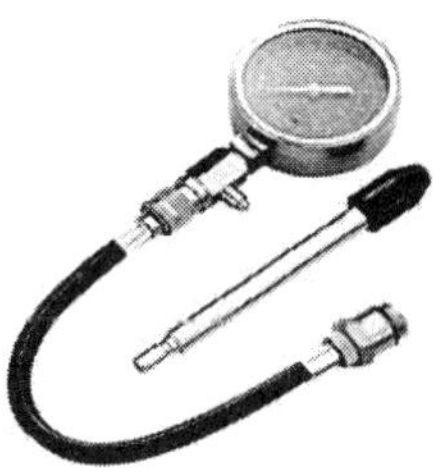

(a) 압축 압력게이지

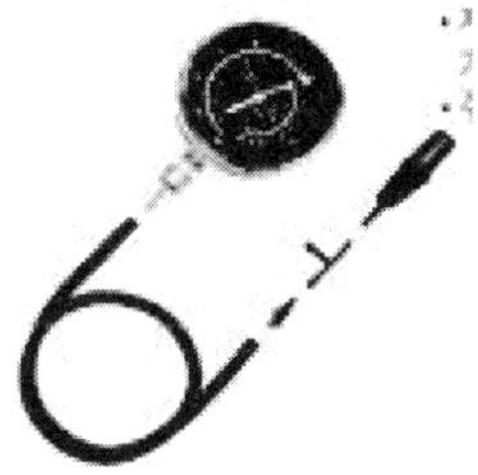

(b) 진공게이지

(c) 회전속도 테스터

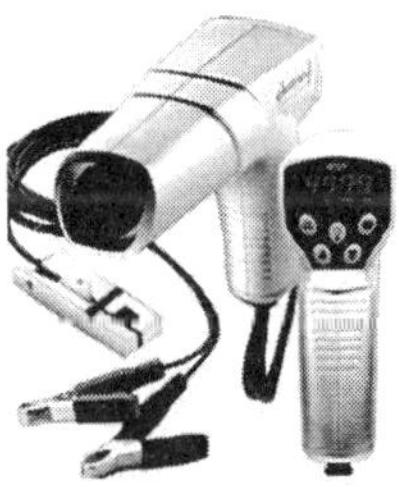

(d) 타이밍라이트

(e) 점화플러그 틈새게이지

(f) 배기가스 측정기

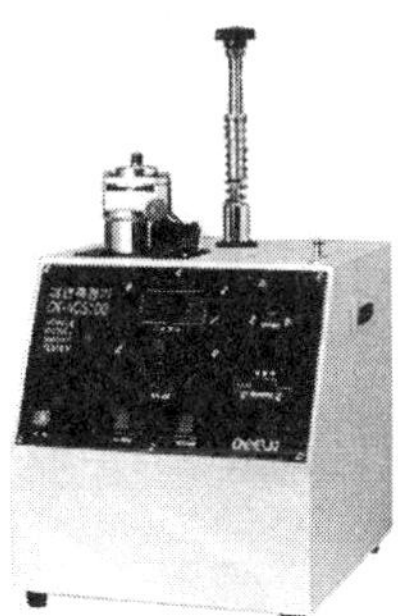

(g) 매연측정기

(h) 밸브스프링 테스터

그림 15. 기관 시험용 기기

[1] 압축 압력게이지(compression pressure gauge)

기관의 실린더 압축·압력을 측정하는 게이지다.

[2] 진공게이지(vacuum gauge)

흡기계통의 진공도를 측정하는 게이지이다.

[3] 밸브스프링 테스터(valve spring tester)

밸브스프링의 장력을 측정하는 기기이다.

[4] 점화플러그 틈새게이지(spark plug gap gauge)

플러그의 틈새를 측정하는 게이지이다.

[5] 회전속도 테스터(rpm tester)

기관의 회전속도를 측정하는 시험기로, 기계식과 전기 전자식이 있다.

[6] 타이밍라이트(timing light)

점화시기를 점검하거나 측정하는 기기이다.

[7] 라디에이터 캡 테스터(radiator cap tester)

라디에이터 캡의 압력, 냉각계통의 누설을 점검하는 기기이다.

[8] 배기가스 측정기

배기가스 중에서 일산화탄소(CO), 이산화탄소(CO_2), 탄화수소(HC), 질소 산화물(NOx) 등의 농도를 측정하는 기기이다.

[9] 매연 측정기

디젤기관의 배기가스 중에서 매연농도를 주로 측정하는 기기이다.

3.5. 일반 측정용 기기

일반 측정용 기기는 자동차부품 각 부위의 외경과 내경, 다이얼 및 하이트 게이지와 측정부품을 올려놓을 수 있는 정반 등을 말하며, 그림 16과 같다.

[1] 버니어캘리퍼스(vernier calipers)

측정물의 바깥지름, 안지름, 길이, 깊이 등을 0.1mm, 0.05mm, 0.02mm까지 측정하며, 디지털형은 0.01mm까지 측정할 수 있다.

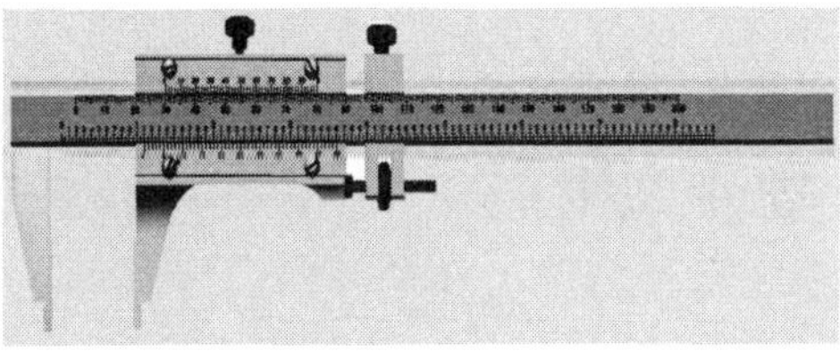

(a) 버니어캘리퍼스

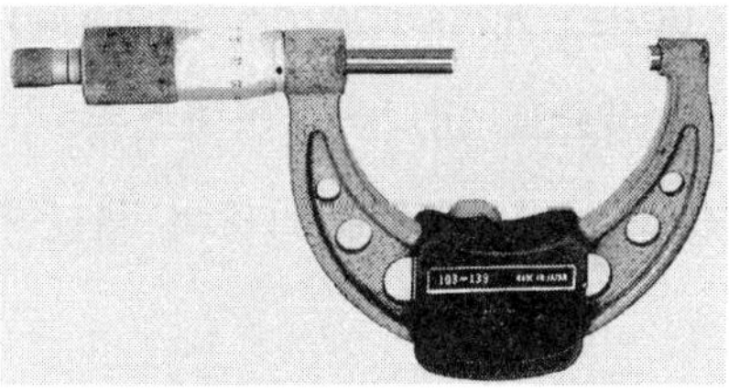

(b) 외측 마이크로미터

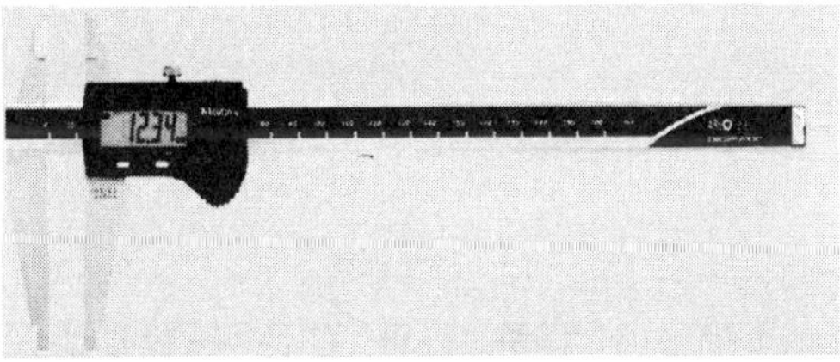

(c) 디지털 버니어캘리퍼스

(d) 정반

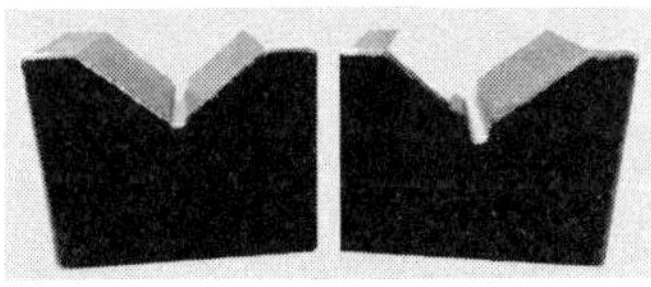

(e) V블록

(f) 다이얼게이지

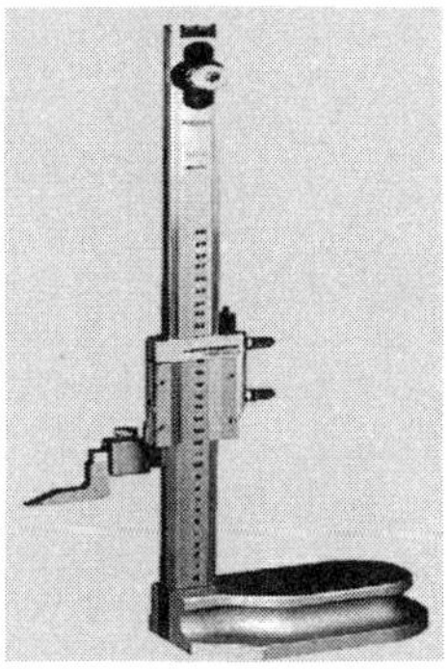

(g) 하이트게이지

그림 16. 일반 측정용 기기

[2] 마이크로미터(micrometer)

바깥지름, 안지름, 깊이 등을 측정하는 데 사용하며, 버니어 캘리퍼스보다 정밀도가 높다. 보통 0.01mm, 0.001mm까지 측정할 수 있다.

[3] 다이얼 게이지(dial gauge)

축의 흔들림 및 휨, 평면의 요철 등을 검사하는 데 사용하며 보통 최소 눈금이 0.01mm와 0.001mm로 되어 있다.

[4] 하이트 게이지(height gauge)

일반적으로 버니어캘리퍼스를 수직으로 세워놓은 형태이며 높이를 측정하는 데 사용되고, 정반 위에 설치하여 재료에 금긋기도 할 수 있다.

[5] 정반(surface plate)

일반적으로 주철제이며 정밀한 평면을 가지고 있어서 부품의 측정 및 검사, 금긋기 등의 기준면으로 사용한다.

[6] V-블록(V-block)

일반적으로 정반 위에 설치하여 사용하며, 크랭크나 캠축 등과 같은 원형부품 등을 지지하여 축의 휨이나 흔들림(end play) 등을 점검하는데 사용한다.

04. 정비실습과 안전

NCS 활용

□ NCS 연계 : 엔진정비(1506030201~15_14v2)

본 단원은 NCS 학습모듈과의 직접적인 연계는 없으나 자동차기관의 정비에 필요한 기본 지식을 이해하고 엔진을 점검·진단, 조정, 수리, 검사하는데 필요한 정비실습과 안전을 다룬 기초 단원이다.

4.1. 기관실습 안전의 개요

자동차기관은 폭발에서 일어나는 엄청난 열에너지를 기계적 에너지로 바꾸는 장치이기 때문에 중량이 무거울 물일 뿐 아니라 엔진이 작동할 때는 머플러를 통하여 고온의 배기가스가 배출되고, 가연성이 높은 가스, 휘발유, 경유를 연료로 사용하기 때문에 화재의 우려도 높다.

뿐만 아니라 기관이 회전할 때는 각종 벨트가 작동하면서 손이나 공기구의 손상을 주고 냉각장치와 윤활장치에 쓰이는 냉각수와 엔진오일 등이 실습장에 누수 또는 누유 되면 미끄럼의 원인이 되기도 한다. 따라서 실습 시에는 이러한 실습안전 위해요소를 사전에 인지하고 안전수칙을 준수하여 실습에 임하도록 한다.

4.2. 정리정돈과 실습장 안전수칙

실습장은 항상 깨끗하고 정리정돈이 마무리된 상태에서 실습이나 작업을 시작한다.

① 반드시 실습복을 착용하여 작업이나 실습 시 회전하는 장비나 부품에 말려 사고가 발생하지 않도록 한다.

② 실습용 작업화를 착용하여 미끄러지거나 무거운 중량물을 떨어뜨리거나 혹은 날카로운 물체 등에 발을 다치지 않도록 한다.

③ 손이나 공구 등에 기름이 묻거나 실습실 바닥에 오일이나 연료가 있으면 미끄러져서 다칠 수 있으므로 바로 걸레로 닦고 작업한다.

④ 끝이 뾰족한 공구 등을 실습복에 착용하거나 주머니 등에 넣고 작업하면 다칠 수 있으므로 반드시 공구함에 넣고 작업한다.

⑤ 무거운 중량물을 다룰 때에는 허리 및 신체 부상과 중량물을 떨어뜨리지 않도록 주의하고, 날카로운 부분에 다치지 않도록 한다.
⑥ 소화기의 위치를 숙지하여 화재에 대비하고 인화성 물질은 지정된 곳에 보관한다.
⑦ 주차 브레이크는 항상 작동시키고, 자동변속기 차량의 변속레버는 주차(P)에 위치한다.
⑧ 윤활유를 취급할 때에는 보호구를 사용한다.
⑨ 실습시작과 후에는 실습장 주위를 항상 깨끗이 정리 정돈한다.

4.3. 정비실습 안전 및 유의사항

정비실습 전에 필요한 공구와 기기 및 부품을 사전에 준비하고, 공기구 전시대 또는 실습대에 정리정돈이 완료된 상태에서 실습이나 작업을 시작한다.

① 부품을 분해·조립할 때에는 정비 지침서의 순서에 의해 작업한다.
② 부품을 분해할 때는 조립 시에 혼돈되지 않도록 분해 순서대로 정리한다.
③ 분해한 부품은 교환해야 할 부품과 재사용할 부품으로 구분하여 정리한다.
④ 규정 토크를 준수하는 부품을 조립할 때에는 토크 렌치를 필히 사용한다.
⑤ 자동차를 리프트에 올리고 작업할 때에는 반드시 안전장치를 하고, 자동차 밑에서 작업할 때에는 리프트를 작동시키지 않는다.
⑥ 엔진을 시동 상태로 점검할 때에는 환기가 잘 되는 장소에서 실시하고, 냉각 팬이나 벨트 등에 신체 일부나 실습복 등이 휘감기지 않도록 주의한다.
⑦ 엔진을 시동할 때는 반드시 다른 작업자에게 알리고 시동한다.
⑧ 연료계통을 점검할 때에는 연료의 누출로 인한 화재의 위험이 매우 크므로 주의한다.
⑨ 배기파이프, 라디에이터 등의 과열부분에 접촉하거나 화상을 입지 않도록 주의한다.
⑩ 회로의 전압, 저항, 전류를 측정할 때에는 진단기나 디지털미터를 사용한다.
⑪ 부품의 커넥터를 분리할 때에는 파손과 배선의 단락에 주의한다.

⑫ 각종 측정기는 정밀제품이므로 기름에 오염되거나 충격으로 파손되지 않도록 한다.

⑬ 브레이크장치 등을 에어건으로 청소하면 라이닝에서 마모된 미세먼지나 발암물질 등이 호흡기를 통해 체내에 들어올 수 있으므로, 에어건으로 부품을 청소할 때에는 선별하여 청소한다.

⑭ 산업용 폐기물은 분리하여 폐기하고, 사용한 오일이나 부동액 등은 폐수처리 전문 업체를 통해 처리한다.

Reference 우리나라 최초의 자동차는?

■ 1903년 고종황제 40주년 행사 목적으로 들여온 '포드-A' 자동차

조선왕조 말 26대 임금이었던 고종황제는 40여년이란 긴 재위 기간 동안 다양한 변화와 서양문물의 도입이 시작되었다. 당시 어려운 나라사정에도 불구하고 1903년 재위 40주년을 맞은 고종황제는 이를 기념하기 위해 지금의 광화문 인근 광무대라는 곳에서 '칭경식(稱慶式)'이라는 나라의 큰 잔치를 열기로 한다.

잔치를 더욱 돋보이게 하기위해 현 재경부 격인 탁지부 대신 이용익은 행사용 승용차의 도입을 고종에게 건의한다. 어려운 나라살림 때문에 반대하는 이들도 많았지만 탁지부 대신은 100대를 수입할 것을 지시한다.

[조선 26대 임금 고종황제]

고종황제의 명을 받은 탁지부 대신은 미국공사로 재직하며 선교사이자 고종황제의 주치의로 활약하던 알렌에게 행사용 자동차 1대를 먼저 수입해 줄 것을 요청한다. 알렌은 당시 미국의 자동차 판매상이었던 '프레이저'에게 부탁하여 포드의 모델-A 승용차 1대를 들여올 수 있었다.

그러나 몇 달간을 선박에 싣고 인천항에 들어온 '포드A'는 경인선을 이용해 궁궐까지 도착하는 시간이 너무 길어져 '칭경식'이 끝난 후 수개월이 지난 다음에야 도착할 수 있었다. 이 차는 2인승 오픈카로 당시엔 국내에는 운전할 수 있는 사람이 없어 일본인 기사를 고용해 운전을 맡겼다고 한다.

이렇게 힘들게 도착한 최초의 자동차는 시끄럽고 가벼워 보이며 왕의 위엄을 떨어뜨린다 하여 임금님 행차에는 사용하지 못하고 궁 안에서 "귀신 소리를 내는 쇠 망아지"라는 소문과 함께 구경거리로 전락해 버렸다. 최초의 수입차는 일반인에게는 공개되지 못하였고, 1904년 러일 전쟁이 일어나면서 혼란속에 자취를 감추고 말았다.

[고종황제 행사용으로 도입된 포드-A]

이후 일제 강점기인 1911년에는 황실업무를 담당했던 이왕직은 대한제국의 마지막 황제 순종의 전용자동차로 미국GM의 캐딜락을 도입한다. 현재는 창덕궁 어차 보관실에 보관된 우리나라에 남아있는 가장 오래된 자동차라고 한다.

[대한제국 황제 순종의 캐딜락]

단원 종합 평가

01. 다음은 4행정과 2행정기관의 특성을 비교하였다. 특성구분 항의 ( )속의 특성을 선택하여 4행정과 2행정의 빈칸에 기록하시오.

4행정기관	특성 구분	2행정기관
	마력 당 중량 (가볍다 / 무겁다)	
	엔진 폭발 횟수 (1회전 / 2회전)	
	연료 소비량 (적다 / 많다)	
	열효율 (낮다 / 높다)	

02. 다음은 가솔린과 디젤기관의 행정에 따른 특성을 설명하였다. ( )에 알맞은 말을 써 넣으세요.

행 정	가솔린기관	디젤기관
(1) 흡입행정	(①)밸브가 열리고 (②)이 하강하면서 (③)를 흡입한다.	(①)밸브가 열리고 (②)이 하강하면서 (③)를 흡입한다.
(2) 압축행정	(①)밸브가 닫히고 (②)이 상승하면서 (③)를 압축한다.	(①)밸브가 닫히고 (②)이 상승하면서 (③)를 압축한다.
(3) 폭발행정	(①)에 의해 (②)가 폭발하면서 (③)을 하강시킨다.	(①)를 분사하여 자연 착화시켜 폭발시키면서 (②)을 하강시킨다.
(4) 배기행정	(①)밸브가 열리고 (②)이 상승하면서 (③)를 배출한다.	(①)밸브가 열리고 (②)이 상승하면서 (③)를 배출한다.

03. 자동차용 엔진의 발달과정을 서술하시오.

04. 자동차용 배기량과 압축비를 구분하여 서술하시오.

05. 내연기관을 행정에 따라 분류하고 특성을 서술하시오.

06. 가솔린과 디젤기관의 연소특성을 지압선도로 그리고 그 특성을 설명하시오.

07. 4행정과 2행정 사이클 기관을 비교하고, 작동원리와 특성을 기술하시오.

08. 피스톤의 평균속도, 측압이란 무엇인지 서술하시오.

09. 정비용 공구와 기기의 특성을 설명하고, 용도에 맞게 사용하시오.

10. 정비실습 시 안전수칙과 유의사항을 예를 들어 설명하시오.

CHAPTER 02

자동차 기관본체

※ **NCS 적용코드 :** 1506030201_14V2

자동차용 기관은 우리 사람의 심장에 해당하는 정치로서 자동차 힘의 원천인 동력원이라 볼 수 있다. 기관 본체는 동력을 발생시키는 주요부로 실린더헤드와 블록, 피스톤과 커넥팅로드, 크랭크축과 플라이휠, 캠축과 밸브 및 밸브 개폐장치 등으로 구성된다. 기관의 점검을 위해서는 기관 본체를 종류별 특징과 장·단점, 구조와 작동원리를 이해하여야 한다. 이 단원에서는 기관본체, 실린더헤드와 블록, 피스톤과 커넥팅로드, 크랭크축과 플라이휠, 캠축 및 밸브 구동장치와 타이밍장치 등의 역할과 기능, 특징을 이해하고, 각 구성장치의 점검·정비방법에 대하여 학습하기로 한다.

01. 기관 본체의 개요

NCS 활용

□ NCS연계 : 엔진본체 점검 · 진단, 조정, 교환, 수리, 검사하기(1506030201_14V2)

본 단원은 NCS 학습모듈과의 직접적인 연계는 없지만 기관 본체를 구분하고, 기관의 구조, 작동원리와 기관의 종류별 특성과 장 · 단점을 이해하여 엔진 본체를 점검 · 진단, 조정, 교환, 수리, 검사할 수 있도록 학습하는데 필요한 기초 단원이다.

1.1. 기관본체의 구성과 작동원리

엔진 본체는 그림 1과 같이 실린더헤드커버, 실린더헤드, 실린더블록, 오일 팬 등으로 구성되어 있다.

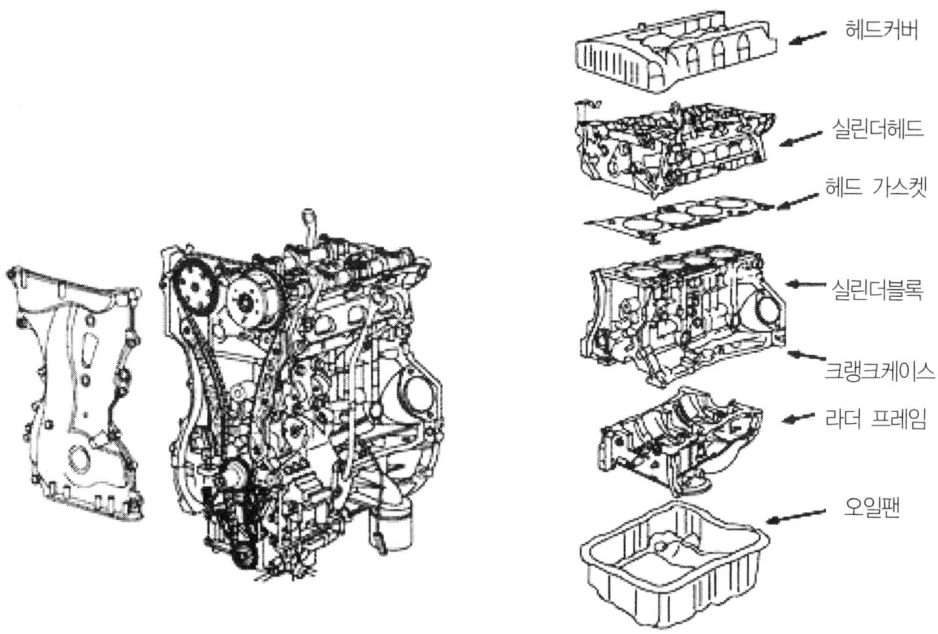

그림 1. 기관본체의 구성부품

1.1.1. 실린더헤드와 헤드개스킷

실린더헤드(cylinder head)는 실린더블록 위에 설치되는 실린더의 머리 부분이다. 실린더헤드에는 점화 또는 가열플러그와 밸브기구 및 인젝터가 설치되어 있다. 헤드는 그 형상에 따라 혼합기의 연소효율이 좌우되기 때문에 기관성능을 결정하는 중요한 부품이다. 실린더헤드는 고온·고압의 연소가스에 노출되므로 알루미늄 합금 또는 내열성이 우수한 주철이 사용된다.

헤드개스킷(head gasket)은 실린더블록과 헤드의 접촉면 사이에서 압축과 연소가스, 냉각수, 오일 등이 누설되는 것을 방지하기 위한 부품이다. 헤드개스킷은 연소가스에 의한 고온·고압에 견디면서도 기밀을 유지해야 하므로 강판이나 동판의 양쪽 면에 석면을 싸거나 강판만으로 얇게 만든다.

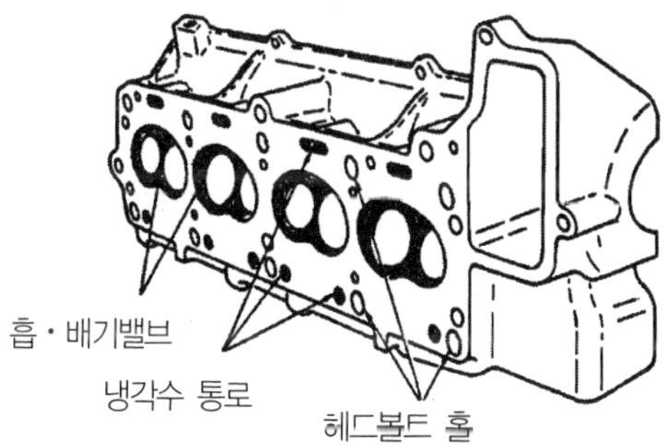

그림 2. 실린더헤드의 구조

1.1.2. 실린더블록(cylinder block)

실린더블록은 기관의 몸체를 구성하는 골격부품이다. 내부에는 피스톤이 왕복운동을 하는 실린더와 기관을 냉각시키는 물통로인 물재킷(water jacket)이 설치되어 있고 그 아래에 크랭크축이 장착된다.

실린더블록은 여러 가지 부품이 장착되는 기관의 몸체에 해당되기 때문에 튼튼하고 가공성도 요구된다. 따라서 블록의 재질은 마모와 부식에 강하고 주조와 기계가공이 쉬운 주철이나 알루미늄합금 등이 사용된다. 또한 블록은 튼튼하면서도 가벼워야 하기 때문에 큰 힘을 받는 부분과 변형되기 쉬운 부분을 두껍게 하고 그 밖의 부분은 얇게 하는 골격(skeleton)의 구조로 되어있다.

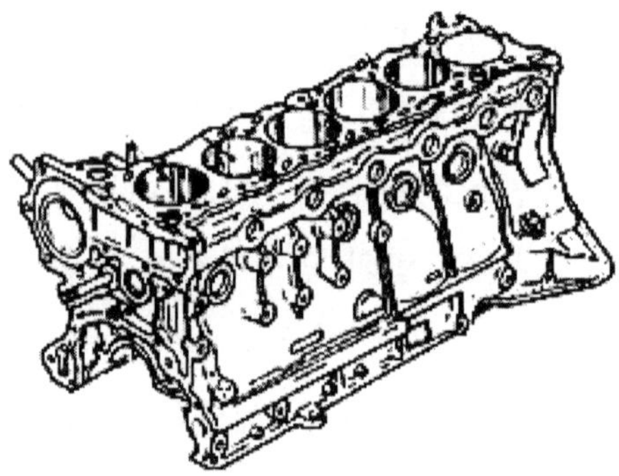

그림 3. 직렬 6기통 실린더블록의 구조

Reference 알루미늄합금 실린더블록

승용자동차의 경우 기관이 차량 중량의 10~15%를 차지하고 그 중 15~20%를 실린더블록이 차지하기 때문에 강성을 유지하면서 가벼운 것이 실린더블록의 중요한 요건이다. 이에 따라 최근에는 가볍고 냉각효율이 좋은 알루미늄합금을 주로 사용하고 있다.

[1] 실린더와 라이너(cylinder liner)

실린더(cylinder)는 피스톤이 왕복운동을 하는 원통으로 길이는 행정의 약 2배 정도이다. 실린더 벽(cylinder wall)은 연소가스의 누설을 방지하고 피스톤과의 마찰을 최소화하기 위해 정밀하게 가공된다. 실린더는 고온·고압의 연소가스에 노출되기 때문에 충분한 강도와 열전도율을 지녀야 하고 피스톤의 왕복운동에 충분히 견딜 수 있는 내마멸성이 있어야 한다.

실린더블록이 알루미늄 합금으로 만들어진 경우에는 실린더 벽의 마모를 고려해 실린더 안에 실린더라이너라는 원통을 끼운다. 이러한 실린더블록을 라이너 삽입식이라고 하고, 라이너만 교환하여 계속 사용할 수 있다.

그러나 실린더블록이 주철로 만들어진 경우에는 라이너가 없고, 정밀하게 연마되어 있는 것이 일반적이다. 이와 같이 실린더블록과 실린더가 동일한 재질로 된 실린더블록을 일체식이라고 한다.

Reference 실린더 라이너의 특성

- 알루미늄합금의 실린더블록에 주철로 된 실린더 라이너를 사용하면 기관의 중량이 무거워지기 때문에 특수합금으로 제작된 라이너가 사용되기도 한다.
- 실린더 라이너에는 건식(dry type)과 습식(wet type)이 있으며, 자동차용 소형 엔진에는 건식 라이너, 대형 엔진에는 냉각효율이 좋은 습식 라이너를 주로 사용한다.

[2] 크랭크케이스(crankcase)

크랭크케이스는 실린더블록의 아랫부분으로, 크랭크축을 중심으로 상부와 하부로 나누어진다. 상부는 실린더블록과 하나로 주조되어 크랭크 실이라고 하고, 하부는 엔진오일을 저장하는 부분으로 오일 팬(oil pan)이라고 한다.

1.1.3. 연소실

연소실은 실린더헤드와 블록과 결합하면서 만들어지는 공간이다. 연소실은 압축비를 결정하는 중요한 요소이며, 그 형상에 따라서 엔진의 성능이 달라진다. 특히 가솔린과 디젤엔진은 연료의 연소특성이 다르기 때문에 연소실의 형상이 큰 차이를 나타낸다.

[1] 가솔린기관의 연소실

가솔린기관의 연소실의 형식은 그림 4와 같이 지붕형, 욕조형, 반구형 등이 있다. 밸브 지름이 크면 흡·배기효율이 높아지지만 밸브가 무거워져서 고속으로 운전하는데 한계가 있다.

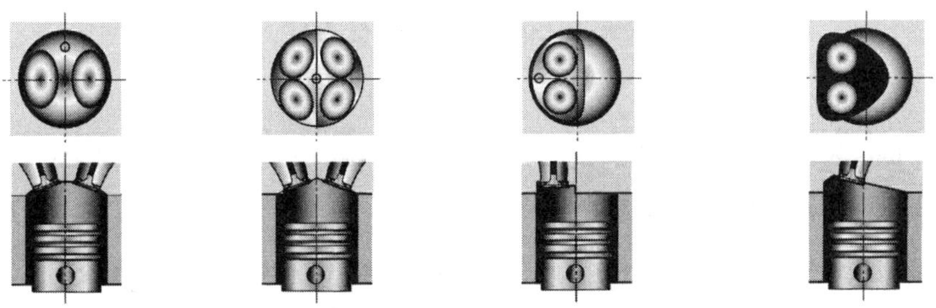

(a) 반구형 (b) 지붕형 (c) 욕조형 (d) 쐐기형

그림 4. 가솔린기관의 연소실

따라서 흡·배기밸브가 1개씩인 2밸브 방식 대신 2개씩인 4밸브 방식이 주류를 이루고 있다. 지붕형 연소실은 4밸브 기관에 가장 적합하며, 밸브 지름이 커도 점화플러그를 실린더 중앙에 설치할 수 있는 장점이 있어서 가장 많이 사용되고 있다.

[2] 디젤기관의 연소실

디젤기관은 공기만을 흡입·압축하고 연료를 분사하여 자연 착화시키기 때문에 그림 5와 같이 연소실의 형식이 다양하다. 직접분사(direct injection)식은 분사노즐로 연소실에 직접 연료를 분사하는 방식으로 구조가 간단하고 열손실이 적어서 커먼레일식 디젤엔진에서 많이 사용하고 있다.

예연소실(precombustion chamber)식은 주 연소실 외에 실린더헤드에 예연소실을 가지고 있는 방식이다. 연료는 예연소실에 분사되며, 날씨가 추울 때 시동을 용이하게 하기 위하여 예열플러그(glow plug)가 설치되어 있다. 와류실(swirl chamber)식은 주 연소실 외에 압축행정 중에 공기 와류를 일으키도록 실린더헤드에 와류실을 설치한 방식으로 연료는 와류실에 분사된다.

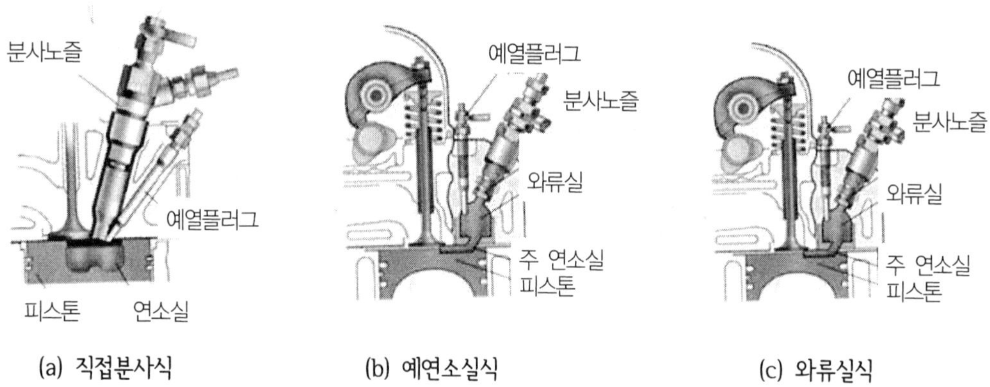

그림 5. 디젤기관의 연소실 형식

1.1.4. 헤드 개스킷(head gasket)

헤드개스킷은 실린더블록과 헤드의 밀착 면에서 금속과 금속간의 조립 시 발생할 수 있는 가스나 윤활유, 냉각수 등의 누설을 방지하고 연소실의 기밀을 유지하는 중요한 기능을 한다.

따라서 헤드 개스킷은 엔진이 작동 중이거나 정지 중에도 압력이나 화학적, 열적 작용을 통한 다양한 부하를 극복하고 원형을 그대로 유지할 수 있어야 한다. 또한 높은 면압(surface pressure)을 받지만 변형되지 않고 탄력적으로 운전상태에 대응할 수 있어야 한다. 이 때문에 헤드개스킷은 석면 재질을 많이 사용해왔지만 최근에는 스테인리스(SUS301, 304) 재질을 3~4매 겹쳐서 사용하기도 한다.

헤드개스킷이 기밀을 유지해야 하는 연소가스, 냉각수, 엔진오일 중에서 가장 중요한 것은 연소가스의 기밀유지이다. 이 연소가스의 기밀을 유지하는 부분이 그림 6에서 엔진블록과 실린더헤드사이에 있는 헤드가스켓이다. 이를 '보어 비드(bore bead)' 라고 한다. 헤드개스킷이 불량일 경우에는 압축압력 저하, 오일이나 냉각수의 소모, 엔진과열 등의 현상이 나타날 수 있다.

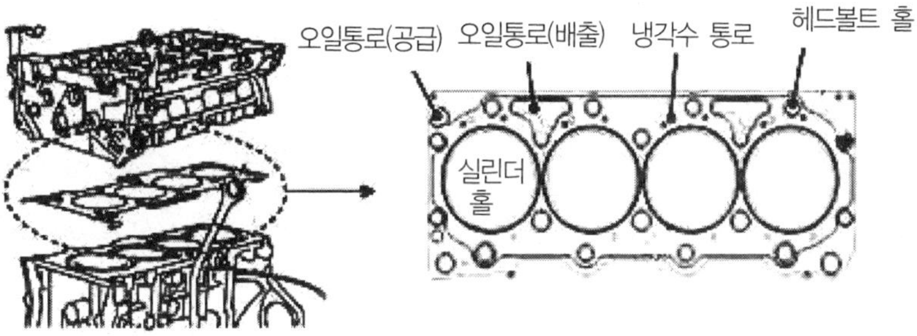

그림 6. 실린더 헤드개스킷

1. 2. 구동부품의 구성과 특징

1.2.1. 피스톤과 피스톤 링

피스톤(piston)은 실린더 안을 왕복운동하면서 폭발행정에서 얻은 동력을 커넥팅로드를 거쳐서 크랭크축에 전달한다. 또한 흡입, 압축, 폭발, 배기의 4행정에서 혼합기를 흡입하고 압축하며 연소가스를 배출시키는 작용도 한다. 피스톤은 고온·고압의 연소가스에 노출되어 내열성과 열전도성이 우수해야 하고, 고속으로 왕복운동을 하므로 가벼우면서 충분한 강도를 갖기 위해 주로 알루미늄 합금을 사용한다. 피스톤의 상부인 피스톤헤드(piston head)에는 그림 7과 같이 피스톤링이 끼워지는 3~4개의 링 홈(ring home)이 있다.

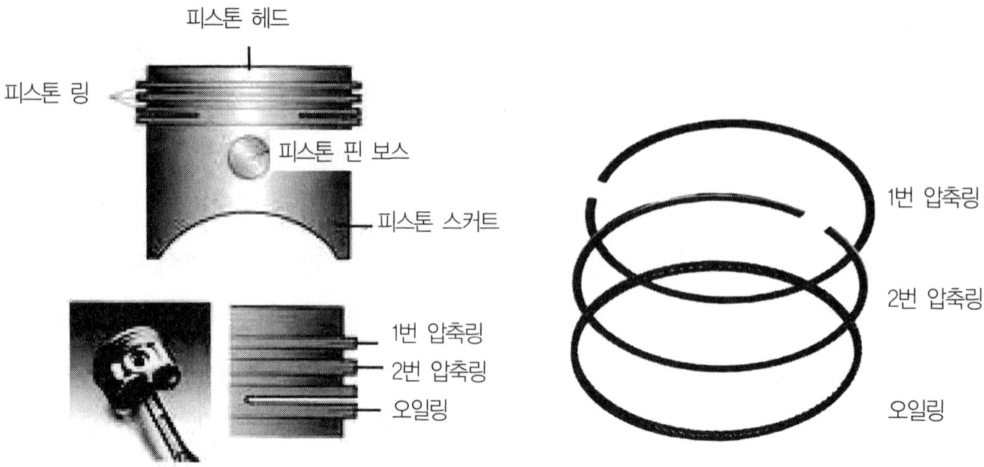

(a) 피스톤의 구조 (b) 피스톤링의 구성

그림 7. 피스톤의 구조와 피스톤링

중앙에는 피스톤과 커넥팅로드를 연결하는 피스톤핀이 설치되는 구멍인 피스톤보스가 있고, 그 아래 하부는 피스톤 스커트(piston skirt)라고 한다. 피스톤 헤드는 혼합기의 연소 및 폭발에 의해 높은 열을 받기 때문에 피스톤 스커트보다 열팽창이 크므로 헤드 부분이 스커트 부분보다 조금 작게 만들어진다.

피스톤링(piston ring)은 그림 7(b)와 같이 보통 2~3개의 압축링(compression ring)과 1개의 오일 링(oil ring)이 주로 사용된다. 압축링은 실린더와 피스톤사이의 연소가스가 새는 것을 방지하고 오일링은 실린더의 오일을 긁어내린다. 링을 조립할 때는 링의 끝 부분이 절개되어 있어 완전한 기밀을 유지하기 어려우므로 절개부 위치를 엇갈리게 배치한다.

Reference 피스톤링의 3대 작용

① 기밀작용 : 실린더와 피스톤 사이의 가스 누설방지기능
② 열전달작용 : 피스톤이 받은 열을 실린더로 전달하는 기능
③ ·오일제어작용 : 실린더 벽면에 유막 형성 및 여분의 오일 제거기능

1.2.2. 커넥팅로드(connecting rod)

커넥팅로드는 피스톤과 크랭크축을 연결하여 피스톤의 왕복운동을 크랭크축의 회전운동으로 바꾸어 전달하는 역할을 한다. 커넥팅로드의 구성부품은 그림 8과 같다. 커넥팅로드의 소단부에는 피스톤핀과 피스톤이 연결되고, 대단부에는 크랭크핀과 크랭크축이 연결된다. 커넥팅로드의 길이는 소단부의 중심과 대단부의 중심 간의 거리를 말한다.

커넥팅로드의 길이가 길수록 피스톤의 흔들림이 작아져서 진동과 마찰이 줄어들지만 기관이 크고 무거워지기 때문에 커넥팅로드의 길이는 피스톤 행정의 1.5~2.2배 정도로 만든다. 커넥팅로드는 단면 형상에 따라 I형과 H형이 있다. 같은 강도일 경우 무게가 가벼운 I형이 많이 사용된다.

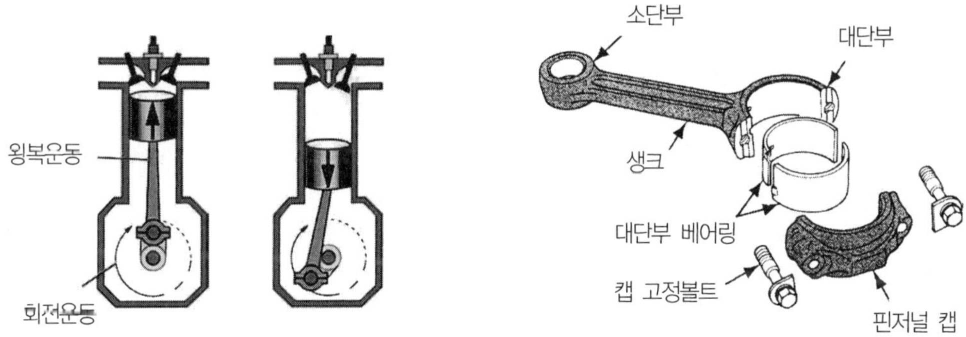

(a) 커넥팅로드의 운동 (b) 커넥팅로드의 구조

그림 8. 커넥팅로드의 운동과 구성부품

1.2.3. 크랭크축(crank shaft)

크랭크축은 피스톤의 왕복운동을 회전운동으로 변환하는 역할을 하며 엔진의 운동부품 가운데 가장 무겁고 큰 부품이다. 이 회전력이 곧 엔진의 회전이 되는 것이고 이어서 변속기, 추진축, 휠 등으로 동력이 전달되기 때문에 크랭크축의 회전이 곧 엔진의 토크를 결정한다고 말할 수도 있다.

크랭크축은 큰 하중을 받으면서 고속으로 회전해야 하기 때문에 강도나 강성이 충분해야 하며 정적, 동적균형이 잘 잡혀있어서 원활하게 회전해야 한다. 따라서 크랭크축에는 이런 균형을 잡기 위해서 밸런스 웨이트(balance weight)가 설치되어 있다.

(a) 크랭크축의 구조

(b) 크랭크축의 밸런스웨이트

그림 9. 크랭크축의 구조와 밸런스웨이트

또한 크랭크축 후단의 플랜지에는 플라이휠 또는 토크컨버터를 장착하여 크랭크축의 회전력을 증대시키고 회전 관성을 최대한 이용하여 엔진이 원활하게 회전하도록 하고 있다.

Reference 크랭크축의 유래와 회전수

- 크랭크축의 유래 : 시동전동기가 개발되기 전에는 사람이 손잡이를 회전시켜서 자동차의 시동을 걸었는데, 크랭크(crank)라는 말은 '구부러진 손잡이'에서 유래되었다.
- 크랭크축 회전수 : 크랭크축의 회전수는 기관의 회전수(rpm)와 같은 의미이다.

1.2.4. 플라이휠(fly wheel)

실린더에서는 흡입, 압축, 배기행정을 제외한 폭발행정에서만 동력이 발생하여 크랭크축을 회전시키기 때문에 크랭크축의 회전속도가 일정하지 않다. 따라서 그림 10과 같이 크랭크축의 끝에 플라이휠(fly wheel)을 설치하는데, 이는 자체 관성을 이용하여 크랭크축이 일정한 속도로 회전할 수 있도록 한다.

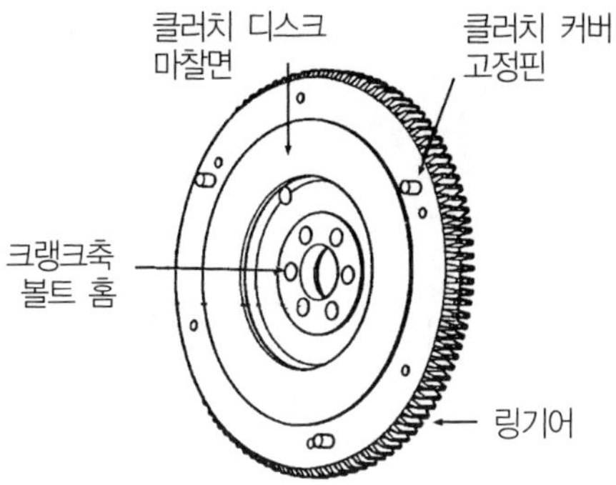

그림 10. 플라이휠의 구조

플라이휠 외부에는 링기어(ring gear)가 있어 시동할 때 시동전동기의 피니언기어(pinion gear)가 링기어와 맞물려 크랭크축을 회전시킨다. 따라서 플라이휠의 기능은 회전관성기능, 시동기능, 동력전달기능을 한다.

Reference 플라이휠의 크기와 관성력

플라이휠의 바깥지름이 크고 무거울수록 관성력은 커지므로 가속페달을 밟아도 기관의 회전속도가 신속하게 높아지지 않고, 반대로 가속페달을 놓아도 기관의 회전속도가 낮아지지 않는다. 따라서 플라이휠의 크기와 무게는 기관의 성능에 맞게 설계해야 한다.

플라이휠이 클수록
관성력이 크다.

1.2.5. 밸런스 축(balance shaft)

밸런스 축은 크랭크축의 밸런스웨이트에서 상쇄되지 않은 크랭크축의 진동을 줄여 주기 위하여 크랭크축과 평행하게 설치된 축으로 한쪽이 무겁도록 움푹 패인 형상을 하고 있다.

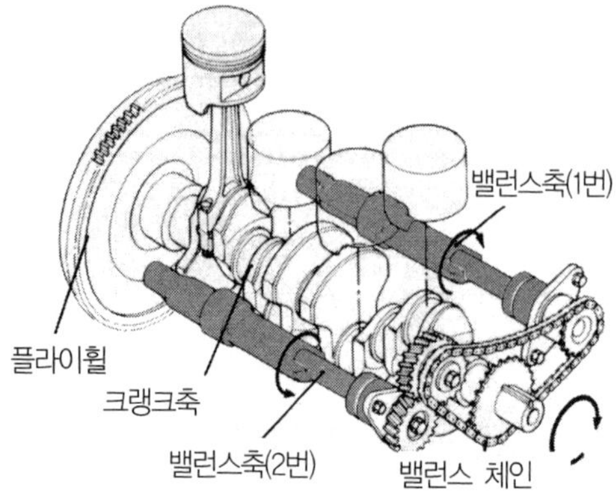

그림 11. 밸런스 축

밸런스축은 보통 2개가 사용되며 일반적으로 프런트 케이스와 실린더블록에 설치되고, 타이밍체인이나 벨트를 통하여 구동시킨다.

1.3. 밸브장치의 구성

밸브장치는 밸브, 밸브스프링, 밸브가이드, 캠축, 캠축 스프로킷, 타이밍벨트 또는 체인 등으로 구성된다.

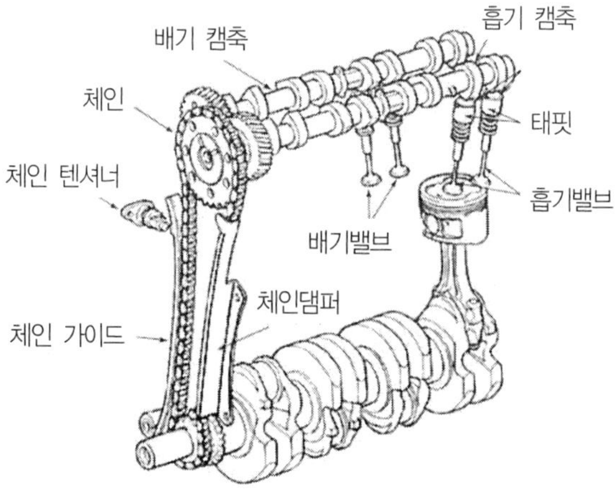

그림 12. 밸브장치의 구성

크랭크축이 회전하면 타이밍벨트 또는 체인으로 연결된 캠축이 회전하면서 밸브가 개폐된다. 4행정 사이클 기관에서는 크랭크축이 2회전하는 동안 캠축이 1회전하여 흡·배기밸브가 각각 1회씩 개폐하도록 되어 있다.

1.3.1. 밸브 구동방식

밸브 구동방식은 그림 13과 같이 캠축이 설치되는 위치에 따라 오버헤드 밸브방식과 오버헤드 캠축방식이 있다. 오버헤드 밸브방식은 밸브구동이 복잡하고 고속기관에 적합하지 않아 트럭 등의 저속 대형기관에, 오버헤드 캠축방식은 밸브 구동이 간단하고 고속기관에 적합하여 대부분의 차량에 적용되고 있다.

[1] 오버헤드 밸브(OHV : overhead valve)방식

오버헤드 밸브방식은 그림 13(a)와 같이 밸브는 실린더헤드, 캠축은 실린더블록에 설치되는 방식이다. 크랭크축에 의해 캠축이 회전하면 캠에 의해서 태핏(tappet), 푸시로드(push rod), 로커 암(rocker arm)이 작동하여 밸브를 개폐시킨다.

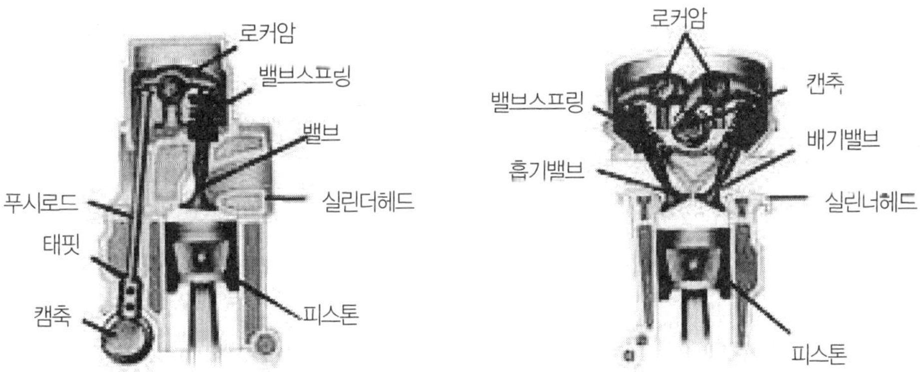

(a) 오버헤드 밸브방식　　(b) 오버헤드 캠축방식

그림 13. 밸브 구동방식

[2] 오버헤드 캠축(OHC : overhead camshaft)방식

오버헤드 캠축방식은 그림 13(b)과 14와 같이 밸브와 캠축이 모두 실린더헤드에 설치되는 방식으로 밸브 구동방식에 따라 직동식(direct action type), 로커 암식(rocker arm type), 피봇식(pivot type) 등이 있다.

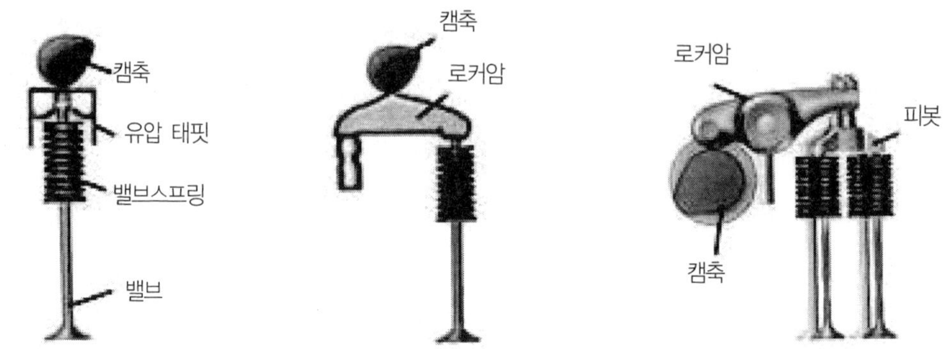

(a) 직동식 (b) 로커암식 (c) 피봇식

그림 14. 오버헤드 캠축의 형식

1.3.2. 캠축 구동장치

캠축은 크랭크축의 구동에 의하여 타이밍기어, 벨트 또는 체인에 의하여 구동된다.

[1] 캠축과 캠

캠축(cam shaft)은 단면이 계란모양의 캠이 배열된 축으로, 흡·배기밸브와 같은 수의 캠이 점화순서와 개폐시기에 따라 알맞은 위치와 각도로 배치되어 있다.

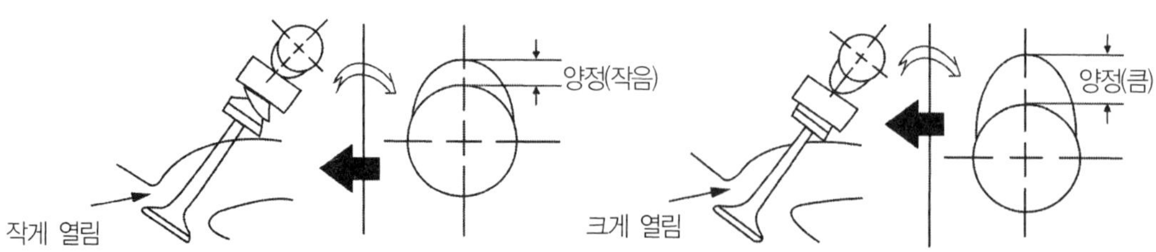

(a) 노즈가 작은 캠 (b) 노즈가 큰 캠

그림 15. 캠 노즈와 밸브의 작동

캠(cam)의 돌출부분을 캠 노즈(cam nose)라고 하며, 그 높이를 캠 양정(cam lift)이라고 한다. 밸브는 캠 양정만큼만 열리고, 캠 노즈가 크면 밸브가 크게 열리고 작으면 작게 열리기 때문에 캠의 형상은 엔진의 효율에 중요한 영향을 미친다.

[2] 타이밍벨트와 체인

오버헤드 캠축(OHC)방식은 그림 16과 같이 크랭크축과 캠축을 타이밍벨트(timing belt) 또는 타이밍 체인(timing chain)으로 연결하여 구동시킨다. 크랭크축과 캠축 끝에 스프로킷(sprocket)이 설치되어 벨트나 체인과 연결되고, 벨트나 체인의 장력을 자동으로 조정하기 위한 텐셔너(tensioner), 캠축의 간격 및 회전속도를 조절하기 위한 아이들러(idler), 체인의 흔들림을 방지하는 체인 가이드(chain guide) 등이 설치된다.

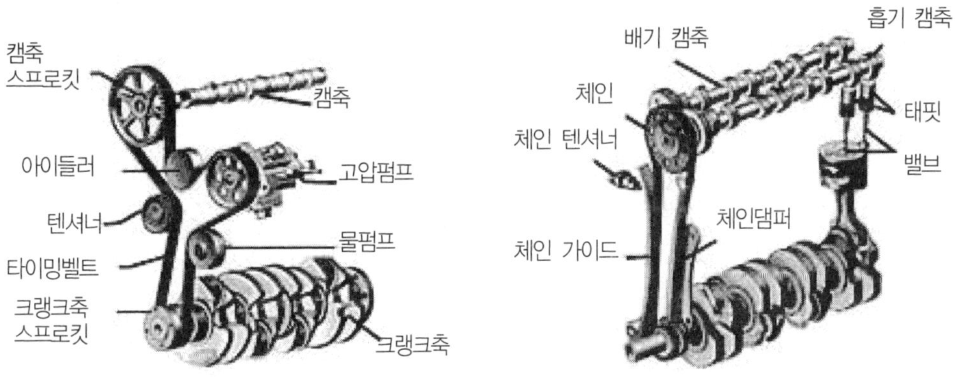

(a) 타이밍벨트　　(b) 타이밍체인

그림 16. 타이밍벨트와 체인의 구동

1.3.3. 밸브 구동장치

밸브 구동장치는 그림 17과 같이 캠축, 유압태핏, 밸브, 밸브 스프링, 밸브시트, 밸브가이드, 로커 암 등으로 구성된다.

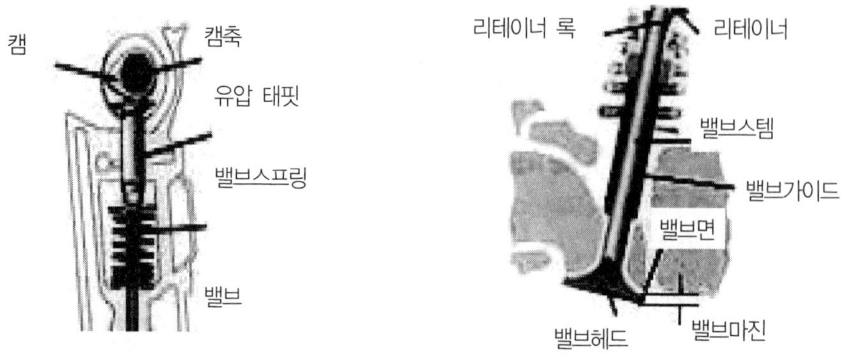

(a) 밸브구동 (b) 밸브명칭

그림 17. 밸브 구동장치의 구조

[1] 밸브(valve)

밸브는 연소실의 흡·배기구를 직접 개폐하는 역할을 하며, 공기 또는 혼합기를 흡입하는 흡기밸브(intake valve)와 연소가스를 배출시키는 배기밸브(exhaust valve)가 있다. 연소가스가 배출되는 배기밸브는 약 800℃, 흡기밸브는 약 300℃의 고온에 노출된다.

밸브는 그림 17과 같이 밸브헤드(valve head), 밸브페이스(valve face), 밸브스템(valve stem)으로 구성된다.

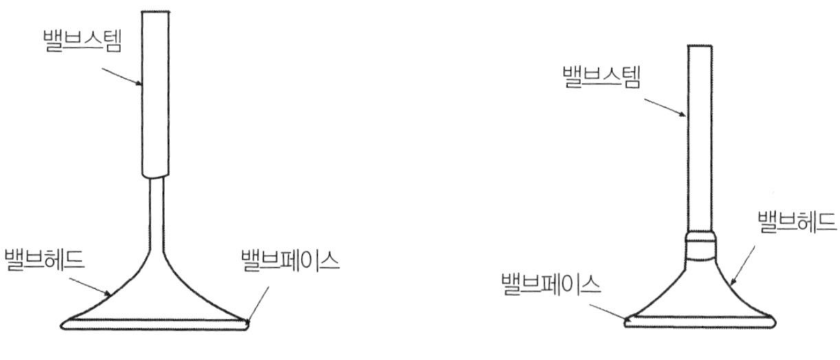

(a) 흡기밸브(大) (b) 배기밸브(小)

그림 18. 흡기와 배기밸브의 비교

흡기밸브는 그림 18과 같이 혼합기가 흡입되기 쉽도록 밸브헤드와 스템의 연결부분이 가늘고, 배기밸브는 열에 강하고 열을 밸브 스템에 잘 전달하기 위하여 밸브헤드와 스템의 연결 부분이 두껍다. 밸브는 구조적으로 간단하지만 고온의 연소가스에 노출되어도 변형이나 마모가 일어나지 않도록 내열성과 내마모성이 요구된다.

[2] 밸브시트(valve seat)

밸브시트는 밸브페이스와 접촉하는 실린더헤드의 포트부분으로, 밸브페이스와 밀착하여 연소실의 가스누설을 방지하고 밸브헤드의 열을 실린더헤드에 전달시킨다. 밸브시트는 배기 쪽을 조금 넓게 하여 냉각작용을 좋게 한다.

[3] 밸브가이드(valve guide)

밸브가이드는 실린더헤드에 설치되며, 흡기 및 배기밸브가 밸브시트에 완전하게 밀착되도록 하고 밸브스템의 운동을 안내한다.

[4] 밸브스프링(valve spring)

밸브스프링은 밸브가 닫혀 있는 동안에 밸브페이스가 시트와 밀착하여 기밀을 유지하도록 하고, 밸브가 캠의 형상에 따라 개폐되도록 하기 위하여 사용하는 스프링이다. 밸브스프링은 원형단면의 강선을 코일 형상으로 감은 것이며 리테이너에 의해 밸브스템에 고정된다. 밸브스프링은 밸브서징(valve surging) 현상을 방지하기 위하여 부등피치 스프링, 고유 진동수가 다른 2중 스프링, 원추형 스프링 등을 사용한다.

> **Reference** 밸브서징(valve surging) 현상이란?
>
> 밸브스프링이 고속으로 작동할 때 캠에 의한 강제 진동과 스프링의 고유 진동이 겹쳐 캠의 작동과 관계없이 밸브가 개폐되는 현상이다. 엔진 작동 중에 밸브서징 현상이 일어나면 엔진의 성능은 급격히 저하된다.

[5] 밸브간극(valve clearance)

밸브가 닫힐 때 밸브에 열팽창이 생기면 밸브페이스가 밸브시트에 밀착되지 않아 가스가 누설될 수 있다.

이를 방지하기 위해 그림 19와 같이 밸브스템 끝과 로커 암사이에 약간 사이를 두는데 이것을 밸브간극(valve clearance)라고 한다. 밸브간극을 조정하여 밸브페이스와 시트가 밀착되어 항상 기밀을 유지할 수 있도록 한다.

(a) 오버헤드 밸브방식 (b) 오버헤드 캠축방식

그림 19. 밸브구동 방식에 따른 밸브간극

1.3.4. 밸브 개폐시기

밸브 개폐시기(valve timing)는 크랭크축의 회전에 맞추어 정확히 유지되어야 하며, 밸브 개폐시기가 맞지 않으면 엔진의 부조와 출력 부족의 원인이 된다. 밸브 개폐시기는 그림 20과 같이 흡기밸브는 피스톤이 상사점(TDC)에 도달하기 전에 열리기 시작하여 하사점(BDC)을 지난 후에 닫힌다.

그 이유는 조금이라도 많은 공기나 혼합기를 실린더에 흡입하여 체적효율을 향상시키기 위한 것이다. 그리고 배기밸브는 피스톤이 하사점에 도달하기 전에 열리기 시작하여 상사점을 지난 후에 닫힌다. 이것은 가능한 많은 연소가스를 빠르고 배출시키기 위한 것이다.

이와 같이 흡·배기밸브가 동시에 열려 있는 상태를 밸브 오버랩(valve over-lap)이라고 하는데, 이것은 흡입공기 또는 혼합기의 흐름관성을 이용하여 흡·배기효율과 체적효율을 높이기 위한 것이다.

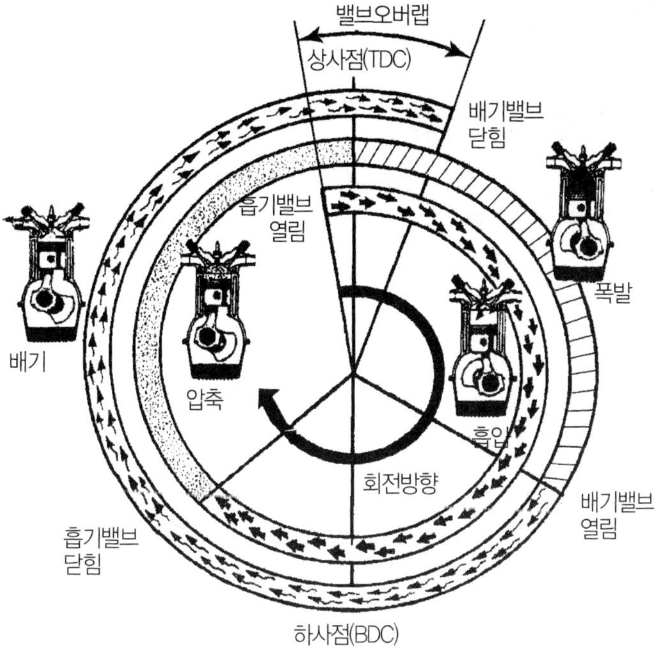

그림 20. 밸브 개폐시기 선도

Reference 밸브 오버랩(valve over-lap)이란 ?

밸브 오버랩이란 4행정 1사이클을 완료하는 동안 흡기와 배기밸브가 동시에 열려있는 구간을 말한다. 밸브 오버랩을 너무 크게 하면 저속시 체적효율이 떨어지고 연비가 나빠진다. 이 때문에 밸브 오버랩의 양을 가변시킬 필요가 있을 때는 가능한 한 밸브 오버랩을 작게 제어하는 가변밸브 타이밍시스템(VVT: variable valve train system)을 적용하기도 한다.

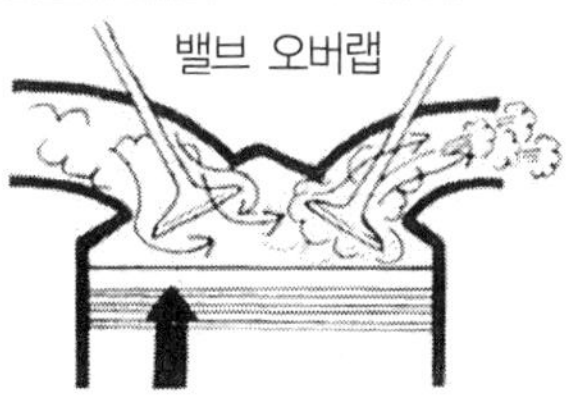

02. 기관본체의 탈 · 부착

NCS 활용

□NCS 연계 : 엔진본체 교환, 수리, 조정하기(1506030201_14V2 2.3/2.4/2.5)
본 단원은 NCS 학습모듈인 엔진본체에 대한 기능과 역할을 이해하고, 엔진 본체를 분해하여 교환 · 수리 · 조정 및 조립하는 단원이다.

2. 1. 기관본체 장치

2.1.1. 기관본체의 구성과 특성

기관 본체는 그림 21과 같이 실린더헤드와 커버, 실린더블록, 라더 프레임과 오일팬의 3가지 어셈블리(assembly)로 구성되어있다. 실린더헤드(cylinder head)는 실린더블록 위에 개스킷을 사이에 두고 설치되며, 피스톤과 헤드가 이루는 공간을 연소실이라고 부른다. 따라서 헤드의 형상에 따라 기관의 연소효율이 좌우되기 때문에 기관 성능을 결정하는 중요한 부품이다.

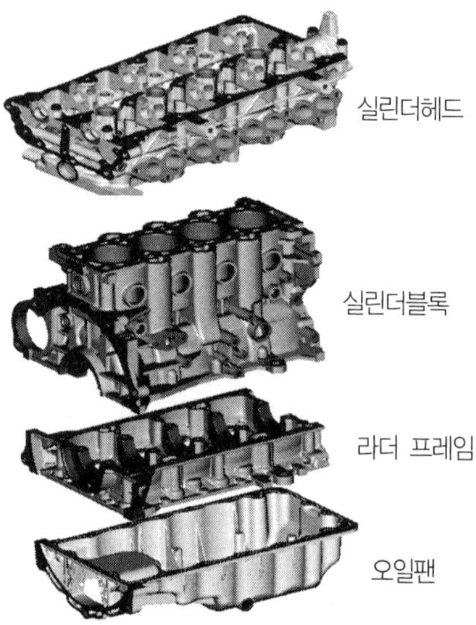

그림 21. 기관 본체의 구성

실린더블록(cylinder block)은 기관의 몸체에 해당하며, 내부에는 실린더와 물 통로가 설치되어 있고 그 아래에 크랭크케이스(crak case)와 라더 프레임 또는 오일팬이 장착된다. 라더 프레임(rader frame)은 차종에 따라 설치되어있지 않으며 일반적으로 오일펌프와 밸런스축과 일체로 구성된다. 오일팬(oil pan)은 엔진오일을 저장하며 폐유를 배출하는 드레인 플러그(drain plug)가 설치되어있다.

2.1.2. 엔진마운트(engine mount) 지지방식

엔진마운트는 엔진을 차체에 고정시키고 엔진이 작동할 때 발생하는 진동을 흡수하여 승차감을 향상시키는 역할을 한다. 엔진 마운트는 그림 22와 같이 3점과 4점 지지방식이 주로 사용되며 엔진의 진동이 차체로 전달되는 것을 줄여 주기위해 마운트 러버(mount rubber)를 사용한다.

(a) 3점 지지방식　　(b) 4점 지지방식

그림 22. 엔진마운트 지지방식

2.2. 기관 본체의 탈·부착

2.2.1. 엔진마운트 탈거

① 엔진마운트 볼트를 풀고, 마운트 브래킷을 엔진으로부터 분리한다.

② 플러그를 펜더실드 안쪽에서 빼낸 후, 변속기 마운트 볼트를 푼다.

③ 변속기 브래킷을 분리하고, 프런트 롤 스토퍼 상·하부 볼트를 풀어 스토퍼 어셈블리를 분리한다.

④ 리어 롤 스토퍼에서 볼트를 풀고, 스토퍼를 크로스 멤버에서 분리한다.

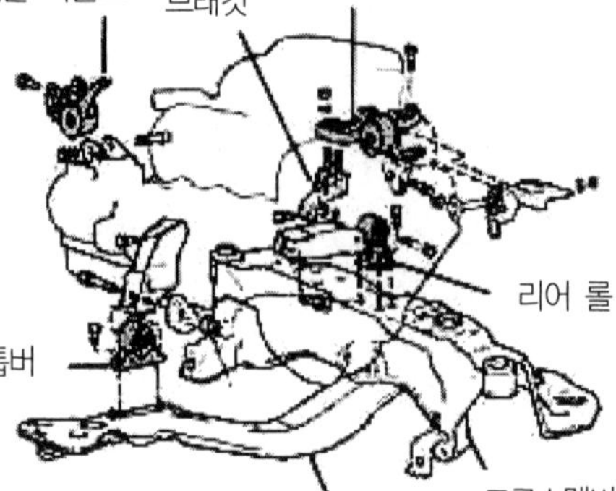

그림 23. 엔진 마운트의 탈·부착

2.2.2. 엔진 마운트의 조립 및 점검

① 마운트의 파손, 찌그러짐, 고무의 열화 등을 점검하고, 변형이나 손상된 것은 교환한다.

② 변속기 및 엔진 마운트, 프런트 롤 및 리어 롤 스토퍼 어셈블리 등의 손상을 점검한다.

③ 마운트의 조립은 분해의 역순으로 한다.

03. 실린더헤드와 블록

NCS 활용

□NCS 연계 : 엔진본체 교환, 수리, 조정하기(1506030201_14V2 2.3/2.4/2.5)
본 단원은 NCS 학습모듈인 엔진본체에 대한 기능과 역할을 이해하고, 엔진본체를 분해하여 교환·수리·조정 및 조립 학습하는 단원이다.

3.1. 실린더헤드와 블록의 역할과 특성

실린더헤드(cylinder head)는 실린더블록 위에 설치되는 실린더의 머리부분이다. 실린더헤드에는 점화 또는 가열플러그와 밸브기구 및 인젝터가 설치되어 있다.

실린더블록(cylinder block)은 실린더헤드와의 사이에 헤드개스킷을 두고 헤드볼트로 조립된다. 실린더블록에는 실린더와 물통로, 하부에는 크랭크케이스가 일체로 되어 있고, 기관을 지지하는 엔진마운트가 외부에 부착된다. 실린더헤드와 블록은 기관의 작동 시 고온에 노출되므로 열 변형에 의해 휨, 뒤틀림 등의 변형이 일어날 수 있으므로 변형을 점검하고, 실린더는 피스톤의 왕복운동에 의한 마모를 점검하여야한다.

그림 24. 실린더헤드와 블록의 구성

3. 2. 실린더헤드의 분해 · 조립 점검

3.2.1. 실린더헤드의 분해

① 엔진 내부의 윤활유를 빼고 흡·배기다기관, 타이밍벨트 등을 탈거하여 순서대로 정리한다.

② 실린더헤드커버와 캠축스프로킷을 탈거한다.

③ 로커 암 어셈블리와 캠축을 탈거한다.

④ 실린더헤드 볼트를 그림 25와 같이 순서대(1→10번)로 풀고 실린더헤드를 탈거한다.

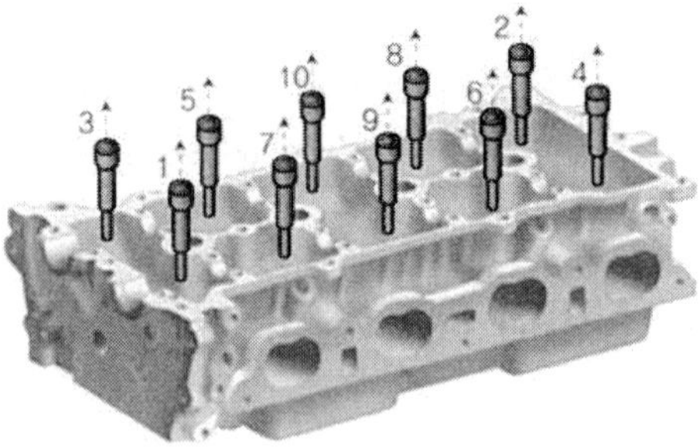

그림 25. 실린더헤드볼트 풀기

3.2.2. 실린더헤드의 점검

① 오일통로를 세척한 후 압축공기를 불어 막힘 여부를 점검한다.

② 실린더헤드의 균열 및 손상과 냉각수의 누설 등을 점검한다.

③ 실린더헤드 개스킷에 접촉하는 면의 접착제와 누적된 탄화물질을 깨끗하게 닦아 낸다.

④ 곧은 자와 틈새게이지를 이용하여 실린더 헤드면의 변형을 그림 26(b)와 같이 6 개소를 점검한다.

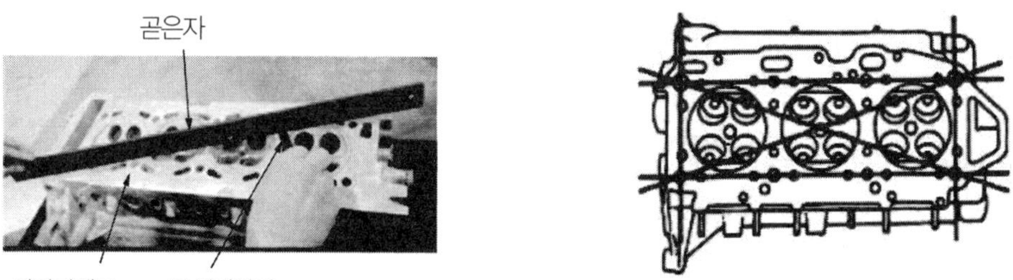

(a) 실린더헤드 변형점검

(b) 변형 측정개소

그림 26. 실린더헤드의 변형점검

Reference 실린더헤드 변형원인

- 겨울철에 냉각수가 동결된 경우
- 엔진이 과열된 경우
- 헤드 개스킷이 불량인 경우
- 헤드 볼트의 불균일한 조임 또는 순서가 잘못된 경우

3.2.3. 실린더헤드의 조립

① 실린더헤드와 블록의 접합면을 주걱 칼이나 마른 헝겊 등으로 깨끗이 청소한다.

② 실린더헤드 개스킷의 양면에 접착제를 바른 다음 실린더블록의 접합면에 올려놓는다.

③ 실린더헤드를 헤드볼트 구멍에 맞추어 헤드 개스킷 위에 올려놓고, 그림 27(a)과 같이 조립순서에 맞게 조립하고 토크렌치를 이용하여 규정토크로 조인다.

④ 캠축과 로커 암 어셈블리를 설치하고 그림 27(b)과 같이 캠축 스프로킷을 타이밍마크에 맞추어 조립한다.

⑤ 실린더헤드 커버를 조립한 뒤 엔진의 외장부품을 조립한다.

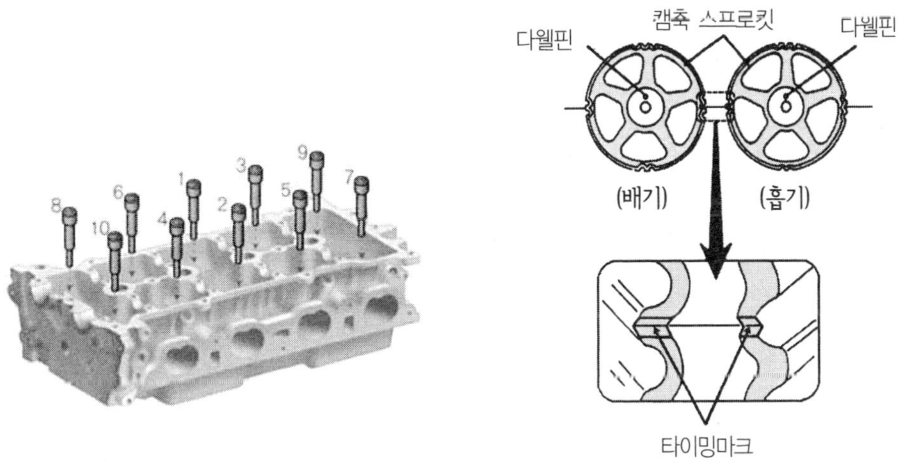

(a) 실린더헤드 볼트 조인순서 (b) 캠축 스프로킷과 타이밍마크

그림 27. 실린더헤드의 조립과 타이밍마크 정렬

3.3. 실린더블록의 점검

3.3.1. 실린더와 실린더블록의 점검

① 실린더와 실린더블록의 균열로 인한 냉각수의 누설을 점검한다.

② 오일통로에 압축공기를 불어 넣고 막힘 여부를 점검한다.

③ 실린더와 실린더블록의 긁힘, 균열, 부식 여부를 점검한다.

④ 실린더블록의 스터드 볼트 주위에 거스러미(burr)나 틈새를 점검한다.

⑤ 실린더헤드와 블록의 접합면을 마른 헝겊 등으로 깨끗이 청소한다.

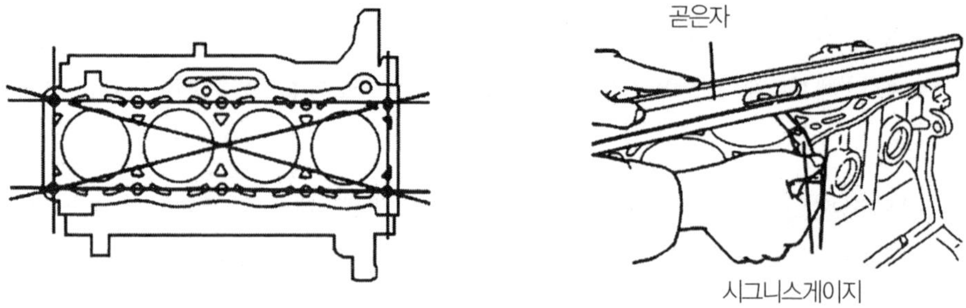

(a) 실린더블록의 점검 개소 (b) 실린더블록 측정

그림 28. 실린더블록의 점검

⑥ 곧은자와 시그니스게이지를 이용하여 실린더헤드와 블록 접합면의 변형을 점검한다.

⑦ 실린더블록의 변형은 그림 28(a)와 같이 6개소를 점검하고, 한계값 이상으로 변형된 경우에는 평면 연삭기로 연삭하고 과도하게 변형된 경우는 교환한다.

3.3.2. 실린더 마모량 측정

① 실린더 벽을 마른 헝겊 등으로 깨끗이 청소한다.

② 실린더 안지름보다 2mm 정도 큰 측정자를 실린더게이지에 조립하고 다이얼게이지 바늘이 움직이는지 확인한다.

③ 다이얼게이지 바늘을 0점에 조정한 후 실린더게이지를 실린더에 삽입한다.

④ 측정자의 안내판을 실린더 벽에 밀착하고 게이지를 가볍게 좌우로 움직여 측정값이 가장 작은 값을 측정값으로 한다.

⑤ 그림 29(a)와 같이 실린더 상·중·하의 각 지점에서 크랭크축 방향과 직각방향(A/B)의 6개소를 측정한다.

⑥ 측정값 중에서 최대와 최솟값의 차이가 실린더 마모량이 된다.

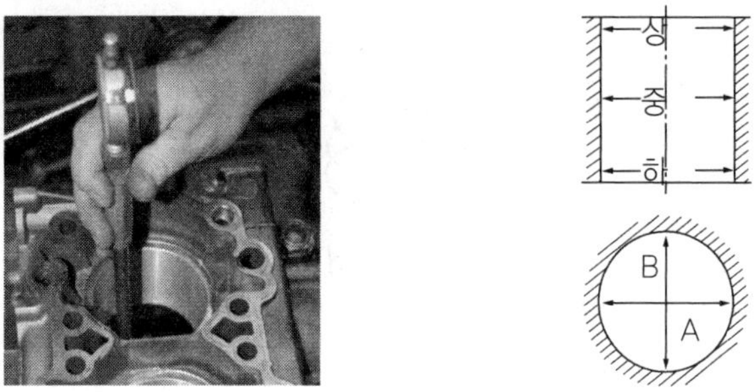

(a) 실린더 마모 측정개소

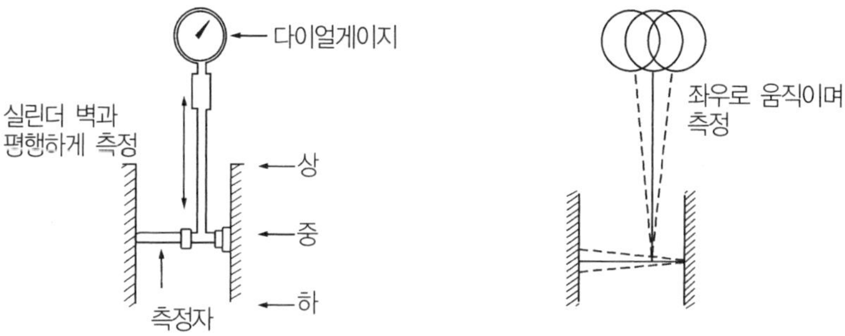

(b) 실린더 마모 측정방법

그림 29. 실린더 마모량 측정

04. 피스톤과 커넥팅로드

NCS 활용

□ NCS연계 : 엔진본체 교환, 수리, 조정하기(1506030201_14V2 2.3/2.4/2.5)
본 단원은 NCS 학습모듈인 엔진본체에 대한 기능과 역할을 이해하고, 엔진본체를 분해하여 교환・수리・조정 및 조립 학습하는 단원이다.

4.1. 피스톤과 커넥팅로드의 역할과 특성

피스톤의 상부인 피스톤헤드(piston head)에는 3~4개의 링을 설치할 수 있는 링홈(ring home)이 있고 중앙에는 피스톤과 커넥팅로드를 연결하는 피스톤핀이 설치되는 피스톤 보스(piston boss), 그 아래는 피스톤 스커트(piston skirt)가 설치되는 구조이다.

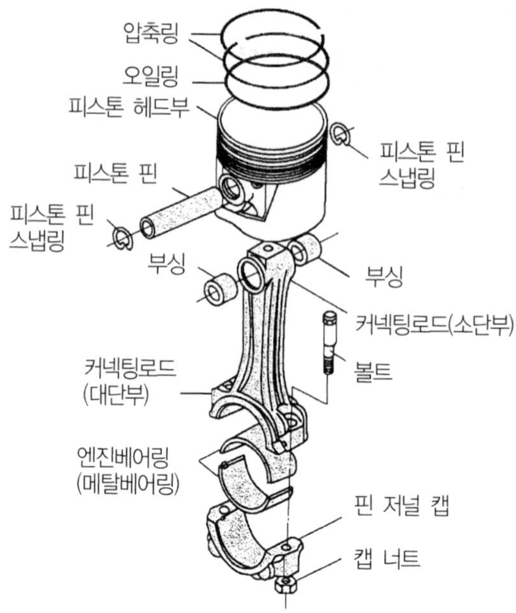

그림 30. 피스톤과 커넥팅로드

피스톤은 고온·고압의 연소가스에 노출되어 내열성과 열전도성이 우수해야 하고, 고속으로 왕복운동을 하므로 가벼우면서 충분한 강도를 갖기 위해 주로 알루미늄합금을 사용한다.

커넥팅로드(connecting rod)의 상단은 피스톤 핀과 연결되는 소단부, 하단은 크랭크축 메인저널과 연결되는 대단부로 구성되어 있고, 피스톤의 왕복운동을 크랭크축에 전달하는 역할을 한다. 커넥팅로드의 길이가 길수록 피스톤의 흔들림이 작아져서 진동과 마찰이 줄어들지만 기관이 크고 무거워지기 때문에 길이는 피스톤 행정의 1.5~2.2배 정도로 만든다. 커넥팅로드는 단면 형상에 따라 I형과 H형이 있다.

4.2. 피스톤과 커넥팅로드의 분해·조립 및 점검

4.2.1. 피스톤과 커넥팅로드의 분해

① 엔진의 외부부품인 흡·배기다기관, 타이밍벨트 등을 탈거한 뒤 실린더헤드와 오일 팬을 분리한다.

② 피스톤과 커넥팅로드에 실린더번호와 조립방향이 표시되어 있는지 확인하고, 표시가 없으면 표시해 둔다.

③ 크랭크축을 회전시켜 피스톤이 하사점(BDC)에 오도록 한 뒤, 커넥팅로드 대단부 캡 볼트를 풀고 캡을 탈거한다.

④ 피스톤과 커넥팅로드 어셈블리를 실린더헤드 쪽으로 밀어 탈거한다.

⑤ 커넥팅로드에 대단부 캡을 베어링과 같이 끼우고, 너트를 손으로 조여 놓는다.

⑥ 피스톤링 플라이어를 사용하여 피스톤링을 탈거한다. 피스톤링은 형태가 비슷하므로 순서와 위치가 바뀌지 않도록 해당 피스톤과 같이 놓는다.

⑦ 스냅 링 플라이어를 사용하여 피스톤핀 고정용 스냅 링을 탈거한다.

⑧ 피스톤핀을 빼서 피스톤과 커넥팅로드를 분리한다.

4.2.2. 피스톤의 점검

① 피스톤을 피스톤 바이스에 고정시킨 뒤, 스크래퍼(scrapper)나 브러시(brush)를 사용하여 피스톤 헤드에 부착된 카본 등의 이물질을 제거한다.

② 피스톤링 홈과 급유구멍에 고착된 카본과 불순물을 제거하고, 균열여부를 확인한다.

③ 외측 마이크로미터를 사용하여 그림 31과 같이 피스톤의 헤드와 스커트부의 핀과 스커트부 방향의 바깥지름을 측정하고, 규정값과 비교하여 정상 유무를 확인한다.

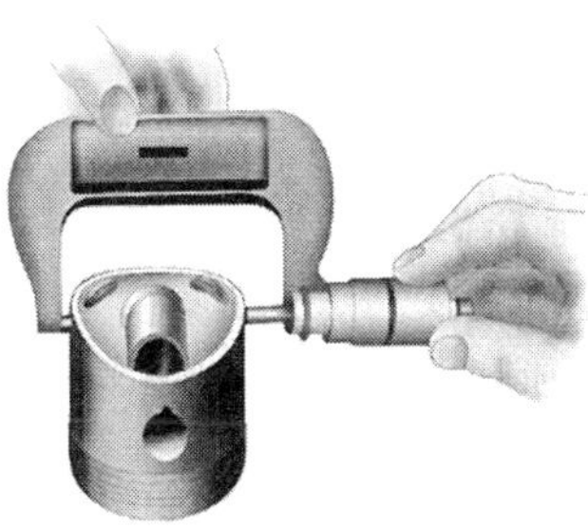

그림 31. 피스톤 바깥지름 점검

4.2.3. 피스톤 틈새 측정

① 실린더 벽과 피스톤 외부를 헝겊으로 깨끗이 청소한다.

② 실린더게이지로 실린더 안지름을 측정한다.

③ 외측 마이크로미터로 피스톤의 바깥지름을 스커트 상단 10mm지점에서 측정한다.

④ 실린더 안지름에서 피스톤 바깥지름을 뺀 값이 피스톤 틈새가 된다.

⑤ 피스톤 틈새가 규정값을 벗어나면 실린더를 피스톤 오버사이즈 치수로 보링 가공을 하고, 피스톤을 오버사이즈 치수로 교환한다.

Reference 피스톤 틈새와 엔진의 문제점

• 틈새가 클 경우

출력저하, 압축압력의 저하 등 실린더마모에 의한 결과와 같은 결과가 나타난다. 특히, 피스톤 슬랩(piston slap)현상에 의해 소음과 진동을 동반할 수 있다.

• 틈새가 작을 경우

피스톤과 실린더의 마찰력이 증대되어 심한 경우 소착된다.

4.2.4. 피스톤 링 사이드 틈새 측정

① 피스톤에 링을 끼운 후 틈새게이지를 이용하여 피스톤링 홈과 피스톤링 사이의 틈새를 측정한다.

② 틈새가 규정값보다 크면 피스톤링을 교환한다.

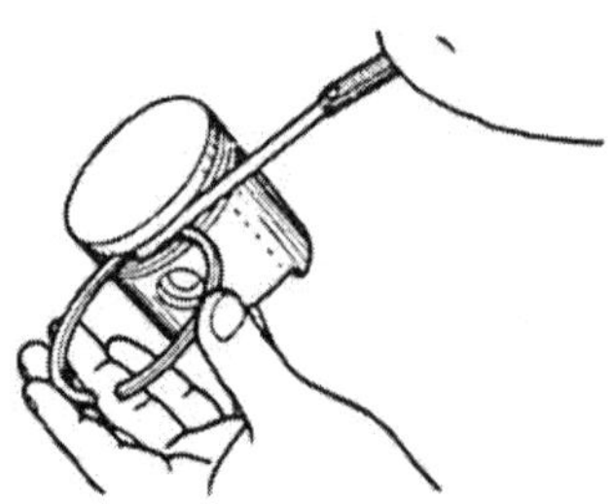

그림 32. 피스톤링 틈새 측정

4.2.5. 피스톤링의 조립

① 피스톤링 익스팬더를 사용하여 오일링을 피스톤링 홈에 끼운다.

② 그림 33(a), (b)와 같이 사이드 레일의 한쪽 끝을 삽입한 다음 다른 한쪽 끝을 손으로 밀어 넣고, 같은 방법으로 나머지 사이드 레일도 끼운다.

③ 그림 33(c), (d)와 같이 링 플라이어를 사용하여 압축링을 2번, 1번의 순서로 끼운다.

④ 그림 33(e)와 같이 링 절개부의 위치가 크랭크축 방향과 직각방향을 피하도록 한다.

⑤ 피스톤링 압축기로 피스톤링을 압축시킨 후 실린더 안으로 밀어 넣는다.

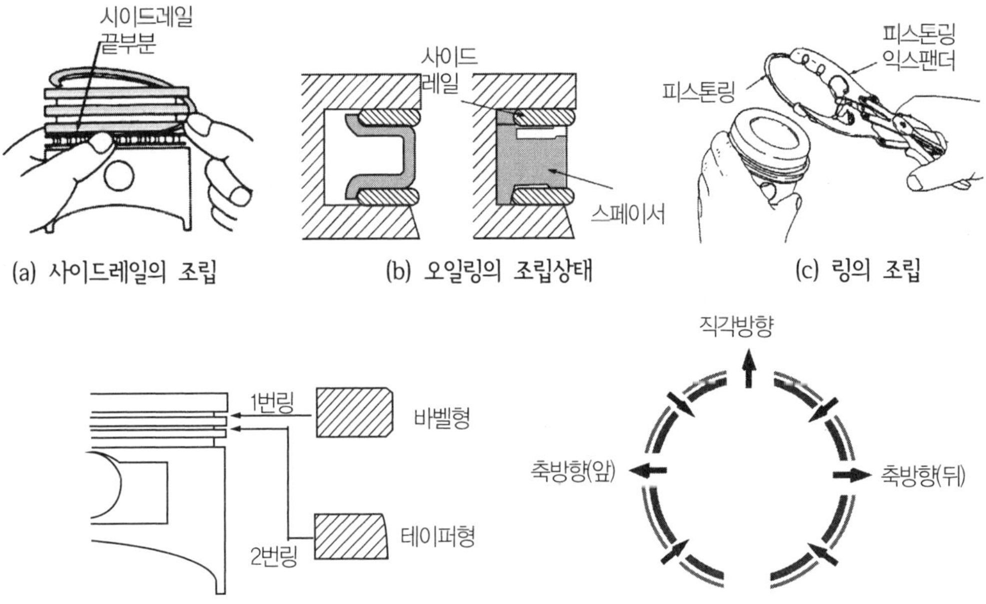

(a) 사이드레일의 조립 (b) 오일링의 조립상태 (c) 링의 조립

(d) 압축링의 설치 위치 (e) 피스톤링의 절개부 방향

그림 33. 피스톤링의 조립

05. 크랭크축과 플라이휠 및 밸런스축

NCS 활용

□ NCS연계 : 엔진본체 교환, 수리, 조정하기(1506030201_14V2 2.3/2.4/2.5)
본 단원은 NCS 학습모듈인 엔진본체에 대한 기능과 역할을 이해하고, 엔진본체를 분해하여 교환 · 수리 · 조정 및 조립 학습하는 단원이다.

5.1. 크랭크축과 플라이휠 및 밸런스축과 특성

크랭크축(crank shaft)은 피스톤의 왕복운동을 커넥팅로드를 통해 회전운동으로 변환시키는 역할을 하는 부품이다. 크랭크축은 큰 하중을 받으면서 고속으로 회전해야 하기 때문에 강도나 강성이 충분해야 하며 정적, 동적균형이 잘 잡혀있어서 원활하게 회전하는 것이 필요하다. 따라서 크랭크축에는 축 자체의 균형을 잡기 위해서 밸런스 웨이트(balance weight)가 설치되어 있고 그 끝단에는 플라이휠을 장착하여 엔진이 원활하게 회전하는 것을 돕는다.

플라이휠은 크랭크축의 회전력을 균일하게 하고 회전 관성을 최대한 이용하도록 크랭크축 끝단에 부착하여 시동, 엔진의 회전관성, 변속기와 클러치에 동력을 전달하는 기능을 수행한다.

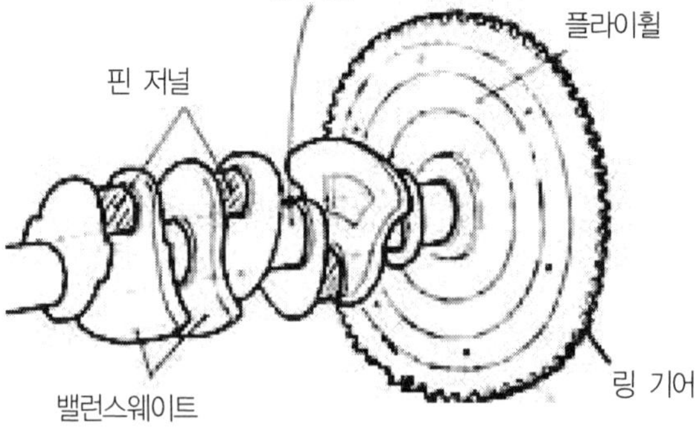

그림 34. 크랭크축과 플라이휠

최근 엔진에는 엔진의 진동방지와 정숙성 향상을 위하여 그림 35와 같이 밸런스 축(balance shaft)을 추가로 설치하여 폭발시에 크랭크축에 걸리는 횡방향의 충격을 줄여주기 위해 크랭크축과 연동시켜서 구동시키는 경우도 있다.

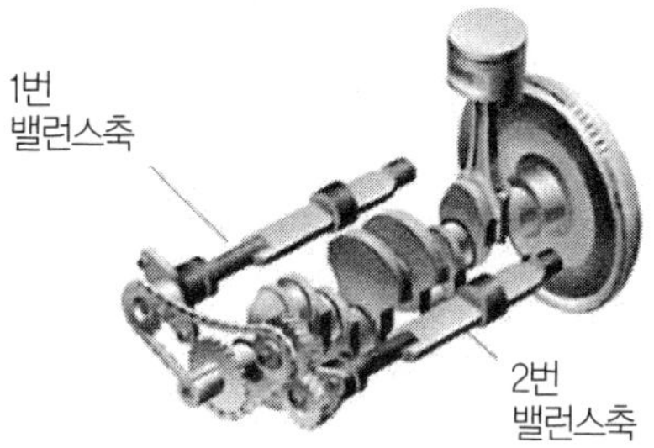

그림 35. 밸런스축의 구성

5. 2. 크랭크축과 플라이휠 및 밸런스축의 분해 · 조립 및 점검

5.2.1. 크랭크축과 플라이휠의 분해

① 플라이휠 고정볼트를 풀어 플라이휠을 분리하고, 플레이트와 오일실 케이스를 탈착한다.

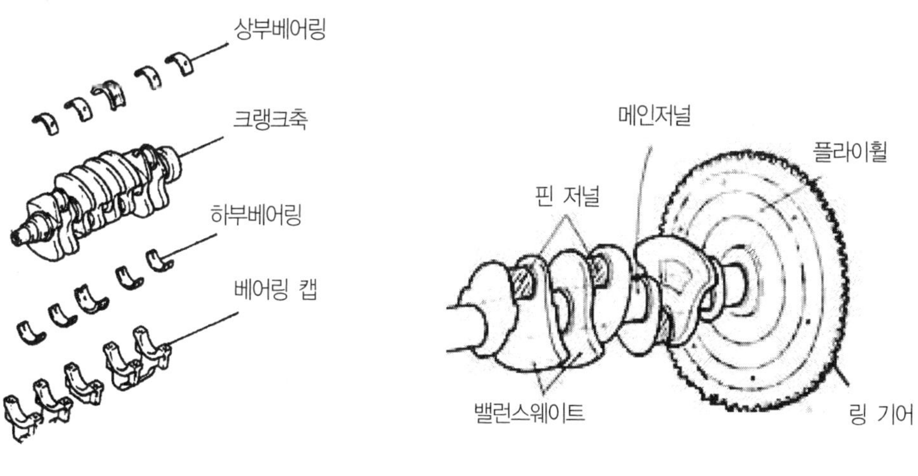

(a) 크랭크축의 구성부품 (b) 플라이휠의 구성부품

그림 36. 크랭크축과 플라이휠의 구성부품

② 플라이휠은 크랭크축에 조립되어 평형을 유지하므로 분해할 때는 조립마크를 표시해 둔다.

③ 크랭크축을 떼어 내기 전에 크랭크축 방향의 움직임을 틈새게이지 또는 다이얼게이지로 측정하여 스러스트베어링(thrust bearing)의 교체 여부를 판단한다.

④ 메인저널 베어링 캡의 볼트를 풀고 메탈베어링과 캡을 탈착하여 순서대로 정리해 둔다.

⑤ 크랭크축을 탈거한다.

5.2.2. 크랭크축의 점검

① 크랭크축을 깨끗하게 세척하고 저널부의 손상, 마멸, 균열 등을 점검하고 수리하거나 교환한다.

② 크랭크축의 오일통로를 브러시로 청소하고 압축공기로 이물질 등을 불어서 빼낸다.

③ 그림 37(a)과 같이 크랭크축 양 끝의 메인저널을 V블록 위에 올려놓고 다이얼게이지를 중앙 메인저널에 설치하여 크랭크축의 휨 양을 측정한다.

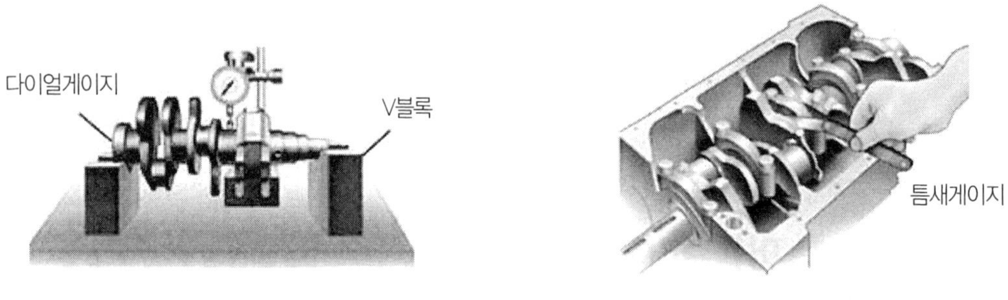

(a) 크랭크축의 휨 측정 (b) 크랭크축의 축방향 틈새측정

그림 37. 크랭크축의 휨과 축방향 틈새측정

④ 크랭크축을 천천히 회전시키면서 다이얼게이지의 눈금을 읽고, 최댓값과 최솟값의 차이의 1/2이 크랭크축의 휨 양이다.

⑤ 크랭크축의 휨 양이 규정 값을 넘으면 크랭크축을 교체하거나 전용기계로 수정한다.

⑥ 크랭크축을 실린더블록에 조립한 다음 그림 37(b)과 같이 틈새게이지를 스러스트베어링과 크랭크축 측면에 삽입하여 축 방향 틈새를 측정하고 규정값과 비교한다.

⑦ 그림 38과 같이 외측 마이크로미터로 각 저널의 축 방향과 직각방향 8개소(그림 38(b))의 지름을 모두 측정하여 최소 측정값을 구한 뒤 규정 값과 비교하여 크랭크축의 마모량을 측정한다.

⑧ 크랭크축 저널의 최대 마모량이 수정 한계 값 이상인 경우에는 전용기계로 연삭 수정한다.

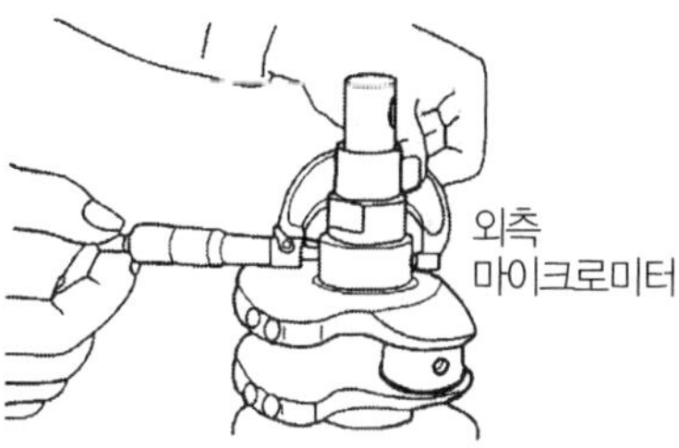

(a) 크랭크축의 마모량 측정

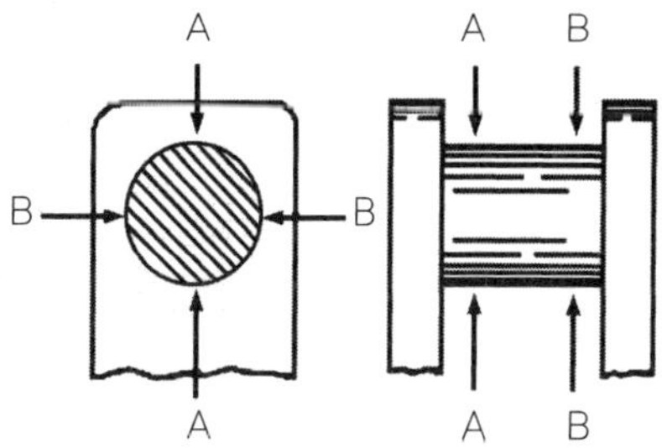

(b) 크랭크축의 마모량 측정부위

그림 38. 크랭크축의 마모량 측정

5.2.3. 크랭크축 오일간극 측정

① 크랭크축의 메인저널과 베어링을 분해하고 깨끗이 청소한다.

② 그림 39(a)와 같이 크랭크축의 메인저널 위에 플라스틱 게이지를 축 방향으로 놓고 베어링 캡을 규정토크로 조립한다. 이때 크랭크축을 회전시켜서는 안된다.

③ 그림 39(b)와 같이 베어링캡을 분리하고 플라스틱 게이지의 확장 폭을 측정한다. 일반적으로 플라스틱 게이지의 케이스에 표시된 눈금자로 측정한다.

④ 틈새가 규정 값을 벗어나면 베어링을 교환하거나 크랭크축을 연삭하여 수정한다.

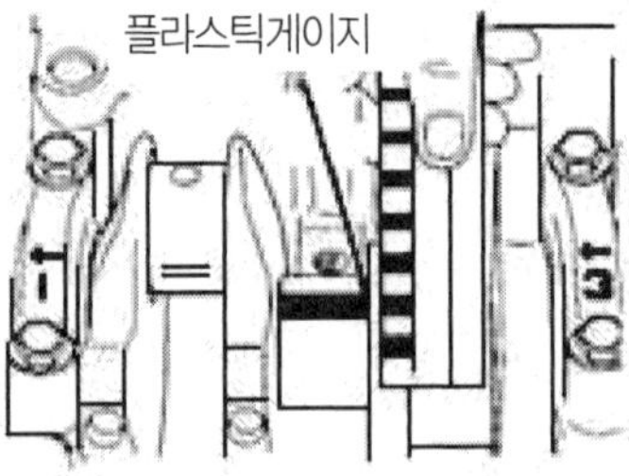

(a) 플라스틱 게이지의 설치

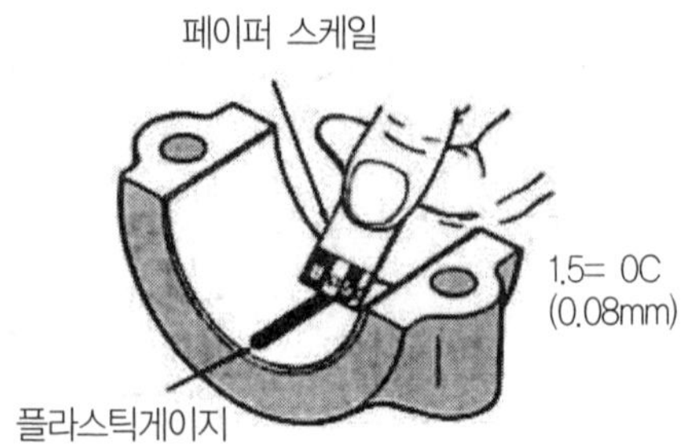

(b) 플라스틱 게이지의 측정법

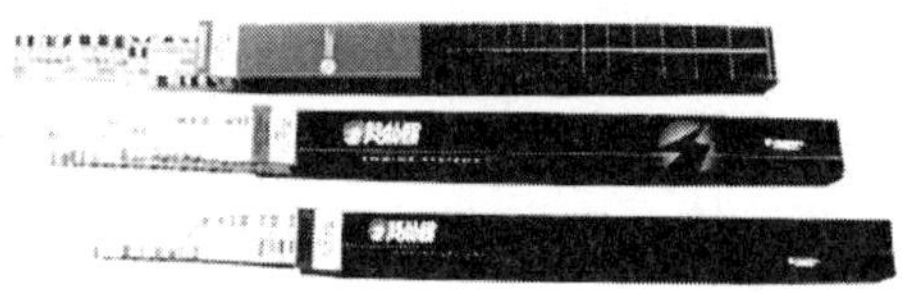

(C) 플라스틱 게이지와 페이퍼 스케일

그림 39. 크랭크축의 오일간극 측정

5.2.4. 밸런스축의 점검

① 밸런스축 저널의 마멸 및 균열을 점검하고 정도가 심하면 베어링과 축을 교환한다.

② 프론트케이스와 오일 실(oil seal)의 손상을 점검하고 손상된 오일 실은 교환한다.

5.2.5. 크랭크축의 조립

① 모든 오일실은 신품으로 교환한 후 크랭크축을 조립한다.

② 실린더블록에 메인저널 베어링을 끼우고 오일을 바른 후, 크랭크축을 베어링위에 올려놓는다.

③ 조립위치와 방향이 맞도록 베어링캡을 설치하고 그림 40(b)와 같이 내부에서부터 외부로 조립한다.

④ 크랭크축을 손으로 돌려서 회전이 원활한지 확인하면서 베어링 캡 볼트를 2~3회 나누어 조이고 마지막에 규정 토크로 조인다.

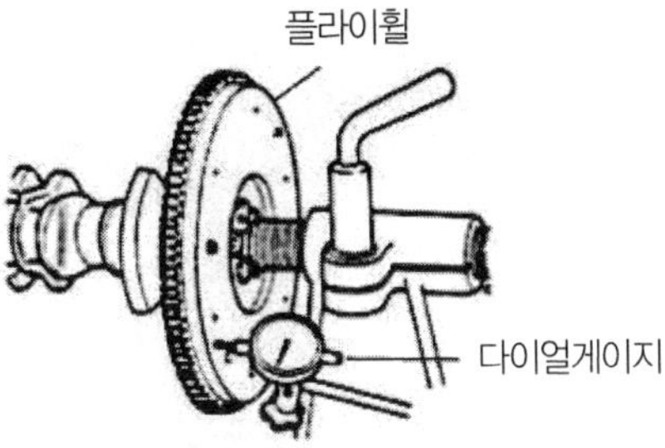

(a) 크랭크축의 런아웃 측정

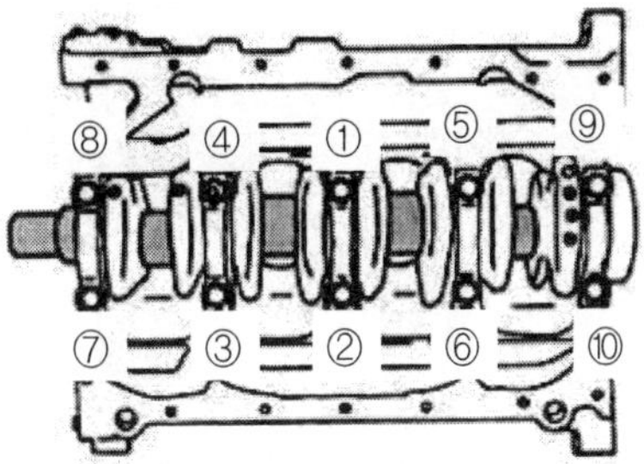

(b) 크랭크축의 조립순서

그림 40. 크랭크축의 점검 및 조립

⑤ 플라이휠을 크랭크축에 조립하고 플라이휠의 런 아웃(run out)을 측정한다. 그림 40(a)와 같이 다이얼게이지의 측정자를 플라이휠 면에 직각이 되도록 설치한다. 플라이휠을 한쪽 방향으로 천천히 1회전시키면서 다이얼게이지의 바늘이 좌우로 움직이는 값을 더한 것이 런 아웃이다. 측정된 런 아웃 값이 규정 값보다 크면 플라이휠을 교환한다.

06. 캠축과 밸브장치 및 타이밍장치

NCS 활용

□NCS연계 : 엔진본체 교환, 수리, 조정하기(1506030201_14V2 2.3/2.4/2.5)
본 단원은 NCS 학습모듈인 엔진본체에 대한 기능과 역할을 이해하고, 엔진본체를 분해하여 교환 · 수리 · 조정 및 조립 학습하는 단원이다.

6.1. 캠축과 밸브 및 타이밍장치의 역할과 특성

캠축과 밸브장치는 캠축, 캠축 스프로킷, 밸브, 밸브스프링, 밸브가이드 등과 타이밍벨트 또는 체인 등의 타이밍장치로 구성된다. 크랭크축이 회전하면 타이밍벨트 또는 체인으로 연결된 캠축이 회전하면서 밸브가 개폐된다. 4행정 사이클 기관에서는 크랭크축이 2회전하는 동안 캠축이 1회전하여 흡기 및 배기밸브가 각각 1회씩 개폐하도록 되어 있다.

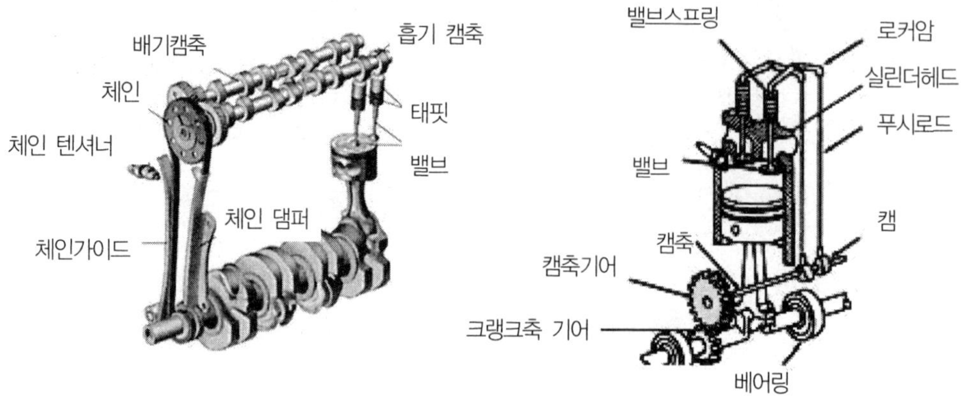

(a) OHC형 타이밍장치 (b) OHV형 타이밍장치

그림 41. 캠축과 밸브 및 타이밍장치의 구성

타이밍장치는 오버헤드 캠축(OHC : Over Head Camshaft)방식과 오버헤드 밸브(OHV : Over Head Valve)으로 구분된다. 오버헤드 캠축방식은 크랭크축과 캠축을 타이밍벨트(timing belt) 또는 체인(chain)으로 연결하여 크랭크축과 캠축 끝단에 스프로킷(sprocket)이 설치되어 벨트나 체인과 연결되어 밸브를 개·폐하는 방식으로 고속형 엔진에 사용하는 방식이다.

오버헤드 밸브방식은 캠축이 피스톤의 옆에 위치하고 푸시로드에 의해 로커암(rocker arm)을 통해 밸브를 개·폐하는 방식으로 저속형 엔진에 주로 사용된다.

6.2. 캠축과 밸브 및 타이밍장치의 분해·조립 및 점검

6.2.1. 캠축과 밸브장치 분해

① 실린더헤드 커버를 탈거하고 로커 암 어셈블리와 캠축 등을 떼어 낸 다음 실린더헤드 볼트를 풀어서 실린더헤드를 실린더블록으로부터 떼어낸다.

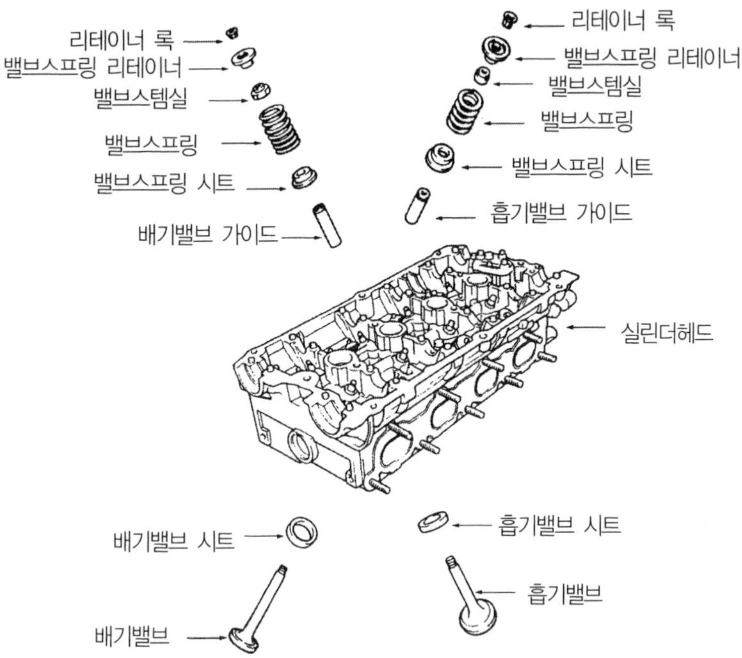

그림 42. 밸브 구동장치의 구성부품

② 그림 43(a)와 같이 밸브스프링 압축기로 밸브스프링을 압축하여 밸브스프링 리테이너 록을 빼고 밸브스프링 리테이너, 밸브스프링 등을 분해한다.

③ 그림 43(b)와 같이 밸브스템 실을 플라이어로 빼내고 밸브스템을 손으로 눌러서 반대쪽으로 밸브를 뺀다.

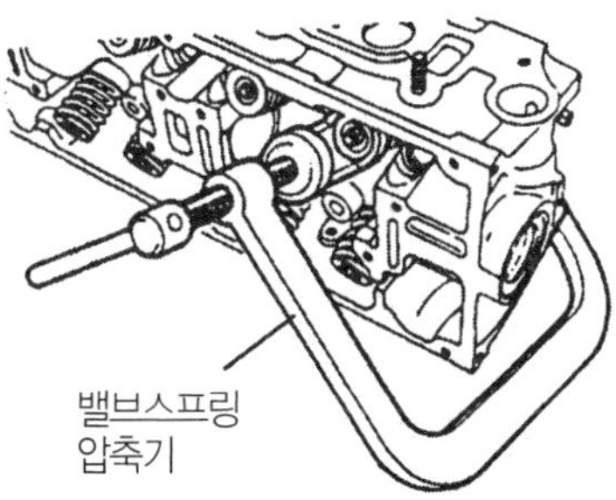

(a) 밸브 구동장치의 분해

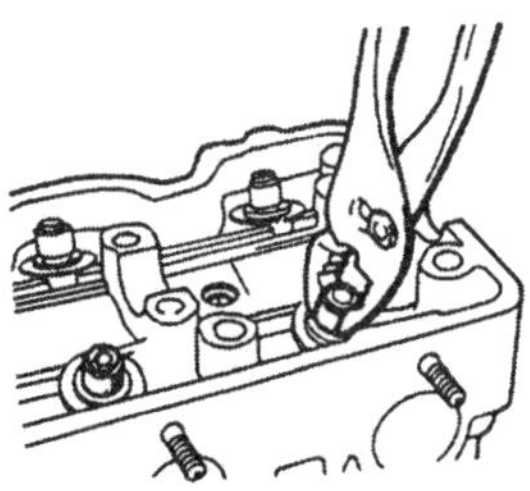

(b) 밸브스템 실의 분해

그림 43. 밸브 구동장치의 분해

6.2.2. 캠축의 점검

① 캠축을 헝겊 등으로 깨끗이 청소하고 마멸이나 손상 등을 점검 후 필요하면 교환한다.

② 그림 44(a)와 같이 정반과 V블록 위에 캠축을 올려놓고 다이얼게이지의 측정자를 중앙저널의 중심부에 수직으로 설치하여 캠축의 휨을 측정한다.

③ 캠축을 천천히 한 바퀴 돌려서 다이얼게이지의 눈금을 읽고, 최대값과 최소값의 차이의 1/2이 캠축의 휨의 양이다. 예컨대 최대(0.04mm)- 최소(0.02mm)= 0.02/2라면 캠축의 휨량은 0.02/2이므로 0.01mm이다.

④ 캠축의 휨 양이 규정값을 넘으면 캠축을 교체하거나 전용기계로 연삭하여 수정한다.

⑤ 그림 44(b)과 같이 마이크로미터로 캠 높이와 기초원을 측정하여 캠양정을 구한다.

⑥ 캠 양정을 구하여 정비지침서를 참고하여 규정 값과 비교하고 필요하면 교환한다.

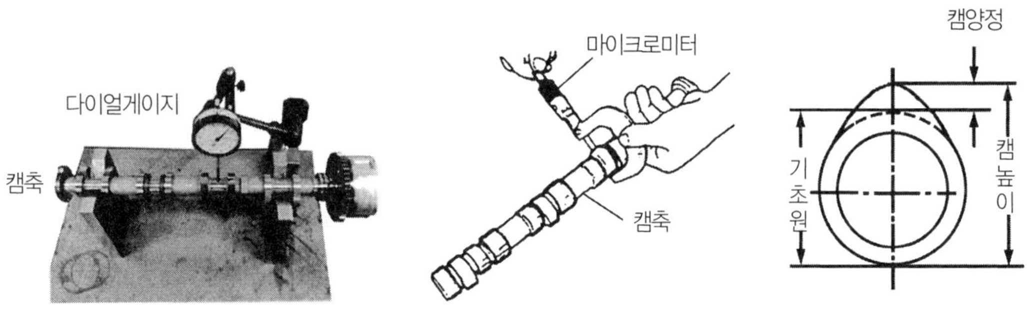

(a) 캠축 휨 측정 (b) 캠축의 휨 측정 (c) 캠 양정 측정

그림 44. 캠축의 점검

6.2.3. 밸브 및 밸브스프링의 점검

① 밸브헤드와 페이스의 손상이나 부식 등을 점검한다.

② 그림 45(a)와 같이 밸브를 설치하고 밸브스템을 한바퀴 돌려서 밸브스템의 휨 양을 측정하고, 규정 값을 초과하면 밸브를 신품으로 교체한다.

(a) 밸브 스템의 휨 측정 (b) 밸브 가이드의 안지름 측정 (c) 밸브 스템의 지름 측정

그림 45. 밸브의 점검

③ 그림 45(b)와 같이 다이얼게이지로 밸브가이드의 안지름을 측정하고, 그림 45(c)와 같이 외측 마이크로미터로 밸브 스템의 지름을 측정한다.

④ 밸브시트의 수정은 밸브시트 커터 및 시트 연삭기를 사용하여 수정하고, 밸브페이스와 시트와의 밀착을 향상시키기 위하여 밸브 래핑작업을 한다.

⑤ 밸브스프링의 자유길이, 직각도, 장력 등을 점검하고 규정값과 비교하여 정비한다.

⑥ 버니어캘리퍼스로 밸브스프링 자유길이를 측정하며, 규정보다 3% 이상 감소하면 교환한다.

⑦ 정반과 직각자를 이용하여 직각도를 측정하며, 일반적으로 길이 100mm당 3mm 이상 기울면 교환한다.

⑧ 장력은 밸브스프링 테스터로 측정하며 일반적으로 규정 장력의 15% 이상 감소하면 교환한다.

6.2.4. 밸브스프링 조립

① 밸브스프링 시트를 제자리에 넣고 특수공구를 사용하여 밸브가이드에 실(seal)을 끼운다.

② 밸브스템에 엔진오일을 바른 후 밸브가이드에 끼운다.

③ 밸브스프링과 스프링 리테이너를 제자리에 끼운다.

④ 밸브스프링 압축기로 밸브스프링을 누르고 리테이너 록을 끼운 후에 고무 해머 등으로 가볍게 두드려서 정확하게 조립되었는지 확인한다.

⑤ 모든 밸브를 조립한 후 캠축, 로커암 어셈블리, 실린더헤드 커버 등을 조립한다.

6.2.5. 타이밍벨트 분해

① 크랭크축 풀리와 물 펌프 풀리 및 구동벨트, 타이밍벨트 커버를 탈거한다.

② 1번 실린더의 피스톤을 압축행정의 상사점에 위치시키도록 크랭크축을 시계방향으로 회전시킨다. 이때 캠축 스프로킷의 타이밍마크가 실린더헤드 윗면과 일치되어야 하며, 캠축 스프로킷의 다웰핀(dowel pin)은 위쪽을 향해야 한다.

③ 텐셔너 풀리를 풀어서 타이밍벨트의 장력을 해제시킨 후 타이밍벨트를 탈거한다.

6.2.6. 타이밍벨트 점검 및 조립

① 벨트 뒷면이 경화되어 탄력이 없는지, 균열이나 마모 등이 있는지 점검한다.

② 캠축 및 크랭크축 스프로킷의 치형부에 비정상적인 마모, 균열, 손상 등을 점검한다.

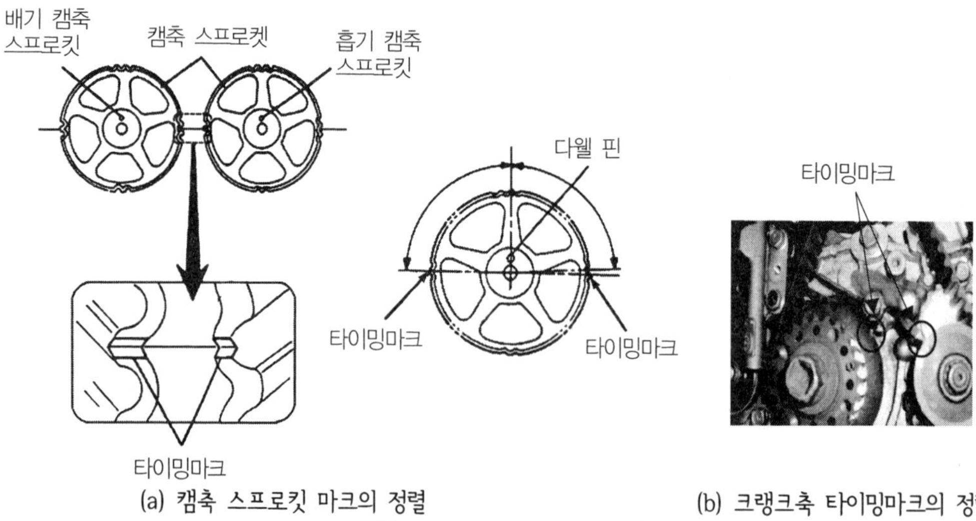

(a) 캠축 스프로킷 마크의 정렬 (b) 크랭크축 타이밍마크의 정렬

그림 46. 타이밍마크의 정렬

③ 캠축 스프로킷을 돌려서 그림 46(a)과 같이 다웰핀이 위쪽으로 오도록 하고 실린더헤드 윗면과 타이밍마크를 일치시킨다.

④ 그림 46(b)과 같이 크랭크축 스프로킷과 오일펌프 스프로킷 타이밍마크 정렬하고 일치시킨다.

⑤ 타이밍벨트를 크랭크축 스프로킷, 오일펌프 스프로킷, 캠축 스프로킷의 순서로 그림 47과 같이 장착한다.

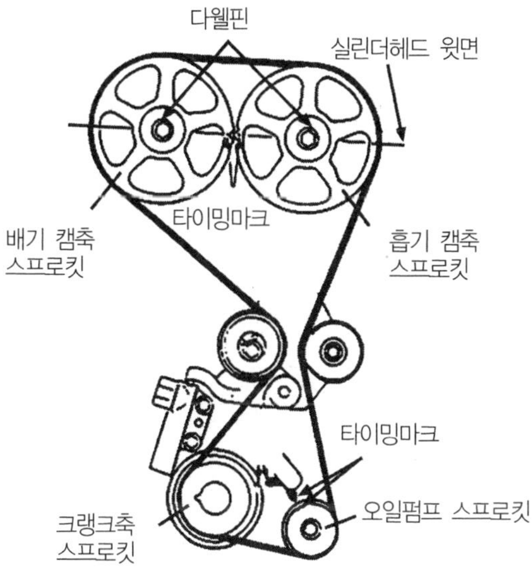

그림 47. 타이밍벨트의 설치

⑥ 그림 48(a)과 같이 텐셔너 풀리를 화살표 방향으로 올린 후 일시적으로 고정시켜서 벨트가 느슨해지지 않도록 한다.

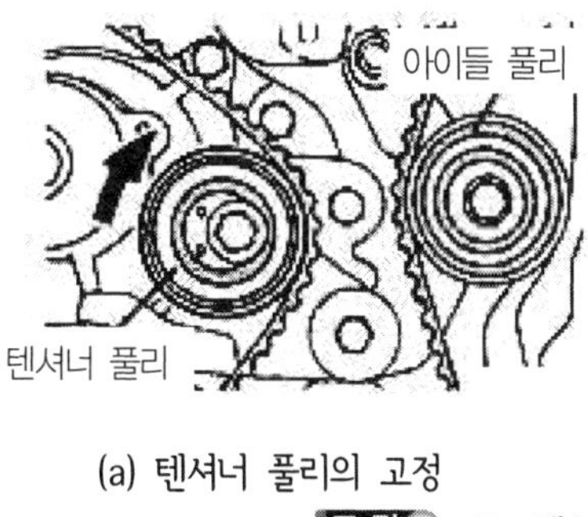

(a) 텐셔너 풀리의 고정

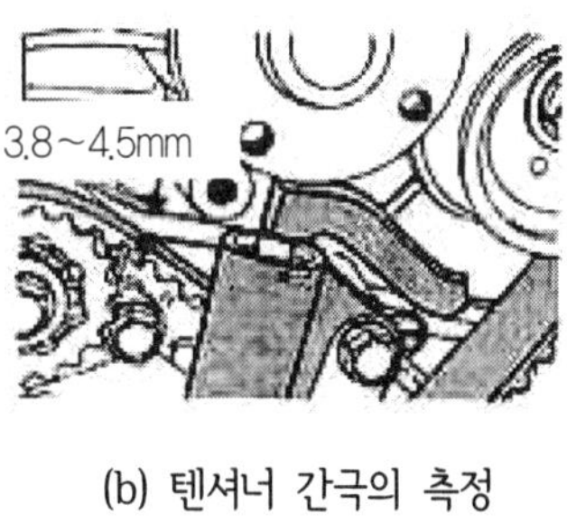

(b) 텐셔너 간극의 측정

그림 48. 텐셔너 풀리의 고정과 간극측정

⑦ 크랭크축을 시계방향으로 회전시켜 1번 실린더가 상사점에 위치하도록 한 뒤, 텐셔너 풀리를 규정 토크로 고정시킨다.

⑧ 크랭크축을 시계방향으로 2회전 시키고 텐셔너 암과 오토 텐셔너 몸체사이의 간극을 그림 48(b)과 같이 측정한다. 간극이 규정 값(예 : 3.8~4.5mm)을 벗어나면 지금까지의 조립과정을 다시 반복한다.

⑨ 크랭크축과 물 펌프 풀리 및 구동벨트, 타이밍벨트 커버를 조립한다.

단원 종합 평가

01. 기관 본체를 구성하는 부품의 명칭을 쓰시오.

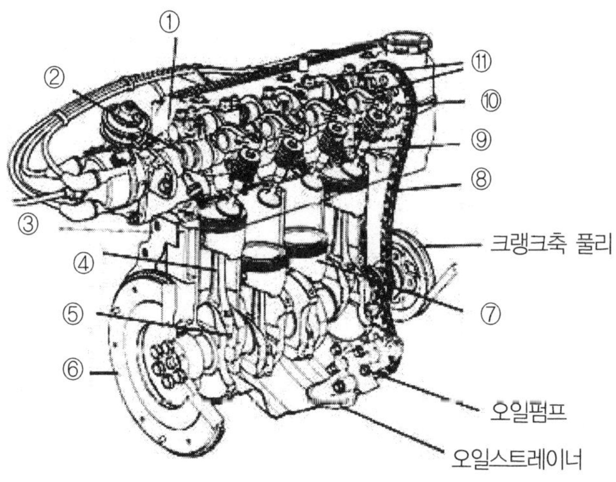

02. 【보기】에서 자동차부품의 역할과 특징을 읽고 퍼즐에서 부품명을 완성하시오.

【퍼즐보기】

(1) 가로 문제

① SOHC기관에서 1개의 캠축이 흡·배기밸브를 동시에 개·폐시키는 장치이다.

② 크랭크축에서 크랭크축의 메인 저널에서 핀 저널까지의 거리를 말한다.

③ 실린더헤드와 피스톤헤드 상부가 형성하는 공간으로 기관의 성능, 유해 배출가스 발생, 운전의 정숙성 등에 영향을 미치는 것이다.

			①	㉰커						②		㉷크			
③		㉮실							㉳						
							④밸		스						
⑤			㉯혜												
										⑥		스			
						㉱									
												㉸			
					⑦	스					⑧	기			
									⑨타		밍				
											⑩	브			
									체	⑪	라				
								⑫			이				

④ 기관 폭발 시에 일어나는 충격을 흡수하는 장치로 크랭크축과 평행하게 설치된 축으로 한쪽만 무거워 지도록 움푹 페인 형상을 하고 있다.

⑤ 실린더 상부에 개스킷과 함께 부착되며, OHC기관은 캠축과 흡·배기밸브가 설치되어 있다.

⑥ 흡·배기밸브에 끼워져 있고 밸브가 닫힐 때 주로 작동한다.

⑦ 피스톤에 끼워지는 것이며, 연소가스가 새는 것을 방지하고 오일을 긁어내린다.

⑧ 연소실 내부에 공기나 혼합기를 넣어 주는 역할을 하며 OHC기관은 캠축이 구동시킨다.

⑨ 크랭크축의 동력을 받아 캠축 스프로킷을 구동시켜 캠축과 흡·배기밸브를 구동시킨다.

⑩ 흡입 말, 배기 초 행정에서 흡·배기밸브가 동시에 열려있는 구간을 말한다.

⑪ 크랭크축 끝단에 설치되어 엔진의 시동, 동력에너지의 저장, 변속기에 동력의 전달하는 역할을 한다.

⑫ OHC기관에서 타이밍체인이 벗겨지거나 이탈하는 것은 방지한다.

(2) 세로문제

㉮ 자동차용 기관을 지지하는 몸체로 내부에는 연소실이 있고 상단에는 헤드가 장착된다.

㉯ 실린더블록과 헤드사이에 조립되어 가스, 냉각수, 오일 등이 누설되는 것을 방지한다.

㉰ 피스톤과 크랭크축을 연결하는 것으로 피스톤의 운동을 크랭크축에 전달하는 역할을 한다.

㉱ 크랭크축의 동력을 타이밍체인이나 벨트를 통해 캠축에 전달하는 역할을 한다.

㉲ 흡·배기밸브가 열을 받아 팽창했을 때를 고려하여 사전에 주어지는 간극이다.

㉳ 폭발행정에서 얻은 동력에 의해 실린더 안에서 왕복운동을 하는 것이다.

㉴ 크랭크축의 동력을 캠축에 전달하는 역할을 하며, 밸브 개·폐시기에 영향을 준다.

㉵ 피스톤의 왕복운동을 회전운동으로 바꾸어 주는 회전축이다.

㉶ 대형차량의 실린더 내부에 끼워지는 원통형의 부품이다.

㉷ 실린더블록의 하단을 말하며, 일반적으로 크랭크축이 장착되는 부위이다.

㉸ 연소실에서 연소가 완료된 배기가스를 배출하는 역할을 하며 OHC기관은 캠축이 구동시킨다.

【퍼즐답안】

			로	커	암					크	랭	크	암		
				넥						랭		랭			
연	소	실		팅					피	크		크			
		린		로			밸	런	스	축		케			
실	린	더	헤	드			브		톤			이			
		블	드				틈			밸	브	스	프	링	
		록	개			캠	새								
			스			축						배			
			킷		피	스	톤	링			흡	기	밸	브	
						프			타	이	밍	밸	트		
						로			이		밸	브	오	버	랩
						킷			밍						
									체	플	라	이	휠		
								체	인	가	이	드			
											너				

CHAPTER 03

냉각 및 윤활장치

※ **NCS 적용코드 :** 1506030202～3_14V2

엔진이 운전 중에 출력의 일부가 마찰열로 소비되고, 고온의 연소와 부품의 마찰로 인하여 열이 발생되며, 심하면 베어링과 실린더의 소결을 일으키기도 한다. 이것을 방지하기 위하여 엔진의 각 운동부품에 유막을 형성하게 하고, 고체마찰을 마찰력이 아주 작은 유체마찰로 바꾸어 주는 작용을 윤활(lubrication)이라 한다. 윤활능력이 저하되면 각 부품의 기계적 강도를 저하시키고, 부품의 수명을 단축시킨다. 또한 냉각장치는 엔진에 발생되는 고열을 냉각시키고 엔진의 과열을 방지하며 냉각손실을 최소화시킨다. 이 단원에서는 윤활 및 냉각장치의 종류에 따른 특징과 원리를 이해하고, 윤활 및 냉각장치를 점검·정비하는 방법에 대하여 학습하기로 한다.

01. 냉각 및 윤활장치의 개요

NCS 활용

□NCS연계: 냉각장치정비(1506030202_14V2)/윤활장치정비(1506030203_14V2)
- 냉각장치 점검 · 진단 · 교환 · 수리 · 조정하기(1506030202_14V2, 3, 4, 5)
- 윤활장치 점검 · 진단 · 교환 · 수리 · 조정하기(1506030203_14V2, 3, 4, 5)

본 단원은 NCS 학습모듈인 냉각 및 윤활장치에 대한 기능과 역할을 이해하고, 냉각 및 윤활장치의 점검 · 진단 · 교환 · 수리 · 조정을 학습하는데 알아야할 단원이다.

1.1. 냉각장치

자동차용 냉각장치는 일반적으로 냉각수를 이용하여 엔진을 냉각시키는 수냉식(water cooling type)을 적용하며, 물의 순환방식은 물펌프를 이용한 강제 순환식이 사용된다. 엔진의 냉각장치 고장으로 온도가 과도하게 상승하면 실린더에 변형을 일으키거나 또는 실린더 벽의 유막이 파괴되거나 심할 때는 엔진을 손상시키게 된다. 또한 연소상태도 나빠져 노킹(knocking)이나 조기점화(pre-self ignition)를 일으켜 출력이 저하되기도 한다.

그러나 지나치게 과냉시키면 열에너지의 많은 부분이 연소실의 벽에 전달되어 열효율이 나빠지거나 연료 기화성능이 낮아지는 등의 문제가 생기므로 엔진 냉각수의 온도를 약 80~90℃로 일정하게 유지시키는 것이 필요하다.

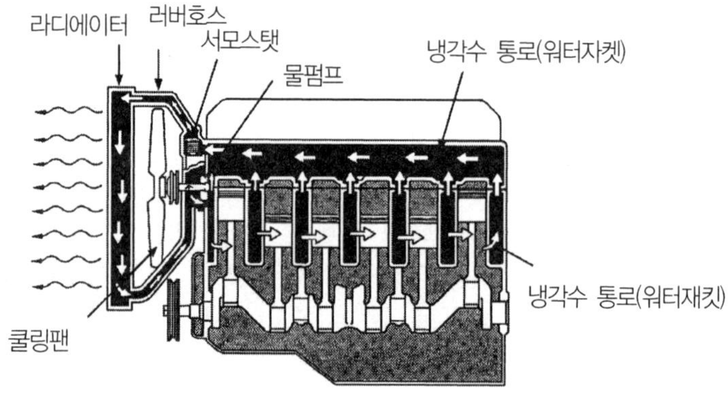

그림 1. 자동차용 수냉식 냉각장치

냉각수 온도가 낮을 때는 수온조절기(thermostat)가 닫혀있고 냉각수는 라디에이터를 거치지 않고 바이패스 통로를 따라 엔진내부에서 순환하면서 적정온도에 도달하도록 한다. 냉각수의 온도가 높아지면 수온조절기가 열리면서 냉각수는 라디에이터로 순환하게 된다. 다시 말해서 냉각장치는 라디에이터 그릴로 들어오는 주행풍과 냉각팬에 의해 식혀지고, 다시 엔진으로 순환하게 되어 엔진의 온도를 항상 일정하게 유지시켜 주는 기능을 한다.

Reference 내연기관에서 연소되는 열에너지 분포

연소실에서 발생한 열에너지 중 피스톤 하강운동에 사용되는 일에너지는 약 30% 정도이다. 배기가스 폐열로 30% 정도가 방출되고 연소실 주변에 약 30%가 전달되며 10% 정도는 기계적인 마찰 등으로 손실된다. 마찰열을 식혀주는 것은 윤활장치의 역할이며, 선날열을 식혀 석성한 운전 온도로 맞춰수는 것이 냉각장치의 역할이다.

1.1.1. 수냉식 냉각장치의 순환경로

수냉식 냉각장치는 물펌프에 의해 냉각수를 실린더블록 및 실린더헤드 내부의 냉각수 통로(water jaket)으로 보내어 냉각을 시키고, 다시 뜨거워진 냉각수를 라디에이터로 끌어들여 순환시키는 방식이다. 또한 라디에이터 또는 물펌프 풀리에는 냉각팬이 설치되어 있어 방열효과를 높여준다. 실린더헤드에는 수온조절기(thermostat)가 설치되어 있어 온도에 따라 냉각수의 순환경로를 변환할 수 있다.

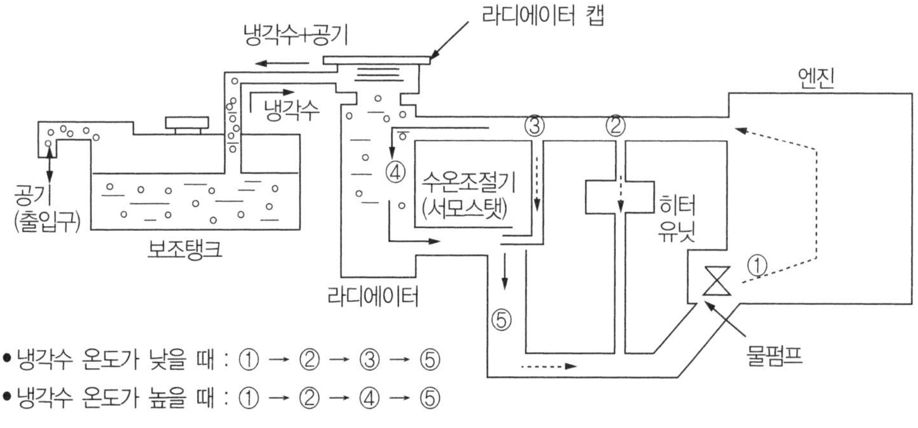

그림 2. 수냉식 냉각장치의 냉각수 흐름도

수냉식 냉각시스템에서 물의 흐름은 그림 2와 같다. 기관이 시동된 후 냉각수 온도가 낮은 워밍업 전에는 냉각수를 라디에이터로 보내지 않고, 워터펌프를 통해 기관으로 순환시켜 빠른 워밍업을 유도하여 겨울철에는 히터로 공급되는 냉각수의 온도를 빠르게 높여주는 역할을 하게 된다.

냉각수 온도가 어느 정도(약 80℃ 안팎) 뜨거워지면 수온조절기(thermo stat)이 열리면서 냉각수가 라디에이터로 흘러 들어가 냉각되고, 냉각된 냉각수는 워터펌프를 통하여 기관으로 공급된다.

1.1.2. 냉각수와 부동액

수냉식 엔진의 냉각수는 부동액과 물을 적당한 비율로 혼합하여 사용한다. 냉각수로 사용되는 물은 순도가 높은 증류수, 수돗물 등을 사용하며 칼슘, 염류, 마그네슘 등이 함유된 지하수는 피하여야 한다. 부동액은 겨울철 빙결과 여름철 과열을 예방하는 역할을 한다. 일반적으로 물은 0℃에서 빙결하여 체적이 10% 정도 팽창하므로 냉각수의 빙결을 방지할 목적으로 일반적으로 냉각수와 부동액을 50 : 50 정도로 혼합하여 보조탱크에 주입하여 사용한다.

최근 사용되는 부동액은 4계절용으로 글리세린(glycerin), 에틸렌글리콜(ethylene glycol), 메탄올(metanol), 알콜(alcohol) 등을 적정 비율로 섞어서 사용하며, 이들의 혼합 비율에 따라 물이 어는 빙점(氷点)과 끓는 비점(沸點)이 달라진다.

[1] 냉각수의 기능

수냉식 냉각장치는 물에 의한 부식, 녹 발생, 결빙의 문제점을 해결하기 위하여 부식 방지제, 동결 방지제 등이 첨가된 냉각수를 사용한다. 냉각수는 물의 순도가 높은 증류수, 수돗물, 빗물 등을 사용하는 것이 좋다.

[2] 부동액의 기능

일반적으로 물은 100℃에서 끓어 비등하고 0℃가 되면 얼어서 체적이 약 10% 정도 팽창하므로 오버히트와 동파를 방지하기 위해 부동액을 혼합하여 사용하는 것이다.

부동액에는 보통 에틸렌글리콜에 녹색, 적색 염료와 안정제, 부식 방지제 등을 넣어 물과 혼합하여 사용한다. 아래 표는 부동액과 물과의 혼합비율에 따른 일반적인 빙점을 나타낸 것이다.

표 부동액 혼합비율과 빙점온도

구분 (물 : 부동액)	70 : 30	60 : 40	50 : 50	40 : 60
빙점(℃)	-17	-26	-38	-52

Reference 부동액의 구비조건

① 냉각수와 잘 혼합될 것
② 냉각장치에서 순환성이 좋은 것
③ 물재킷, 방열기 등 냉각계통을 부식시키지 않을 것
④ 온도변화에 따른 부식을 일으키지 않을 것
⑤ 비점이 물보다 높고, 빙점(응고점)은 물보다 낮을 것
⑥ 증발성(휘발성)이 없을 것

1.1.3. 냉각장치의 신기술 적용

최근 자동차 제조사들은 지구환경을 보호하고 배출가스의 규제에 대응하기 위해 저연비, 고성능, 경량화 엔진을 개발하고자 노력하고 있다. 이러한 자동차의 신기술 중에서 열효율을 개선하기 위해 다음과 같은 신 냉각시스템을 적용하고 있다.

[1] 분리 냉각장치

실린더헤드와 실린더블록을 별개의 통로를 만들고, 실린더블록 출구에는 제2의 수온조절기를 설치하여 블록내의 냉각수 유량을 제어한다. 분리 냉각장치는 부분부하 조건에서 실린더 주위의 온도를 높여 연비향상 및 미연소 배기가스 저감효과를 얻고 있다. 그러나 고속 고부하 조건에서는 엔진의 과열 가능성이 있어 별도의 릴리프밸브나 제2의 수온조절기가 필요하다.

[냉각장치의 신기술 적용사례]

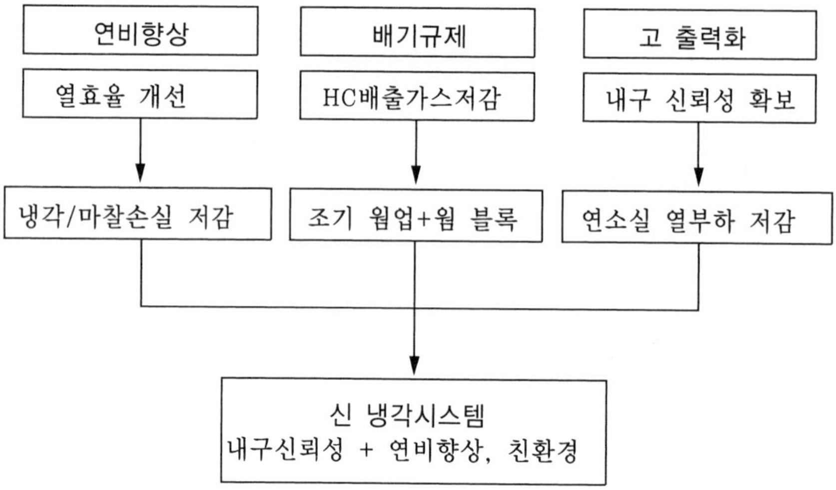

[2] 실린더헤드 선 냉각장치

물 펌프로부터 공급되는 냉각수가 실린더블록이 아닌 헤드쪽으로 먼저 공급이 되고 이어서 헤드개스킷을 통하여 실린더블록으로 흐르는 구조의 냉각장치이다. 엔진 워밍-업시에는 실린더블록으로 흐르지 않고 헤드에 형성된 별도의 출구를 통하여 바이패스(by-pass)하도록 되어 있다.

특징으로는 제2수온조절기가 필요 없이 실린더블록의 워밍-업(warming-up)을 실현시켜 연비가 향상되고, 미연소가스를 저감할 수 있으나 실린더 내에 공기 배출장치가 필요하게 된다.

[3] 흡기 선행 냉각장치

실린더헤드의 흡기구 아래 주조로 형성된 냉각수 통로를 만들어 라디에이터에서 들어온 차가운 냉각수가 흡기구의 하단부를 지나가게 설계하여 흡기온도의 저감효과가 있다. 별도의 바이패스 파이프가 없어 부품수가 감소되나 바이패스용 파이프에 비하여 냉각수 볼륨이 증가하게 된다.

[4] 기타 신 냉각장치

그 외 신 냉각장치에는 실린더헤드 및 블록에 냉각수 유로를 집중함으로서 연소실 고온부의 냉각을 향상시키는 정밀 냉각장치, 전자제어 수온조절기, 전기 구동식 물펌프, 시라우드 임펠러형 물펌프 및 점화플러그의 나사산부의 길이를 길게하여 헤드의 두께를 조절하는 형식의 냉각장치 등이 적용되고 있다.

Reference 엔진과열(over heat)의 원인과 대책

■ 엔진과열의 원인

① 냉각수가 부족하거나 냉각계통에 물때(scale)가 퇴적되었다.
② 물펌프가 고장이거나 물펌프 구동벨트의 장력이 약하다.
③ 수온조절기가 고장이거나 열리지 않는다.
④ 냉각팬이 고장이거나 라디에이터의 통풍이 불량하다.
⑤ 라디에이터의 누수, 막힘 또는 라디에이터 외부가 통풍이 불량하다.
⑥ 엔진오일의 양이 부족하거나 불량하여 마찰열이 증가한다.

■ 엔진과열 시 조치사항

① 쿨링팬과 냉각수가 정상이면 시동을 끄지말고 공회전을 유지하여 엔진이 정상 온도가 될 때까지 기다린다.
② 냉각수의 양과 상태를 점검하여 냉각수가 부족하면 보충한다.
③ 라디에이터나 상·하부호스 연결부위에 누수가 있는지 확인한다.
④ 물펌프 구동벨트의 장력이 부족한 경우는 벨트를 교환하거나 장력을 조정한다.
⑤ 라디에이터의 상·하부호스가 크게 부풀어 있는 경우는 수온조절기의 불량일 수 있으니 수온조절기를 점검한다.
⑥ 보조탱크의 냉각수량이 정상인 경우 라디에이터 캡을 열어 냉각수 양을 확인하고, 부족하면 보충 후, 라디에이터 캡과 누수상태를 점검한다.
⑦ 냉각 팬이 작동하지 않을 경우, 수온센서 또는 스위치를 점검하거나 냉각 팬 릴레이를 점검한다.
⑧ 과열된 엔진의 라디에이터 캡이나 보조탱크 캡을 갑자기 열면 내부 압력에 의해 뜨거운 냉각수가 분출되어 화상을 입을 수 있으니 주의한다.

1.2. 윤활장치

윤활장치의 경로를 보면 그림 3과 같이 크랭크축이나 구동체인에 의해 오일펌프가 구동되면 오일팬에 잠겨있는 오일 스트레이너(oil strainer)에 의해 1차로 불순물이 걸러진다. 유압조절밸브와 오일통로를 지나 오일압력스위치와 오일여과기(oil filter)를 거치면서 2차로 불순물이 걸러지고, 오일쿨러(oil cooler)를 거쳐 엔진의 각부를 윤활시킨 후 리턴라인을 통해 오일 팬(oil pan)으로 리턴된다. 오일 팬에는 주기적으로 엔진오일을 교체하기 위한 드레인 플러그(drain plug)가 설치되어 있다.

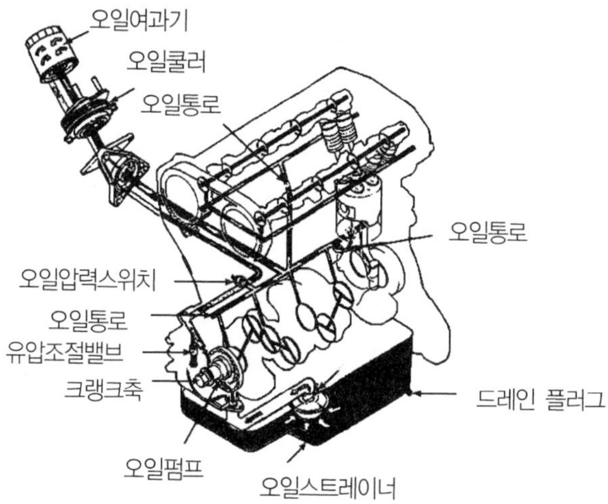

그림 3. 윤활장치의 윤활경로

1.2.1. 윤활유의 작용

[1] 감마작용(減摩作用)

윤활을 유지하여 마찰이 가장 작은 상태가 되게 하고 또 한계 상태에서 더 강인한 유막을 형성하여 섭동부분의 표면마찰과 이에 따르는 마멸을 방지한다.

[2] 밀봉작용(密封作用)

실린더 벽과 피스톤 링사이에 윤활뿐 아니라 유막을 형성시키고, 기밀을 유지시켜 압축과 동력성능을 향상시키며 블로바이(blow-by)가스를 감소시킨다.

[3] 냉각작용(冷却作用)

엔진오일이 순환하면서 실린더블록과 헤드 등의 열을 흡수하여 오일 팬과 오일냉각기를 통해 열을 발산하는 작용을 한다.

[4] 응력분산 작용(應力分散作用)

폭발과 압축행정에서 크랭크축과 커넥팅로드에 가해지는 하중을 저널부의 오일이 하중과 응력을 분산시켜 충격을 완화시킨다.

[5] 세정작용(洗淨作用)

먼지나 카본 및 불순물 등이 오일 팬으로 들어와 큰 입자는 오일 팬 바닥에 쌓이고 작은 입자는 오일필터에서 걸러져 세정하게 된다.

[6] 방청작용(房廳作用)

엔진부품 표면에 유막이 형성되어 금속과 외부의 공기나 습기 및 부식성 가스의 접촉을 차단하여 엔진부품이 부식되는 것을 방지한다.

1.2.2. 엔진오일의 구비조건

윤활유는 대부분 원유를 정제하여 만들며 여러 가지 첨가제를 사용하여 성능을 향상시켜 엔진오일로 사용한다.

[1] 엔진오일의 구비조건

① 점도지수가 적당하여 온도 변화에 따른 점도변화가 작을 것
② 인화점 및 자연 발화점이 높을 것
③ 강인한 유막을 형성하여 고압에도 잘 견딜 것
④ 응고점이 낮아 저온에서도 유동성을 유지할 것
⑤ 열에 의한 산화가 적고 금속을 부식시키지 않을 것
⑥ 기포발생 및 카본생성이 적을 것

1.2.3. 윤활유의 공급방식

윤활유를 엔진의 각 장치에 보내는 일반적인 방식으로는 비산식, 압송식, 비산 압송식 등이 있으며, 4행정 기관은 주로 압송식을 이용한다. 소형 2행정 기관의 경우는 주로 연료와 윤활유를 섞어 주입하는 혼소방식을 이용하며, 혼합기가 크랭크실과 실린더를 지나며 윤활하는 방식이다.

[1] 비산식(splash lubrication system)

비산식은 커넥팅로드 대단부 또는 오일주걱(oil dipper)이 크랭크축의 회전에 의해 오일 팬에 고인 오일을 실린더에 뿌려주는 방식이다.

[2] 압송식(forced lubrication system)

압송식은 크랭크축에 의해 구동되는 오일펌프가 오일 팬의 윤활유를 실린더블록의 오일 통로를 통해 크랭크축, 캠축, 밸브기구 등에 보내어 윤활하는 방식이다.

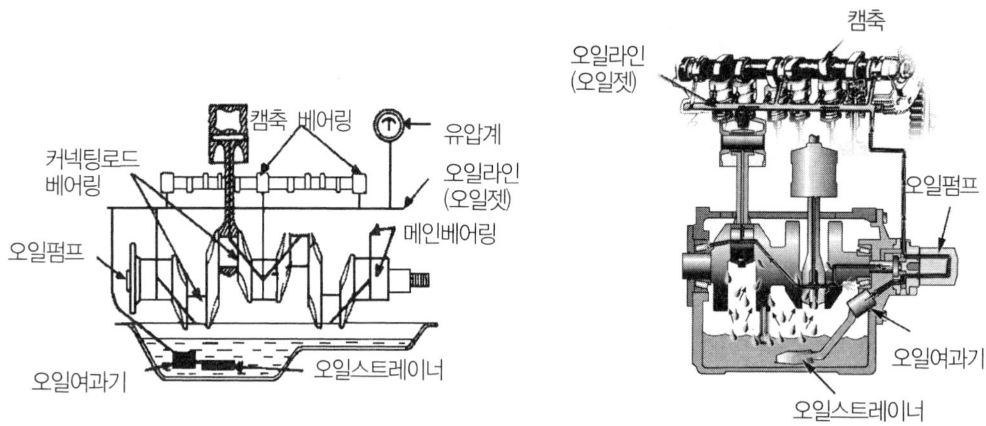

(a) 압송식 윤활장치　　(b) 비산 압송식 윤활장치

그림 4. 윤활유 공급방식의 사례

[3] 비산 압송식(splash and forced lubrication system)

비산 압송식은 위의 두 방식을 결합한 것으로 피스톤 부위의 윤활이 불완전할 때 주로 사용한다.

1.2.4. 윤활장치의 구성부품

[1] 오일 팬(oil pan)

오일 팬은 강판이나 경합금으로 제작되어 실린더블록 아래쪽에 볼트로 고정되며 윤활유 냉각작용도 한다. 오일 팬은 자동차가 경사로를 주행할 때도 스트레이너가 잠기도록 섬프(sump)를 둔다. 가장 낮은 부분에 윤활유를 교환할 때 배출을 위한 드레인 플러그(drain plug)가 설치되어 있다.

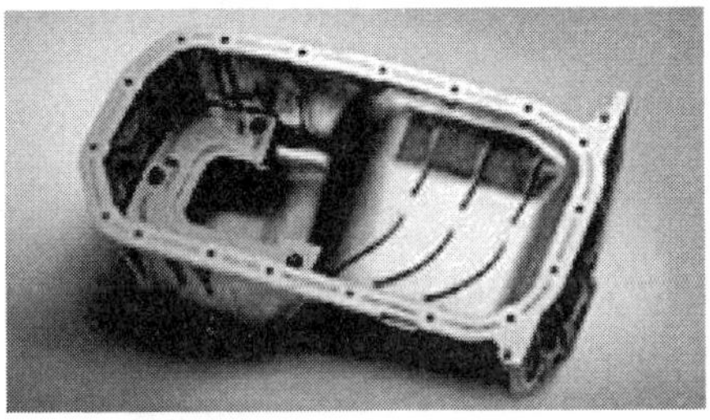

그림 5. 오일 팬의 구조

[2] 오일펌프와 스트레이너(oil pump & strainer)

오일펌프(oil pump)는 캠축이나 크랭크축, 또는 체인에 의해 구동되며, 오일 팬 내의 오일을 흡입·가압하여 각 압송하며 그림 6과 같이 외접 또는 내접기어, 로터펌프가 주로 쓰이고 있다.

기어펌프(gear pump)는 외접과 내접형이 있으며 구조가 간단하고 고장이 적어 널리 쓰인다. 로터펌프(rotor pump)는 트로코이드(trochoid)펌프라고도 하며 돌기를 가진 안쪽 로터와 홈을 가진 바깥쪽 로터가 서로 맞물려 회전하면서 오일을 압송한다.

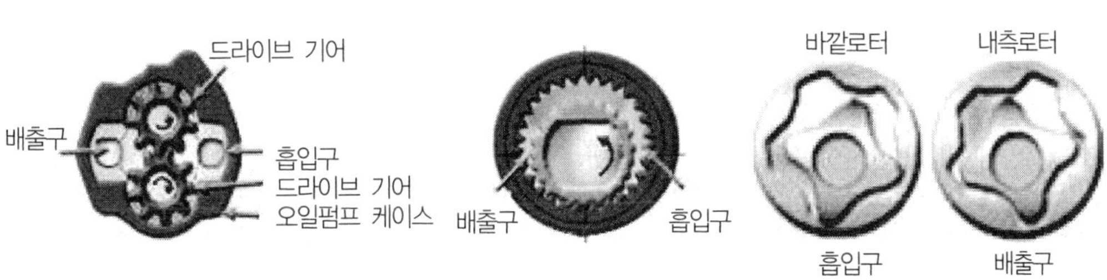

(a) 외접기어펌프 (b) 내접기어펌프 (c) 로터펌프

그림 6. 오일펌프의 구조

오일스트레이너(oil strainer)는 오일펌프 흡입 측에 철망이 설치되어 오일팬 내의 섬프(sump)에 저장된 오일을 펌프로 유도하며, 윤활유의 비교적 큰 불순물을 여과시킨다. 엔진이 가동 중에 오일 스트레이너는 항상 오일팬 속의 오일에 잠겨있다.

[3] 유압조절밸브(relief valve)

오일펌프에서 토출되는 오일의 양은 약 30~40ℓ /min 정도이며, 압송되는 압력은 최대 5kgf/cm^2 정도이다. 엔진이 냉간 시에는 오일의 점도가 높아지고 또한 고속운전 시에는 오일압력은 더욱 높아진다. 따라서 엔진오일의 압력을 일정하게 유지하기 위한 유압조절장치가 필요하며 이 부품이 릴리프밸브(relief valve)이다.

릴리프밸브는 오일의 토출압력이 약 4kgf/cm^2를 넘으면 릴리프 스프링을 밀어 오일 팬으로 리턴하게 된다. 이렇게 함으로써 오일통로에 공급되는 오일은 약 4kgf/cm^2 이내에서 일정하게 형성되는 것이다.

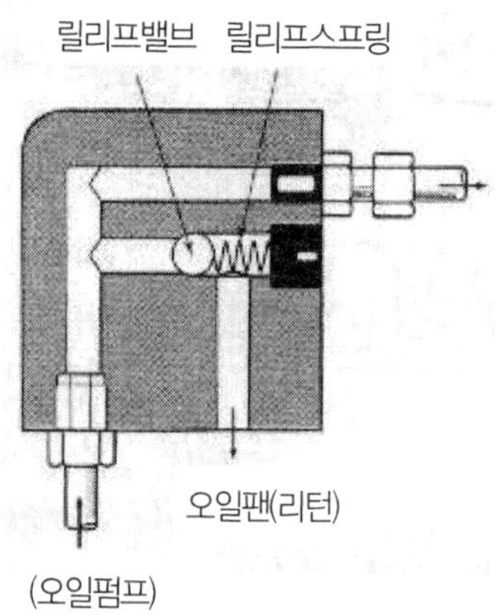

그림 7. 유압 조절밸브

[4] 오일필터(oil filter)

오일필터는 윤활유 속에 들어 있는 수분, 카본, 금속분말, 불순물 등의 이물질을 주름진 종이 엘리먼트로 여과시켜 오일을 깨끗하게 유지시키는 기능을 한다. 윤활유를 여과하는 방식에 따라 전류식, 분류식, 복합식이 있는데 전류식을 주로 사용한다.

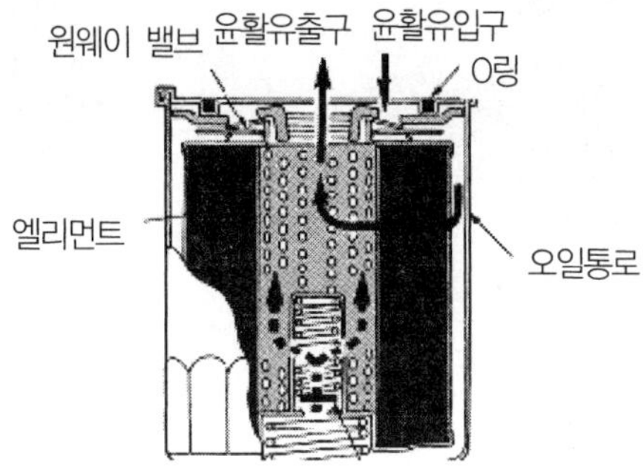

(a) 오일필터의 구조

(b) 전류식 (b) 분류식 (c) 복합식

그림 8. 오일필터 구조와 윤활유 여과방식

전류식은 펌프에 의해 압송된 오일이 모두 오일필터를 지나 윤활장치에 공급되고, 분류식은 펌프를 지나는 오일이 일부는 윤활장치로 일부는 필터를 지나 오일 팬으로 되돌아오는 방식이며 복합식은 이두가지 방식을 종합한 방식이다.

[5] 오일쿨러(oil cooler)와 유압 경고시스템

오일쿨러는 엔진의 냉각수 일부 또는 외기를 사용하여 순환 중인 엔진오일의 온도를 적당하게 유지시켜 윤활유의 산화를 방지하여 수명을 길게 해준다. 엔진이 작동되는 동안 오일펌프가 생성하는 압력이 규정압력에 도달하면 오일압력스위치의 다이어프램을 밀어 올려 스위치의 접점이 열리게 되어 계기판의 유압 경고등이 소등되고, 시동이 꺼졌거나 엔진오일의 압력이 규정압력 이하로 떨어지면 스프링장력으로 접점이 닫혀 경고등이 점등된다.

(a) 오일쿨러

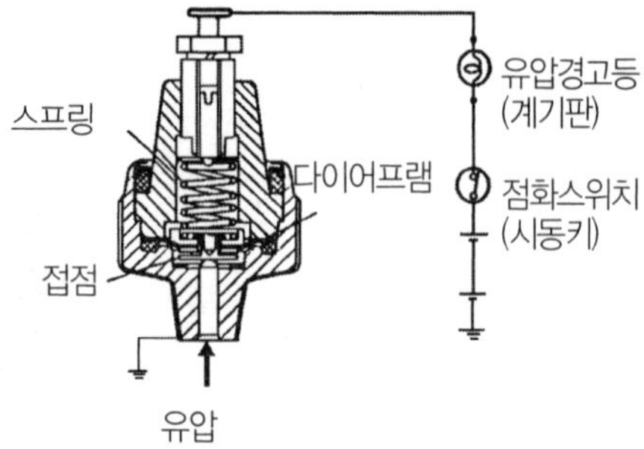

(b) 유압경고시스템

그림 9. 오일쿨러와 유압경고시스템

Reference 저 점도 엔진오일의 효과

엔진회전수가 낮을수록 기준유인 7.5W/30 오일에 비해 5W/20 경우 마찰 저감 효과가 크게 나타나고, 고속이 될수록 마찰저감 비율이 줄어든다. 실린더 마찰을 살펴보면 점도가 낮으면 기본적으로 실린더에서의 마찰이 증가하는데 이는 실린더에서의 마찰특성이 기본적으로 경계윤활 영역임을 나타내는 것이다.

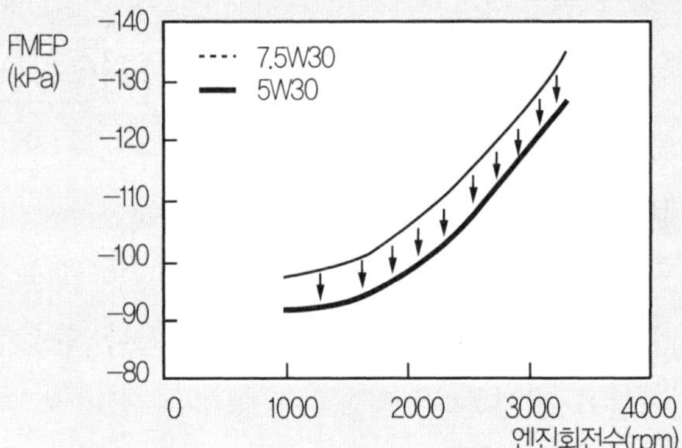

[엔진 전체 마찰]

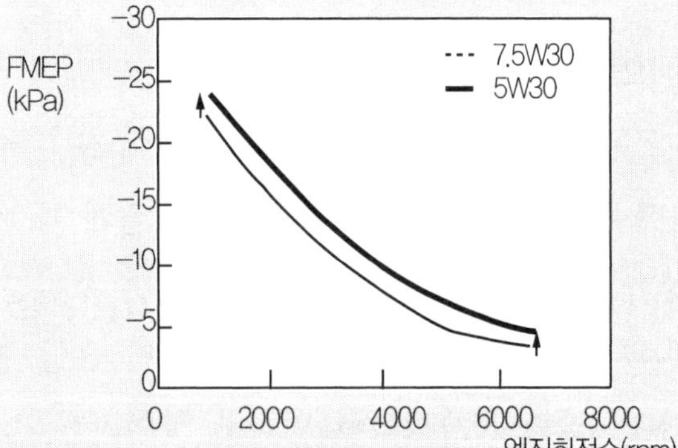

[실린더 마찰]

경계윤활 영역의 경우 점도가 높을수록 유막 형성에 유리하여 마찰력이 줄어들게 되고, 섭동면간에 고체접촉이 발생하는 구간이므로 마찰조정의 역할이 커진다. 이러한 이유로 5W/20의 저점도 엔진오일을 사용하면 7.5W/30에 비해 증발 감량이 우수하여 오일 교환주기 증대는 물론 마찰저감 효과가 있어 연비 향상에도 도움이 된다.

02. 냉각장치의 정비

NCS 활용

□ NCS연계 : 냉각장치정비(1506030202_14V2)

• 냉각장치 점검·진단, 교환, 수리, 조정하기(1506030202_14V2, 3, 4, 5)

본 단원은 NCS 학습모듈인 냉각장치에 대한 기능과 역할을 이해하고, 냉각장치인 물펌프, 수온조절기, 라디에이터와 냉각 팬을 점검·진단, 교환, 수리, 조정을 학습하는 단원이다.

2.1. 물펌프와 수온조절기의 정비

2.1.1. 물펌프의 기능과 역할

물 펌프(water pump)는 엔진의 냉각수를 강제로 순환시켜 주는 역할을 한다. 물펌프는 원심펌프 방식을 많이 사용하는데, 고속회전을 통한 원심력에 의해 냉각수를 순환시키며 크랭크축의 동력으로 구동된다.

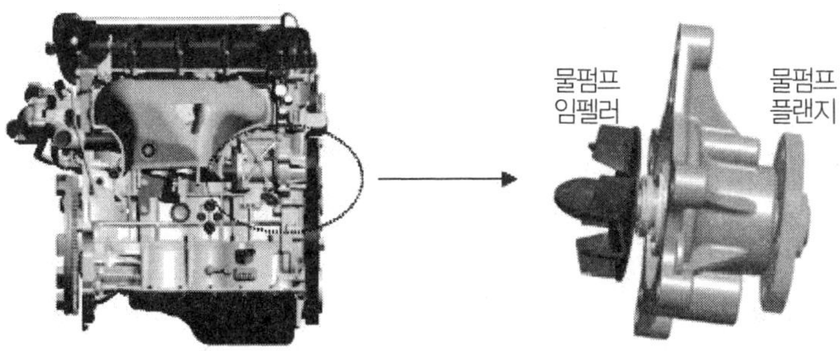

그림 10. 물펌프의 부착과 구조

물 펌프의 구조는 펌프보디, 임펠러, 펌프 축, 베어링, 실, 허브 등으로 구성된다. 물 펌프는 구동벨트(V-belt)에 의해 크랭크축의 동력을 물 펌프 플랜지를 통해 임펠러를 구동시킨다.

2.1.2. 물 펌프의 분해와 점검

① 냉각수를 배출시키고. 물펌프 측에 부착된 라디에이터 호스를 분리한다.
② 구동벨트 및 타이밍벨트 커버를 분리하고. 물 펌프를 탈거한다.
③ 물 펌프에 녹이나 기타 이물질 여부를 확인하여 필요시 교환한다.
④ 임펠러를 손으로 돌려서 베어링 소음이 있는지 여부를 확인하고, 필요시 교환한다.
⑤ 기존 개스킷을 제거할 때는 이물질을 깨끗하게 제거하여 신품으로 교환한다.
⑥ 냉각수는 배출한 만큼 보충하고 물 펌프 고정볼트를 규정 토크에 맞게 조인다.

2.1.3. 수온조절기의 기능과 역할

수온조절기는 서모스탯(thermostat)이라고 하며, 엔진 내부의 냉각수 온도에 따라서 자동으로 개·폐하여 엔진의 냉각수를 라디에이터로 보내주거나 차단하는 역할을 한다. 수온조절기는 펠릿형식과 벨로즈형식이 있다. 펠릿형식은 온도가 높아지면 팽창하는 왁스의 성질을 이용하여 열리고, 온도가 낮아지면 스프링에 의해 리턴 되어 닫히는 방식으로 사용되고 있다.

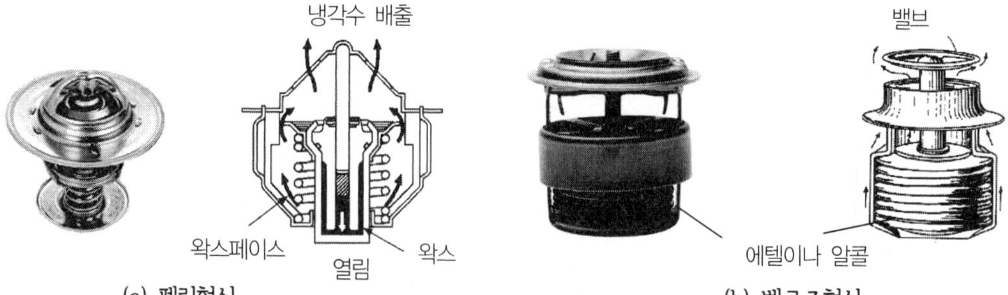

(a) 펠릿형식 (b) 벨로즈형식

그림 11. 수온조절기의 형식에 따른 구조

벨로즈형식은 벨로즈 내부에 에틸이나 알코올과 같이 휘발성이 강한 액체를 밀봉하여 온도에 따라 팽창과 수축하는 성질을 이용하여 밸브가 개폐되는 형식이다.

수온조절기의 작동온도는 연료의 종류나 냉각장치의 형식에 따라 차이가 있으며 대략 75~100℃사이에서 작동된다. 신형 엔진일수록 열효율을 증가시키기 위하여 작동온도가 높으며, 작동 개시온도는 일반적으로 서모스탯 플랜지 상부에 표시되어 있다. 수온조절기는 설치위치에 따라 입구와 출구제어방식으로 구분한다. 입구제어방식은 냉각수 온도의 급격한 변화가 적고, 수온조절기의 내구성이 향상되지만 냉각수 주입과 공기빼기 등의 정비성이 나쁘다.

출구제어방식은 수온조절기의 정비성이 좋고 공동현상(cavitation)의 발생이 적지만 입구제어방식보다 수온조절기 작동개시 온도가 높아 개폐에 따른 수온의 변화가 크다는 단점이 있다.

입구제어식은 수온조절기가 냉각수가 라디에이터로부터 엔진으로 들어오는 하부호스와 워터펌프 흡입구사이에 설치된다. 일반적으로 가장 많이 적용되는 출구제어식은 냉각수가 엔진에서 외부로 나가는 지점인 실린더헤드와 라디에이터 상부호스 사이에 수온조절기가 설치되는 방식이다.

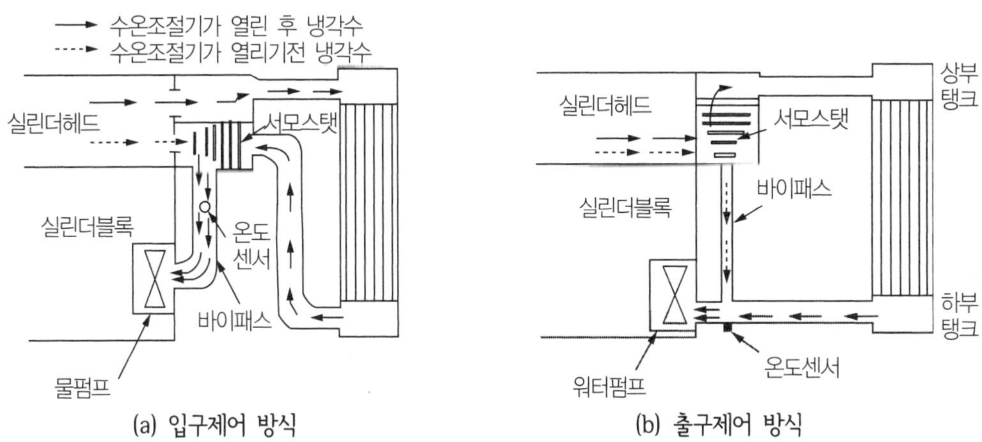

그림 12. 수온조절기 위치에 따른 제어방식

2.1.4. 수온조절기의 분해와 점검

① 냉각수의 높이를 수온조절기보다 아래에 위치할 때까지 냉각수를 배출시킨다.

② 수온조절기 하우징을 분해하여 수온조절기를 떼어낸다.

③ 수온조절기를 비이커 등의 용기에 물과 함께 담그고 물을 서서히 가열한다.

④ 대략 90℃에서 밸브가 완전히 개방되며 밸브 개방온도와 열림 폭을 확인한다.

⑤ 수온조절기의 작동이 불량한 경우에는 교환한다.

⑥ 개스킷을 교환할 때 이물질이 남지 않도록 깨끗하게 제거하여 신품으로 교환한다.

⑦ 냉각수는 배출한 만큼 보충한다.

Reference 가변식 물펌프(variableness water pump)란 ?

자동차의 주변 온도와 엔진의 냉각성능에 따라 물펌프의 구동력을 자동으로 조절하여 엔진의 냉각성능과 연소성능을 향상시키기 위해 모터를 적용한 가변식 물펌프를 사용한다. ECU가 엔진으로 흡입되는 공기를 감지하는 흡기온도센서와 냉각수의 온도를 감지하는 수온센서의 신호를 받아 엔진에 필요한 냉각수 유량을 산정하고 제어신호를 출력한다. ECU의 제어신호에 따라 모터의 작동속도가 조절되어 냉각수의 토출량이 조절되는 방식이다.

2.2. 라디에이터와 냉각팬의 정비

2.2.1. 라디에이터(radiator)

라디에이터는 엔진을 순환하여 가열된 냉각수를 냉각시키는 장치이다. 라디에이터의 외부가 대기와 직접 닿아 내부로 유입된 냉각수의 열을 식혀 주고, 냉각수를 저장하는 역할을 한다.

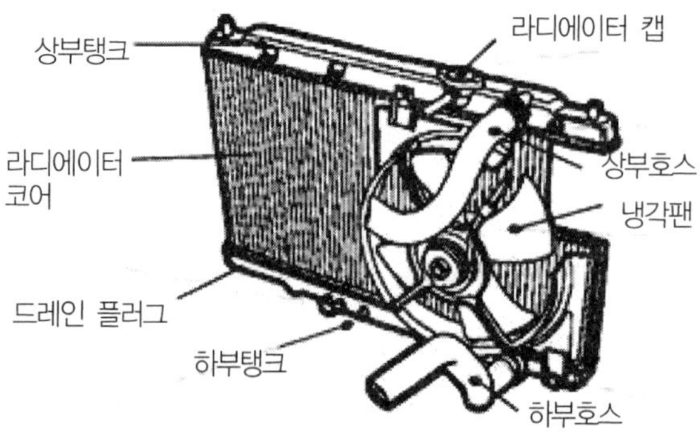

그림 13. 라디에이터의 구조

라디에이터의 구비조건으로는 단위 면적당 방열량이 크고 라디에이터 외부의 대기 유동이 좋으며, 내부의 냉각수 유동저항이 작고, 소형 경량이어야 한다. 라디에이터의 구조는 라디에이터 캡, 오버플로 파이프로 구성되는 상부 탱크(upper tank), 드레인 플러그(drain plug), 자동변속기 오일쿨러 등이 설치되어 있는 하부 탱크(lower tank), 라디에이터 코어 등으로 구성되어 있다.

2.2.2. 냉각 팬(cooling fan)

냉각팬은 구동방식에 따라 여러 가지가 있으나 일반적으로 전동식과 유체 커플링식을 적용하고 있다. 전동식 냉각팬의 구조는 그림 14(a)와 같고 자동차용 전기를 이용하여 전동모터가 구동하면서 팬(fan)을 회전시켜 엔진의 냉각수 온도를 식혀주는 기능한다. 전동모터는 그림 14(a)와 같이 설치되어 있고, 수온센서(또는 스위치)에 의해 냉각수 온도를 감지하여 엔진컴퓨터(ECU) 또는 릴레이가 모터를 구동시킨다. 전동팬의 릴레이형식은 NO(normal open)과 NC(normal closed) 두 가지이고 형식에 따라 작동 방식이 달라진다.

유체 커플링식의 구조는 그림 14(b)와 같고 일반적으로 대형화물이나 버스에 장착하며 구동벨트가 팬을 구동하고 유체커플링은 라디에이터의 열을 감지하여 팬을 구동시키거나 차단하는 역할을 한다. 최신 냉각장치는 고온의 엔진을 정상온도로 유지하기 위한 장치이다.

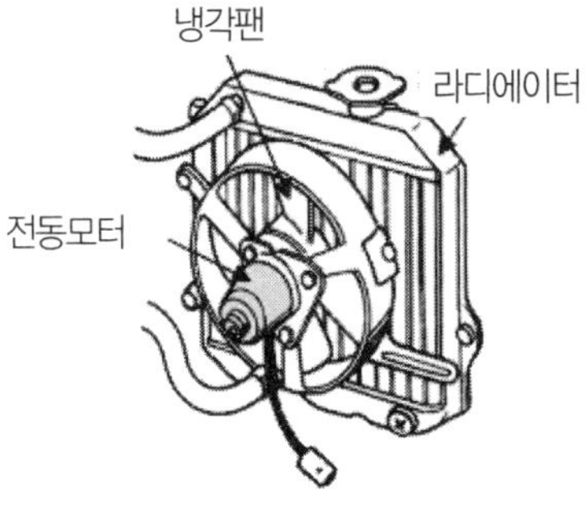

(a) 전동식 냉각팬

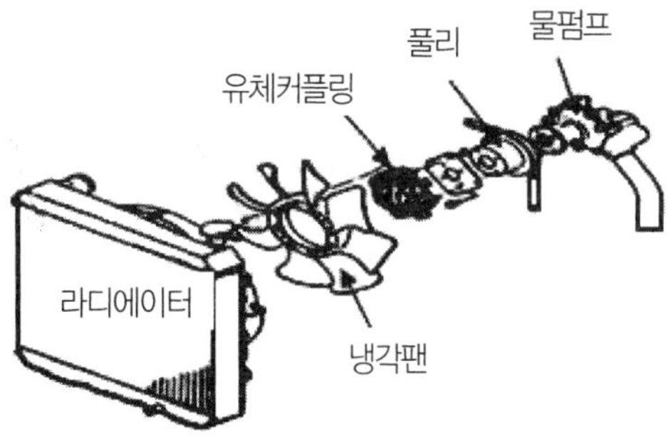

(b) 유체 커플링식 냉각팬

그림 14. 냉각 팬의 형식에 따른 구성부품

보통 냉각장치의 냉각팬 제어를 2단계(고속, 저속)로 제어하였지만 최근에는 PWM (Pulse With Modulation)방식을 채택하여 정밀제어를 통해 연비향상과 소음 저감효과를 얻고 있다.

Reference 전동식 냉각팬 제어방식과 구동특성

전동식 냉각팬방식은 냉각팬과 일체로 되어 있는 모터가 팬에 의해 작동되면서 라디에이터의 냉각수와 엔진을 냉각시키는 기능을 한다. 팬 모터의 구동은 엔진 헤드 또는 라디에이터 하단에 위치한 수온스위치에 의해 구동되는 방식과 ECU용 수온센서에 의해 감지하여 구동하는 방식이 있으며, 일반적으로 수온센서에 의한 감지방식을 주로 사용한다.

팬 모터의 제어방식은 냉각효율 증대와 구동전류를 최소로 하기 위하여 냉각수 온도, 차의 속도, 에어컨스위치 신호 및 에어컨 컴프레서 작동신호를 근거로 라디에이터와 콘덴서의 팬 속도를 ECU가 최적 제어한다.

2.2.3. 라디에이터 압력 캡(radiator cap)

라디에이터 압력 캡은 압력과 진공을 유지하는 밸브와 스프링이 설치되어 라디에이터 상부에 설치되어 냉각계통을 밀폐시켜 주는 역할을 한다. 압력밸브는 냉각수의 비점을 110~120℃로 높여주어 오버히트를 예방하고, 엔진 열효율을 높여준다. 또한 라디에이터 캡은 냉각수의 량에 따라 보조탱크의 냉각수를 라디에이터에 보충하거나 팽창된 냉각수를 보조탱크로 리턴시키는 기능을 수행한다.

예컨대 라디에이터의 내부압력이 0.3~1.1kgf/cm^{2}가 되면 압력밸브가 열려 여분의 냉각수를 보조탱크로 내보낸다. 또한 냉각수가 식어 내부의 압력이 부압이 되면 진공밸브가 열려 보조탱크로부터 냉각수를 빨아들여 라디에이터 내부에 항상 냉각수가 차 있도록 한다. 라디에이터 캡의 구조와 작동은 그림 15와 같다.

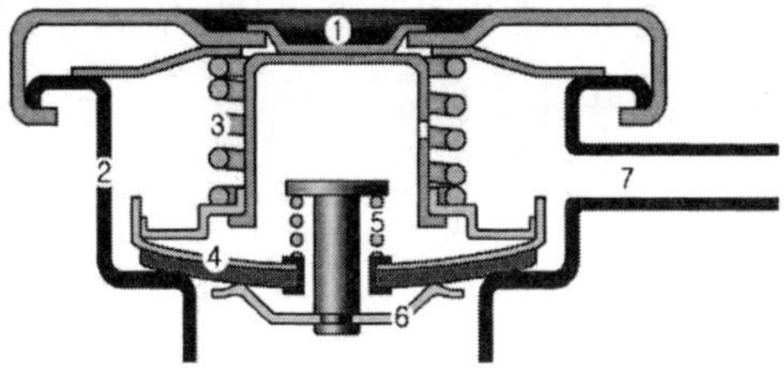

(a) 라디에이터 캡의 구조

(b) 라디에이터 캡의 작동

그림 15. 라디에이터 압력 캡의 구조와 작동

2.2.4. 수온센서와 수온스위치

수온센서(WTS : Water Temperature Sensor)는 온도에 따라 저항값이 변화하는 부특성(NTC) 서미스터(thermister)를 이용한다. 즉, 온도가 올라가면 저항값이 작아지고 온도가 내려가면 저항값이 커지는 특성이 있다. 따라서 낮은 냉각수 온도에서는 출력전압이 높으며, 높은 냉각수 온도에서는 낮은 출력전압을 나타낸다.

(a) 수온센서의 부착

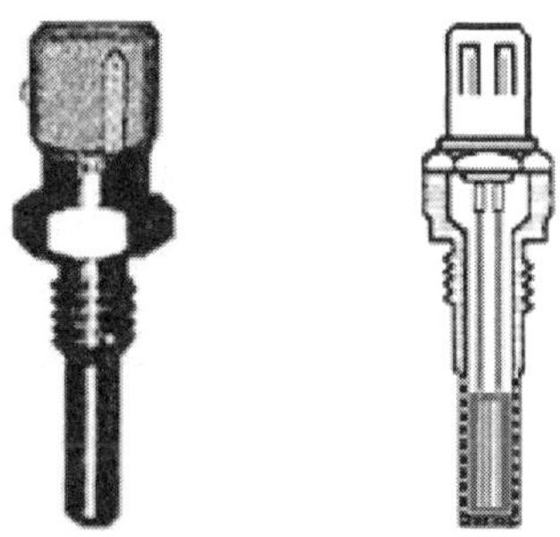

(b) 수온센서의 외관구조

그림 16. 수온센서의 부착위치와 외관구조

수온센서는 엔진의 냉각수 통로에 장착되어 냉각수의 온도를 검출하여 냉각팬의 속도제어, 공전회전수 보상(Idle-up), 엔진온도에 따른 연료량 보정 및 점화시기 제어 등의 기능을 수행하는 신호로 이용된다.

[1] 라디에이터의 누설점검

① 라디에이터 하부의 드레인 플러그를 풀고 냉각수를 배출시킨다.

② 상·하부 및 오버플로 호스, 자동변속기 오일쿨러 호스, 냉각팬 모터 커넥터와 콘덴서를 분리한다.

③ 라디에이터 상부 브래킷을 탈거하고, 라디에이터 어셈블리를 차체에서 떼어낸다.

④ 라디에이터의 부식 및 손상 여부와 코어에 이물질을 점검하고, 라디에이터를 장착한다.

⑤ 냉각수를 채우고 라디에이터 압력테스터를 장착하여 0.8~1.2kgf/cm^2 정도까지 압력을 상승시키고, 약 12분간 유지되면 정상이다.

⑥ 라디에이터와 보조 탱크에는 새로운 부동액과 물을 섞은 냉각수를 채운다.

⑦ 엔진의 온도를 상승시켜 냉각 팬, 수온조절기 등이 정상작동 여부를 확인한다.

⑧ 라디에이터 호스, 접촉부 등에 냉각수의 누수 여부를 확인한다.

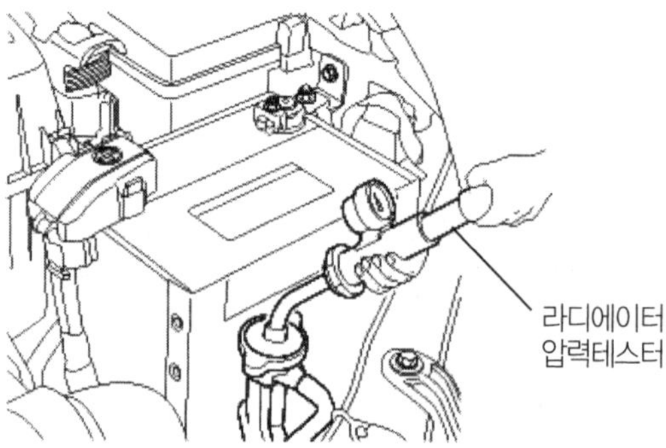

그림 17. 냉각수 누설점검 방법

[2] 라디에이터 캡 압력점검

① 라디에이터로부터 라디에이터 캡을 분리한다.

② 라디에이터 캡 시일(seal) 부분에 냉각수를 도포하고 어댑터를 사용하여 테스터를 캡에 부착시킨다.

③ 라디에이터 캡 테스터를 이용하여 0.8~1.2kgf/cm^{2}정도로 가압하고, 10초간 유지하면 정상이다.

④ 해당차량의 정비지침서에 규정된 압력을 유지하는가를 점검한다.

⑤ 측정압력이 한계치 이상이면 라디에이터 캡을 교환한다.

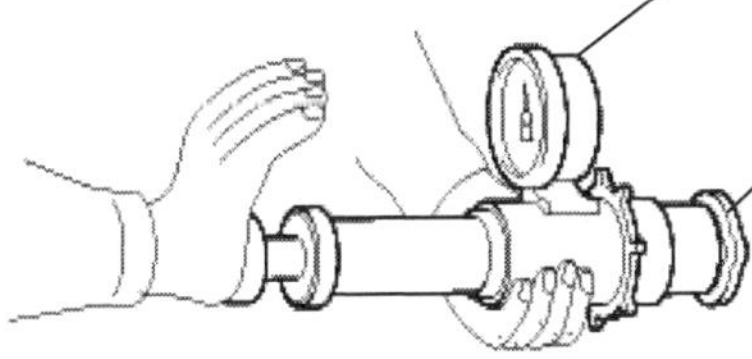

그림 18. 라디에이터 캡 압력점검

[3] 냉각팬과 수온센서 점검

전압계를 이용하여 점화스위치 ON상태에서 커넥터를 분리한 후 배선 측 2번 단자에서 5V의 전원이 정상적으로 작용하는지를 점검한다. 센서의 출력신호는 2번 단자에서 측정한다. 부특성(NTC) 서미스터형식이므로 온도가 높을수록 출력전압은 낮아진다.

표 WTS 출력전압 규정값의 예

냉각수온도	저 항	전압(V)
0℃	5.18~6.6kΩ	4.05V
20℃	2.27~2.73kΩ	3.44V
40℃	1.08~1.3kΩ	2.72V
80℃	0.29~0.35kΩ	1.25V

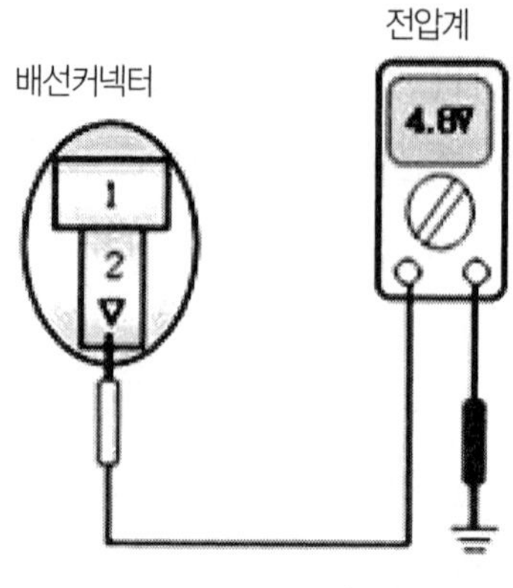

그림 19. 수온센서의 점검

03. 윤활장치의 정비

NCS 활용

□ NCS연계 : 윤활장치정비(1506030203_14V2)

• 윤활장치 점검·진단, 교환, 수리, 조정하기(1506030203_14V2, 3, 4, 5)

본 단원은 NCS학습모듈인 윤활장치에 대한 기능과 역할을 이해하고, 냉각장치인 오일펌프와 오일여과기, 오일 쿨러를 점검·진단, 교환, 수리, 조정을 학습하는 단원이다.

3.1. 오일펌프와 유압제어

오일펌프(oil pump)는 크랭크축이나 체인에 의해 구동되며, 오일 팬 내의 오일을 흡입, 가압하여 각 윤활장치에 오일을 압송하는 역할을 한다. 하지만 자동차용 엔진은 주행 중 고속과 저속운행을 반복하면서 오일펌프의 회전수는 변화하고, 회전수가 높아지며 오일의 압력이 상승하여 윤활부나 각종 윤활장치의 고장을 초래할 수 있다.

따라서 윤활장치에서의 유압제어는 그림 20과 같이 2단계의 유압조정을 거쳐 항상 일정한 유압으로 제어한다. 1단계 유압제어는 오일펌프가 고속으로 회전하면서 유압이 높아지면 오일펌프에 부착된 유압조절기(check valve)가 열려 오일팬으로 리턴되어 일정압력 이상 오르지 않게 한다.

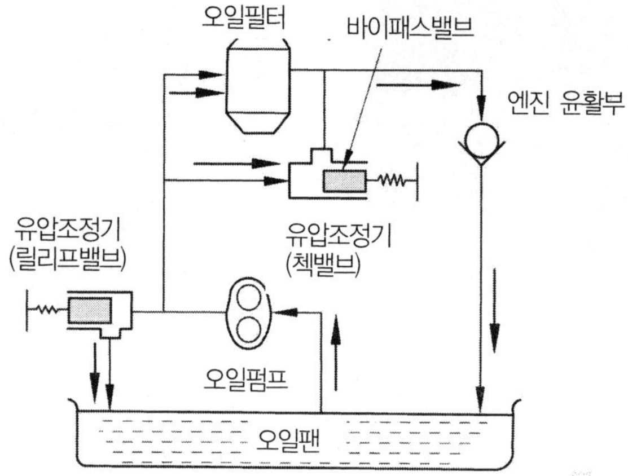

그림 20. 오일펌프와 유압제어

2단계 유압제어는 오일필터를 교체하지 않았거나 문제가 생겨 막혔을 경우에 2차 유압 조정기(bypass)가 작동되어 오일필터를 거치지 않고 바이패스 된 오일이 윤활부로 곧바로 순환된다.

3.2. 윤활장치의 점검 · 정비

3.2.1. 오일펌프의 분해

① 엔진오일을 배출시키고, 구동벨트를 탈거한 후 크랭크축 댐퍼 풀리를 분리한다.

② 타이밍마크를 일치시킨 후 타이밍벨트 또는 체인을 분리한다.

③ 텐셔너와 아이들러, 오일 팬과 스트레이너를 분리한다.

④ 크랭크축 스프로킷과 오일펌프 어셈블리, 오일펌프 커버를 분리한다.

3.2.2. 오일펌프의 점검

① 오일펌프와 케이스의 균열 및 손상을 점검한다.

② 직각자와 틈새게이지를 이용하여 로터와 직각자 사이의 사이드간극을 측정한다.

③ 틈새게이지로 아우터와 이너 로터사이의 팁 간극을 측정한다.

④ 해당 차종의 정비지침서에 명시된 규정값을 초과한 경우 오일펌프를 교환한다.

(a) 팁 간극측정

(b) 사이드 간극측정

그림 21. 오일펌프 점검

3.2.3. 오일펌프의 조립

① O-링이나 개스킷은 신품을 사용한다.

② 각 부품을 조립할 때는 정비지침서에 명시된 체결토크를 확인하고 실시한다.

③ 실런트 사용 시 명시된 실런트를 중간에 끊어짐 없이 도포하고 약 5분 내에 조립한다.

3.2.4. 오일압력 점검

① 기관에 오일압력 게이지를 연결한다.

② 기관이 충분히 웜업된 상태에서 공회전시 및 2,000rpm 정도에서 정비지침서의 규정된 값으로 압력이 유지되어야 한다.

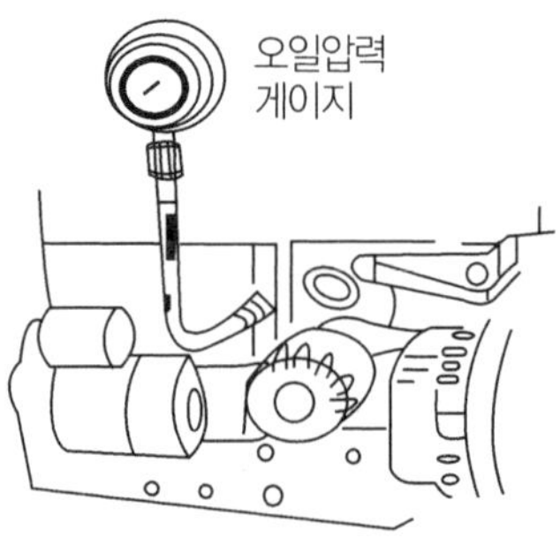

그림 22. 오일압력 점검

③ 엔진오일 압력 규정값은 공회전 시 0.3~1.6kgf/cm^2, 엔진회전수가 2,000rpm 시 2kgf/cm^2 정도이다.

④ 오일압력이 규정 값 이하이면 오일펌프 또는 베어링 각 부의 마멸이나, 오일 스트레이너의 막힘, 오일필터의 막힘 등을 점검한다.

3.2.5. 오일소모 원인 점검

기관의 오일 소모량이 과다할 경우에는 피스톤 링의 고착, 밸브가이드 실의 파손, 실린더 벽의 마멸 등 기관의 기계적인 부품의 손상이나 각종 개스킷(오일 팬, 헤드커버, 실린더헤드)과 크랭크축 오일실 등을 점검 하여야 한다.

[1] 오일 업(oil-up) 현상

오일 소모의 70~90%가 피스톤 링과 실린더보어사이로 오일이 누유되는 현상이다

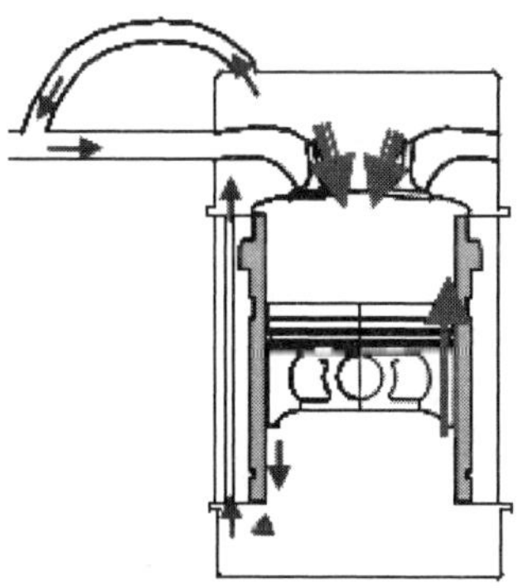

그림 23. 기관 오일소모 원인

[2] 오일다운(oil-down)현상

오일 소모의 약 10% 이내가 밸브 스템실과 밸브가이드사이로 오일이 누유되는 현상이다.

[3] 오일 아웃(oil-out)현상

오일소모의 약 5% 이내가 헤드 커버 환기장치를 통해 오일이 누유되는 현상이다.

3.2.6. 오일압력스위치의 점검

① 오일압력스위치를 실린더블록에서 분리한다.

② 저항테스터를 이용하여 오일압력스위치 단자와 몸체사이의 통전시험을 한다. 통전이 되면 정상이고 되지 않으면 스위치를 교환한다.

③ 오일압력스위치의 오일구멍에 가는 막대를 삽입하여 누르고 통전시험을 한다. 통전이 되지 않으면 정상이고 통전이 되면 스위치를 교환한다.

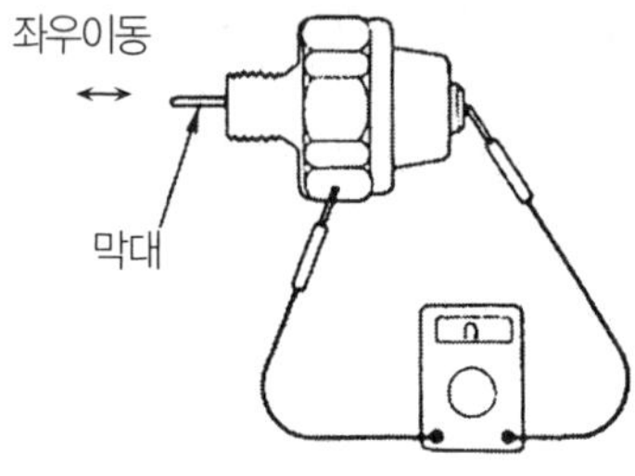

그림 24. 오일압력 스위치의 통전시험 점검

단원 종합 평가

01. 내연기관에서 연소되는 열에너지 분포에 대하여 설명하시오.
02. 수냉식 냉각장치의 냉각수 순환경로를 설명하시오.
03. 부동액의 구비조건을 설명하시오.
04. 냉각장치의 신기술 적용 사례를 들고 설명하시오.
05. 엔진 과열의 원인과 대책을 설명하시오.
06. 라디에이터의 구조와 역할을 설명하시오.
07. 냉각 팬의 종류와 그 특성을 설명하시오.
08. 가변식 물펌프의 특징을 설명하시오.
09. 팬 모터의 제어방식과 구동특성을 설명하시오.
10. 윤활유의 작용을 설명하시오.
11. 엔진오일의 구비조건을 들고 설명하시오.
12. 윤활유의 공급방식을 들고 설명하시오.
13. 저 점도 엔진오일의 효과를 설명하시오.
14. 오일펌프의 종류와 그 특성을 설명하시오.

CHAPTER 04

가솔린 연료제어장치

※ **NCS 적용코드 :** 1506030204/6~8_14V2

자동차 보급의 증가와 이용범위 확대로 자원고갈, 환경오염, 지구온난화 등의 환경 보존에 대한 사회적 인식이 높아짐에 따라, 국제적으로 자동차의 배출가스 및 연료소비에 대한 규제가 더욱 강화되고 있다. 또한 자동차의 고성능화, 편리성, 안전에 대한 수요자의 요구도 한층 높아지고 있다. 이에 자동차용 엔진은 고성능화는 물론 연료소모와 배출가스를 저감시키기 위해 다양한 첨단 전자제어장치를 적용하고 있다. 본 장에서는 전자제어 가솔린엔진의 연료제어장치에 대한 특성과 구성, 그리고 원리와 점검 · 정비에 대해 학습하기로 한다.

01. 가솔린엔진의 연료와 연소특성

NCS 활용

□ NCS연계 : 가솔린 전자제어장치 정비(1506030208_14v2)

- 가솔린 전자제어장치 점검・진단, 교환, 수리, 검사하기(1506030202_14V2)

본 단원은 NCS 학습모듈인 가솔린 전자제어장치와는 직접적인 관련은 없지만 가솔린 전자제어장치를 점검・진단, 교환, 수리, 검사하는데 알아야할 기초 단원이다.

1.1. 가솔린엔진 일반

가솔린엔진은 휘발유를 연료로 사용하는 엔진으로 공기와 휘발유의 혼합기를 연소시켜 얻은 열에너지에 의해 출력을 발생시킨다. 즉 실린더 내에서 피스톤이 하강하면서 생긴 부압을 이용하여 공기와 연료의 혼합기를 흡입한 후 피스톤이 상승하면서 혼합기를 압축한 뒤, 스파크플러그의 불꽃방전에 의해 연소를 일으킨다. 이때 폭발에 의한 팽창력이 피스톤을 밀어내 기계적 에너지를 발생시킨다. 피스톤의 왕복운동은 커넥팅로드에 의해 회전운동으로 바뀌어 크랭크축을 회전시킨다.

가솔린엔진은 불꽃에 의해 연료가 연소되는 방식이기 때문에 불꽃점화방식이라고도 하며, 디젤엔진에 비해 가볍고 출력이 크며 진동과 소음이 적어 승용차에 주로 사용되고 있다.

1.2. 가솔린 연료와 연소특성

원유를 증류하여 각종 석유제품과 반제품을 제조하는 과정을 정유라고도 한다. 원유의 주성분은 탄소와 수소의 화합물인 탄화수소(HC)로 이루어지며, 원유를 가열하면 비등점(끓는점)이 낮은 성분부터 차례로 증발하여 기화된다. 이때 가장 가벼운 LPG (Liquified Petroleum Gas)부터 휘발유, 나프타, 등유, 항공유, 경유, 중유, 아스팔트 순으로 제조한다. 이렇게 증류된 정유제품 중 가솔린(휘발유), 디젤(경유), LPG(액화석유가스)는 자동차 연료로 사용되고 있다. 자동차에 사용되는 연료는 그림 1과 같이 원유를 증류 및 정제하여 추출한다.

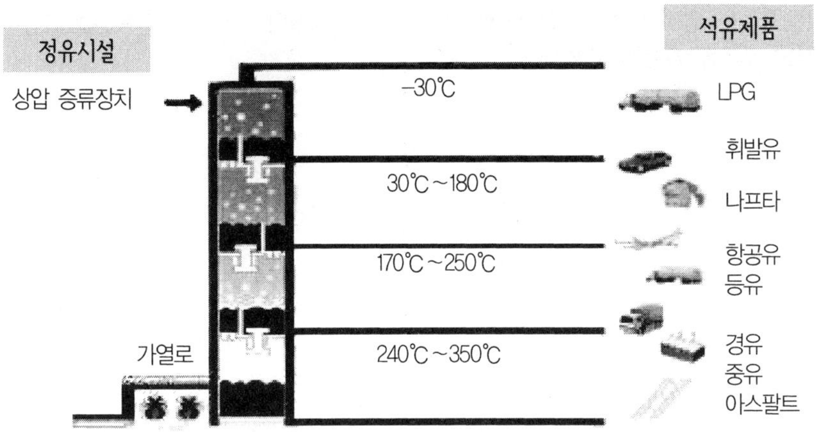

그림 1. 원유의 제조 및 증류과정

휘발유(gasoline)는 원유를 증류할 때 30~180℃에서 추출되며 비중은 0.65~0.75, 인화점은 -40℃ 이하이고, 착화점은 550℃, 발열량은 11,100~11,500kcal/kgf 정도이다. 휘발유는 상온에서 쉽게 증발하는 성질이 있다. 인화성도 매우 좋아서 휘발성분이 공기와 혼합하면 전기 스파크 같은 자극에서도 쉽게 폭발한다. 때문에 휘발유를 취급할 때는 밀폐된 용기에 담아 증발을 방지해야 한다.

Reference 인화점과 착화점이란?

■ 인화점(flash point)

인화점이란 연료에서 발생되는 유증기에 점화원이 접촉되었을 때 불이 붙는 최저 주위온도를 말한다. 휘발유와 경유의 인화점을 비교해 보면, 휘발유는 -40℃, 경유는 40~90℃로 경유의 인화점이 더 높다. 이는 불꽃 즉 점화원을 제공하였을 경우 휘발유는 쉽게 연소가 일어나지만 경유는 그러지 않다는 걸 알 수 있다. 따라서 가솔린엔진은 전기 점화플러그를 사용하여 점화시키며 디젤엔진은 전기 점화플러그를 사용하지 않는다.

■ 착화점(auto ignition point)

착화점이란 불꽃과 같은 점화원이 없어도 연료에 불이 붙는 최저온도를 말한다. 휘발유와 경유의 착화점을 비교해 보면, 휘발유는 약 550℃, 경유는 약 350℃로 휘발유의 착화점이 매우 높다.

압축 착화기관은 실린더 내의 공기를 500~600℃ 정도의 고온, 50~300kgf/cm^2 정도의 고압으로 만든 뒤 여기에 연료를 분사해 점화하는 방식으로, 착화점이 낮은 경유는 쉽게 연소하지만 가솔린은 연소되기 힘들다. 따라서 압축 착화기관에서는 경유를 연료로 사용한다.

자동차용 휘발유는 옥탄가에 따라 고급 휘발유와 보통 휘발유로 분류되며, 납성분의 함량에 따라 무연휘발유와 유연휘발유로 구분된다. 고급 휘발유는 옥탄(octane)이라는 물질을 첨가하여 발화점을 높임으로써 노킹을 막을 수 있도록 제조된 휘발유이다.

보통 차량용으로 사용하는 일반 휘발유의 옥탄가는 85~96, 고급 휘발유는 97~102, 휘발유를 사용하는 항공기는 103~130 정도이다. 무연 휘발유란 인체에 유해한 유독성 중금속인 납을 첨가제로 사용하지 않는 휘발유로서 대부분의 국가에서는 무연 휘발유의 사용을 의무화 하고 있다.

Reference 옥탄가(octane number)란 ?

옥탄가란 가솔린엔진에서 노크를 일으키지 않는 내폭성의 수치를 말한다. 내폭성의 연료성분을 이소옥탄(C_8H_{18}), 내폭성이 낮은 연료성분을 정헵탄(C_7H_{16})이라 한다. 휘발유는 파라핀계가 50~60%, 나프텐계가 30~50%로 분포되고, 기타 오리핀계와 방향족 등 200여 종의 탄화수소가 섞여 있다. 이중에서 가장 많이 포함된 파라핀계의 노말헵탄은 노킹이 줄고 발화점이 낮으며 이소옥탄은 앤티노크성이 크고 발화점이 높은 탄화수소를 포함하고 있다. 따라서 이소옥탄이 클수록 앤티노크성이 크게 되며, 노말헵탄과 이소옥탄의 혼합비로 앤티노크성을 나타내는 옥탄가라는 단위로 나타낸다.

옥탄가는 이소옥탄과 정 헵탄의 혼합비를 나타내며 노말헵탄 20%, 이소옥탄 80%의 비율이라면 옥탄가 80이 되는 것이다. 노킹방지제로는 벤젠, 톨루엔, 에틸알콜, 어닐린, 에틸 아이오 다이드(ethyl iodide) 등의 첨가제를 혼합한 에틸액(ethyl fluid)을 주로 사용한다.

- 옥탄가 $= \dfrac{\text{이소옥탄(체적)}}{\text{이소옥탄(체적)} + \text{정헵탄(체적)}} \times 100[\%]$

1.3. 가솔린엔진의 연소

1.3.1. 가솔린엔진의 연소특성

연소(combustion)란 연료의 산화반응을 말하며, 가솔린엔진의 경우 실린더에 흡입된 혼합기를 압축하여 점화플러그에 의해 점화하면 플러그에 가장 가까운 부분이 먼저 착화하여 그림 2와 같이 화염핵(火焰核)을 형성한다. 화염핵에 의해 화염이 점차 전파되면 마침내 가스 전체가 폭발적인 연소를 하게 된다. 화염전파 속도는 엔진부하, 공연비, 혼합기의 와류, 엔진 회전수 등에 의해 달라진다.

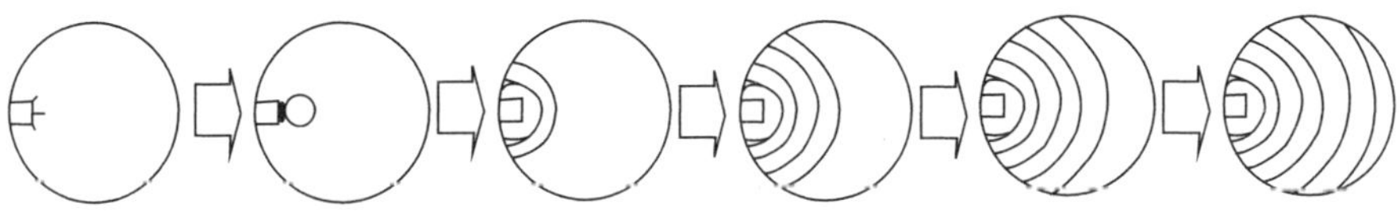

그림 2. 가솔린엔진의 화염전파 과정

Reference 가솔린의 이론공연비와 공기과잉률이란 ?

이론공연비란 휘발유와 산소가 산화반응을 일으켜 완전연소를 위한 중량비율을 화학식에 의해 이론적으로 구한 값을 말한다. 휘발유는 탄화수소 화합물이기 때문에 모든 휘발유에 대해서 하나의 치수로 표시하는 것은 불가능하지만, 통상적인 옥탄가의 이론적 공기와 연료의 비율을 14.7 : 1(공기과잉률 : λ= 1)로 나타낸다.

1.3.2. 가솔린엔진의 연소과정

가솔린엔진의 연소는 그림 3과 같이 압축행정 말 상사점 전(BTDC : before top dead center)인 A에서 점화플러그의 불꽃에 의해 점화되어 연소가 시작된다. 이때 연소실 온도가 상승하면서 압력도 완만하게 상승한다. 피스톤이 B에 이르면 폭발적인 연소가 일어나며, 압축 상사점(ATDC : after top dead center)을 조금 지나 ATDC 5~15°인 C부근에서 최고압력(peak pressure)에 도달한다. 이때 혼합기의 연소속도는 약 20m/s, 연소압력은 35~45kgf/cm^2, 연소온도는 2000~2500℃ 정도가 되며, 피스톤이 D에 이르면 연소는 종료된다.

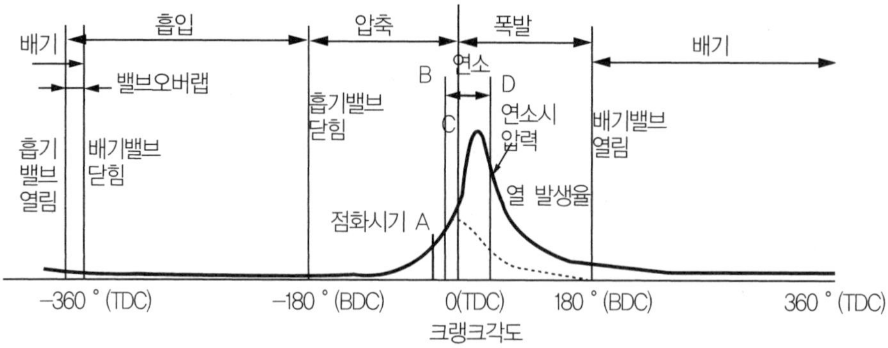

그림 3. 가솔린엔진 연소과정

그림 3 A와 B사이를 점화지연 기간 또는 제1기 연소라 하고, 급격한 연소가 시작되어 그 연소가 끝날 때까지의 구간(B-C-D)을 제2기 연소기간이라 한다. 일반적으로 연소기간이 짧을수록 열효율이 향상되고 안정된 연소효과를 얻을 수 있다. 또한 점화지연 기간은 공연비의 영향을 받기 때문에 지나치게 농후하거나 희박할수록 연소 지연기간은 길어지는 특성이 있다.

1.3.3. 가솔린엔진의 이상연소

가솔린엔진의 연소는 점화플러그에서 불꽃으로 착화되어 화염이 연소실의 혼합기로 전파된다. 이때 점화플러그 불꽃에 의한 정상화염이 도달하기 자기착화(pre-ignition)에 의해 급격히 연소가 이루어지는 경우가 있다. 이를 노킹(knocking)이라 하며, 노킹이 발생하면 이상연소에 의해 급격한 압력상승으로 충격음과 진동을 발생시키고, 출력감소와 실린더, 피스톤, 밸브, 점화플러그 등이 손상될 수 있다.

[1] 가솔린엔진의 노킹원인

① 흡입되는 혼합기의 압력과 온도가 높을 때

② 압축비가 크거나 점화시기가 빠를 때

③ 기관이 과열되었거나 과부하로 운전할 때

④ 옥탄가가 낮고 불량한 연료를 사용할 때

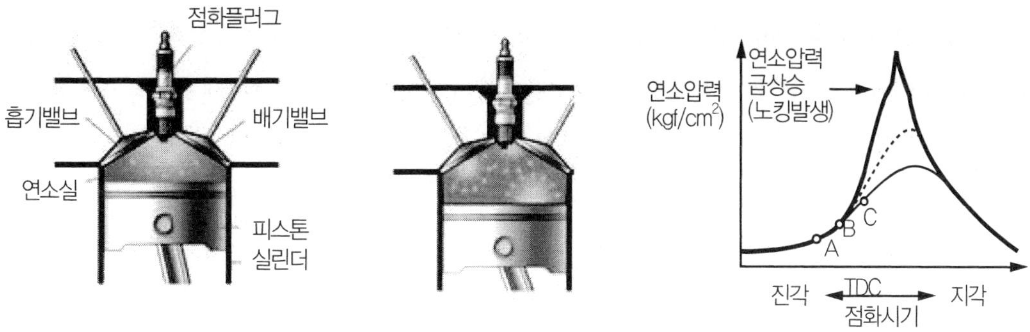

(a) 정상연소 (b) 이상연소 (c) 노킹시 연소압력

그림 4. 가솔린엔진의 노킹과 연소압력

[2] 가솔린엔진의 노킹 방지법

① 압축비, 혼합기와 실린더 벽의 온도를 낮게 한다.

② 옥탄가, 회전속도, 발화점과 착화온도를 높인다.

③ 연료의 발화와 착화시간을 길게 한다.

④ 실린더 체적을 작게 한다.

02. 가솔린 연료제어장치

NCS 활용

□ NCS연계 : 가솔린 전자제어장치 정비(1506030208_14v2)

• 가솔린 전자제어장치 점검·진단, 교환, 수리, 검사하기(1506030202_14V2)

본 단원은 NCS 학습모듈인 가솔린 전자제어장치를 점검·진단, 교환, 수리, 검사를 수행하는데 알아야할 필수 단원이다.

2.1. 가솔린 전자제어 엔진의 개요

가솔린 전자제어 엔진은 ECU 입력요소와 출력요소로 나눌 수 있다. 입력요소는 각종 센서와 스위치로 구성되며 속도, 유량, 온도, 압력 등의 정보를 ECU로 보내는 역할을 한다.

출력요소는 ECU에 의해 구동되는 각종 액추에이터(actuator)를 말하며, 인젝터(injector), ISA(Idle Speed Actuator), 점화코일(ignition coil) 등이 있다. ECU(Engine Control Unit)는 엔진컴퓨터 또는 제어기라고하며 각종 센서로부터 입력받은 정보를 바탕으로 점화시기, 연료분사량, 분사시기, 공회전속도 및 배출가스 등의 제어를 수행하여 엔진성능과 연비향상, 유해배출가스 저감을 실현한다.

그림 5는 가솔린 전자제어엔진의 구성도를 나타내고, 그림 6은 가솔린 전자제어엔진의 입·출력 다이어그램을 나타낸 것이다.

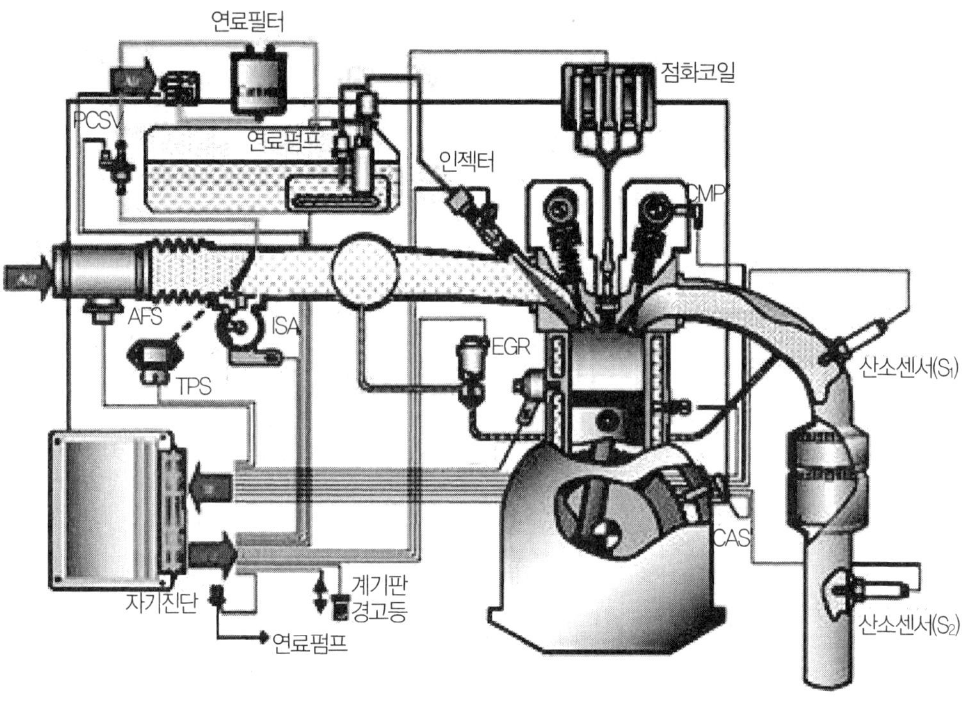

그림 5. 전자제어 가솔린 연료분사장치의 구성도(예)

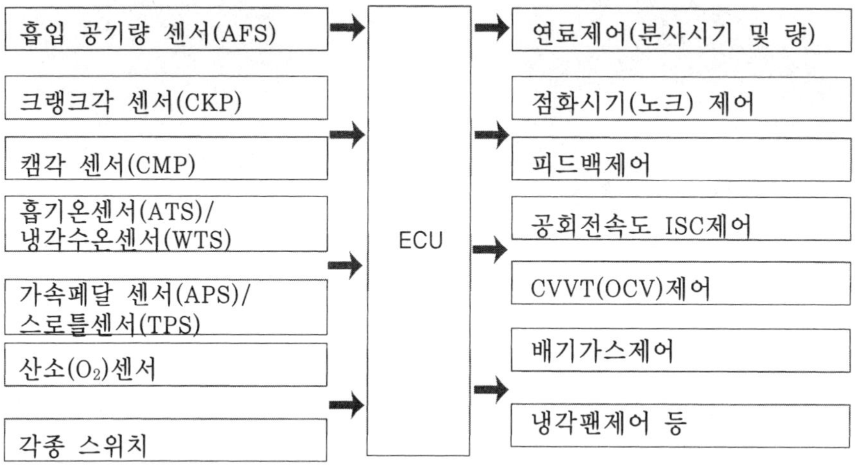

그림 6. 가솔린 전자제어 엔진의 입·출력 다이어그램

2.2. 가솔린엔진의 입력장치

2.2.1. 흡입공기량센서(AFS : air flow sensor)

흡입공기량센서는 엔진의 공기흡입계통에 위치하며 엔진으로 유입되는 공기의 양을 측정하고, ECU는 흡입공기량 정보를 이용하여 연료 기본 분사량을 결정한다.

흡입공기를 계측하는 방식으로 핫 필름(hot film), 핫 와이어(hot wire), 칼만 와류(karman vortex), 베인(vane), 맵 센서(MAP sensor) 등의 다양한 형식이 적용된다. 일반적으로 지접계측 방식으로는 핫 필름을, 간접계측 방식으로는 맵 센서방식이 가장 많이 사용되므로 두 가지 방식을 설명하기로 한다.

[1] 핫필름(hot film type)방식

핫필름방식은 열막식이라고 하며 백금열선, 온도센서, 정밀 저항기 등을 세라믹 기판에 층 접합시킨 것으로 열막(hot film)에 전류를 흐르게 하여 가열하면 흡입공기에 의하여 냉각되면서 필름의 저항은 낮아지고, 이때 흐르는 전류의 변화를 전압으로 바꾸어 공기량을 측정하는 방식이다. 열막식은 열선식에 비해 열손실이 적기 때문에 소형으로도 가능하고 오염정도가 낮다는 장점이 있다.

(a) 장착위치

(b) 핫 필름 DML의 구조

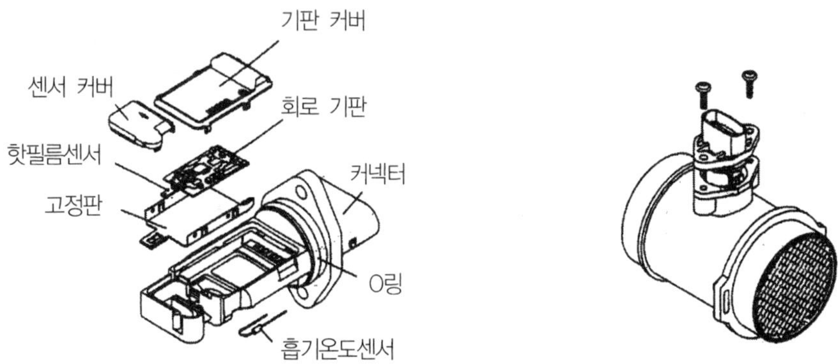

(c) 핫 필름 방식의 구성

그림 7. 핫 필름 방식의 장착위치와 구성

[2] 맵(MAP : Manifold Absolute Pressure)센서 방식

맵 센서는 스로틀바디를 지나 흡기매니폴드 또는 서지탱크(serge tank)에 장착되어 있으며 압전소자를 이용해 흡기다기관의 압력을 계측한다. ECU에서는 맵 센서 신호를 이용해 흡입공기량을 간접 계측하여 연료 분사량을 결정한다.

[3] 흡입공기량센서 고장 시 예상되는 증상

① 크랭킹은 가능하나 엔진 시동성이 나쁘다.

② 공회전시 엔진의 회전이 불안정하거나 주행 중 엔진 시동이 꺼진다.

③ 주행 중 가속력이 떨어지고 변속 지연 현상이 발생할 수도 있다.

④ 센서 출력 값이 부정확할 때 자동 변속기에서 변속 충격이 발생할 수 있다.

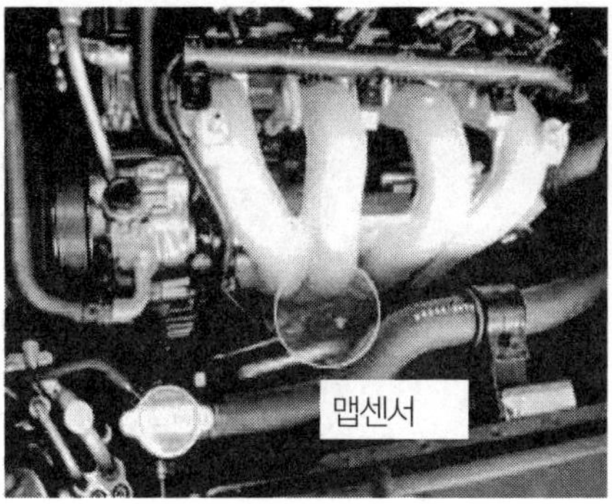

(a) 장착위치

(b) 맵 센서 외형

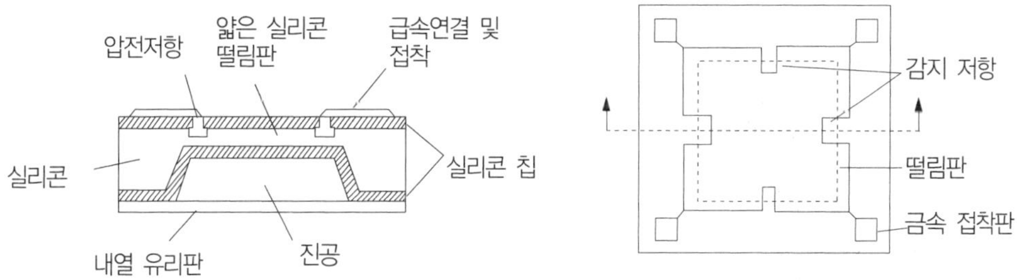

(c) 맵 센서의 구성

그림 8. 맵센서 방식 에어플로센서의 장착위치와 구성

2.2.2. 흡기온 및 냉각수온센서

흡기온센서(ATS : Air Temperature Sensor), 냉각수온센서(WTS : Water Temperature Tensor)는 부특성(NTC : Negative Temperature Coefficient)서미스터를 이용하며 그 원리와 구조는 두가지 센서가 유사하다.

흡기온도센서는 흡기관로에 설치되어 흡입공기의 온도를 검출한다. ECU는 이 정보를 이용하여 흡입공기의 온도변화, 즉 공기의 밀도 변화에 따른 연료량과 점화시기를 보정한다. 흡입공기의 온도가 낮아지면 밀도는 높아지며, 이때 연료 분사량을 증량 보정한다.

냉각수온 센서는 냉각통로에 설치되어 엔진의 수온을 감지한다. ECU는 이 정보를 이용하여 연료 분사량과 점화시기 보정 및 냉각팬 제어에 사용된다.

(a) 흡기온 센서 위치

(b) 냉각수온 센서 위치

(c) 냉각수온센서 외관

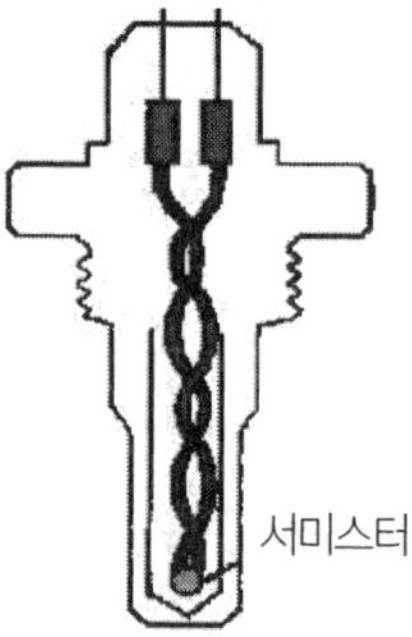

(d) 센서 구조

그림 9. 흡기 온 및 냉각수온센서의 장착위치와 구조

Reference 부특성 서미스터란?

부특성(NTC : Negative Temperature Coefficient) 서미스터(thermistor)는 온도가 증가하면 저항이 감소하고 온도가 감소하면 저항이 증가하는 특성을 가진 반도체소자를 말하며, 자동차에서는 주로 냉각수온센서와 흡기온센서 등의 온도 검출 센서용 소자로 사용된다.

[1] 센서가 고장 시 예상되는 증상

(1) 흡입공기온도 센서

① 주행 가속성이 낮아진다.

② 연료소모가 많아진다.

③ 혹한 공회전시 엔진부조 현상이 일어날 수 있다.

④ 점화시기의 진각 및 지각보정이 되지 않아 노킹이 발생할 수 있다.

(2) 냉각수 온도 센서

① 냉간 시동성이 좋지 않다.

② 연료소모가 많고 CO 및 HC의 발생이 증가한다.

③ 공회전 시 엔진 부조현상이 일어날 수 있다.

④ 공회전 및 주행 중 시동이 꺼질 수 있다.

2.2.3. 캠각센서(CMP : Camshaft Position Sensor)

캠각센서를 캠샤프트 포지션센서라고도하며 전자유도방식(induction type)과 홀센서(hall sensor)방식이 사용되고, 1번 실린더의 압축 상사점을 검출한다. ECU는 이 정보를 이용하여 각 실린더를 판별하여 연료분사 및 점화순서를 결정하는데 사용한다.

(a) 캠각센서 장착

(b) 캠각센서 외관

(c) 캠각센서의 작동

그림 10. 캠각센서 장착위치와 외관 및 작동

[1] 캠각센서가 고장 시 예상되는 증상

① 차종에 따라 엔진 시동이 어렵다.

② 차종에 시동은 가능하나 연료소모가 증가한다.

③ 냉간시 배기가스가 과다 배출된다.

2.2.4. 크랭크각센서(CAS : Crank Angle Sensor)

크랭크각센서를 크랭크축 포지션센서(CKP)라고도 하며 엔진 회전수 및 크랭크축의 위치를 감지한다. ECU는 이 신호를 이용하여 실린더 별 연료분사 시기 및 점화시기를 제어한다. 크랭크각센서는 홀 IC(hall IC)와 톤휠(tone wheel)을 이용한 홀 센서(hall effect) 방식이 주로 사용된다.

크랭크각센서는 크랭크축에 설치된 톤 휠이 회전하면서 톤 휠과 홀센서의 감지부와 간격이 변화하여 기전전력을 발생하는 원리를 이용한다.

(a) 크랭크각센서 장착

(b) 크랭크각센서 외형

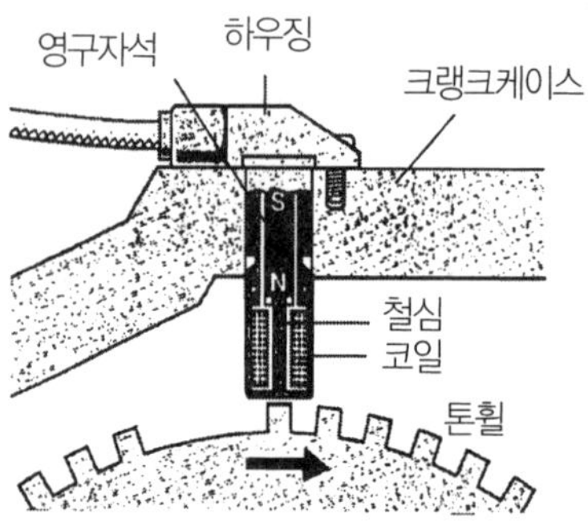

(c) 크랭크각센서의 작동

그림 11. 크랭크각센서 장착위치와 작동

Reference 홀 효과(hall effect)란 ?

홀효과란 반도체인 6면체의 홀소자에 그림과 같이 전류 1v를 흐르게 하고, 그와 직각을 이루는 다른 면에 전압계를 설치한 후 전류방향과 수직으로 직각이 되는 방향으로 자속(magnetic flux)을 가하면 전압계에는 전압(Vo)이 발생하게 되는 현상을 말한다.

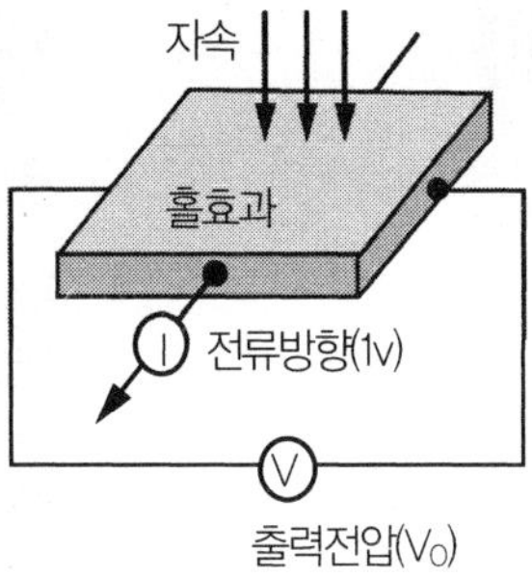

[1] 크랭크각센서 고장 시 예상되는 증상

① 크랭킹은 되나 엔진시동이 어렵다.
② 차종에 따라 연료펌프의 구동이 되지 않는다.
③ 점화시기의 기준이 없어 점화플러그에서 점화되지 않는다.
④ 주행 중 엔진이 정지되고 재시동이 불량하다.

2.2.5. 스로틀센서(TPS)와 가속페달센서(APS)

TPS(Throttle Position Sensor)와 APS(Accelerator Position Sensor)방식은 가변저항 전위차계(potentiometer)를 이용하고, 그 원리와 구조는 유사하다. TPS방식은 가속페달을 밟으면 케이블이 스로틀 바디의 스로틀밸브를 구동하고, 스로틀밸브의 열림 량을 TPS가 검출한다. ECU는 TPS신호를 엔진의 부하상태를 판정하여 연료분사 및 점화시기 등을 제어한다.

가속페달센서는 전자스로틀시스템(ETS : Electronic Throttle System)이 장착된 차량에 적용되며 가속페달을 밟는 양을 감지한다. APS는 가속페달 모듈과 일체로 구성되며 TPS와 동일한 원리가 적용된다.

전자스로틀시스템은 가속페달과 스로틀바디와 케이블이 장착되지 않기 때문에 APS의 신호를 이용하여, 스로틀밸브를 출력 제어한다. TPS와 APS는 신뢰도가 중요한 센서로 주 신호인 센서 1과 센서 1을 감시하는 센서 2로 구성되어 있다. 센서 1과 2는 서로 독립된 전원과 접지로 구성되어 있다.

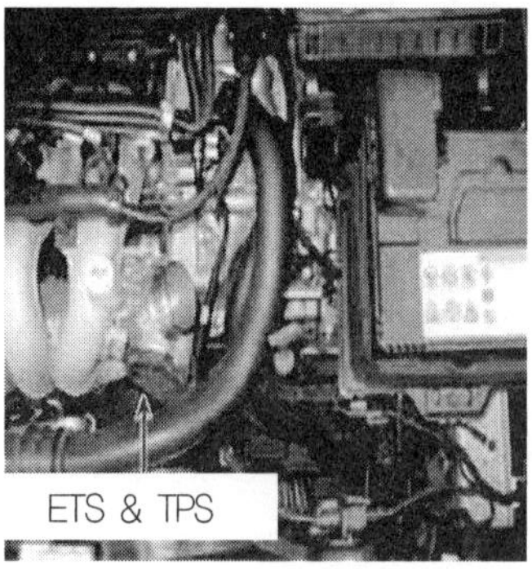

(a) TPS와 ETS장착

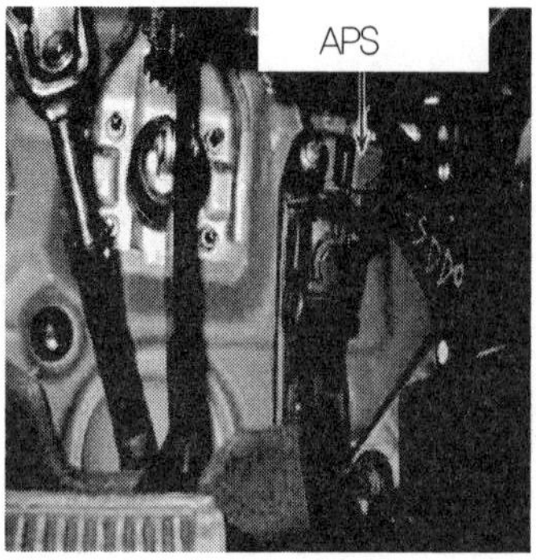

(b) APS장착

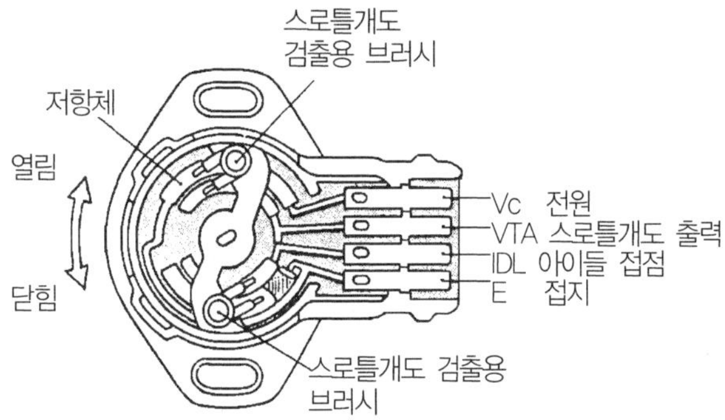

(c) TPS의 구성

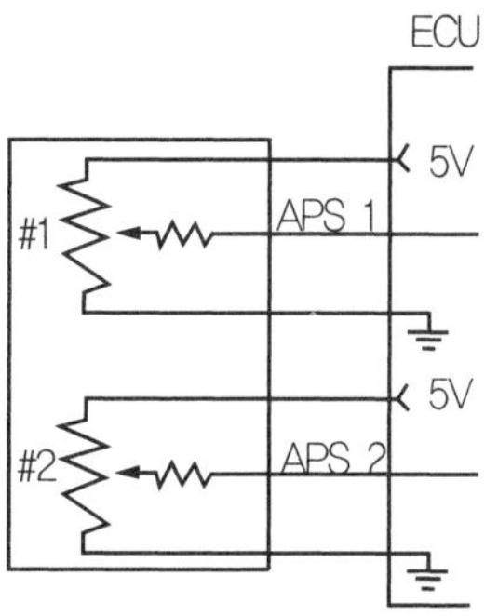

(d) APS 회로도

그림 12. TPS, ETS, APS의 장착과 작동회로

[1] 스로틀 센서(TPS)고장 시 예상되는 증상

① 주행 가속성능이 떨어진다.

② 연료소모가 많고 CO, HC의 배출량이 증가한다.

③ 공회전시 회전수의 상승이나 엔진 부조현상이 일어날 수 있다.

④ 주행 중 자동변속기의 변속시점이 늦어지거나 변속 충격이 생긴다.

2.2.6. 노크센서(KS : Knock Sensor)

노크센서는 실린더블록에 장착되며 피에조 효과를 이용하여 노킹에 의하여 발생하는 4~7Hz의 진동을 감지한다. ECU는 이 진동신호를 이용하여 노킹이 발생하면 점화시기를 지각시켜 노킹이 발생되지 않도록 하고, 정상연소 시에는 점화시기를 노킹 한계까지 진각시킨다.

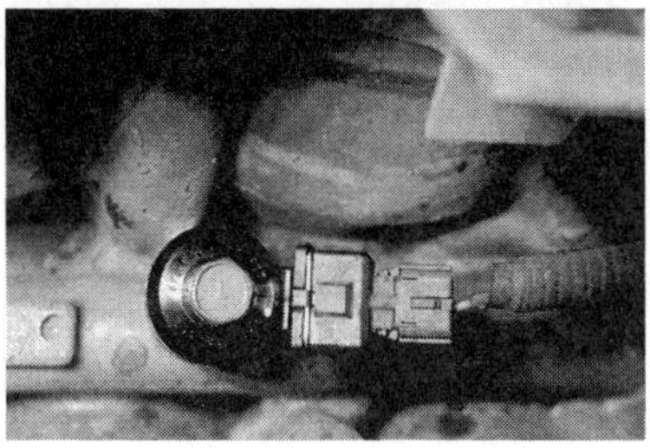

(a) 노크센서 장착

(b) 노크센서 외형

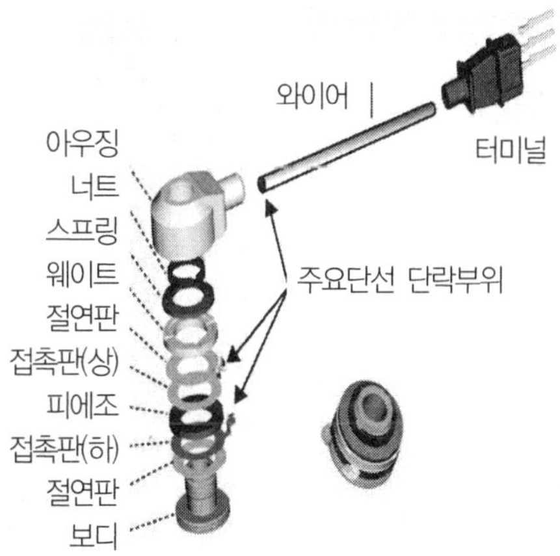

(c) 노크센서의 구성

그림 13. 노크센서의 장착과 구성

일반적으로 엔진의 최대토크가 발생하는 점화시기(MBT : Minimum Spark Advanced For Best Torque)는 노킹한계 전·후방에 있다. 따라서 노크제어를 통해 노킹 영역 최대한계 시점까지 점화시기를 진각시키면 엔진의 유효출력을 얻을 수 있다.

2.2.7. 산소센서(O_2 sensor)

산소센서는 배기관에 부착되어 배기가스중의 산소농도를 전기적으로 검출하는 장치이다. 배기가스중의 산소농도에 따라 이론공연비를 중심으로 출력전압이 급격히 변화되는 것을 이용하여 ECU는 피드백(feed back)제어 기준신호로 사용한다.

산소센서는 일반적으로 산소농도 차이에 따라 기전력이 발생하는 질코니아(zirconic)와 산소분압에 대응하여 전기저항 특성이 변화하는 티타니아(titanic) 산소센서의 방식이 사용된다.

[1] 질코니아 산소센서

질코니아 산소센서는 고체전해질인 질코니아의 양면에 백금전극을 설치하고, 전극 외부를 세라믹으로 코팅한 방식이다. 센서의 안쪽에는 산소농도가 높은 대기와 접촉하고, 외측에는 농도가 낮은 배기가스가 접촉하여 대기와 배기가스의 산소농도 차이가 크면 기전력이 발생되는 원리를 이용한 것이다. 이 방식의 출력전압은 그림 14(b)와 같이 이론공연비(공기과잉률 : λ = 1)일 때 0.45～0.5V, 그보다 희박하면 약 0.2V 이하, 농후하면 약 0.9V의 기전력이 발생한다.

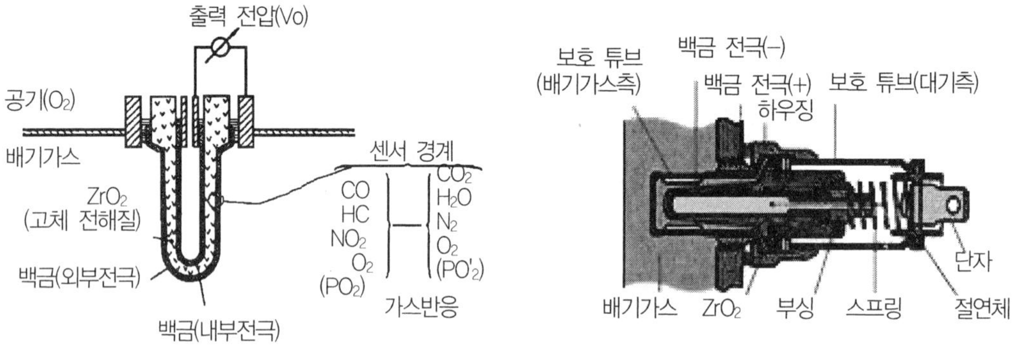

(a) 질코니아 산소센서의 구조

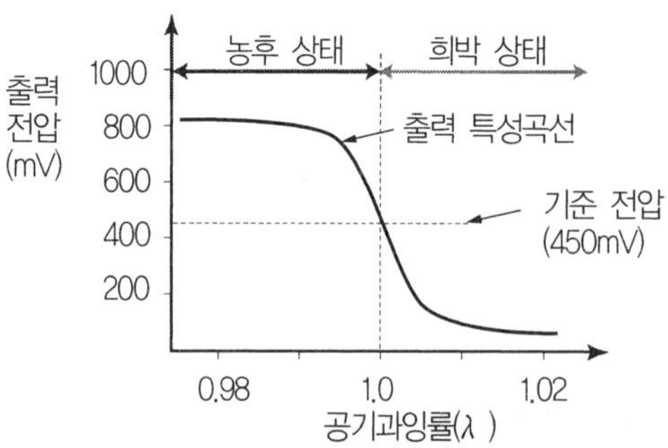

(b) 질코니아센서 기전력의 발생

그림 14. 질코니아 산소센서의 구조와 기전력의 발생

[2] 티타니아 산소센서

티타니아 산소센서(titanic λ sensor)는 세라믹 팁에 산화티타니아를 설치하고, 티타니아가 주위의 산소분압에 대응하여 산화 또는 환원되어 전기저항이 변화되는 원리를 이용한 것이다. 이 센서는 내부에 저항을 두고 배기가스 중의 티타니아 소자를 삽입하여 전자전도성의 원리를 이용하여 출력이 0.4∼3.85V까지 변화된다. 티타니아 산소센서는 그림 15(b)와 같이 이론공연비를 경계로 저항 값이 급변하는 특성을 가지고 있다.

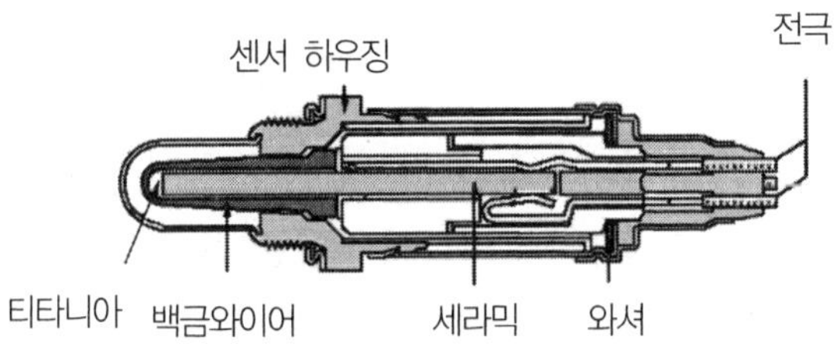

(a) 티타니아 산소센서의 구조

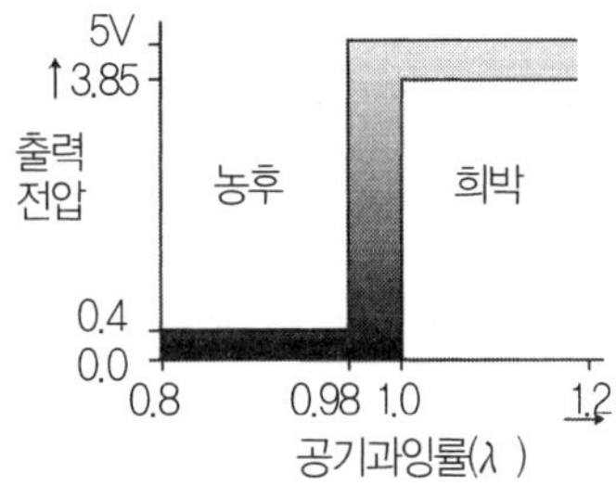

(b) 티타니아 산소센서 출력전압

그림 15. 질코니아 산소센서의 구조와 기전력의 발생

Reference 산소센서가 고장 시 예상되는 증상

① 공연비 제어가 되지 않아 주행성능이 저하되고 가속성이 떨어진다.
② 연료소모가 많고 CO 및 HC의 발생량이 증가한다.
③ 공회전 시에 엔진 부조현상이 일어날 수 있다.
④ 차종에 따라 공회전 및 주행 중 시동이 끼질 수 있다.

■ 광영역 산소센서란?

광영역 산소센서(λsensor)는 공기과잉률의 감지영역(λ : 0.69~1.000)이 넓은 센서를 말하며, 초 희박영역에서도 감지할 수 있는 특징이 있어 직접분사식 또는 린번엔진 등에 사용한다. 또한 광영역 산소센서는 프런트와 리어센서로 이루어져 삼원촉매장치의 감시기능과 시동초기에 냉각된 산소센서의 원활한 작동을 위해 예열기능을 수행하도록 되어 있다.

표 산화 질코니아와 티타니아 산소센서 특성비교

구분 \ 종류	산화 질코니아(ZrO_2) 산소센서방식	산화 티타니아(TiO_2) 산소센서방식
원 리	이온 전도성	전자 전도성
출 력	기전력의 변화	저항 값의 변화
감 지	산화 질코니아 표면	산화티탄 내부
특 징	배기가스와 표준가스 분리	배기가스 중 소자 삽입
공연비	조정용이	조정 난이

2.2.8. 기타 각종 스위치

각종 스위치는 ECU 입력요소 중의 하나로 (+)전원 또는 접지(-)에 설치되기도 하며 풀 다운(pull-dwon)이나 풀 업(pull-up)방식이 있다. 스위치는 차종 별로 차이가 있으나 브레이크, 클러치, 에어컨, 점화, 파워스티어링 스위치 등이 있다.

[1] 브레이크 스위치(brake switch)

브레이크 스위치 신호는 브레이크의 작동 유무를 판단하는 신호로, 주행 중 브레이크 스위치 신호에 의해 정속 주행장치를 해제시킨다.

[2] 클러치 스위치(clutch switch)

클러치 스위치는 수동변속기의 클러치 작동을 판단하는 신호로 시동시에나 정속 주행장치 작동 중에 사용되는 신호이다.

[3] 점화스위치(ignition switch)

점화스위치는 시동 시 증량보정과 전원이 공급되게 된다.

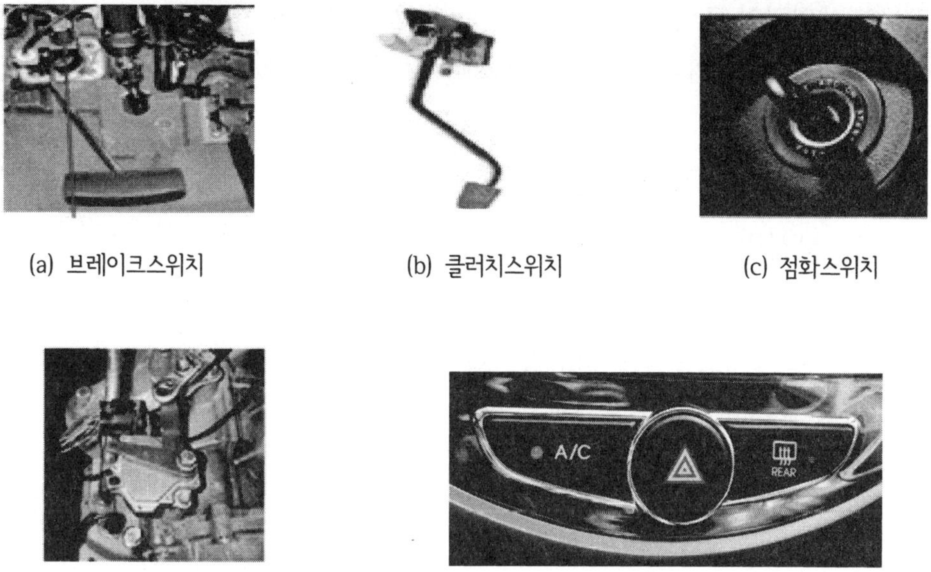

(a) 브레이크스위치 (b) 클러치스위치 (c) 점화스위치

(d) 인히비터스위치 (e) 에어컨스위치

그림 16. 각종 센서의 장착

[4] 인히비터 스위치(inhibitor switch)

이 스위치는 자동변속기의 변속레버 위치를 감지하는 스위치로 P나 N신호가 입력될 때 시동이 가능하도록 하여 PN스위치라고도 부른다. 아이들 상태에서 D나 R신호가 입력될 때 ECU는 아이들 rpm을 증가시켜 엔진의 부하를 보상한다.

[5] 파워스티어링 스위치(power steering switch)

파워스티어링 펌프는 엔진동력으로 구동되는 장치이기 때문에 공회전 시 파워 펌프가 작동되면 공회전이 불안정하게 된다. 이를 보상하기 위해 파워스티어링 스위치 신호가 입력되면 ECU는 엔진 rpm을 증가시켜 아이들 rpm을 안정화 시킨다.

최신 일부 자동차에는 MDPS(Motor Driven Power Steering) 등 전기모터를 이용하여 조향을 보조하게 되는 방식은 파워스티어링 스위치가 생략된다.

[6] 에어컨 스위치(air conditioner switch)

주행 중 에어컨이 작동되면 엔진부하로 인해 공회전이 불안정하게 되는데 이를 보상하기 위해 에어컨스위치 신호가 입력되면 공회전 rpm을 증가시킨다.

2.3. 가솔린엔진의 전자제어

2.3.1. 연료 분사량 제어

연소실에 공급되는 연료 분사량은 ECU가 흡입공기량과 엔진회전수로 부터 기본 분사량을 설정하고, 스로틀밸브 열림량, 냉각수와 흡기온도, 각종 스위치 등의 입력신호에 따라 분사량을 증량 보정한다. 분사되는 연료량은 ECU가 출력제어하는 인젝터 구동시간에 의해 제어된다.

2.3.2. 연료 분사시기 제어

연료분사 시기는 크랭크각센서(CAS)와 캠축센서(CPS)에 의해 ECU가 연료를 분사할 실린더와 분사시기를 결정한다.

2.3.3. 점화시기 제어

ECU는 엔진회전수, 가속페달 신호, 흡기온, 냉각수온 등의 정보를 이용하여 점화시기를 연산하고 파워트랜지스터를 제어하여 점화코일의 1차 전류를 차단함으로서 점화시기를 제어한다.

2.3.4. 연료차단제어

연료차단(fuel cut)은 ECU가 인젝터의 연료분사를 중지시키는 것으로 연료 소모율 저감 및 배기가스 저감을 목적으로 제어한다. 연료차단의 시기는 감속 시 연료절감을 위한 연료차단과 고회전 시 엔진의 손상방지를 위해 고속 시 연료차단이 있다.

[1] 감속 시 연료차단 기능

스로틀밸브가 닫히고 엔진브레이크를 작동시킬 때 설정된 엔진 회전수 이상에서 감속상태로 판정되면 ECU가 연비의 개선 배기가스의 저감을 위해 연료를 차단한다.

[2] 고회전시 연료차단 기능

엔진 회전속도가 과도하게 상승할 경우 엔진 파손 과급발진 방지를 목적으로 설정한다. 즉, 엔진 회전수가 규정 값 이상의 고회전일 경우는 연료를 차단시켜 회전속도의 상승을 억제시킨다. 일부 차량에서는 특정속도 이상 과속하면 연료를 차단하는 경우도 있다.

2.3.5. 공회전속도제어(ISC : Idle Speed Control)

차량이 주행하면 가속페달에 의해 스로틀밸브가 열리면서 적정량의 흡입공기가 매니폴드를 지나 흡입밸브를 통해 각 실린더로 공급된다. 가속페달을 밟지 않을 때는 스로틀밸브가 닫히고 스로틀바디에 설치된 공회전속도 조절장치(ISA)나 전자제어스로틀시스템(ETS)을 통해 적정 공회전을 유지시킨다.

일반적으로 가속페달과 스로틀바디를 연결하는 케이블식은 공회전 속도제어를 아이들 스피드 액추에이터(ISA : Idle Speed Actuator)를 이용하고, 스로틀바디를 ECU가 모터로 직접제어하는 방식은 전자스로틀시스템(ETS : Electronic Throttle System)이 적용되어 모든 공회전을 비롯한 전영역의 엔진 회전수를 제어한다.

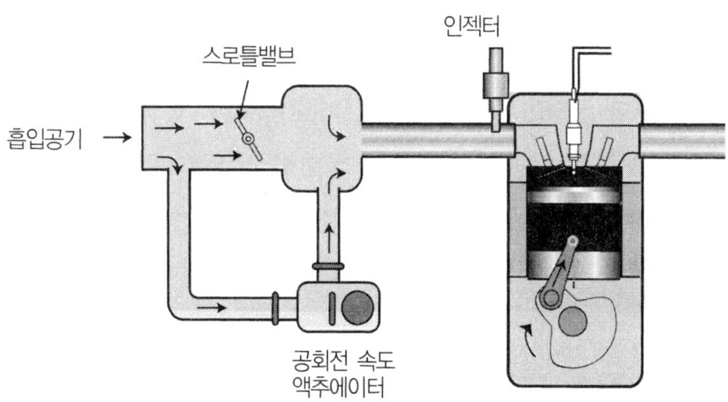

그림 17. ISA방식의 공회전속도 제어장치

Reference 용어해설

■ 아이들-업(idle-up)기능

가속페달을 밟지 않을 때 자동차의 시동이 꺼지거나 엔진부조 현상을 방지하기 위해 공회전 회전수를 높여주는 기능이다.

■ 워밍-업(warming-up) 기능

시동 직후 냉각수의 온도를 80~90℃ 정도의 온도로 올려주는 기능이다.

■ 패스트-아이들(past-idle)기능

시동 직 후 엔진의 회전수를 높여 빠른 시간 내에 워밍-업을 시켜 공회전 상태로 돌아오게 하는 기능이다.

■ 대시-포트(dash-pot)기능

가솔린엔진을 가속하고 난 후 스로틀밸브가 급격히 닫히면 흡입공기의 양이 갑자기 줄어 산소의 부족으로 배기가스가 증가한다. 이를 막기 위해 스로틀밸브를 서서히 닫히게 하는 기능이다.

2.3.6. 피드백제어(feed back control)

피드백제어를 공연비제어라고도 하며, 3원 촉매의 정화효율을 높이기 위해 산소센서(O_2 sensor)를 이용하여 이론공연비에서 최적 연소가 되도록 제어하는 것이다. 일반적으로 이론공연비보다 농후한 경우는 CO, HC가 증가하고, 약간 희박한 경우는 NOx량이 증가하며, 아주 희박한 경우에는 HC의 배출량이 증가하는 특성이 있다. 따라서 3원 촉매를 이용하여 이들을 모두 정화시키기 위해서는 가능한 공연비를 이론공연비에 맞도록 제어하여야 한다.

공연비제어는 산소센서가 이론 공연비 부근에서 급격한 출력신호의 변화가 발생하는 특성을 이용하는 것이다. 그림 18은 공연비 피드백제어 시의 보정을 나타내고 있다. ECU는 산소센서의 출력전압과 기준전압을 비교하여 농후와 희박상태를 판정하고 농후한 경우는 감량보정을 하며, 희박한 경우는 증량보정을 실시한다.

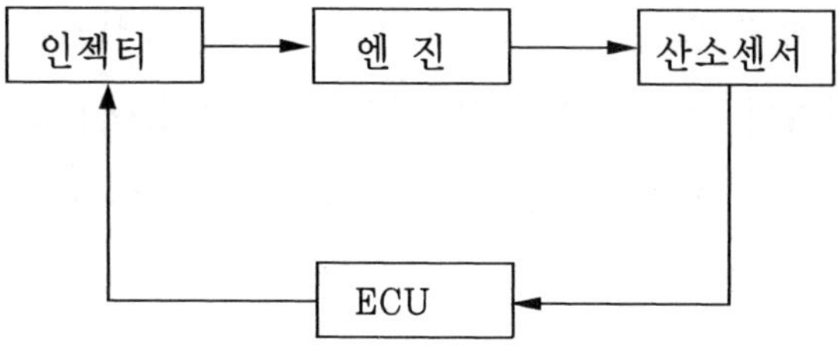

(a) 피드백제어 원리

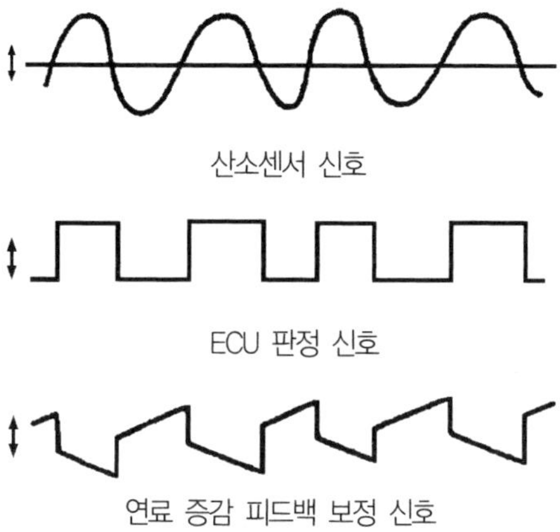

(b) 피드백제어 신호

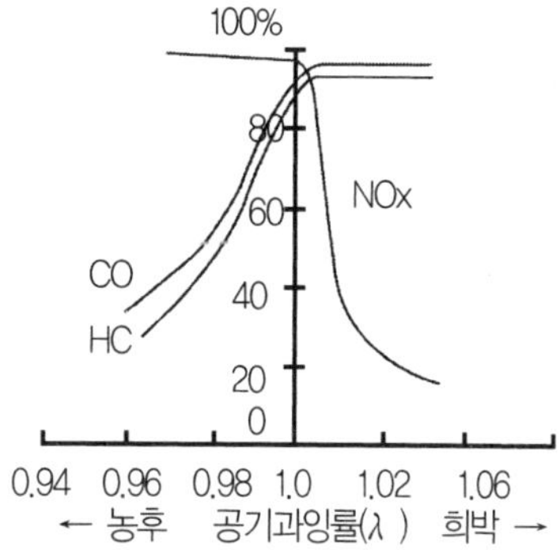

(c) 공기 과잉률과 배기가스 정화효율

그림 18. 피드백제어의 원리와 신호 및 배기가스 정화효율

Reference 공연비 제어를 하지 않는 경우(사례)

공연비제어를 하지 않는 경우는 산소센서의 온도특성, 차량 주행성, 촉매 열화 등을 고려한다.

- 냉각수온이 낮을 때(예 : 35℃ 이하일 때)
- 시동 시 및 시동 후 연료증량 시
- 고부하 주행 시(예 : TPS 개도 량 80% 이상일 때)
- 급감속 및 고 회전시 연료차단 제어를 할 때
- 산소센서로부터 희박한 신호가 일정시간 이상 계속될 때
- 인젝터의 연료분사에 영향을 주는 센서가 고장일 때

2.3.7. 노크제어(knock control)

노크제어란 점화시기를 최적으로 제어하여 엔진 노크 발생을 억제하고 엔진 출력을 최대한 올려주는 것을 말한다. 일반적으로 엔진 최대 토크 점화시기(MBT : Minimum Spark Advanced For Best Torque)는 노킹한계 전·후방에 있다.

따라서 노크제어를 하지 않는 경우는 최대토크를 발생시키는 점화시기로부터 지각시킨 위치에서 점화시기가 설정되므로 그 만큼 노킹이 줄어든다.

그러나 노크한계 가까이 진각시키면 엔진의 출력은 증가시킬 수 있는 장점이 있다. 실제 엔진에서는 연료의 옥탄가, 연소실 내의 카본 등에 의하여 압축비가 변화할 수 있으므로 노크센서로 노크를 검출하여 점화시기를 지각하고, 정상 시에는 진각시켜 노킹한계에서 점화시기를 제어하여 엔진 출력의 향상과 연비를 저감시킨다. 그림 19는 엔진토크에 따른 점화시기와 노크와의 관계를 나타내고 있다.

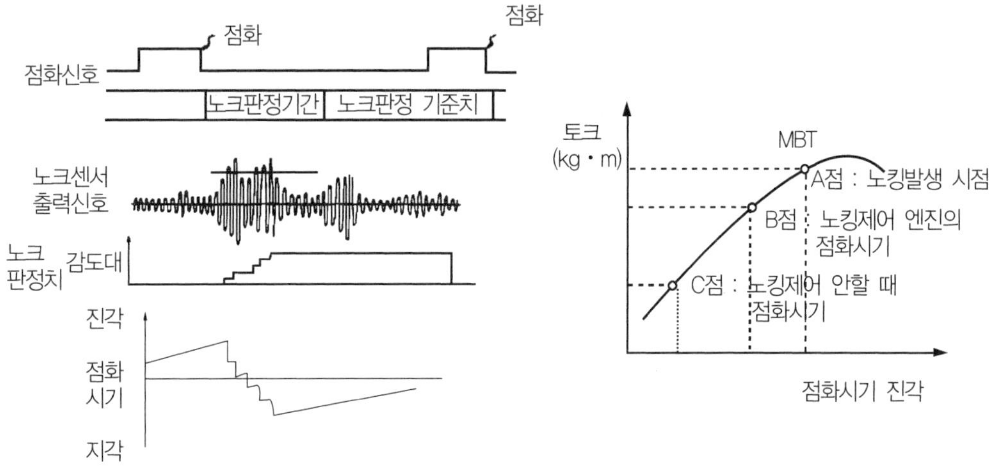

(a) 점화시기와 노크발생　　　　(b) 엔진 최대토크 점화시기

그림 19. 점화시기와 노크발생 및 엔진 최대토크 점화시기

2.4. 엔진의 센서 점검·정비

2.4.1. 냉각수온센서(WTS : Water Temperature Sensor) 점검

차량의 정비지침서와 그림 20 수온센서 관련 회로도와 온도에 따른 저항특성을 참고하여 냉각수온센서(WTS)의 출력전압, 서비스데이터, 출력파형을 진단장비로 측정하고 정상여부를 판정한다.

① 항상 4V 이상으로 측정되는 경우 : 냉각수온센서 접지선의 끊어짐을 확인한다.

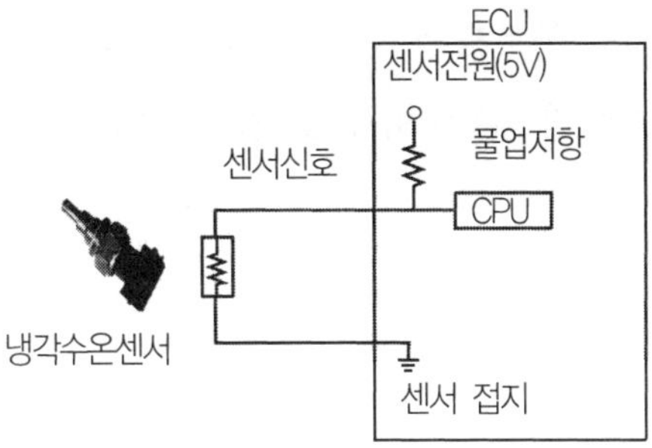

(a) WTS제어 회로

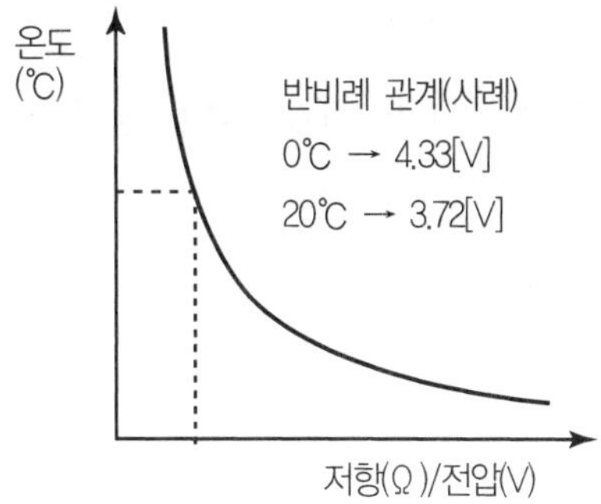

(b) WTS 수온에 따른 전압과 저항특성

냉각수 온도	-40℃	-20℃	0℃	20℃	40℃	60℃	80℃	100℃
저 항	48.14kΩ	14.13 ~ 16.83kΩ	5.79kΩ	2.31 ~ 2.59kΩ	1.15kΩ	0.59kΩ	0.32kΩ	0.19kΩ

그림 20. 수온센서의 제어회로도 및 수온에 따른 전압과 저항 특성(사례)

② 엔진이 뜨겁지도 않음에도 0.5V 이하로 낮은 경우 : 커넥터를 분리 후 센서 전원 5V를 확인하여 이상 없으면 센서 불량여부를 확인해야 하고, 센서전원 5V는 ECU자체의 불량여부를 확인 전에 먼저 ECU에서 센서까지의 배선을 우선 점검한다.

③ 그림 21과 같이 오실로스코프의 출력파형을 확인한다.

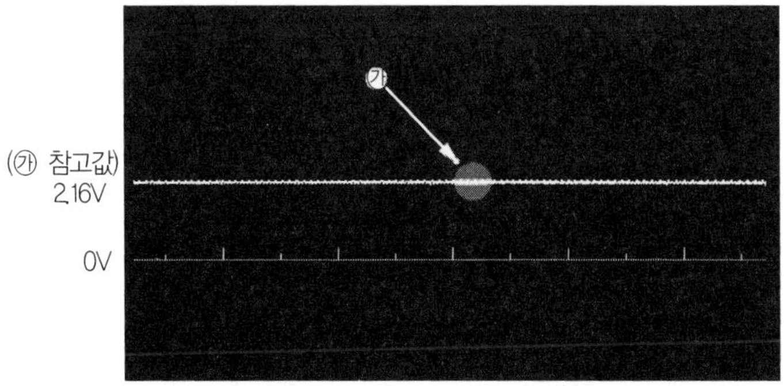

그림 21. WTS 오실로스코프 파형(사례)

2.4.2. 흡기온센서(ATS : Air Temperature Sensor) 점검

차량의 정비지침서와 그림 22 흡기온센서 관련 회로도와 온도에 따른 저항특성을 참고하여 흡기온센서(ATS)의 출력전압, 서비스데이터, 출력파형을 진단장비로 측정하고 정상 여부를 판정한다.

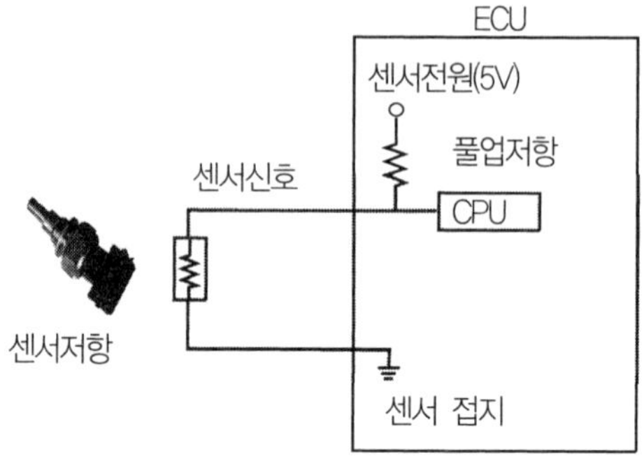

그림 22. 흡기온센서의 제어회로도

① 항상 4V 이상으로 측정되는 경우 : 흡기온도센서 접지선의 끊어짐을 확인한다(그림 24 참고값 ㉮).

② 엔진이 뜨겁지도 않음에도 0.5V 이하로 낮은 경우 : 커넥터를 분리하고 센서전원 5V를 확인하여 이상 없으면 센서 불량여부를 확인해야 하고, 센서전원 5V는 ECU자체의 불량여부를 확인 전에 먼저 ECU에서 센서까지의 배선을 우선 점검한다.

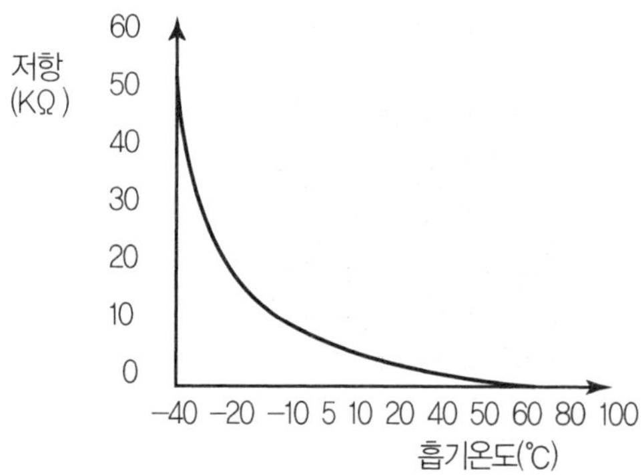

흡기 온도	센서 저항
-40℃	40.93 ~ 48.35kΩ
-20℃	13.89 ~ 16.03kΩ
0℃	5.38 ~ 6.09kΩ
10℃	3.48 ~ 3.90kΩ
20℃	2.31 ~ 2.57kΩ
40℃	1.08 ~ 1.21kΩ
50℃	1.56 ~ 1.74kΩ
60℃	0.5 ~ 0.62kΩ

그림 23. 흡기온센서에 따른 전압과 저항특성(사례)

③ 그림 24와 같이 오실로스코프의 출력파형을 확인한다(㉮ 참고값은 1.29V).

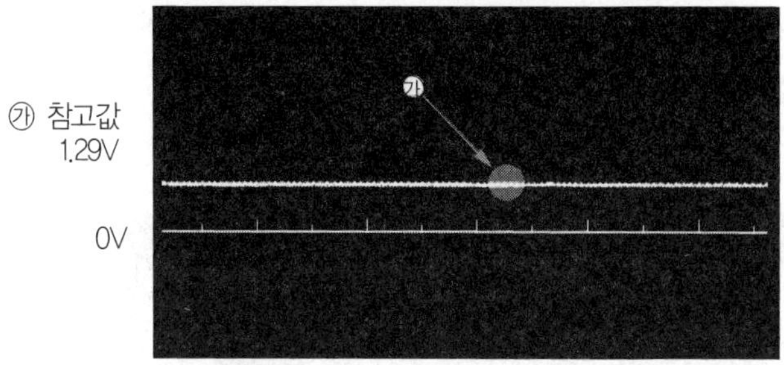

그림 24. ATS 오실로스코프 파형(사례)

2.4.3. 흡입공기량센서(AFS : air flow sensor) 점검

차량의 정비지침서와 그림 25 흡입공기량 센서 관련 회로도와 흡입공기량에 따른 출력주파수를 참고하여 흡입공기량센서(AFS)의 출력전압, 서비스데이터, 출력파형을 진단장비로 측정하고 정상 여부를 판정한다.

① 가속시점 : 스로틀밸브가 열려 공기량이 증가하는 구간이다(그림 26㉮).

② 흡입 맥동(공기량 최대 유입) : RPM이 가장 높은 구간으로 흡입량도 가장 많다. 밸브가 열리고 닫히기 때문에 맥동변화가 있다(그림 26㉯).

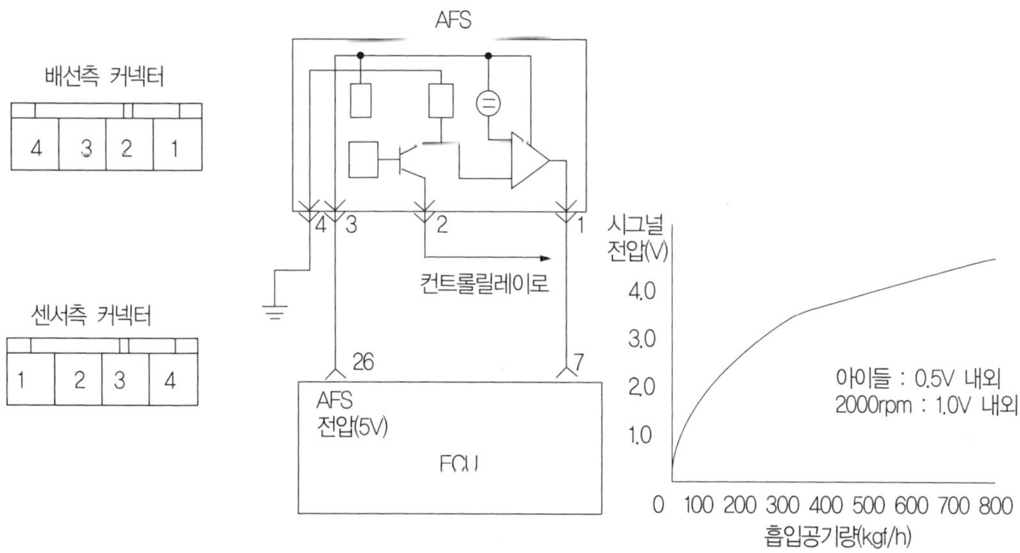

(a) AFS제어 회로도 (b) AFS 흡입공기량에 따른 출력주파수

그림 25. 흡입공기량 센서의 제어회로도 및 출력주파수(사례)

③ 밸브가 닫히는 순간 : 감속 시 흡입되는 공기량이 줄어들고 있는 구간이다(그림 26㉰).

④ 공회전 구간 : 공회전 구간으로 흡입량이 가장 적은 구간이다(그림 26㉱).

⑤ 그림 26과 같이 오실로스코프의 출력파형을 확인한다.

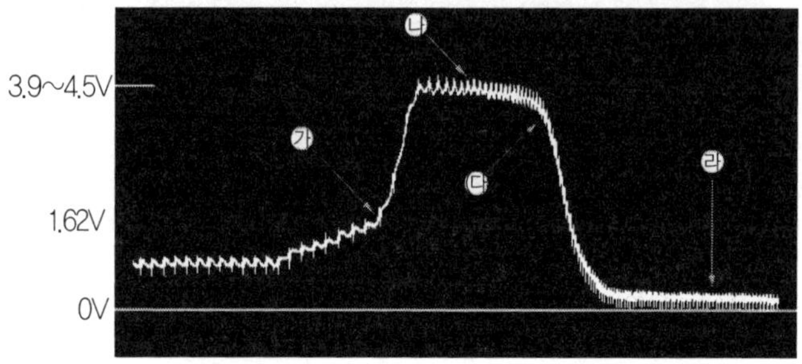

그림 26. AFS 오실로스코프 파형(사례)

2.4.4. 맵센서(map sensor) 점검

당해 차량의 정비지침서와 그림 27 맵센서 관련 회로도와 흡입공기량에 따른 출력전압을 참고하여 맵(MAP)센서의 출력전압, 서비스데이터, 출력파형을 진단장비로 측정하고 정상 여부를 판정한다.

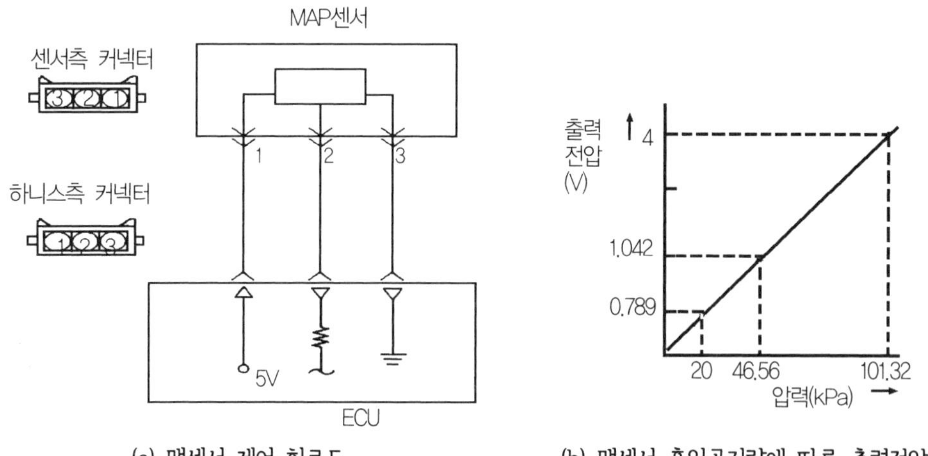

그림 27. 맵센서의 제어회로도 및 출력전압(사례)

① 공회전시(㉮)에는 출력전압은 약 2V 정도이다(그림 28㉮).

② 급 가속시(㉯)에는 스로틀이 열리면서 진공상태의 서지탱크가 대기압과 만나 압력이 올랐다(그림 28㉯).

③ 급 감속시(㉰)에는 스로틀이 닫히면서 다시 진공이 생기는 과정이다(그림 28㉰).

④ 공회전상태에서 스로틀밸브가 급격히 닫히면서(㉱) 진공이 많이 생긴다. 공회전 유지를 하면서 진공이 조금 풀릴 것이다(그림 28㉱).

⑤ 그림 28과 같이 오실로스코프의 출력파형을 확인한다.

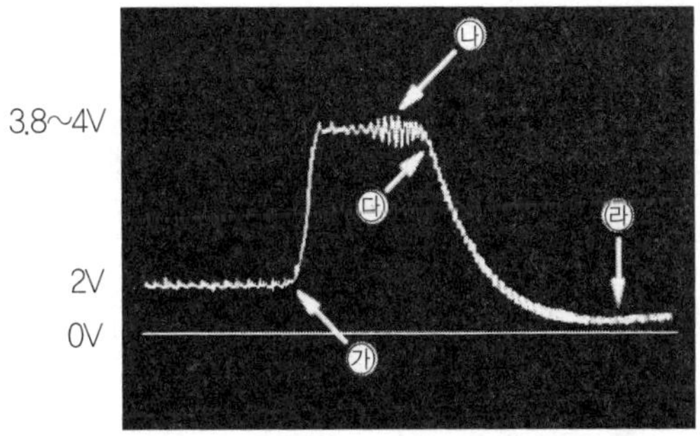

그림 28. 맵센서 오실로스코프 파형(사례)

2.4.5. 가속페달센서(APS : Accelerator Position Sensor) 점검

당해 차량의 정비지침서와 그림 29의 가속페달센서 관련 회로도와 가속페달센서의 스트로크에 따른 출력전압을 참고하여 APS센서의 출력전압, 서비스데이터, 출력파형을 진단장비로 측정하고 정상여부를 판정한다.

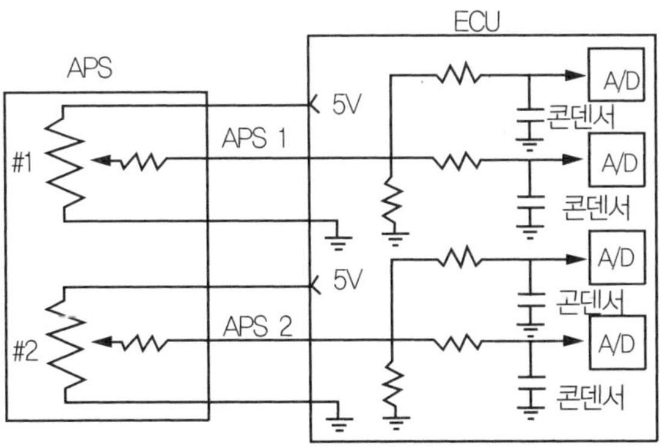

그림 29. APS의 제어회로도

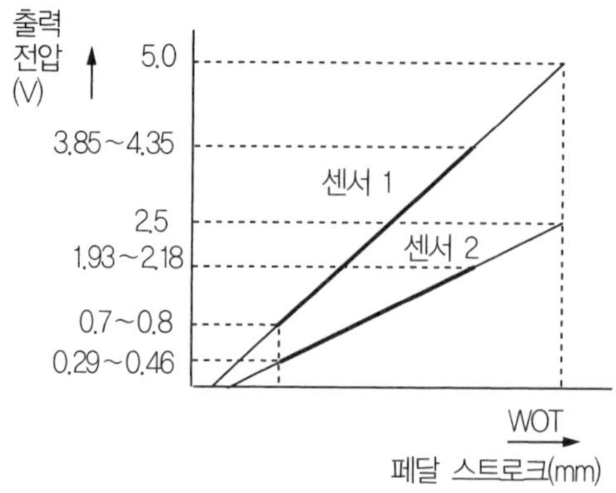

그림 30. APS 스트로크에 따른 출력전압

① 가속페달센서(APS : Accelerator Position Sensor)의 1, 2는 항상 동기화되어 작동하며 위의 출력특성처럼 센서 1은 센서 2의 2배 값으로 출력되어야 한다.

② 그림 31과 같이 오실로스코프의 출력파형을 확인한다.

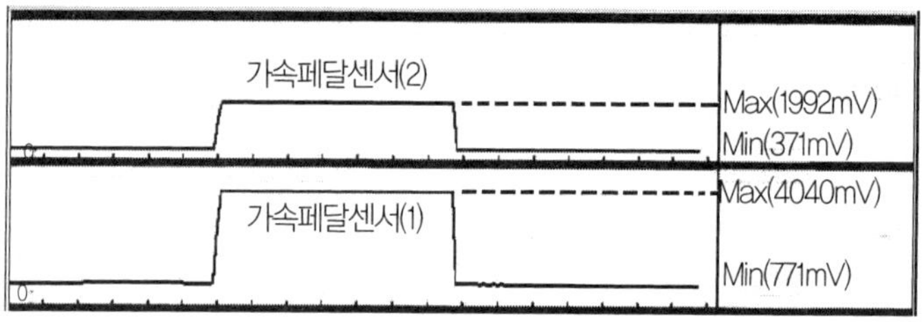

그림 31. APS 오실로스코프 파형(사례)

2.4.6. 크랭크각센서(CAS) 및 캠각센서(CMP) 점검

당해 차량의 정비지침서와 그림 32 크랭크각센서(CAS)와 캠각센서(CMP)관련 회로도를 참고하여 CAS와 CMP센서의 출력전압, 서비스데이터, 출력파형을 진단장비로 측정하고 정상 여부를 판정한다.

① 그림 32(a)의 1번 단자는 센서의 노이즈를 방지하기 위해 실드선 역할을 하고 2번 단자는 CAS마그네틱 픽업의 전원 측이고, 3번 단자가 마그네틱 픽업의 신호 단자가 된다.

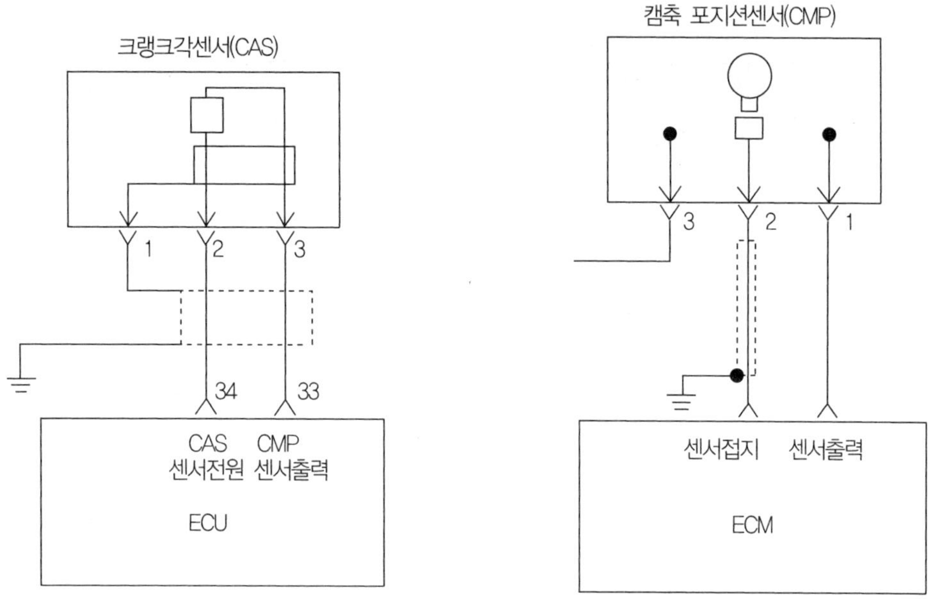

(a) CAS제어 회로도 (b) CMP제어 회로도

그림 32. CAS 및 CMP 제어회로도(사례)

② 그림 32(b)의 2번 단자는 CMP의 접지단자이고, 1번 단자는 CMP의 신호단자이고 3번 단자는 전원단자로서 타겟 휠(tarket wheel)에 따라 홀소자 효과로 인해 5V 또는 0V가 출력된다. 이는 홀방식 크랭크축센서와 동일한 원리다.

2.4.7. 산소센서(O_2 sensor) 점검

차량의 정비지침서와 그림 32 산소센서 관련 회로도와 공연비에 따른 출력 전압을 참고하여 산소센서의 출력전압, 서비스데이터, 출력파형을 진단장비로 측정하고 정상 여부를 판정한다.

① 그림 33에서 1번 단자는 센서접지이고, 2번 단자는 센서의 신호출력 단자이다. 또한 센서의 신속한 활성화를 위해 히터가 적용된다.

② 배기가스 중에 포함된 산소량이 적으면 출력전압은 떨어지고 많으면 증가한다.

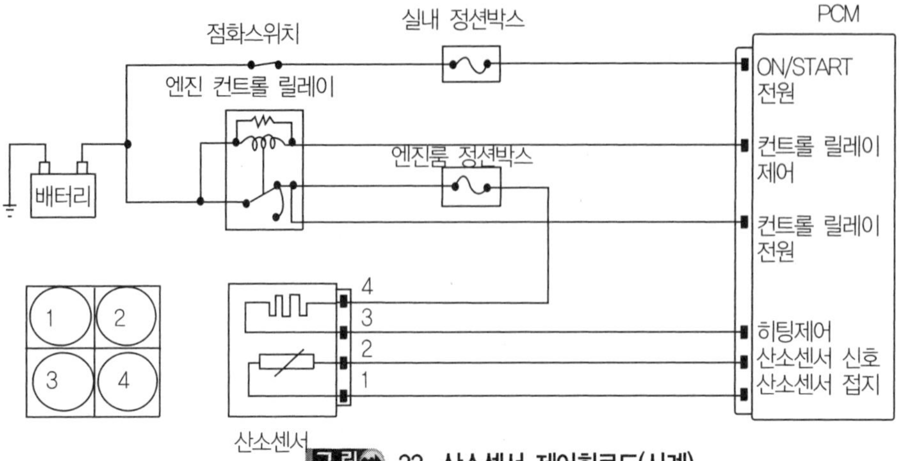

그림 33. 산소센서 제어회로도(사례)

③ 공연비와 출력전압은 산소센서에 따라 다르며 산소가 적은 구간은 최대전압, 산소가 많은 구간은 최소전압이 출력되며 다음과 같다.

공연비	출력전압(V)	MAX/MIN전압(V)
농후(RICH)	0.6 ~ 1.0	MAX(0.8~1)
희박(LEAN)	0 ~ 0.4	MIN(0~0.2)

④ 그림 34와 같이 오실로스코프의 출력파형을 확인한다. ㉮는 농후시(참고값 : 0.29V)이고, ㉯는 희박시 출력전압(참고값 : 0.19V)이다.

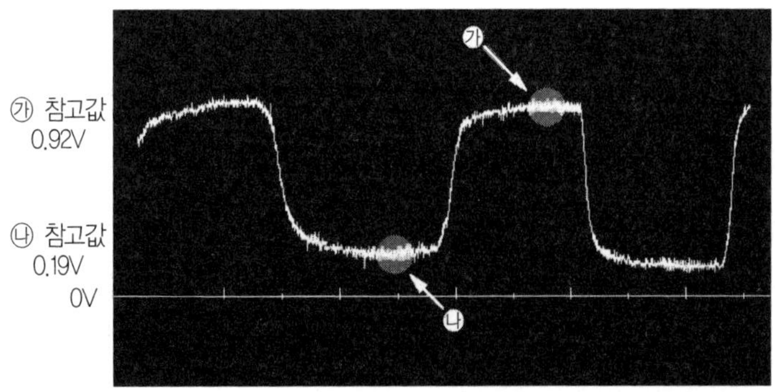

그림 34. 산소센서 오실로스코프 파형(사례)

03. 가솔린 연료장치의 정비

NCS 활용

□ NCS 연계 : 가솔린 전자제어장치 정비(1506030208_14v2)

•가솔린 전자제어장치 점검 · 진단, 교환, 수리, 검사하기(1506030202_14V2)

본 단원은 NCS 학습모듈인 가솔린전자제어장치를 점검 · 진단, 교환, 수리, 검사를 수행하는데 알아야할 필요한 단원이다.

3.1. 가솔린 연료장치의 발전

초기의 가솔린엔진은 기화기(carburetor)라 불리는 기계식 연료장치를 사용하였다. 기계식 연료제어방식은 연료의 정밀제어가 어려워 다양한 주행상황에 대응할 수 있는 운전조건을 반들기 곤란하였다. 하지만 지구환경 및 자원고갈이 사회적 문제로 대두되면서 각국의 자동차 제조사는 연료소모 및 유해배출가스 저감을 위해 이상적으로 제어할 수 있는 엔진이 필요하게 되었다. 이에 따라 기계식 연료장치에 산소센서를 장착하여 배기가스중의 산소농도에 따라 공기와 연료의 혼합비를 제어하는 전자제어 기화기(FBC : Feed Back Carburetor)방식을 적용하였지만, 이 또한 다양한 요구조건을 만족할 수 없었다.

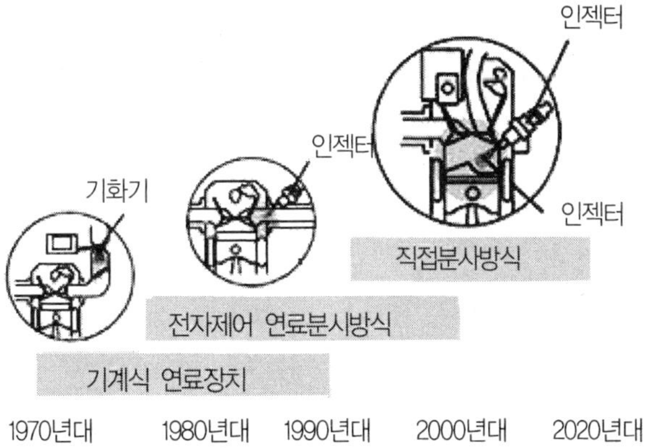

그림 35. 전자제어 가솔린 분사방식 발전

이후 전자제어기술의 발달과 환경규제도 강화됨에 따라 1980년대부터는 기계식 연료분사 방식에서 전자제어 연료분사방식으로 대체되기 시작하였다.

전자제어 연료분사방식은 흡기계통에 1개의 연료분사 인젝터(injector)를 적용한 SPI(Single Point Injection)로 시작하여 실린더별 흡기포트에 각각의 인젝터를 설치한 MPI(Multi Point Injection)방식으로 발전하였으며, 현재는 직접분사방식인 GDI (Gasoline Direct Injection)엔진이 개발되어 사용되고 있다.

오늘날의 전자제어 가솔린 연료분사 엔진은 각종센서의 입력정보와 최적의 분사량과 분사시기, 점화시기, 공회전 속도, 배출가스 제어 등의 액추에이터를 통해 성능향상은 물론 다양한 운전조건에 대응하고, 강화되는 연비 및 배출가스 규제에도 대응하고 있다.

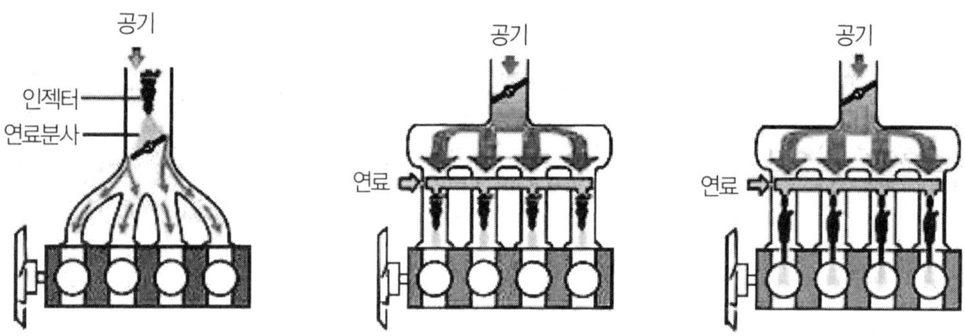

(a) SPI방식 (b) MPI방식 (c) GDI방식

그림 36. 전자제어 가솔린 연료분사방식의 발전

3.1.1. SPI(Single Point Injection)분사방식

SPI방식은 TBI(Throttle Body Injection)방식이라고도 하며, 흡입공기량을 검출하여 이에 대응하는 연료를 흡입매니폴드의 집합부에 설치된 1개의 인젝터를 통해 분사하여 혼합기를 형성한 후 각 실린더에 분배되는 방식이다. 이 방식은 기화기방식과 MPI방식의 중간적 특성을 갖는 장치로 기화기방식에 비해 비교적 정밀제어가 가능하고, 출력성능이 우수하지만 가격이 높다는 결점이 있으며 MPI에 비해서는 가격면에서 유리하나 정밀 제어면에서 떨어진다.

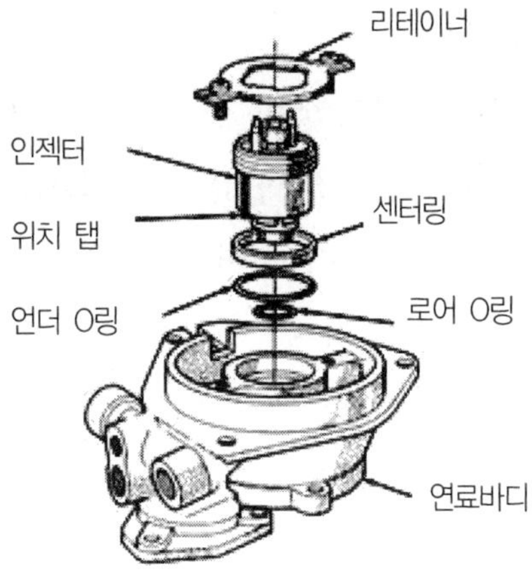

그림 37. SPI 분사방식

3.1.2. MPI(Multi Point Injection)방식

MPI 연료분사방식은 흡기밸브 앞 포트(port)에 실린더별로 1개씩 설치하여 각종 센서 정보를 이용하여 최적의 연료량을 각 실린더 동시 또는 순차적으로 공급하는 방식이다. 이 방식은 SPI방식 대비 비용이 높은 단점이 있으나 출력 및 연비향상과 배기가스저감 등의 장점을 가지고 있다.

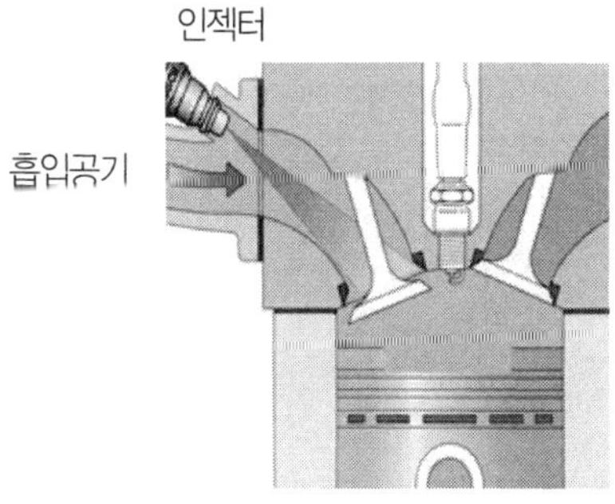

(a) MPI방식

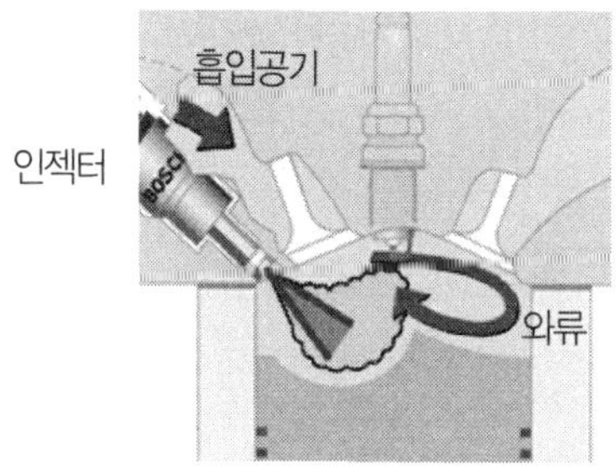

(b) GDI방식

그림 38. MPI방식과 GDI방식

3.1.3. GDI(Gasoline Direct Injection)방식

GDI방식은 직접분사방식이라고도 하며, 실린더 내에 연료를 고압으로 직접 분사하여 연소시킴으로써 성능향상, 연비개선, 유해배출가스 저감을 동시에 실현한 방식이다.

3. 2. 간접 분사식 연료장치

간접분사식 가솔린연료장치의 연료압력 조절방식은 인라인(in line)과 인탱크(in tank) 방식으로 구분한다. 인라인방식은 연료리턴방식(fuel return type)이라고 하며 탱크내부에 증발가스가 많아지는 단점이 있어 최근에는 사용되지 않는다.

인탱크방식은 리턴리스방식이라고 하며, 공급된 연료가 탱크로 돌아오지 않는 방식이다. 연료탱크에서 발생되는 증발가스가 적고 연료라인에서 연료온도가 상온으로 유지되어 충진효율이 향상된다. 인탱크방식은 연료공급은 흡입필터를 통해 연료펌프에서 압송되며 연료파이프, 고압필터, 딜리버리 파이프를 거쳐 각 인젝터로 공급된다.

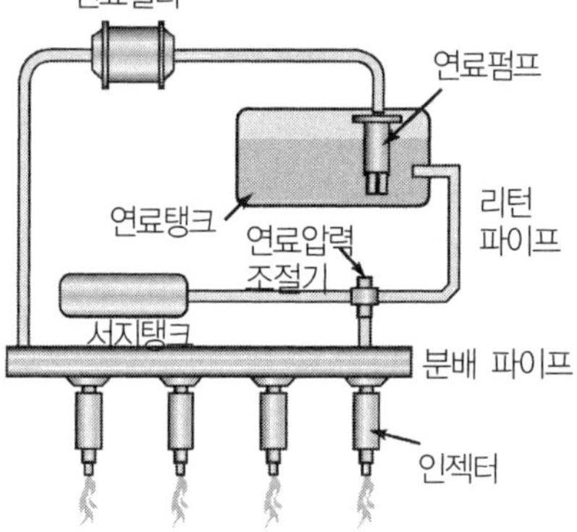

(a) 인라인 방식

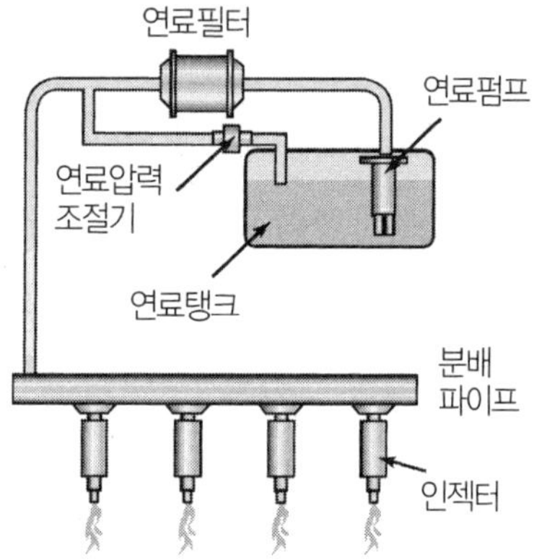

(b) 인 탱크 방식

그림 39. 연료압력 조절방식에 따른 작동

3.2.1. 연료펌프(fuel pump)

연료펌프는 연료탱크 내에 설치되어 있으며, 연료를 인젝터로 압송한다. 연료펌프는 인탱크형 전동식을 사용하며, 펌프가 연료탱크안의 연료에 잠겨있기 때문에 펌프 작동 소음 및 베이퍼 록 억제에 탁월한 기능을 가지고 있다.

연료펌프는 그림 40과 같이 DC모터와 임펠러, 릴리프밸브(relief valve)와 및 첵밸브(cheek valve), 그리고 펌프케이스와 커버로 구성되어 있다. 자동차의 전원에 의해 모터와 임펠러가 회전하면서 발생된 유압이 첵밸브를 개방하고, 약 3.5kgf/cm^2 이상의 압력으로 연료를 인젝터로 송출한다.

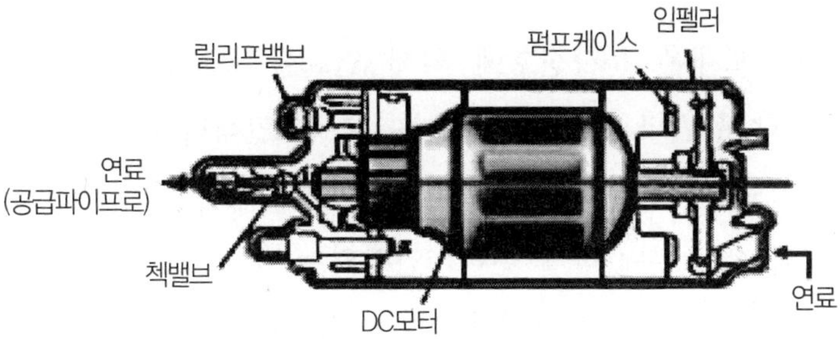

그림 40. 저압 연료펌프의 구조

[1] 연료압력 형성

임펠러가 모터에 의해 회전되면 펌프에서 소용돌이치는 연료는 모터를 통과한 후 연료의 압력에 의해 첵밸브가 열리면서 연료출구를 통과하여 연료필터, 분배파이프를 거쳐 인젝터까지 공급된다.

[2] 안전밸브(relief valve)

연료펌프가 작동 중 연료가 출구를 통과하지 못하면 연료펌프 내의 압력은 비정상적으로 높아진다. 이런 경우에 압력을 낮추기 위해 안전밸브가 열리게 되어 일정압력 이상 올라가는 연료압력을 제어하여 항상 일정한 압력을 유지하도록 한다.

[3] 첵밸브(check valve)

연료펌프가 차량의 시동을 끄거나 멈추게 되면 첵밸브는 스프링의 힘에 의해 닫히고, 일정압력이 연료라인에 남게 된다. 연료라인에 남은 일정한 압력은 엔진의 재시동을 용이하게 하며 고온하에서의 연료 베이퍼 록을 방지한다.

3.2.2. 연료압력 조절기(FPR : Fuel Pressure Regulator)

연료압력조절기(FPR)는 연료탱크 내부에 설치되어 연료압력을 약 3.5kgf/cm^2 정도로 일정하게 유지되도록 하고, 여분의 연료는 리턴파이프를 통하여 연료탱크로 되돌아간다.

3.2.3. 인젝터(injector)

인젝터는 ECU로부터 보내온 분사신호에 의해 연료를 분사하는 솔레노이드밸브가 내장된 분사노즐이다. 각 실린더의 매니폴드에는 1개씩 인젝터가 장착되어 연료 공급 파이프와 연결되어 있으며 니들밸브는 플런저와 일체로 되어 있어 인젝터 작동시 플런저와 같이 분사출구를 열고 분사하게 된다. 인젝터는 분사출구의 면적과 연료의 압력이 일정하기 때문에 니들밸브의 개방시간, 즉 솔레노이드 코일의 통전시간에 의해 분사량이 결정된다. 따라서 ECU는 솔레노이드 코일의 통전시간을 제어하여 연료 분사량을 증감시킬 수 있다.

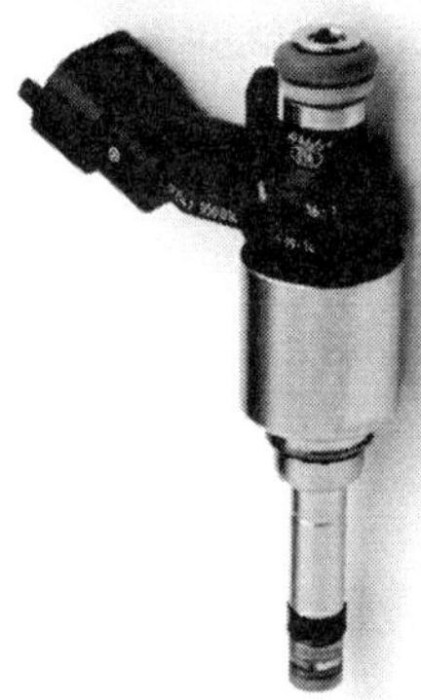

(a) 인젝터 외관

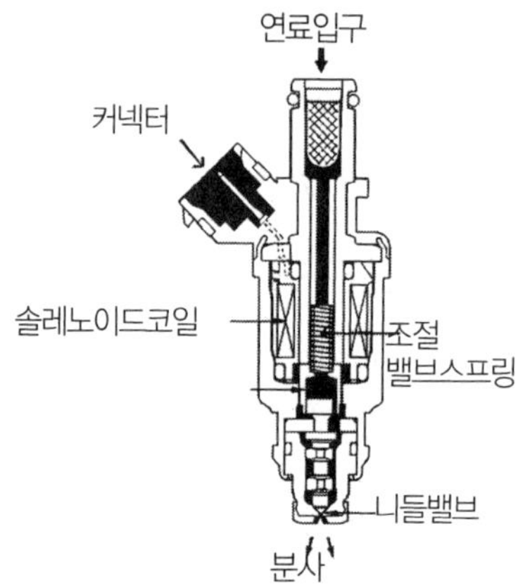

(b) 인젝터의 구조

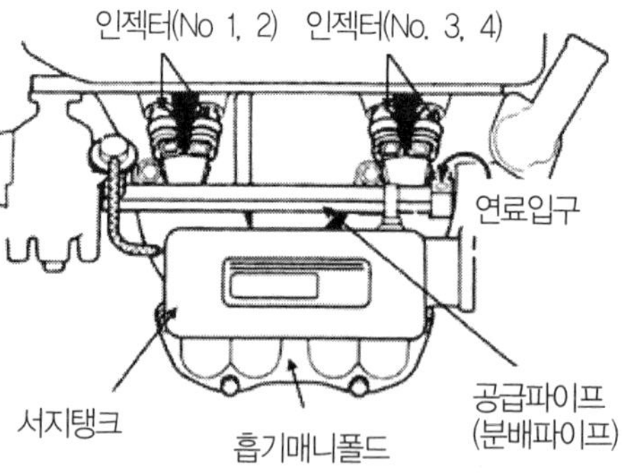

(c) 인젝터의 장착 위치

그림 41. 인젝터의 구조와 장착 위치

3.2.4. 연료탱크(fuel tank)

연료탱크는 경량화를 위해 플라스틱으로 제작되며 차량의 하부에 장착된다. 연료탱크의 구조는 그림 42와 같이 연료 필러캡(piller cap), 센더(sender)와 펌프모듈(pump module), 롤 오버밸브(roll-over valve) 등으로 구성된다.

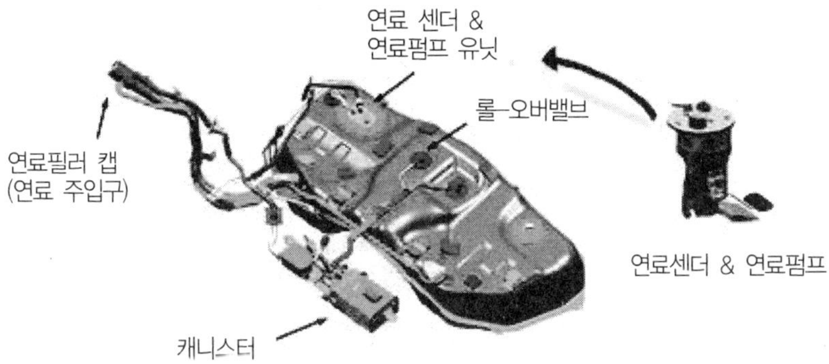

그림 42. 연료탱크와 구성부품

[1] 캐니스터(canister)

캐니스터는 엔진이 작동하지 않을 때 연료탱크에서 증발된 가스를 활성탄에 흡수·저장하였다가 엔진이 일정 회전수 이상으로 회전할 때 퍼지컨트롤 솔레노이드밸브(PCSV: Purge Control Solenoid Valve)의 오리피스를 통하여 서지탱크로 유입된다.

[2] 연료 필러캡(ful piller cap)

연료 필러캡은 진공해제 밸브가 설치되어 있기 때문에 연료탱크 내에 증발가스가 발생되어 압력이 형성되면 밸브가 닫혀 다시 대기 중으로 방출되는 것을 방지하고 기관이 작동할 때는 연료탱크 내의 압력이 저하되므로 밸브가 열려 연료탱크에 대기압이 공급되도록 한다.

[3] 연료 센더 & 연료펌프 유닛(fuel sender & pump module unit)

연료탱크의 연료량을 계측하기 위한 센서와 연료펌프가 연료탱크 내에 함께 장착된다. 이곳에서 계측된 연료량을 가지고 계기판의 연료계가 작동하며 연료량이 부족할 경우 경고등이 점등되게 된다.

[4] 롤-오버 밸브(roll-over valve)

정상적으로 주행 시에는 연료 증발가스 통로가 열려 있다가 자동차가 심하게 흔들리거나 전복되었을 때 뜨게(float)가 상승하여 연료 증발가스 통로를 차단함으로써 연료 누유를 방지하는 역할을 한다. 특히 차량의 전복 시 연료 누출로 화재 등의 위험을 예방하기 위해 설치된다.

3.3. 직접분사(GDI) 엔진

3.3.1. GDI엔진 연소실의 구조 및 특징

GDI(Gasoline Direct Injection)엔진은 실린더 안에 세로방향의 강한 소용돌이의 와류(swirl)를 발생시키는 것이 특징이다. 이 소용돌이는 인젝터에서 분사된 연료를 효율적으로 점화플러그 주변으로 모아 혼합기가 완전히 연소될 수 있게 도와준다. 또 노킹을 일으키기 쉬운 플러그 주변에 연료를 직접 분사하면 흡기온도가 기화열에 의해 낮아지므로 혼합기의 충전효율과 압축비도 높아진다.

따라서 분사량과 분사시기, 공연비 등을 폭넓게 조정할 수 있어 정속주행 시 희박연소, 출력향상, 이산화탄소 배출감소 등의 상반되는 요소를 모두 실현할 수 있게 된다. 따라서 GDI엔진은 MPI 엔진과 달리 다음과 같은 연소실 구조를 가지고 있다.

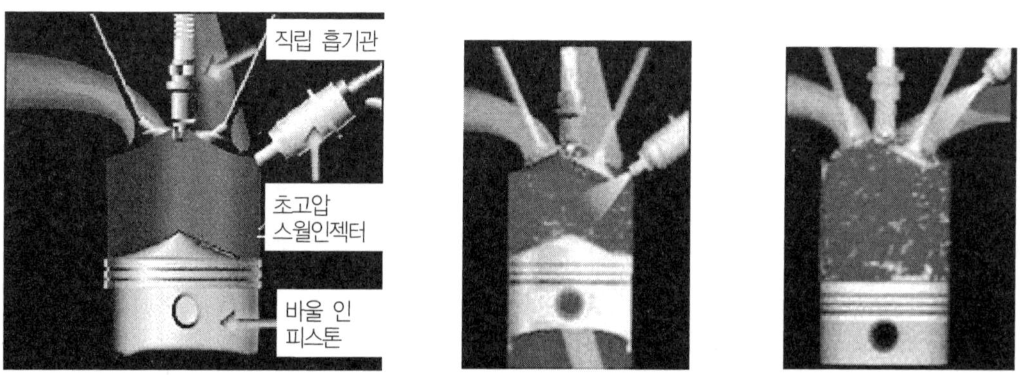

(a) GDI방식의 연소실　　(b) GDI와 일반분사방식의 비교

그림 43. GDI 분사방식의 비교

① 직립 흡기관 : 흡기다기관은 상하유동 와류를 형성하기 위해 실린더에 직립으로 설치된다.

② 스웰 인젝터 : 연소실내에 연료를 고압으로 직접분사하기 위해 실린더헤드에 직접 설치된다.

③ 보울 인 피스톤(bowl in piston) : 피스톤헤드에는 오목 패인 보울형상으로 분사된 연료를 점화플러그 주위로 유도하도록 하여 점화플러그 주위의 혼합기가 농후한 혼합비가 형성되도록 제작된다.

3.3.2. GDI 엔진의 장점

[1] 성능향상

연료를 연소실에 직접분사하기 때문에 증발잠열에 의해 흡기온도가 떨어지므로 흡입 공기의 밀도가 높아진다. 따라서 흡기냉각 효과에 따른 충전효율이 향상되어 전영역 약 10~15% 정도에서 토크를 증대를 할 수 있고, 노크특성 개선되어 저속성능이 좋아진다.

[2] 연비개선

노크특성이 개선되어 압축비를 올릴 수 있고, 압축비 증대에 따른 부뷰부하 연비의 개선이 가능하다. 또한 시동시에는 압축 구간에 연료를 분사하므로 성층화 현상이 생겨 연료가 스파크플러그 주변으로 모이면서 점화되어 시동 시 연료소모를 줄일 수 있다.

[3] 배출가스 저감

시동직후에는 분할분사를 실시하고, 점화시기를 지각하여 촉매의 활성화 온도가 단시간에 상승되므로 냉간시 배기가스를 저감할 수 있다.

Reference 실린더 내의 와류형성

■ 스월(swirl)과 텀블(tumble)이란 ?

연소실 내에서 강력한 와류를 형성하는 기술은 스월과 텀블이 대표적으로 사용되고 있다.

스월방식(swirl type)은 린번엔진(lean burn engine)에서 사용하고 있으며 공기를 연소실 코너에서 수평방향으로 흡입하여 강력한 와류를 형성하는 방식이다.
텀블방식(tumble type)은 GDI엔진에서 사용하는 방식으로 상·하방향의 와류를 형성하는 방식이다.
일반 엔진의 경우 흡기관은 수평방향으로 흡입공기를 연소실로 유도하지만, GDI 엔진에서는 직립 흡기관에 의해 흡입공기를 수직방향으로 흡입하여 강력한 하강기류를 형성하며 이때 하강기류의 흡입공기는 바울인 피스톤에 의해 상·하방향으로 강력한 와류를 형성한다.

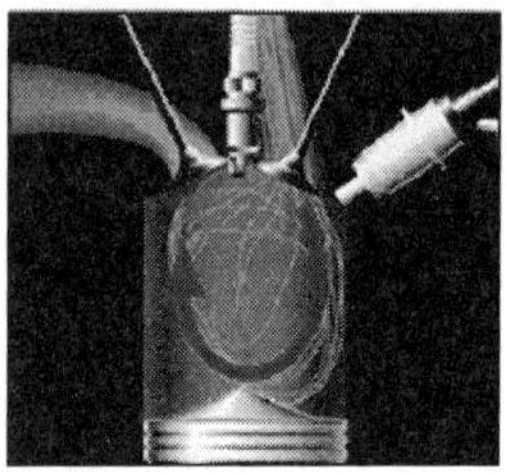

■ 연료의 성층화란 ?
고압 스월 인젝터(swirl injector)는 압축행정 말기에 강력한 와류가 형성되어 있는 실린더 내로 연료를 분사한다. 스월 인젝터에서 분사된 연료는 점화플러그 방향으로 이동하면서 점화플러그 주위는 농후한 혼합비로 성층화된다.

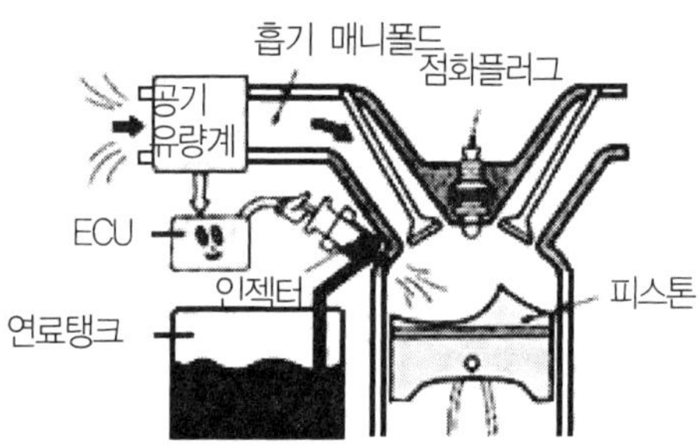

(a) GDI엔진의 개략도

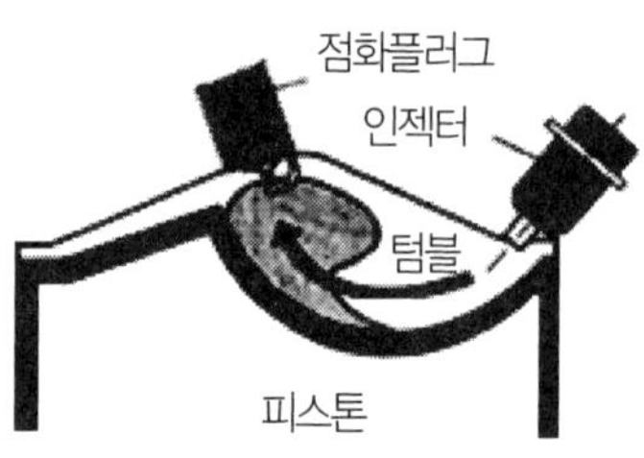

(b) 혼합기의 유동

[GDI엔진의 개념도]

■ 성층화란?
강력한 공기와류가 형성될 때 와류의 중앙부위는 바깥부분보다 속도가 매우 빠르기 때문에 바깥부분보다 상대적으로 압력이 떨어진다. 이때 연료가 분사되면 공기보다 무거운 연료입자는 압력이 높은 바깥부분에서, 압력이 낮은 중앙부분으로 압력차에 의해 이동하게 된다.

3.3.3. GDI엔진의 연료장치

GDI 분사방식의 연료흐름은 기본적으로 MPI엔진과 유사하다. 다만 인젝터로 공급되는 연료의 압력을 고압으로 만들기 위해 고압펌프와 고압의 레일을 거쳐 인젝터에 공급된다는 점이 다르다. 이를 위해 고압펌프와 고압레일, 인젝터, 연료압력 센서 등이 추가로 장착되어 연료를 제어한다.

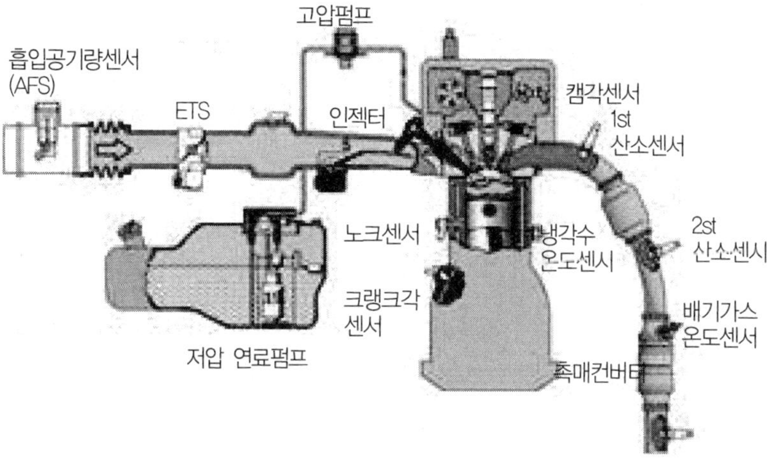

그림 44. GDI엔진의 구성

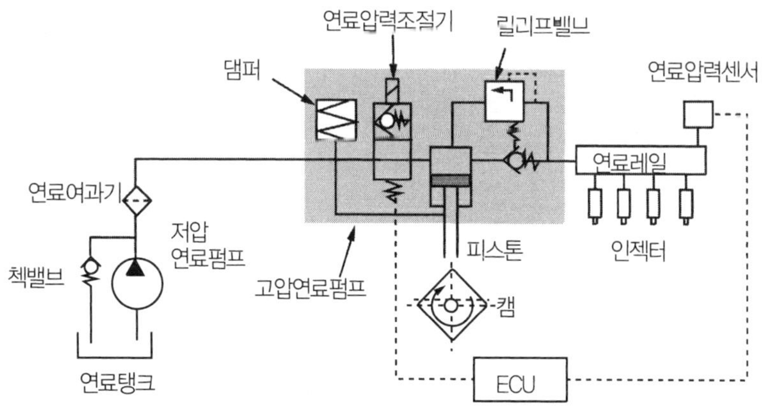

그림 45. GDI엔진의 연료제어

저압 연료라인의 연료펌프는 약 4.5bar 정도의 압력으로 저압 레귤레이터를 거쳐 고압펌프로 보내진다. 이 연료는 고압펌프에 의해 고압이 되어 인젝터에 공급된다. 인젝터에서 분사되는 연료압력은 압력조절밸브에 의해 제어된다. 보통 공회전시에는 40bar의 압력으로 조절되며, 최대 200bar까지 고압이 사용된다. 연료튜브는 높은 압력에 견디고 부식방지를 위하여 스테인레스 강을 사용하고 있다.

[1] 저압펌프(low pressure pump)

연료탱크 내부에 있는 연료를 약 3.0~5.0kgf/cm^{2}의 연료압력으로 고압 연료펌프까지 압송하는 역할을 한다.

[2] 고압펌프(high pressure pump)

고압펌프는 일반적으로 캠축에 의해 구동된다. 저압의 연료가 연료탱크에서 공급되고 고압펌프의 캠 구동에 의해 피스톤이 저압의 연료를 압축하여 고압의 연료를 연료 레일로 보낸다. 연료압력은 엔진 회전수 및 엔진 부하에 따라 압력조절밸브에 의해 제어된다.

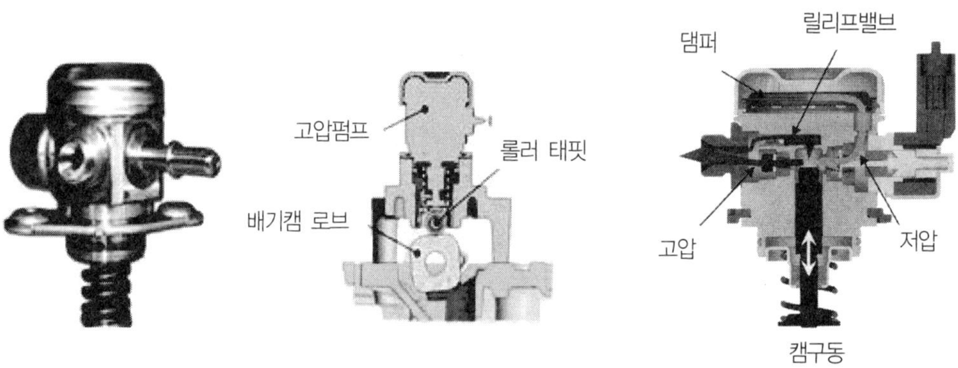

(a) 고압펌프 외관 (b) 고압펌프의 구동 (c) 고압펌프 구성부품

그림 46. GDI엔진 고압펌프

(1) 연료 흡입과정

캠축의 회전에 의해 피스톤이 하강하면 딜리버리 챔버(delivery chamber)의 부압에 의해 연료가 흡입된다.

(2) 연료 회귀과정

피스톤은 상승되고 흡입구밸브가 개방되어 연료가 흡입구 쪽으로 다시 돌아나간다.

(3) 연료 가압과정

유량제어 밸브가 작동하면서 흡입구 밸브가 폐쇄되며, 딜리버리 챔버 내의 잔류연료가 가압되어 연료레일 쪽으로 방출된다.

(4) 연료 방출과정

유량제어밸브의 작동이 중단되나, 딜리버리 챔버 내에 가압된 연료에 의해 흡입구 밸브는 지속적으로 닫히고 가압된 연료는 방출된다.

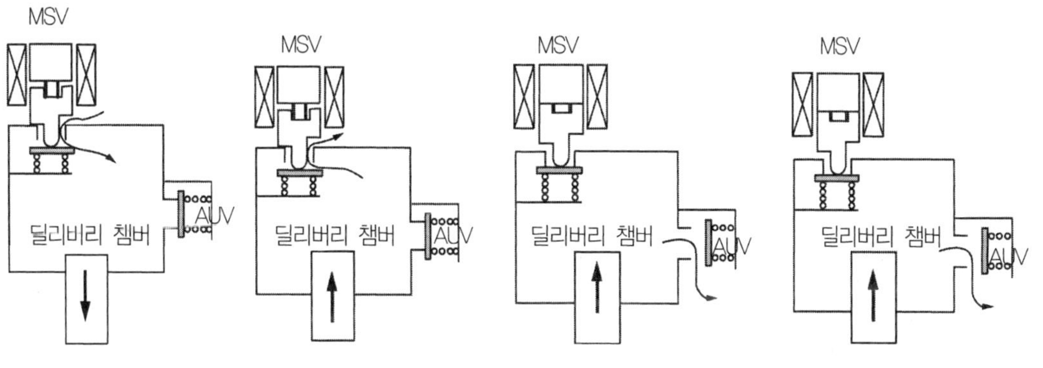

(a) 연료흡입 (b) 연료복귀 (c) 연료가압 (d) 연료방출

그림 47. 고압펌프 작동원리

[3] 고압조절기(high pressure regulator)

고압 연료펌프에서 발생한 압력을 엔진의 부하조건에 따라 적절하게 조정하는 역할을 한다.

[4] 연료압력센서(fuel pressure sensor)

연료압력을 측정하여 연료압력이 달라지는 만큼 연료 분사량을 보정하는 역할을 한다.

[5] 인젝터 드라이버(injector driver)

스월 인젝터는 높은 연료압력 상태에서 구동되어야 하므로 소요되는 전류량이 매우 높다. 따라서 엔진 ECU가 인젝터를 직접 구동하면 높은 열이 발생되고, 내구성에 문제가 발생된다. 이를 해결하기 위해 인젝터를 구동할 수 있는 인젝터 드라이버를 별도로 설치하고 있다.

[6] 인젝터(injector)

GDI방식에 사용되는 인젝터는 고압의 연료를 분사하여 연료가 흡입공기와 잘 혼합될 수 있도록 와류를 형성해야 하기 때문에 와류식 인젝터(swirl type injector)를 주로 사용한다.

와류식 인젝터 내부에는 스월디스크(swirl disc)가 설치되며, 스월디스크는 연료의 회전시켜 입자를 작게하고, 스월 유동을 유발하여 연소하기 좋은 무화상태가 되도록 한다.

그림 48. 인젝터의 분사

3.3.4. GDI엔진 인젝터제어와 연료분사 시기

[1] 인젝터제어

직접분사방식의 분사제어는 엔진의 회전수와 부하에 따라 달라지고 또한 빠른 시간에 작동해야 하므로 인젝터 분사를 위한 4단계로 제어한다.

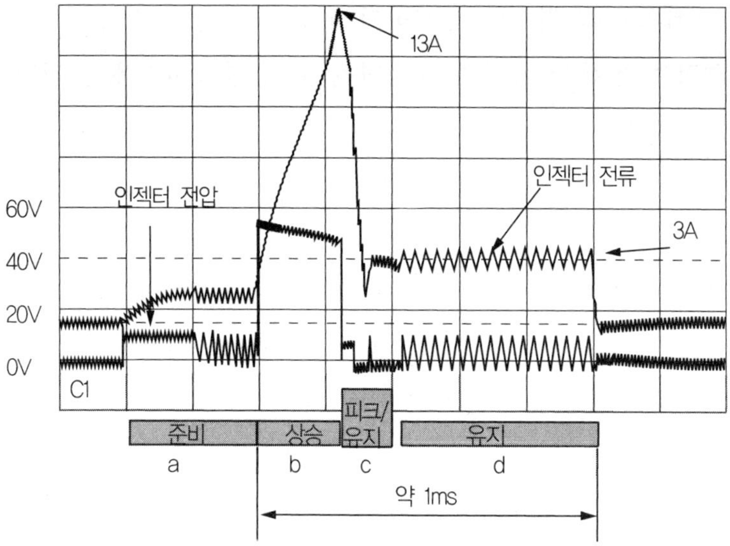

그림 49. GDI 인젝터 제어특성

(1) 준비단계

빠르고 정확한 인젝터의 열림을 위한 자화구간으로 인젝터는 닫혀있다. 일정 수준의 전류를 보내기 위해 인젝터에 배터리 전압인 12V로 듀티 신호를 보낸다(그림 48 a).

(2) 상승단계

빠른시간 내에 인젝터를 구동시키기 위하여 전류를 급격히 상승시키는 구간으로 구동전압을 12V에서 55V로 승압시키기 위해 인젝터 전류를 상승시킨다. 이때 인젝터는 최고전류(peak current) 부근에서 열린다(그림 48 b).

(3) 피크단계

인젝터의 열림을 유지하기 위한 구간으로 전류를 급격히 감소시키기 위하여 전압을 해제하고 일정전류 이하로 떨어진다. 이때 인젝터는 피크지점 이후 계속 열려있다(그림 48 c).

(4) 유지단계

인젝터의 열림 상태를 지속적으로 유지하기 위한 구간으로 일정 수준의 전류로 듀티 제어한다. 인젝터는 전류가 급격히 감소하는 유지 종료시점에서 리턴스프링에 의해 빠르게 닫힌다(그림 48 d).

[2] 연료 분사시기

직접분사 엔진의 연료분사 시기는 시동시에는 압축과정, 일반 주행시는 흡입행정에서 분사하여 간접방식과 다르게 제어한다. 즉, 시동시에는 압축말 과정에 스파크플러그에 농후하게 분사하여 착화성을 향상시키고, 공기와 연료를 성층화시켜 시동성을 좋게 한다.

크랭크각 720° 540° 360° 180° 0° (TDC)

행 정		폭발행정	배기행정	흡입행정	압축행정
GDI	일반주행			연료분사	
	시동할 때				연료분사
	촉매 히팅			연료분사	연료분사
MPI 연료분사			연료분사		

그림 50. GDI와 MPI 엔진의 연료분사 시기 비교

또한 시동 후 촉매의 가열이 필요할 때는 압축과정과 배기과정에서 분할분사를 실시하여 촉매의 활성화 온도인 350℃까지 빠르게 상승시켜서 냉시동 후에도 CO, HC, Nox 등의 배기가스가 현저하게 줄어든다.

단원 * 종합 * 평가

◘ 액화 석유가스와 천연가스의 특성을 고르기를 선택하여 빈칸에 채우세요. 다음 퍼즐에 자동차 전자제어 부품 명칭을 가로11개, 세로 10개를 채우세요.

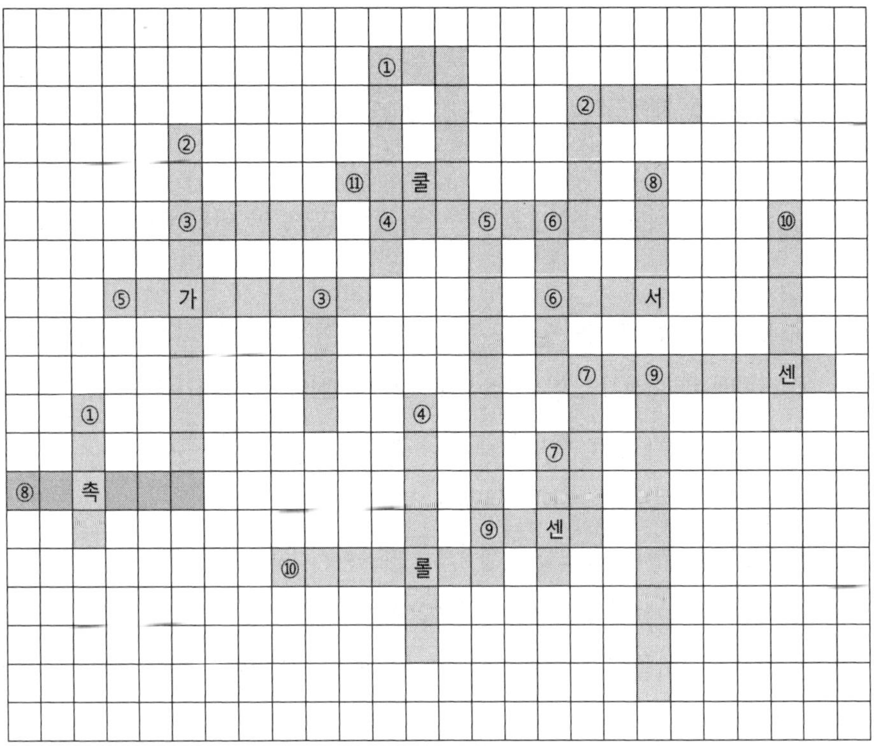

【가로 맞추기】

① 엔진 컴퓨터(ECU)의 출력을 받아 연료를 분사하는 장치이다.

② 일반적으로 실린더 헤드에 부착되며 엔진의 냉각수를 라디에이터에 공급과 차단하는 기능을 수행한다.

③ 피스톤의 일종으로 주로 디젤엔진에 사용하는 형식이다.

④ 흡입공기의 길이를 변화시키는 가변흡기관 시스템에 적용된 밸브이다.

⑤ 배출가스 제어장치의 일종으로 질소산화물(NOx)을 줄여주는 장치이다.

⑥ 배출가스 제어장치의 일종으로 피드백 제어를 목적으로 설치된 부품이다.

⑦ 전자제어 분사장치에서 기본 분사량을 결정하기 위한 센서이다.

⑧ 배출가스 제어장치의 일종으로 일산화탄소, 탄화수소, 질소산화물을 저감시킨다.

⑨ 엔진이 냉간 시 자동변속기의 변속시점을 보정을 하기위한 부품이다.

⑩ 전자제어 장치의 종합 제어장치로 입 · 출력 제어를 실시한다.

⑪ 엔진이 고속 회전시에 터보장치의 효율을 높이고 노킹을 방지하는 장치이다.

【세로 맞추기】

① 배출가스 제어장치의 일종으로 일산화탄소, 탄화수소를 저감시키는 작용을 한다.

② 배출가스 제어장치의 일종으로 증발가스에 포함된 탄화수소를 저감시키는 작용을 한다.

③ 배출가스 제어장치의 일종으로 질소산화물(NOx)을 저감시키는 작용을 한다.

④ 가변밸브제어장치의 일부부품으로 흡배기 밸브의 개폐시기를 제어한다.

⑤ 자동변속기의 종합 제어장치로 입 · 출력 제어를 실시한다.

⑥ 흡 · 배기 밸브가 동시에 열려있는 상황을 말한다.

⑦ 흡입되는 공기의 밀도를 간접적으로 계측하기 위한 부품이다.

⑧ 엔진이 냉간시 증량분사 보정을 하기위한 부품이다.

⑨ 엔진의 부하를 감지하여 공회전이 불안하거나 시동이 꺼지지 제어하는 부품이다.

⑩ 전자제어 엔진의 분사와 점화시기를 결정하는 부품이다.

【정답】

											①	젝	터												
											히		보				②	모	스	탯					
					②						비						모								
					로					⑪	터	쿨	러				밸		⑧						
					③	울	피	스	톤		④	월	컨	⑤	롤	⑥	브		온				⑩		
					이						위			랜		브			센				랭		
			⑤	기	가	스	재	순	③	장	치			스		⑥	투	센	서				크		
					스				원					미		버							각		
					제				촉					션		랩	⑦	입	⑨	기	유	량	센	서	
		①			어				매			④		컨			기		회				서		
		화			장							일		트		⑦	온		전						
⑧	원	촉	매	장	치							컨		롤		크	센		속						
		매										트		⑤	온	센	서		도						
								⑩	진	컨	트	롤	유	닛		서			제						
												밸							어						
												브							장						
																			치						

CHAPTER

05

엔진 점화장치

※ NCS 적용코드 : 1506030205_14V2

엔진 점화장치는 사람의 소화기관에 해당하는 중요한 기능을 수행하는 장치로, 그 기능을 수행할 수 없는 고장이거나 문제가 발생하면 출력 및 연비 저하, 배기가스의 발생, 시동불가 등의 심각한 문제를 발생시킨다.
주요 구성부품으로는 불꽃을 발생하는 점화플러그, 배터리의 12V를 3만~4만V로 승압시키는 점화코일, 엔진의 각 기통마다 순서대로 점화를 유도하는 제어부(ECU, 파워 TR, No1 TDC & CAS)로 구성된다.

01. 엔진 점화장치의 개요

NCS 활용

□ NCS 연계 : 엔진 점화장치 정비(1506030205_14v2)

• 엔진 점화장치 점검·진단/조정/교환/수리/검사하기(1506030205_14V2)

본 단원은 NCS 학습모듈인 엔진 점화장치에 대한 기능과 역할을 이해하고, 엔진 점화장치의 점검·진단 및 교환, 수리, 검사하는 데 필요한 기본 단원이다.

가솔린과 가스엔진은 혼합기를 연소실에서 흡입·압축하여 최적시기에 점화플러그로 불꽃 점화시켜 폭발·연소시킨다. 이때 실린더 내에 전기적인 불꽃을 일으켜서 압축된 혼합기를 점화시키고, 연소를 발생하기 위한 장치를 점화장치(ignition system)라고 한다. 연소실 내에서 점화플러그에 스파크를 발생시켜 혼합가스가 연소·폭발하여 최대압력이 될 때까지는 일정시간이 걸린다. 엔진이 최적의 출력과 높은 효율로 연소시키려면 엔진의 형식에 따라 다르지만 대략 상사점 후(ATDC) 10° 전·후의 크랭크 각에서 최고 폭발압력이 될 수 있도록 점화시기를 맞추어야 한다. 이 시점을 파워타이밍(power timing)이라고 하며, 점화 후 최대 폭발시점에 도달할 때까지의 시간을 점화 지연시간(ignition delay time)이라고 한다.

이와 같이 점화장치는 고도의 기술을 접목하고 시스템을 개발하여 배기가스 규제와 저연비 및 고효율 엔진에 적용하고 있다.

1.1. 최적연소와 점화시기

엔진에 있어서 최적연소와 점화시기는 저연비·고효율 엔진을 추구하는 데는 중요한 요소이다. 그림 1에서 보는 바와 같이 ①의 지점이 BTDC 25°의 진각이라면 실제로 연소가 시작되는 시점은 BTDC10°의 ②지점이고, ③의 상사점(TDC)을 지나 하사점 후(ATDC10°)의 ④지점에서 최대 폭발압력이 발생하여 ④지점을 지나면서 연소가 끝나는 것이다. 따라서 연소실의 압력곡선에서 ①~②는 피스톤의 압축행정에 의한 압력상승 곡선이고, ②~③는 혼합기의 연소에 의한 폭발압력의 급상승 곡선이라고 할 수 있다.

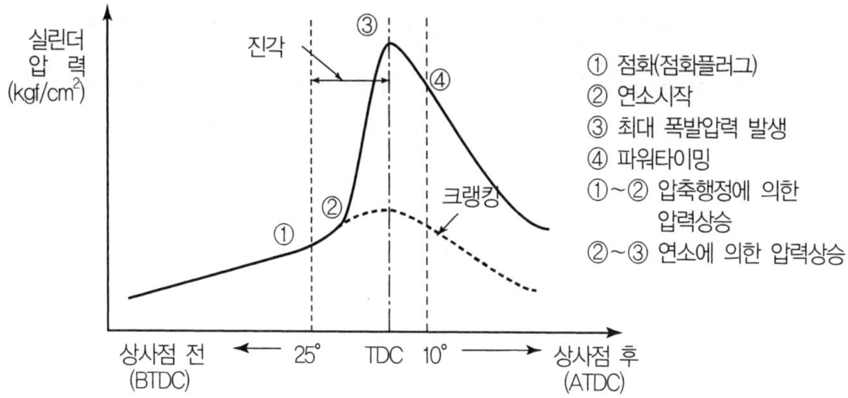

그림 1. 엔진의 연소와 점화시기

이와 같이 점화시기와 피스톤의 최대 폭발시기는 지연되며 지연되는 시간은 압축비, 혼합비, 엔진의 회전속도, 연소실의 온도 등에 따라 달라지므로 최적의 점화시기는 엔진성능과 효율에 중요한 요소이다.

Reference 점화장치의 요구조건

① 발생전압이 높고 여유 전압이 클 것
② 점화시기 제어가 정확할 것
③ 불꽃 에너지가 높을 것
④ 잡음 및 전파 방해기 없을 것
⑤ 절연성이 우수할 것

1.2. 엔진회전수와 점화시기의 설정

최대 폭발시기보다 점화시기가 빠르면 조기점화에 의해 노킹이 일어나고, 점화시기가 너무 늦어도 최대 폭발압력이 낮아서 엔진출력이 떨어진다. 따라서 엔진회전의 변동에 따른 적절한 점화시기의 분석은 엔진성능 해석의 중요한 요소이다.

1.2.1. 공회전일 경우 점화시기 산정

최적 동력상태인 파워타이밍(power timing)시점이 ATDC10° 인 엔진의 파워TR의 점화신호에서 최대 폭발압력에 도달할 때까지의 시간을 모두 3.0ms(3/1000초)가 걸린다고 가정할 때 750rpm으로 회전하는 엔진의 3ms를 크랭크 회전각으로 바꾸면 다음과 같다.

- 1초당 회전수 : $\frac{750rpm}{60sec}$ = 12.5r/s(1초당 12.5회전)
- 1회전당 시간 : $\frac{1}{12.5}$ = 0.08sec/rpm= 80ms/rpm(1회전당 80msec)
- 3ms 동안의 크랭크 각도 : $\frac{3ms}{80ms}$ ×360 ° = 13.5 ° (3ms동안 13.5° 회전)
- 최적 점화시기 : 13.5° - 10° = 3.5° [BTDC]

따라서 3ms의 경우에 크랭크 각도가 13.5 ° 움직이는 결과가 되므로 750rpm에서 엔진이 회전하여 상사점 후(ATDC10 °)의 위치에서 최대 폭발압력을 얻으려면 그 시점보다 13.5 ° 전인 상사점 전(BTDC3.5 °)의 위치에서 ECU는 파워TR을 통해 점화 1차전원을 차단하여 점화플러그에 불꽃을 일으켜야 한다. 즉, 공회전 시의 점화시기는 BTDC 5 ° 가 되는 것이다.

1.2.2. 3,000rpm 경우 점화시기 산정

만약에 상기와 동일한 조건의 엔진에서 회전수가 3000rpm으로 주행하는 자동차의 최적 점화시기를 계산하면 다음과 같다.

- 1초당 회전수 : $\frac{3000rpm}{60sec}$ = 50r/s
- 1회전당 시간 : $\frac{1}{50}$ = 0.02sec/rpm= 0.02×1000ms/rpm = 20ms/rpm

• 3ms 동안의 크랭크각도 : $\frac{3ms}{20ms} \times 360° = 54°$

• 최적 점화 시기 : 54° − 10° = 44° [BTDC]

상사점 후 10°의 위치에서 최대 동력이 되기 위해서는 파워타이밍(power timing)보다 54° 전(BTDC44°)위치에서 점화신호를 보내야만 한다. 따라서 3,000rpm에서의 최적 점화시기는 BTDC44°이다.

만약 점화신호 발신 후 최대 폭발압력에 이르기까지의 시간이 3ms로 변하지 않는다고 가정할 때 엔진 회전에 비례하여 점화시기를 계산하면 750rpm에서는 BTDC 3.5°, 3,000rpm은 BTDC44°가 된다.

Reference 크랭크각도(crank angle) 약어

- TDC(Top Dead Center : 상사점)
- BTDC(Before Top Dead Center : 상사점 전)
- ATDC(After Top Dead Center : 상사점 후)
- BDC(Bottom Dead Center : 하사점)
- BBDC(Before Bottom Dead Center : 하사점 전)
- ABDC(After Bottom Dead Center : 하사점 후)

1.3. 스파크 불꽃 발생원리

공기 중에는 수많은 원자(atom)가 있고 원자는 (+)이온과 (−)이온으로 구성되어 정체상태로 머물러 있다. 그림 2와 같이 어떤 두 개의 차단된 회로에 (+)이온과 (−)이온으로 구성된 전기적 에너지가 공급되면 회로의 공간에는 중성원자가 존재하여 큰 저항에 의해 이온의 흐름은 없을 것이다.

하지만 차단된 두 회로에 고전압을 발생하면 이온의 세기는 커지면서 단선된 공간을 통하여 전자가 흐르게 된다. 이 원리를 이용한 것이 점화장치의 스파크원리이다.

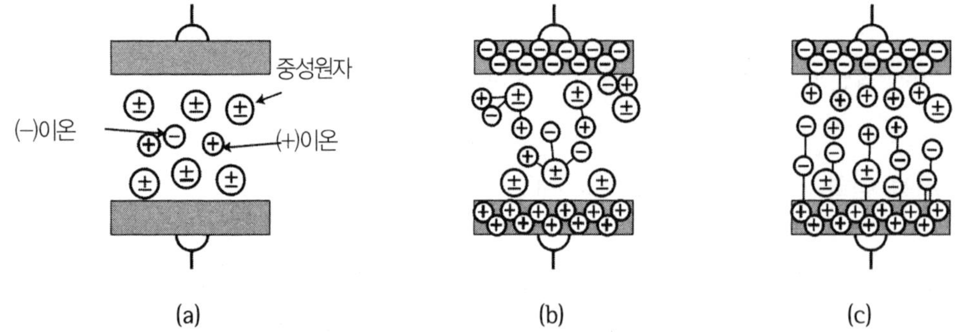

그림 2. 점화장치의 스파크 발생원리

1.4. 고전압의 발생원리

자동차용 배터리는 기본적으로 저압(12V/24V)을 사용하지만 점화장치는 강한 스파크를 위해 고전압이 필요하며, 고전압은 점화코일에서 발생시켜 점화플러그를 통하여 스파크 방전을 시킨다. 승압기(昇壓器)라 할 수 있는 점화코일은 다음 설명과 같이 1차 코일의 자기유도작용과 2차 코일의 상호유도작용에 의한 역기전력에 의해 고압이 발생한다.

1.4.1. 자기유도작용과 상호 유도작용

점화장치는 그림 3(a)의 회로와 같이 두 개의 1, 2차 코일을 사이에 두고 1차코일의 스위치(S/W)를 ON, OFF시키면 1차 코일에 흐르는 전류는 그림 3(c)과 같은 전류의 과도현상이 발생한다.

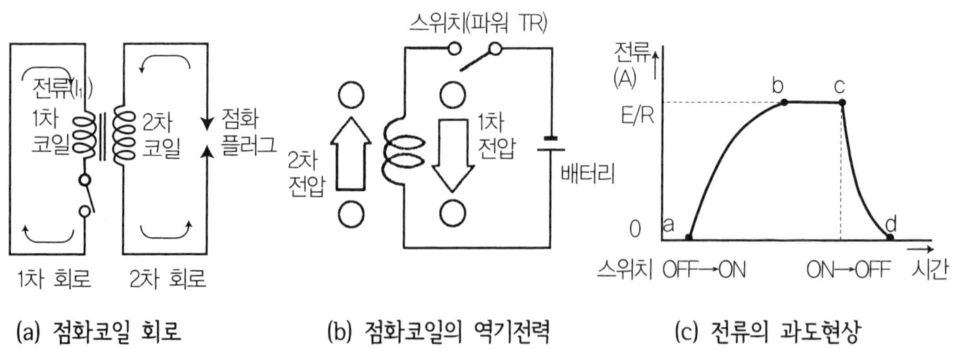

그림 3. 점화코일의 고압 발생원리

그림에서와 같이 스위치가 OFF에서 ON으로 되는 순간 역기전력(reverse electro motive force)이 전류(I_1)과 반대방향으로 발생하여 (a-b)구간과 같이 완만하게 증가한다.

또한 스위치가 OFF에서 ON으로 될 때는 역기전력이 전류(I_1)방향으로 발생하지만 전류는 즉시 0(A)로 떨어지지 않고, (c-d)구간과 같이 낮아진다. 점화코일의 2차 전압은 전류의 변화량이 클수록 변화시간이 짧을수록 더 높은 전압이 발생하며, 1차회로의 스위치가 OFF에서 ON으로 될 때보다 OFF에서 ON으로 될 때 2차전압이 더 높다.

1.4.2. 점화 요구전압

점화 요구전압이란 점화플러그가 스파크방전을 위해서 필요한 이론적 최대진압을 말한다. 점화 요구선압은 점화플러그의 (+)와 (-)전극을 통해 방전할 수 있는 최대전압이기 때문에 플러그와 엔진의 연소조건에 따라 다르게 나타난다. 예를 들면 점화플러그의 간극 및 열가와 엔진의 압축·압력, 엔진의 부하 등에 따라 점화 요구전압은 다양하게 나타난다.

[1] 점화플러그와 점화 요구전압

① 플러그 간극 : 플러그의 간극이 클수록 점화 요구전압은 커진다.

② 전극의 구성 : 전극의 크기가 커지면 점화 요구전압은 낮아진다. 중심전극은 뜨거우므로 쉽게 전자를 방출하며 접시선극은 열 방출이 쉬워지고, 전자방출이 쉽지 않다.

③ 전극소재 : 전극의 소재는 저항이 낮을수록 점화 요구전압은 낮아진다.

④ 절연표면 : 전극사이의 전자이동은 절연체를 따라 발생하면 절연체 표면의 전자는 점화 요구전압을 감소시킨다.

⑤ 전극의 상태 : 전극이 날카로울수록 점화 요구전압은 낮아진다.

[2] 엔진의 상태에 따른 점화 요구전압

① 압축·압력 : 압축·압력이 증가하면 혼합기의 밀도가 증가하여 이온의 움직임이 활발하기 때문에 점화 요구전압은 커진다.

② 혼합기 온도 : 온도가 높아지면 전극사이에 이온화가 쉬워져서 점화 요구전압은 낮아진다. 추운 겨울에 시동이 어려운 것은 점화 요구전압이 커지기 때문이다.

③ 시동 시 : 압축·압력과 혼합기의 온도가 낮기 때문에 점화요구전압은 커진다.

④ 공회전 시 : 혼합기의 온도가 높아지면서 점화 요구전압은 낮아진다.

⑤ 가속부하 시 : 연소실 압력도 증가하고 혼합비도 농후하기 때문에 점화 요구전압은 급격히 높아진다.

02. 엔진 점화장치의 회로와 점검 · 정비

NCS 활용

□ NCS연계 : 엔진 점화장치 정비(1506030205_14v2)

• 엔진 점화장치 점검 · 진단/조정/교환/수리/검사하기(1506030205_14V2)

본 단원은 NCS 학습모듈인 엔진 점화장치와 회로에 대한 기능과 역할을 이해하고, 엔진 점화장치의 점검 · 진단 및 교환, 수리, 검사하는 데 필요한 단원이다.

2. 1. 점화장치의 구성과 작동원리

점화장치(ignition system)의 구성은 그림 4와 같이 점화코일(ignition coil), 점화플러그(ignition plug)를 기본으로 하여 형식에 따라 배전기(distributor), 파워 TR (power trangister), ECU(Electronic Control Unit)로 구성된다.

2.1.1. 점화코일

점화코일(ignition coil)은 배터리의 저 전압을 점화 1차코일에 발생하는 역 기전력(200~400V)을 2차코일의 상호유도 작용으로 높은 전압으로 승압(25,000~40,000V)시켜 점화플러그에 전기 불꽃을 일으키는데 필요한 고전압을 발생하는 일종의 승압기로서 렌츠의 법칙(Lenz's law)이 적용된다.

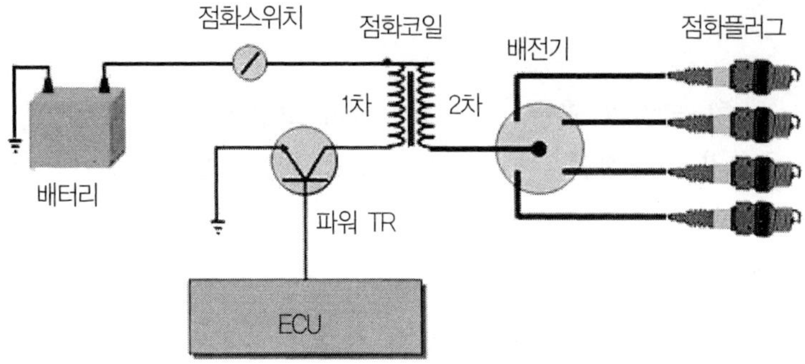

그림 4. 점화장치의 구성

[1] 점화코일 승압의 원리

점화코일은 그림 5와 같이 철심에 2종류의 코일(N_1, N_2)을 감아 스위치 접점(P)을 달아 베디리로부터 1차 코일에 전류를 흐르게 하면 코일을 관통하면 자속이 발생된다. 이때 스위치 접점(P)가 열리면 1차 전류(i)는 차단되고 자속은 급격히 변화되며, 1차 코일에는 자기 유도작용, 2차 코일에는 상호 유도작용에 따라 각각 코일의 권수 N_1, N_2에 비례하는 고전압을 발생시킨다. 따라서 1차 전압(V_1)과 2차 전압(V_2)의 사이에는 그림 5의 식이 성립된다.

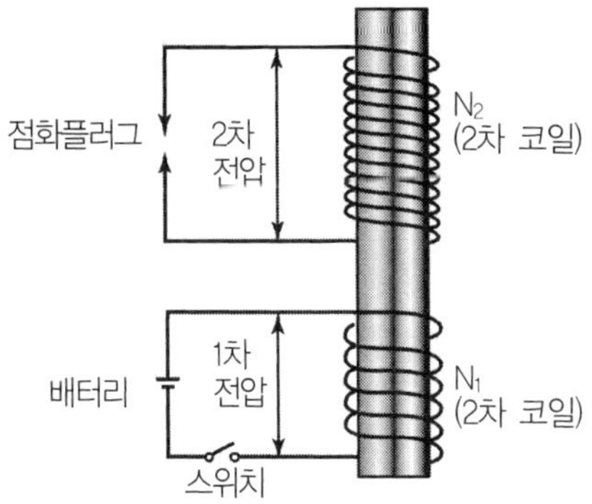

그림 5. 점화코일의 회로

$$V_2 = \frac{N_2}{N_1} \cdot V_1$$

N_1 : 1차 코일의 권수, N_2 : 2차 코일의 권수
V_1 : 1차 코일전압, V_2 : 2차 코일전압

[2] 점화코일의 형식

점화코일의 형식은 개자로형과 폐자로형이 있고 그 특성은 아래 표와 같다. 표에서 보는바와 같이 개자로형 코일은 여러 가지 문제점으로 최근에는 거의 사용하지 않는다.

표 점화코일의 형식에 따른 특성

구 분	개자로형	폐자로형
내열성	보통	양호
내진성	진동에 영향을 받음	진동에 영향을 받지 않음
내부 방전	내부에 오일 충전방식은 방전	내부 공간이 없어 방전 없음
1차 서지전압	자속의 유출이 큼	자속의 유출이 작음
2차 전압	20,000~25,000V	30,000V 이상
가격	저 렴	다소 고가

[3] 개자로형 점화코일

개자로형 점화코일의 구조와 구성회로는 그림 6과 같다. 원통형 철이나 알루미늄 등의 금속 안에 컴파운드나 절연 오일을 넣어 만든 코일의 중심부의 철심은 자력선의 손실과 열발생을 감소시키기 위해 얇은 규소 강판을 겹치거나 말아서 그 주위에 점화 2차코일과 1차코일을 감아놓았다.

개자로형 점화코일은 1차코일의 전류에 의해서 발생하는 자속이 철심의 중심을 통과한 후 공기중으로 통하기 때문에 자속의 손실이 많으므로 2차전류의 손실이 커진다. 이와 같이 자속의 경로가 대기중으로 열려있다고 하여 개자로형이라고 한다.

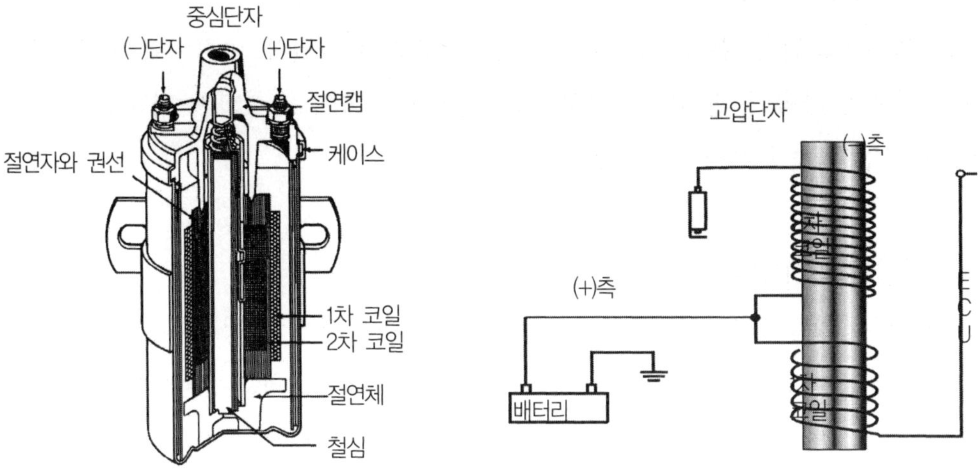

(a) 개자로형 점화코일의 구조 (b) 개자로형 점화코일의 구성회로

그림 6. 개자로 형 점화코일과 구성회로

일반적으로 개자로형에는 1차에 감겨있는 코일은 0.5~1mm의 동선이 200~300회, 2차 코일에는 2만~3만회 정도 감겨 있다. 또한 1차코일의 방열과 자속의 발생을 위하여 2차코일 바깥쪽에 1차 코일을 감아 놓았다. 코일의 회로는 그림 6(b)과 같이 2차 코일의 권선은 2차단자에 접속되고 2차코일의 권선의 끝은 1차코일의 권선의 시작회로(+측)과 연결되어 있다.

[4] 폐자로형 점화코일

폐자로형(閉磁路型) 점화코일은 강력한 2차선압을 유도하기 쉬운 형식으로 HEI (High Energy Ignition)형이라고도 한다.

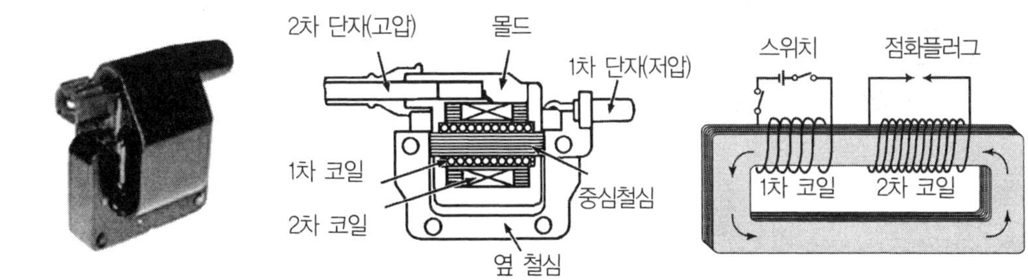

(a) 폐자로형 점화코일 (b) 폐자로형 점화코일의 구조 (c) 폐자로형 점화코일 회로

그림 7. 점화코일의 고압 발생원리

폐자로형 점화코일의 구조는 그림 7과 같이 4각의 중앙철심의 안쪽에 1차코일을 감고 바깥쪽에 2차코일을 감아 개자로 형과는 반대로 감겨있다. 4각 철심으로 자로를 만들었기 때문에 자속이 철심만을 통해 되돌아오도록 하여 소형화가 가능하고 자속의 손실이 거의 없어 높은 2차전압을 발생시킬 수 있다.

2.1.2. 점화플러그(spark plug)

점화플러그는 실린더헤드의 연소실에 설치되어 2차코일에 발생하는 고전압에 의하여 전극사이에 전기불꽃을 발생시켜 실린더 내의 혼합기에 착화, 연소시키는 역할을 한다. 점화플러그의 구조는 간단하고 작은 부품이지만 가혹한 조건 하에서 사용되기 때문에 그 기능의 양부는 엔진성능에 직접 영향을 미치는 중요한 부품이다.

[1] 점화플러그의 구조

점화플러그는 실린더헤드에 장착하고 그 구조는 그림 8과 같다. 점화플러그는 크게 나누어 전극(electrod), 절연체(insulator), 셀(cell), 하우징(housing)으로 구성되어 있다.

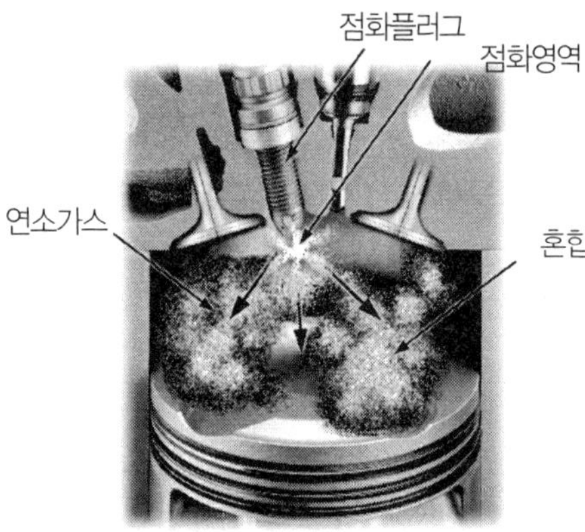

(a) 점화플러그의 작동

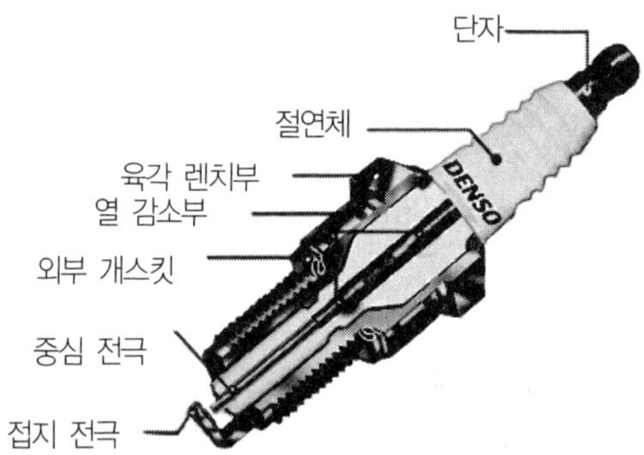

(b) 점화플러그의 구조

그림 8. 점화플러그의 작동과 구조

(1) 전극부

중심전극과 엔진헤드에 접지된 접지전극으로 구성되며 점화코일로부터 유도된 고전압은 단자를 통하여 중심전극에 이르러 접지전극과의 간극 사이에 불꽃을 발생시킨다. 전극재료는 불꽃에 의해 마모가 적고 내열성 및 내식성을 요구하며, 일반적으로 니켈합금이 사용되지만 백금합금을 사용하는 경우도 있다.

(2) 절연체부

절연체(絕緣體)는 실(seal)과 중심전극을 둘러싸고 있어 고전압을 절연하는 부위로 점화플러그의 성능을 좌우하는 중요한 부분이다. 전기 절연체는 열전도성 및 내열성이 좋으며 화학적으로 안정되고 또한 기계적 강도가 큰 것이 요구된다. 절연체의 재료는 일반적으로 고순도의 알루미늄 자기라고 불리는 산화알루미늄을 열처리하여 사용하고 있다.

(3) 셀부

셀(cell)은 절연체를 둘러싸고 있는 나사부위이며 실린더헤드에 고정되고 선단부에는 접지전극이 있다. 나사부의 지름은 10, 12, 14, 18mm 등 여러 가지가 있고 나사부의 길이는 열형과 냉형과 열가에 따라 다르다.

[2] 점화플러그의 열가

열가(heat range)란 점화플러그가 연소실 내부에서 받은 열의 발산정도를 말한다. 엔진이 운전 중에 점화플러그는 혼합기의 폭발 및 연소에 의하여 고온으로 유지되지만 점화플러그의 선단부가 800℃ 이상으로 너무 높으면 표면착화(surface ignition) 현상으로 노킹이 발생한다.

점화플러그의 온도가 높아지면 전기점화와는 관계없이 혼합기에 의해 조기점화가 발생된다. 또한 반대로 400℃ 이하로 낮아지면 연소에서 생성되는 카본이 전극부분에 부착되어 절연성이 저하되므로 실화(miss fire)가 발생한다. 따라서 점화플러그는 400~800℃ 범위의 온도로 유지되어야 하며, 이온도를 자기청정온도(self cleaning temperature)라 한다.

점화플러그의 온도는 가해진 열량과 방산되는 열량에 따라 정해지지만 가해진 열량은 엔진의 종류 및 운전상태에서 달라지며, 방산된 열량은 점화플러그의 구조에 따라서 달라진다.

일반적으로 재질이 동일한 경우 저열가 점화플러그는 그림 9(a)와 같이 방열경로인 절연체부의 길이가 길수록 열 발산이 나쁘고 온도가 상승하기 쉽다. 이 형식을 저열가 또는 열형라고 하며, 저속 저부하 운전에 필요한 엔진에 적합하다.

일반적으로는 표준형 점화플러그를 사용한다. 또한 그림 9(c)와 같은 경우는 열 발산성이 좋고 온도상승이 적은 형식으로서 고 열가 또는 냉형이라고 하며, 고속 고부하 엔진에 적합하다. 그러나 최근에는 넓은 범위의 운전조건에서도 사용할 수 있도록 하나의 점화플러그로 자기청정온도를 유지할 수 있는 열 범위가 넓은 점화플러그가 개발되고 있다.

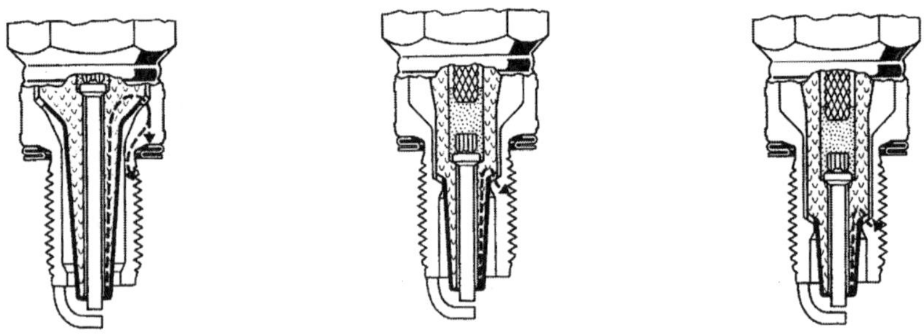

(a) 열형 플러그 (b) 표준형 플러그 (c) 냉형 플러그

그림 9. 점화플러그의 형식

Reference 점화플러그의 요구조건

① 절연성이 우수하고 스파크 에너지가 클 것
② 내열성과 열전도율이 클 것
③ 기밀 유지가 잘되고 기계적 강도가 클 것
④ 내구성과 내 오손성이 클 것

[3] 점화플러그의 형식

점화플러그의 형식은 A형식(BP5ES—11), B형식(PFR5A—11), C형식(BRE527Y—11) 등이 있으며 형식에 따른 기호의 의미와 사례는 표와 같다.

표 점화플러그 형식에 따른 기호의 의미와 사례

구 분		기호 의미	사 례
A 형식	B	나사부 지름(mm)	A(18), B(14), C(12), D(10), E(18), BC(14)
	P	구조, 특징	P(절연체/돌출형식), R(저항형식), U-Semi(연면 방전형식)
	5	열가(2~13)	2 (열형) ⇄ 13 (냉형)
	E	나사부 길이(mm)	E(19), H(12.7)
	S	구조, 특징	S(표준형), V(V-플러그), Y(V-파워플러그), VX(VX-플러그), K(외측 2극 전극), L(중간열가), M(2극 로터리전극), N(외측전극), B(CVCC엔진용), J(2극 사방전극), C(사방전극)
	11	플러그 간극(mm)	9(9mm), 11(11mm), 13(13mm)
B 형식	P	플러그 종류	P(백금플러그), Z(돌출형 플러그)
	F	나사부 지름(mm)	F(∅14×19/육각대변16mm), G(∅14×19/육각대변20.6mm), J(∅12×19/육각대변18mm), F(∅10×12.7/육각대변16mm)
	R	저항 형식	R(저항형식)
	5	열가	5 (열형) ⇄ 7 (냉형)
	A	추가 기호	A, B, C …
	11	플러그 간극	11(11mm), 12(12mm) …
C 형식	B	나사부 지름(mm)	A(18), B(14), C(12), D(10), E(18), BC(14)
	R	저항 형식	R(저항형식)
	E	나사부 길이(mm)	E(19), H(12.7)
	5	열가(2~13)	2(열형) ⇄ 13(냉형)
	2	절연체 돌출 지수	2(2.5M)
	7	발화 위치(mm)	7(7.0mm), 9(9.5mm)
	Y	중심 전극	Y(선단 V홈)
	11	플러그 간극(mm)	11(11mm)

2.2. 점화장치의 형식과 구분

2.2.1. 점화장치의 발전과정

점화장치의 발전과정은 그림 10과 같이 기계(배전기)식 점화장치에서 전자제어방식 점화장치에 이어 배전기가 없는 DLI방식의 점화장치로 발전되고 있다.

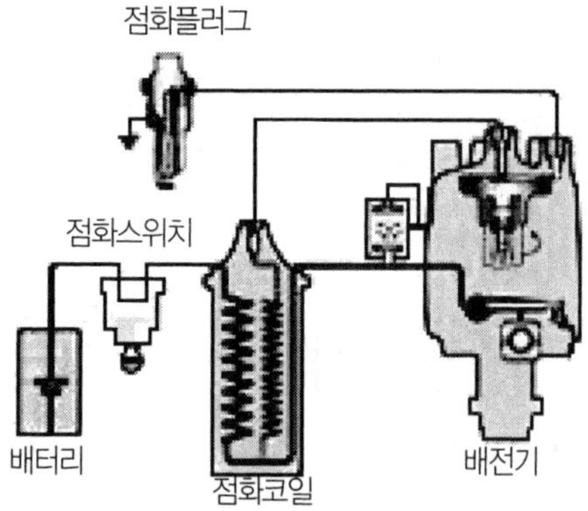

(a) 기계식 점화장치

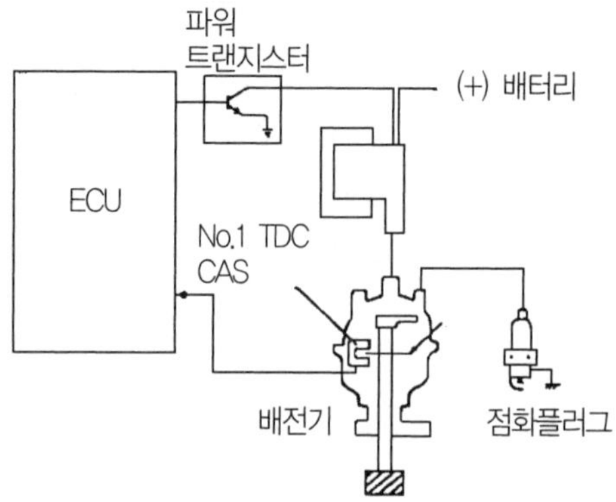

(b) 전자제어방식 점화장치

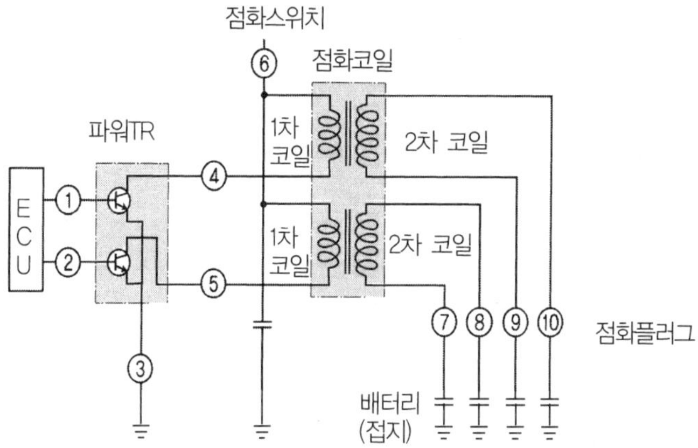

(c) DLI방식 점화장치

그림 10. 점화장치의 발전과정

2.2.2. 점화장치의 형식

점화장치는 엔진의 성능과 배출가스의 저감 및 연비향상에 직접적인 영향을 미치므로 자동차마다 다양한 형식을 적용하고 있다. 초기의 점화장치는 접점 배전기식, 전트랜지스터식, 파워 트랜지스터식을 거쳐 최근에는 전자식(DLI : Distributor-Less Ignition), DIS(Direct Ignition System)식으로 발전하고 있다.

[1] 접점 배전기식 점화장치

접점 배전기식은 그림 11과 같으며, 최근에는 거의 사용하지 않은 형식이다. 회로에서 1차 코일의 접점(point)이 차단되면 점화코일의 1차 코일의 전류가 차단되고 2차 측에는 상호유도 작용에 의해 고압이 발생한다.

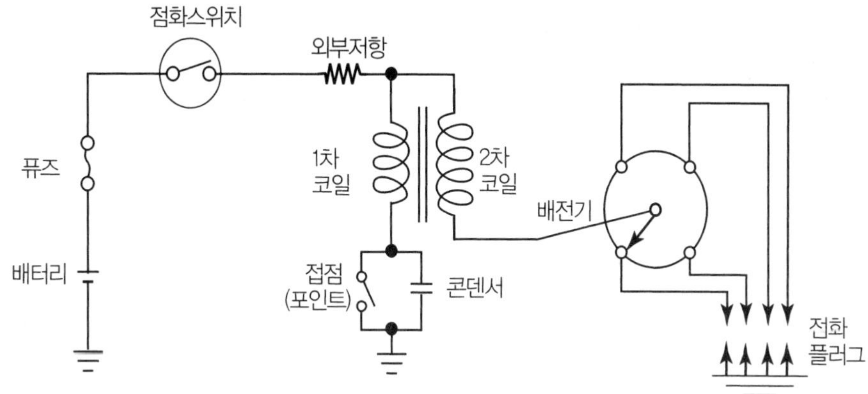

그림 11. 접점식 배전기방식의 작동도

[2] 전 트랜지스터식 점화장치

배전기식에서 사용되는 접점(point) 대신 점화 검출용의 픽업을 사용한 방식이다. 그림 12에 전 트랜지스터식의 기본적인 회로의 구성을 나타냈다.

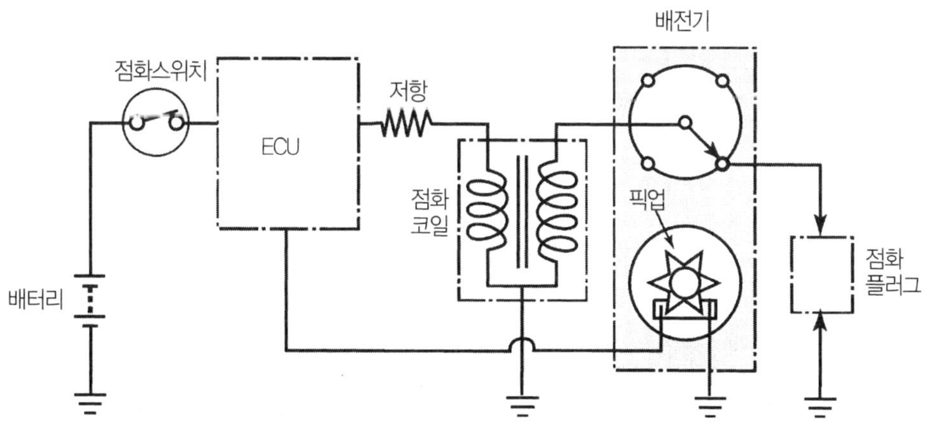

그림 12. 트랜지스터식 점화장치 회로도

그림은 픽업 코일방식의 사례이며, 이것은 배전기의 단속기접점 대신에 조합된 것으로 배전기가 회전하면TJ 실린더 수와 동일한 수의 돌기가 설치된 로터가 회전하여 점화신호의 펄스를 발생한다. 이 신호에 따라서 트랜지스터 유닛을 제어하며, 점화코일의 1차 전류를 단속하여 2차 코일에 고전압을 발생시킨다.

[3] 파워 트랜지스터식 점화장치

이 형식의 점화장치는 엔진의 회전수, 부하, 냉각수 온도 등을 검출하여 컴퓨터(ECU)에 입력하면 컴퓨터는 점화시기를 연산하여 점화코일의 1차전류 차단신호를 파워 트랜지스터로 보내면 점화코일이 작동하여 고압의 2차전류가 발생하게 된다. 이 방식은 종래의 배전기에 설치되었던 원심진각과 진공진각장치가 없으므로 진각은 컴퓨터의 연산에 의해서 이루어진다.

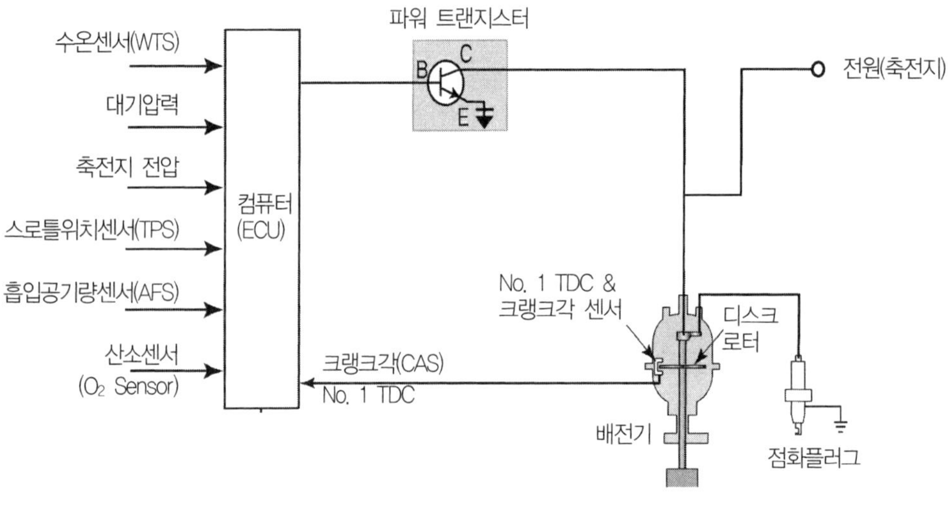

그림 13. 파워트랜지스터식 점화장치 작동도

Reference 파워트랜지스터 란

파워 트랜지스터는 엔진ECU로부터 제어신호를 받아 점화코일에 흐르는 1차 전류를 단속하는 역할을 한다. 구조는 엔진ECU에 의해 제어되는 베이스, 점화 1차 코일의 (-)단자와 연결되는 컬렉터, 그리고 접지되는 이미터로 구성된 NPN형을 사용한다.

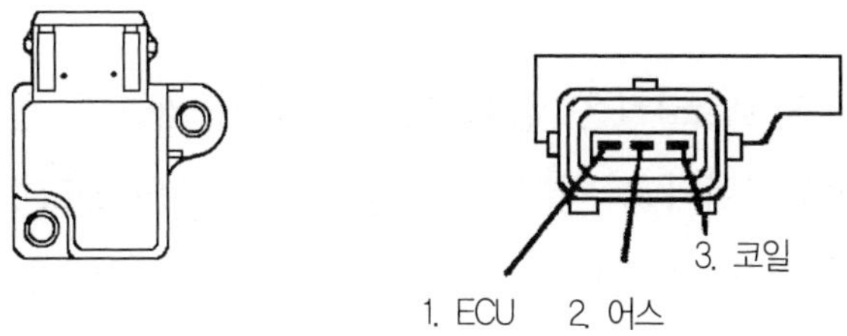

[4] DLI식 점화장치

DLI(Distributor Less Ignition System)형식을 무배전기 형식 또는 전자 배전식이라 한다. ECU에서 점화신호가 나오면 점화코일을 구동하는 파워TR은 ECU나 점화코일에 내장되어 있는 형식을 말한다.

그림 14회로에서 ECU내부의 점화신호(A11)은 3번 점화코일 내부의 파워 TR의 베이스 전원(3)을 통해 코일에 흐르는 1차 단자의 전류(1→2)를 차단하면 점화코일의 2차 코일은 1, 4번의 점화플러그가 점화된다. 이때 1번 실린더가 압축말 점화시기라면 4번 실린더는 배기말 과정으로 플러그의 점화는 실화가 되는 것이다. 나머지 점화 코일 2번과 3번은 동일한 과정을 거쳐 점화플러그 2,5번과 3,6번을 점화시키는 것이다.

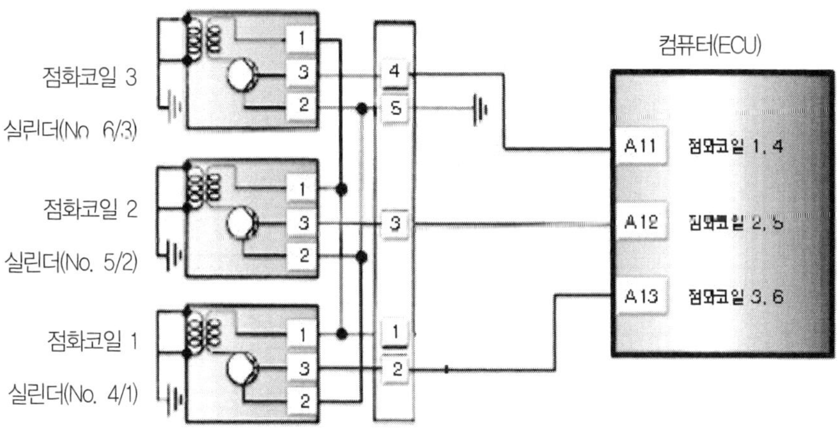

그림 14 DLI식 점화장치 작동도

Reference DLI점화장치의 특성

① 배전기가 없어 누전 및 로터와 캡 전극사이의 고전압 에너지 손실이 없다.
② 점화 진각 폭의 제한이 없다.
③ 고전압 출력을 감소시켜도 방전 유효에너지 감소가 없다.
④ 내구성이 크고, 전파방해가 없어 전자제어 장치에 유리하다.

[5] DIS식 점화장치

DIS(Direct Ignition System)식은 점화코일과 점화플러그가 실린더 수에 따라 직접 부착되므로 직접 배전식이라고 한다. DIS형식은 기존의 DLI형식보다 고압부분의 누설이 적고, ECU에서 해당 실린더별로 제어하므로 간접제어가 아닌 직접제어로서 코일회로의 입·출력에 대한 정보를 ECU가 정확히 행할 수 있으며, 코일의 피로를 줄여 사용기간 연장 및 사용시간에 따라 성능저하를 줄일 수 있다는 장점이 있다.

DIS형식도 DLI형식과 마찬가지로 1차 코일을 점검할 수 있는 것과 없는 것이 있으며, 점화 2차 기능으로 점검 또는 진단이 불가능하므로 오실로스코프를 이용하여 점화1차 또는 ECU신호와 전류를 이용하여 점검 및 진단하여야 한다.

그림 15의 회로에서 점화스위치(①)의 전원은 점화코일의 1차측에 전원을 공급하고 코일내부의 파워 TR은 ECU의 신호(⑤~⑩)에 의해 각각 작동하게 된다. 즉, ECU의 ①번 단자의 점화신호가 ⑤번 회로를 통해 1번 점화코일 내부의 TR을 구동하면 점화스위치의 전원은 파워 TR의 C(컬렉터)를 통해 E(이미터)의 (-)전원(②)으로 흘러 ①번 점화플러그는 점화하게 된다.

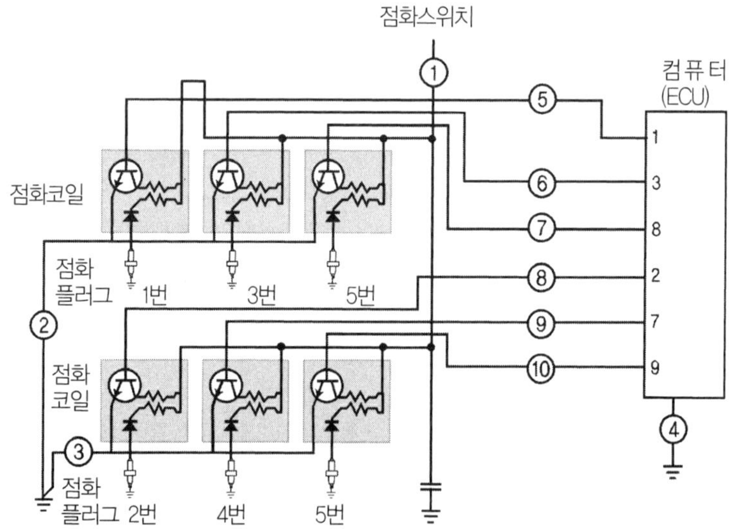

그림 15. DIS형식의 점화장치 회로(6기통)

2.3. 점화장치의 점검 · 정비

2.3.1. 점화코일의 점검

실제 차량에서 정비지침서를 참조하여 점화코일 단품을 탈거하고, 다음과 같이 점검한다.

① 1차 저항은 그림 6(b)와 같이 점검한다.

② 2차 저항은 그림 16(c)과 같이 점검한다.

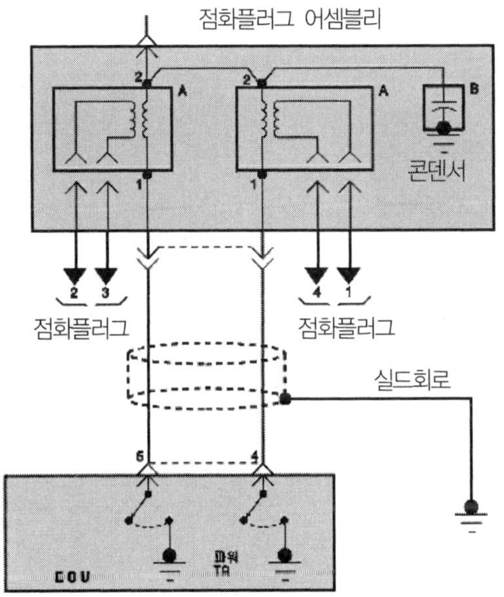

(a) 점화코일 점검 회로도

(b) 1차 저항측정

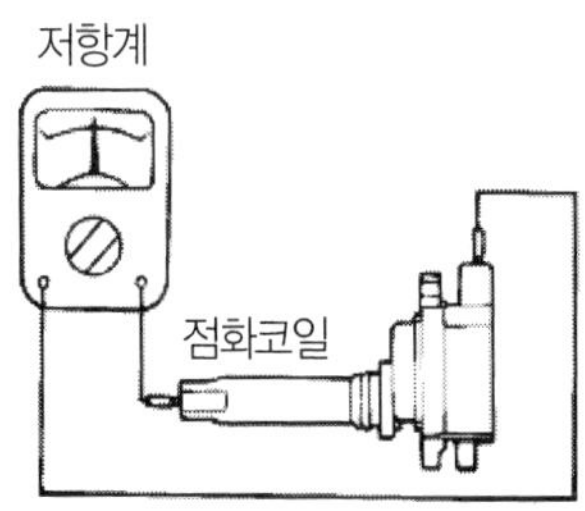

(c) 2차 저항측정

그림 16. 점화코일의 점검

2.3.2. 점화플러그의 불꽃점검

[1] 크랭킹을 이용한 불꽃점검

① 점검하는 동안 인젝터로 부터 연료가 분사되지 않도록 인젝터 퓨즈를 분리한다.

② 고압케이블을 점화플러그로부터 탈거하고, 고압케이블에 드라이버 등을 삽입하여 차체에 접지로 근접(5～10mm)시킨다.

③ 엔진을 크랭킹하여 스파크가 발생하는지 확인한다.

④ 점검 시 크랭킹 시간은 5～10초를 초과하지 않도록 하여야 한다.

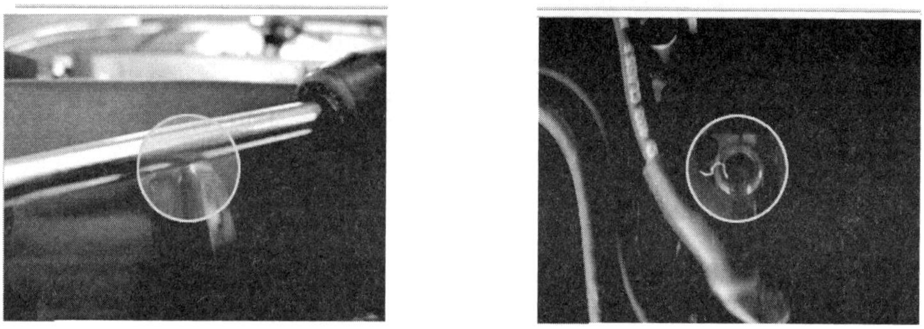

(a) 드라이버를 이용한 불꽃 (b) 스파크 불꽃

그림 17. 크랭킹를 이용한 불꽃 점검

[2] 진단스캐너(스캔툴)를 이용한 불꽃점검

① 진단스캐너를 자기진단 점검 단자에 연결하고 점화플러그를 탈거한다.

② 점화코일에 점화플러그를 장착한 후 점화플러그를 차체에 접지시킨다.

③ 액추에이터 검사에서 점화코일 코일 강제구동을 실시한다.

④ 점화코일을 강제구동하는 동안 스파크가 발생하는지 확인한다.

⑤ 스파크가 발생하면 점화시스템은 정상이나 발생하지 않는 경우 아래 항목을 점검한다.

⑥ 진단스캐너를 이용한 시험방법은 일부 차종에서는 적용되지 않을 수 있다.

(a) 진단스캐너의 연결 및 작동

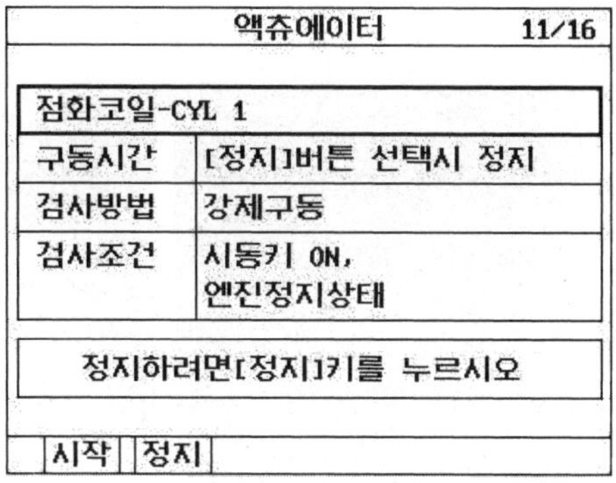

(b) 액추에이터 설정

그림 18. 진단스캐너를 이용한 불꽃 점검

Reference 스파크 불량시 예상되는 고장원인

① 점화코일 퓨즈 및 전원부 불량
② 점화코일 제어부 불량
③ ECU 불량
④ 크랭크각 센서 작동 불량

2.3.3. 점화 1·2차파형의 점검

점화 1·2차파형은 점화장치의 중요한 점검방법 중의 하나이다. 점화플러그가 엔진에 장착된 상태에서 점화시기, 고전압의 발생정도나 양호한 점화전압 등을 확인하기는 어렵기 때문이다. 일반적으로 점화파형은 1차와 2차 파형으로 확인할 수 있다.

[1] 점화 1차파형의 분석

점화 1차파형은 점화장치의 1차측에 생기는 전압변화를 나타낸다. 즉, 1차코일에 흐르는 전류가 차단되는 순간에 점화 1차코일에서는 자기유도작용(self induction)에 의하여 역기전력이 발생하고 이것이 점화 2차코일 측에서 고전압을 유도하게 되는 것이다. 따라서 점화 1차코일에서 발생하는 전압은 점화 2차측의 고전압 보다는 훨씬 작은 값을 나타낸다.

일반적으로 점화 1차측에서 발생하는 역기전력의 크기는 약 200~400V 정도이므로 오실로스코프를 이용해 점화 전압과 점화시간을 측정해 코일의 상태를 파악할 수 있다.

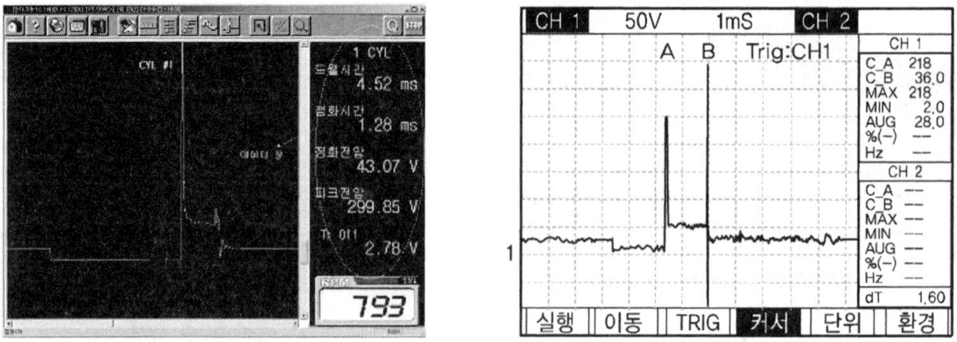

(a) 진단 스캐너의 1차 파형 (b) 1차 파형의 사례

그림 19. 진단스캐너를 이용한 점화 1차 파형과 사례

그림 19는 점화 1차파형의 사례를 나타낸 것이다. 그림에서 (A)부분은 점화 1차코일에서 전류의 흐름이 차단되는 위치이다. 이로 인하여 점화 1차코일에는 자기유도 작용(self induction)에 의하여 약 300V 정도의 역 기전력이 발생하고, 점화 2차코일측에 고전압을 유도하게 된다. 즉, (a~b)부분은 점화 1차코일에서 발생하는 자기유도 전압의 크기이며, 점화 1차코일의 인덕턴스와 점화 1차코일에서의 전류 변화율의 곱으로 나타낸다. (b~c)부분은 점화플러그에서 불꽃이 지속되는 구간 또는 점화플러그의 방전시간이다.

특정 실린더의 점화플러그 간극이 규정값 보다 큰 경우 즉, 저항이 큰 경우는 다른 실린더에 비해서 방전부분의 전압이 높고 시간은 짧다. 또한 오른쪽 윗부분으로 올라가는 형태의 파형을 나타낸다. 따라서 방전완료 후의 감쇠진동(d~e)부분이 길게 된다. (c~d)부분은 중간부분이라 하며, 점화 2차 파형에서와 같이 점화 1차 코일의 잔류 에너지가 진동 전류로써 방출되어 소실된다. 진동이 소멸하면 전압변화는 없어지고, 접점이 열려 있으므로 점화코일의 (-)단자에는 배터리 전압이 작용한다.

[2] 점화 2차파형의 형태와 분석

1차파형과 2차파형의 차이는 회로에 흐르는 전류와 전압의 레벨이 다르고 드웰구간의 형상이 약간 다를 뿐 나머지 구간은 거의 똑 같다. 점화 2차파형은 점화 2차 라인에 걸리는 전압곡선을 의미한다.

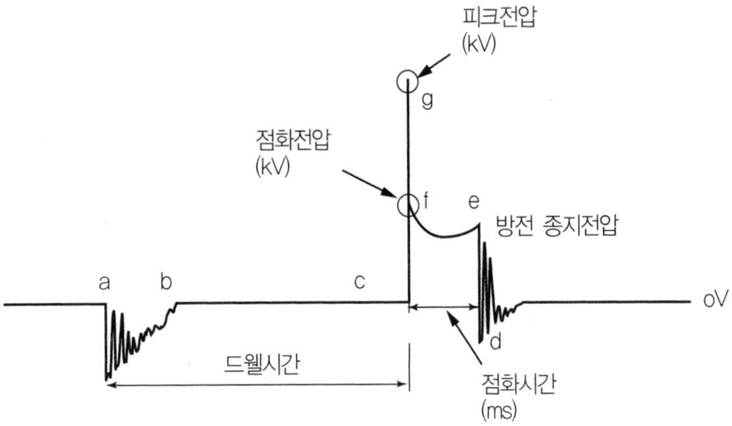

그림 20. 점화 2차 파형의 형태

점화 2차 파형에서 각 구간별로 특징적인 요소가 다음과 같다.

① a~c구간 : 점화 1차 회로에 전류가 흘러 1차에너지가 충전되는 구간이다.

② a~b구간 : 이 진동구간은 점화 1차회로에 전류가 흐르기 시작하여 자기유도에 의해 형성되는 점화 2차 코일의 진동구간이다.

③ g구간 : 피크전압이라 하며 1차코일의 자기유도가 끝나고 2차코일 상호유도가 진행되면서 나타나는 2차코일의 역기전력이다.

④ f구간 : 점화 전압이라 하며 플러그 전극사이를 띄어 넘어 점화가 시작할 때 걸리는 전압을 의미한다.

⑤ f~e구간 : 점화시간이라 하며 플러그 전극사이에서 불꽃방전이 지속되는 시간이다. 이 구간은 연소실에서 이루어지는 연소상태를 나타내기도 하다.

단원 종합 평가

01. 점화장치의 요구조건에 대하여 설명하시오.

02. 점화 발생원리에 대하여 기술하시오.

03. 점화플러그의 형식을 들고 특성에 대하여 기술하시오.

04. 점화코일의 형식에 따른 특성을 설명하시오.

05. 무배전기식 점화장치(DLI)에 대하여 설명하시오.

06. 2차 점화 스코프파형을 그리고 설명하시오,

07. 불꽃전압에 영향을 주는 요소에 대하여 쓰시오.

08. 엔진 회전수가 증가하면 점화 2차 전압이 저하되는 이유를 설명하시오.

09. 고압의 발생원리을 인덕턴스 효과에 의해 설명하시오.

CHAPTER 06

가스엔진 전자제어장치

※ NCS 적용코드 : 1506030209/11_14V2

내연기관에 사용하는 가스연료는 액화석유가스(LPG : Liquefied Petroleum Gas)와 압축천연가스(CNG : Compressed Natural Gas) 또는 액화 천연가스(LNG : Liquefied Natural Gas)가 주로 쓰이고 있다. LPG는 소형 자동차와 가정용, CNG는 대형버스용, LNG는 발전용 등에 주로 사용되고 있다. 가스 연료는 경제성과 친환경적인 측면에서 각광받고 있으며 향후 지속적인 기술개발과 보급이 이루어질 전망이다. 본 장에서는 가스연료와 제어장치를 이해하고, 연료장치의 고장진단과 정비에 대해 알아본다.

01. 가스엔진 전자제어장치의 개요

내연기관에 사용하는 가스연료는 액화 석유가스(LPG : Liquefied Petroleum Gas)와 천연가스(CNG와 LNG : Compressed & Liquefied Natural Gas)가 있다. 이중 LPG는 소형 승용 자동차용과 가정용 연료로 많이 사용하고 있으며, CNG와 LNG는 버스와 발전용 등의 대형 기관에 주로 사용하고 있다.

1.1. 액화석유가스의 특성

액화석유가스(LPG : Liquefied Petroleum Gas)는 원유 채굴 또는 제조시 나오는 탄화수소 가스를 비교적 낮은 압력(6~7kgf/cm^2)으로 가압하여 액화시킨 것으로 부탄과 프로판이 주성분이다.

순수한 LPG는 무색, 무취, 무미이나 누출 시 인지할 수 있도록 극소량의 냄새가 나는 물질(착취제 : 에틸머캅탄)을 첨가하여 독특한 냄새가 난다. 기체상태의 LPG는 공기에 비해 1.5~2.0배 무거우며, 액체 상태에서는 물보다 0.5배 정도 가볍다. 보통 LPG는 다음과 같은 특성을 갖고 있으며, 아래 표와 같이 1/230~1/260로 가압할 때 액화상태로 변하며 고압 용기인 봄베(bombe)에 저장되어 있다.

표 액화석유가스 특성

구 분	액화시 부피	액 화 방 법
부 탄 (butane)	1/230	대기압 상태에서 -0.5℃ 이하, 냉각 또는 상온에서 2kgf/cm^2 이상으로 가압
프로판 (propane)	1/260	대기압 상태에서 -42.1℃ 이하, 냉각 또는 상온에서 7kgf/cm^2 이상으로 가압

1.1.1. 청정 및 경제성

LPG는 화학적으로 순수한 탄화수소로 독성물질 및 불순물을 함유하지 않고 다른 연료에 비해 저렴한 청정 연료이다.

가스성분 중에 유성분이 아주 적게 함유되어 있고, 일산화탄소(CO)가 전혀 함유되어 있지 않으며 폐암과 호흡기질환의 원인이 되는 미세먼지(PM)를 전혀 배출하지 않으며 일산화탄소 배출량도 매우 적다. 또한 스모그를 일으키는 질소산화물(NOx)과 탄화수소(HC)의 배출량도 경유 및 휘발유 차량에 비해 월등히 낮아 대기환경 개선을 위한 대안으로 평가받고 있다. 또한 엔진의 수명과 엔진오일 교체 주기가 길어 경제적이다.

1.1.2. 연소특성

LPG는 옥탄가가 비교적 높아 노크가 잘 일어나지 않고, 공기와의 혼합상태가 양호하며 연소시 카본과 일산화탄소 함유량이 적어 대기 오염도가 낮다. 하지만 LPG는 휘발유에 비해 폭발성이 낮아 에너지 효율도 낮아지기 때문에 휘발유에 비해 출력과 연비가 떨어지는 단점을 가지고 있다.

1.1.3. 온도에 따른 부탄과 프로판의 비율

LPG 충전소에서는 정유사로부터 부탄과 프로판을 구입하여 계절에 따른 비율로 혼합하여 판매하고 있다. LPG는 혼합비율에 따라 1~3호로 구분되는데 1호(프로판 90%)는 가정용과 상업용으로 사용되며, 3호(부탄 80%)는 주로 산업용에 사용된다.

자동차에는 부탄이 주성분인 2호가 사용된다. 2호는 계절별 프로판과 부탄의 혼합비율은 법으로 규정하고 있다. 즉, 여름철에는 프로판 비율을 10% 이하로 하고, 겨울철에는 프로판 비율을 30%까지 혼합할 수 있도록 허용하고 있다. 이는 비점이 -0.5℃인 부탄의 경우 겨울철에는 기화가 잘되지 않기 때문에 이를 돕고자 비점이 -42.5℃로 겨울철에도 기화가 잘되는 프로판을 혼합하여 LPG자동차의 시동성을 향상시키기 위해서이다. 프로판은 부탄보다 발열량이 2배 낮기 때문에 프로판 비율이 증가하면 연비와 출력이 저하된다.

표 부탄과 프로판의 특성비교

구 분	부탄	프로판
발열량	24,000kcal/kg	12,000kcal/kg
비 점	-0.5℃	-42℃
증기압	0.6kgf/cm^2	1.8kgf/cm^2

따라서 LPG 차량은 프로판을 사용하는 겨울철에 연비가 낮아진다. 우리나라에서는 프로판의 혼합 비율을 아래 표와 같이 법으로 규제하고 있다.

표 부탄과 프로판의 혼합비율

	1월	2월	3월	4월	5월	6월	7월	8월	9월	10월	11월	12월
부탄	70	70	100	100	100	100	100	100	100	100	100	70
프로판	30	30	0	0	0	0	0	0	0	0	0	30

(a) 프로판 (b) 부탄

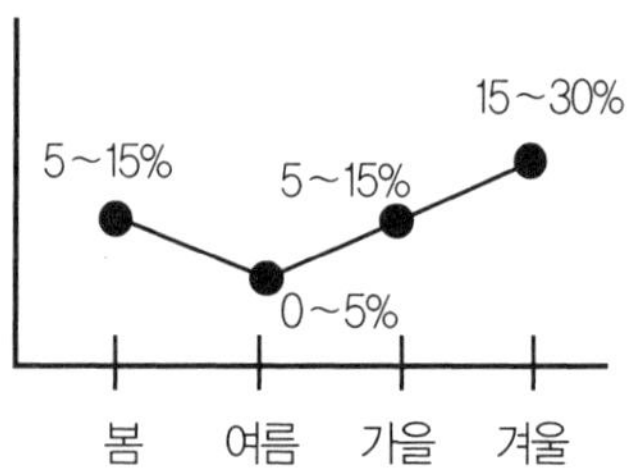

(c) 계절별 프로판 비율

그림 1. 자동차용 LPG의 부탄과 프로판 혼합 비율

1.2. 천연가스의 특성

천연가스는 1970년대 이후 두 차례의 석유파동을 거치면서 에너지 절약수단으로 보급되기 시작하였다. 1990년대에 들어서는 자동차로 인한 대기오염과 대형 경유차의 매연과 배출가스를 근본적으로 해결하기 위한 수단으로 보급되고 있다. 천연가스는 대부분은 지하에 묻혀 있던 유기물이 고압과 지열의 영향을 받아 장기간에 걸친 분해 작용에 의해서 생성된 것으로 해저나 유전지대 등 지하 심층지대에서 채취된다.

천연가스는 인공적인 제조과정을 거치는 액화석유가스와는 달리 천연적으로 채취한 상태에서 바로 사용할 수 있는 화석 연료로써 메탄(CH_4)이 주성분이다. 천연가스는 액화과정에서 미세먼지, 황 등 불순물이 제거된 청정연로로써 연소 시 대기오염 물질의 발생율이 낮아 자동차 배출가스 저감 및 지구온난화 방지를 위한 효과적인 연료로 평가받고 있다.

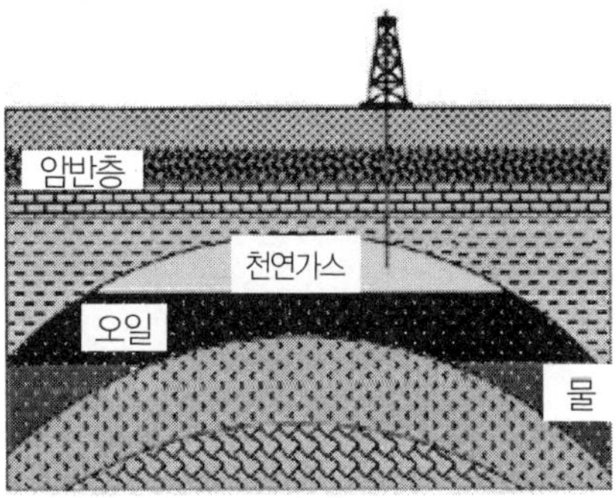

그림 2. 천연가스의 채취

1.2.1. 청정성

천연가스는 경유에 비해 매연이 거의 없고, 질소산화물(NOx) 등의 오염물질 배출이 1/3 수준이다. CO_2 배출량도 기존 경유 차량보다 약 20% 이상 낮아 지구온난화 방지에도 기여할 수 있으며 기후변화협약에 따른 규제대응에 용이하다.

1.2.2. 경제 및 안정성

천연가스는 휘발유나 경유 등 다른 에너지에 비해 연소효율 및 열효율이 높고 가격이 저렴하다. 또한 비중이 0.6 정도로 공기보다 가벼워 누출될 경우에도 대기 중으로 빠르게 확산되므로 폭발위험이 적고, 휘발유, LPG보다 자연발화 온도가 높아 화재위험이 적다.

1.2.3. 매장량

천연가스는 세계각지에 넓게 분포되어 있으며, 현재 원유를 생산할 수 있는 매장량을 소비량으로 나눈 연수가 42년 정도인 반면, 천연가스의 경우 약 65년으로 알려져 있다.

1.2.4. 에너지 밀도

에너지 밀도 측면에서 보면 천연가스를 200기압으로 가압하여 사용할 경우 석유와 동일한 에너지를 갖기 위해서는 약 5배의 용적이 필요하며, 액화시켜 LNG상태로 저장하면 약 1.5배 정도의 용적이 필요하다.

1.2.5. 연소특성

천연가스는 옥탄가가 120 정도로 높기 때문에 가솔린엔진보다 압축비를 높이고도 엔진의 노킹없이 운전이 가능하며, 열효율과 출력향상을 도모할 수 있다. 또한 연소한계(가연) 범위가 넓어서 희박연소의 위험성이 적으며 연비향상과 NOx 저감에도 효과적이다. 또한 화염 전파속도가 느리고, 자기착화 온도가 높기 때문에 점화플러그를 사용하는 가솔린의 대체 엔진으로 적합하다.

1.3. 액화석유가스와 천연가스의 비교

액화석유가스는 주로 석유를 정제하는 과정에서 발생하는 가스이고, 압축 천연가스는 자연적으로 매장된 기체상태의 가스이다. 아래 표는 두 가스의 특성을 비교한 것이다.

표 액화석유가스와 천연가스의 특성 비교

구 분	액화석유가스(LPG)	천연가스(CNG, LNG)
주 성분	부탄, 프로판	메탄(CH4)
연료 상태	불안정(기체-액체)	항상 안정적
비중	1.5	0.6
열효율	낮음	높음

구 분	액화석유가스(LPG)	천연가스(CNG, LNG)
액화 상태	쉽다(부탄 : -4℃, 프로판 : -23℃)	어렵다(-162℃)
연소범위	넓다	좁다
이산화탄소	많음	적음
인체 유해성	흡입량 과다 시 마취 성	무해 함
적용 엔진	소형 엔진 적용	모든 엔진 적용

02. 액화석유가스(LPG · LPI) 전자제어장치

NCS 활용

□NCS연계 : LPG/LPI 전자제어장치 정비(1506030209_14v2)
LPG · LPI 전자제어장치 센서의 엔진 컨트롤 모듈을 진단장비의 서비스데이터 및 관련 측정장비로 점검 · 진단, 조정, 교환, 수리 및 검사하는 능력을 기른다.

2.1. 액화석유가스 전자제어장치의 개요

LPG(Liquefied Petroleum Gas)자동차는 연료장치를 제외하고 가솔린엔진의 구조와 세어 형태가 기본적으로 유사하다. 봄베(bombe) 내의 증기압을 이용하여 필요에 따라 기체 또는 액체상태의 연료를 엔진에 공급한다.

초기의 LPG엔진은 시동성 향상을 위해 냉간 시동 시에는 기체연료를 공급하고, 냉각수 온도 25℃ 이상 시에는 액체 연료를 공급하는 액 · 기상 솔레노이드밸브와 봄베로부터 압송된 액상의 연료를 감압하여 기체상태로 변환하는 기화기라 불리는 베이퍼라이저(vaporizer), 그리고 혼합기 유량을 조절하여 연소실로 공급하는 믹서(mixer)를 설치하였다. 하지만 최근에는 효율성을 높이기 위해 액상의 연료를 흡기다기관에 분사하는 LPI(Liquid Petroleum Injection)방식을 사용하고 있다.

LPI엔진은 봄베(bombe)의 증기압력을 이용하여 연료를 압송하는 LPG엔진과 달리 봄베 내에 설치된 연료펌프에 의해 액상의 연료를 5~15bar로 가압하여 인젝터를 통하여 분사하는 방식이다.

2.2. 액화석유가스 엔진의 종류

액화석유가스(LPG : Liquefied Petroleum Gas)엔진은 일반 가솔린과 동일한 불꽃 점화(spark ignition)방식이다. 액화석유가스 엔진은 흡기다기관에서 믹서를 통해 공기와 가스를 혼합하여 흡입하는 믹서방식(mixer type), 피드백 믹서방식(feed-back mixer type) 그리고 인젝터를 통해 가스를 분사하는 LPI(Liquefied Petroleum Injection)방식으로 대별된다.

2.2.1. 믹서방식(mixer type)

믹서방식은 액화석유가스 엔진의 초기방식으로 액체가스를 기화시키는 베이퍼라이저(vaporizer)와 공기와 혼합하는 벤투리(venturi)를 가진 믹서를 통해 공기량에 비례하여 벤투리부의 압력변화에 따라 연료를 공급하는 방식이다. 초기 가솔린엔진의 기화기와 동일한 방식으로 최근의 자동차에는 적용하지 않는다.

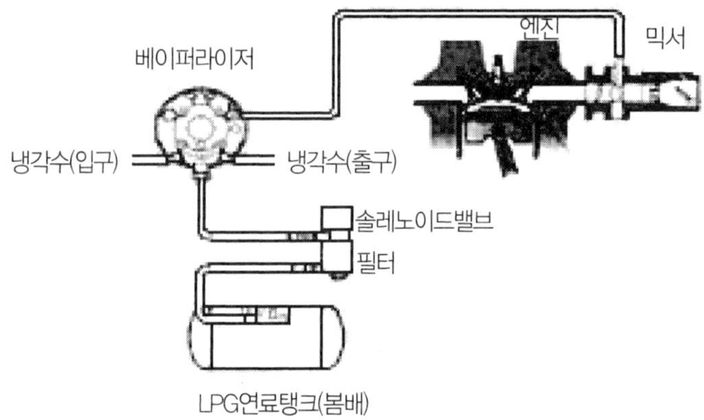

그림 3. 믹서방식의 구성부품

2.2.2. 피드백 믹서(FBM : Feed Back Mixer)방식

피드백 믹서방식 기존의 믹서방식에 촉매컨버터와 산소센서 등의 제어용 센서와 액추에이터를 추가로 설치하여 ECU가 제어하는 방식이다. 이 방식은 믹서에 설치된 솔레노이드밸브를 ECU가 제어하므로 피드백 제어방식(feed back)이라고 한다.

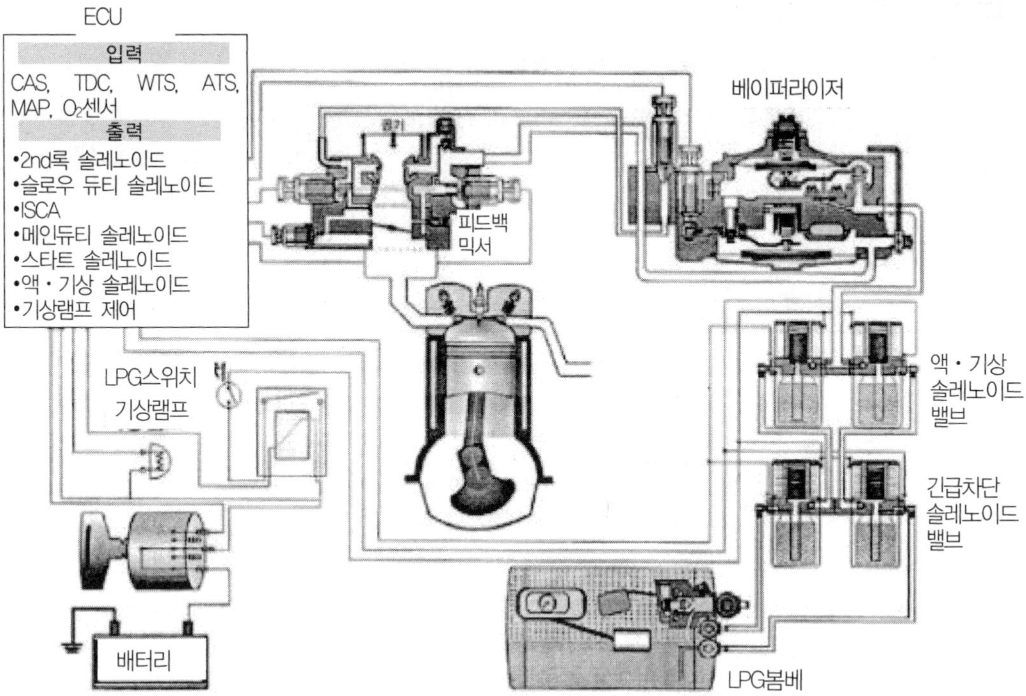

그림 4. 피드백믹서 방식(FBM)

2.2.3. 분사방식

분사(LPI : Liquified Petroleum Injection)방식은 인젝터를 이용하여 연소실에 직접분사하여 엔진성능의 향상과 배기가스의 저감에 가장 효과적인 방식이다.

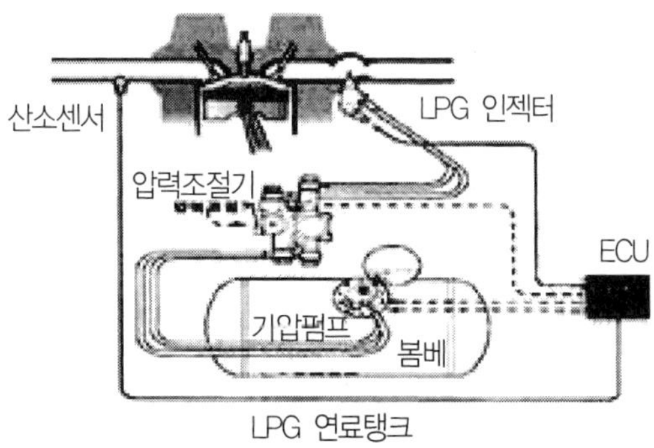

그림 5. 직접분사 방식(LPI)

표 액화석유가스기관 방식별 비교표

방 식	제어 방법	특 성
믹서방식 (mixer type)	기계식 믹서제어(mixer + open loop control)	- 공기와 가스의 혼합방식 - 배기가스 대응곤란 - 정비성이 용이함
피드백믹서방식 (FBM type)	피드백 믹서제어(feedback mixer + closed loop control system)	
직접분사방식 (LPDI type)	직접분사 피드백제어(liquefied petroleum direct injection+closed loop control system)	- 연소실 분사로 효율향상 - 가압시켜 액화 분사 - 배기가스 저감에 효과적

2.2.4. LPG · LPI 연료장치의 비교

[1] LPG 연료장치

봄베에 충전된 LPG연료 자체의 증기압력에 의해 연료가 베이퍼라이저로 송출하고 베이퍼라이저에서 기화된 기체상태의 연료는 믹서를 통해 연소실로 유입된다.

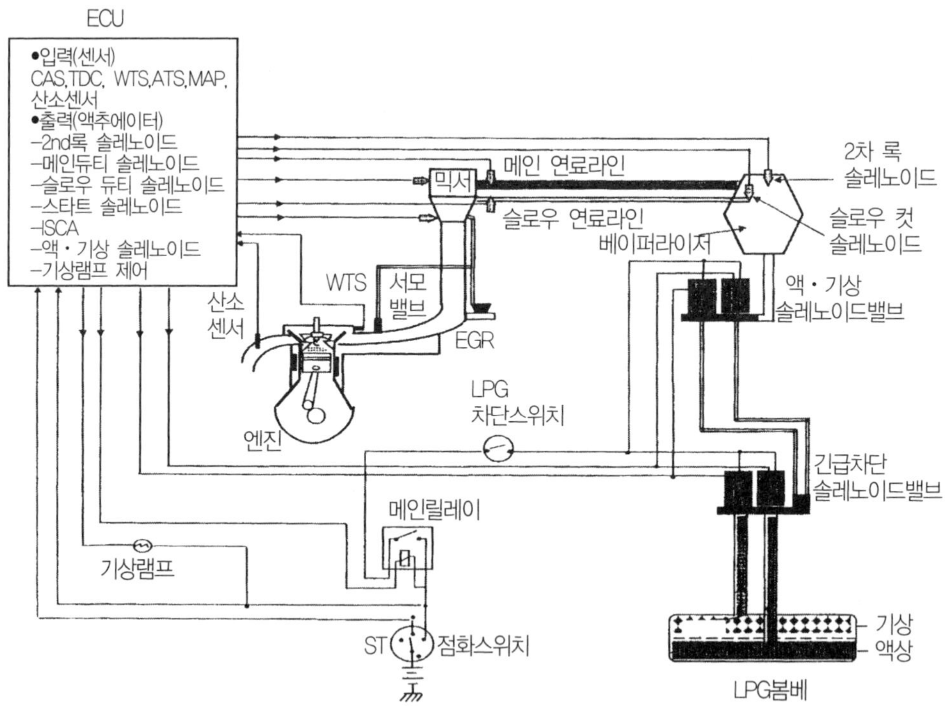

그림 6. LPG 연료장치의 구성부품

[2] LPI 연료장치

봄베 내부에 설치된 연료펌프가 액체상태의 연료를 엔진으로 압송시키고, 엔진컴퓨터(ECU)는 인젝터를 제어하여 흡기다기관의 흡입밸브 직전에 액상 연료를 분사한다. LPG와 LPI 연료장치의 특성은 다음과 같다.

표 LPG와 LPI엔진의 특성

LPG엔진	LPI엔진
- 냉시동성 나쁨(부탄/프로판 비율로 해결) - 타르 생성에 따른 베이프라이저 및 믹서, 각종 밸브류의 고장 발생 - 정밀한 공연비(A/F)제어 불가로 배기가스 제어 불리 및 역화(back-fire) 발생	- 직분사로 냉 시동시 시동문제 개선 - 연비향상 및 배출가스 저감 - 액상분사로 타르 생성 및 역화가 없다. - 가솔린엔진과 동등수준의 뛰어난 동력성능

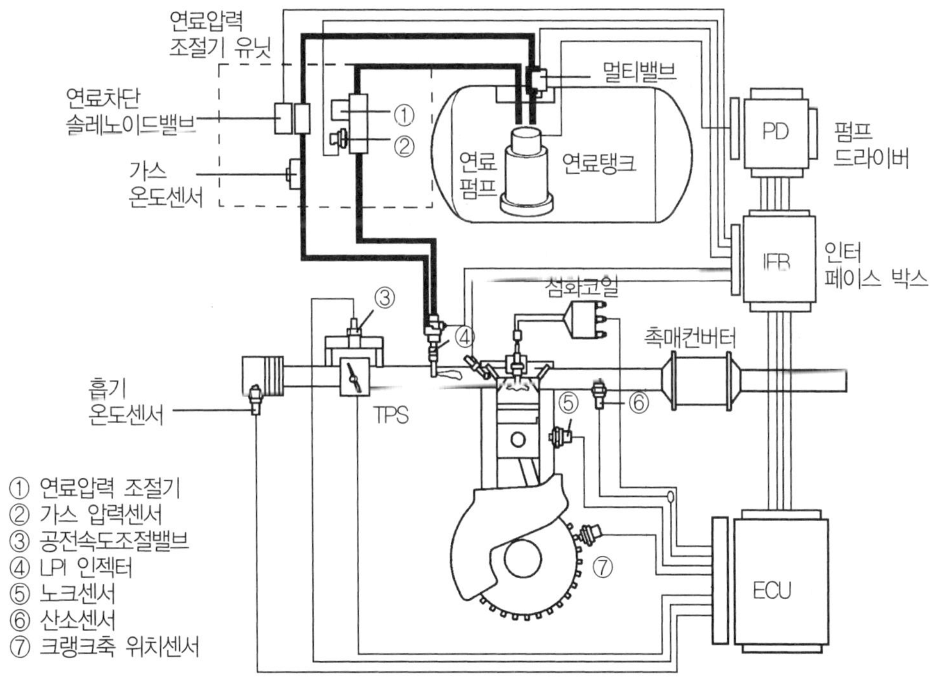

그림 7. LPI연료장치의 구성부품

2.3. 피드백믹서 방식 연료장치

2.3.1. 피드백믹서 방식 연료장치의 구성

피드백믹서(FBM : Feed Back Mixer) 방식의 연료장치는 봄베에 저장된 액화상태의 연료가 필터를 거쳐 베이퍼라이저에서 감압 및 기화된다. 기화된 가스는 피드백믹서에서 ECU의 제어에 따라 공기와 가스가 적절하게 혼합되어 흡기관을 통해 연소실로 유입된다.

연료장치에는 가스 특성상 과충전 및 과류방지밸브, 긴급차단밸브 등 여러 가지 안전밸브가 설치되어 있다. 봄베에 저장된 액체상태의 연료가 긴급 차단밸브와 액・기상 및 컷오프밸브를 거쳐 베이퍼라이저에서 기화된 가스가 피드백믹서를 통해 연소실로 유입된다.

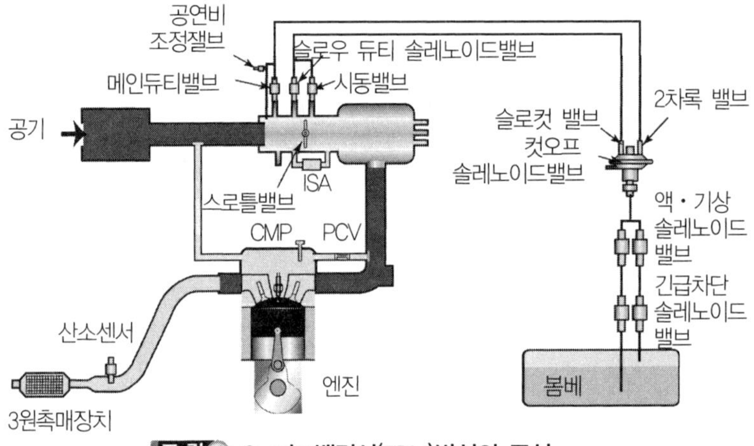

그림 8. 피드백믹서(FBM)방식의 구성

2.3.2. 피드백믹서 방식의 구성부품

[1] 봄베(bombe)

봄베는 액화가스의 보관을 위한 고압용기로 긴급차단밸브, 충전밸브(녹색), 기상 송출밸브(황색), 액상 송출밸브(적색)로 구성된다. 충전밸브에는 액상인 연료가 봄베 내에서 85% 이상 충전이 되지 않도록 하는 과충전 방지밸브와 높은 압력이 발생해 봄베의 파손을 방지하기 위한 안전밸브가 설치되어 있다.

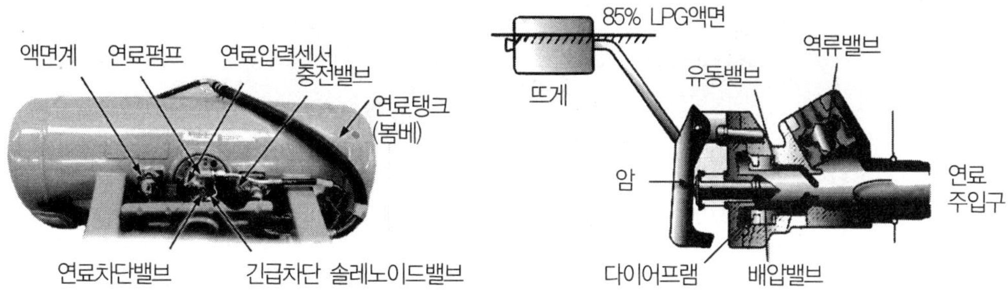

(a) 봄베의 구성부품　　(b) 충전밸브의 구조

그림 9. LPG봄베의 구성부품과 충전밸브의 구조

Reference LPG 충전시 주의사항

LPG는 온도변화에 따라 비중과 부피가 크게 변하기 때문에 LPG 충전은 봄베 체적의 85%를 넘지 못하게 되어 있다. 예를 들어 15℃ 액상 LPG 1ℓ가 50℃가 되면 약 1.15ℓ로 팽창하게 된다. 따라서 LPG충전시 봄베체적의 85%를 넘는 경우는 위험할 수 있으므로 충전밸브가 충전을 차단하도록 제어 한다.

[2] 긴급차단밸브 및 액·기상 솔레노이드밸브

긴급차단밸브와 액·기상 솔레노이드밸브는 동일한 구조로 되어 있다. 긴급차단 솔레노이드밸브는 봄베측에 장착되고, 엔진의 시동이나 LPG 연료차단 스위치를 끌 때 연료를 공급하거나 차단하는 역할을 한다.

액·기상 솔레노이드밸브는 엔진룸에 장착되며 베이퍼라이저로 공급되는 가스를 냉각수의 온도에 따라 액체나 기체로 전환시키는 밸브이다. 일반적으로 냉각수의 온도가 낮아 베이퍼라이저에서의 기화성이 떨어지면 기체상태의 기상 솔레노이드밸브를, 냉각수가 정상온도(워밍업)이면 액체상태의 액상 솔레노이드밸브를 구동시켜 엔진의 시동성과 주행성을 향상시킨다. 일반적으로 액·기상 솔레노이드밸브는 병렬로 연결되어 ECU가 제어하도록 되어있다.

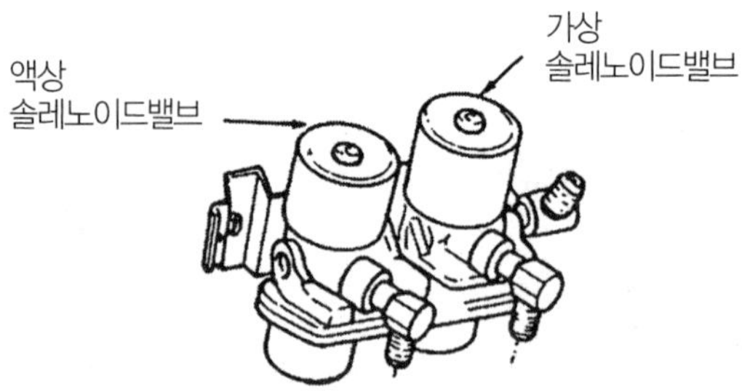

(a) 액·기상 솔레노이드밸브의 구성

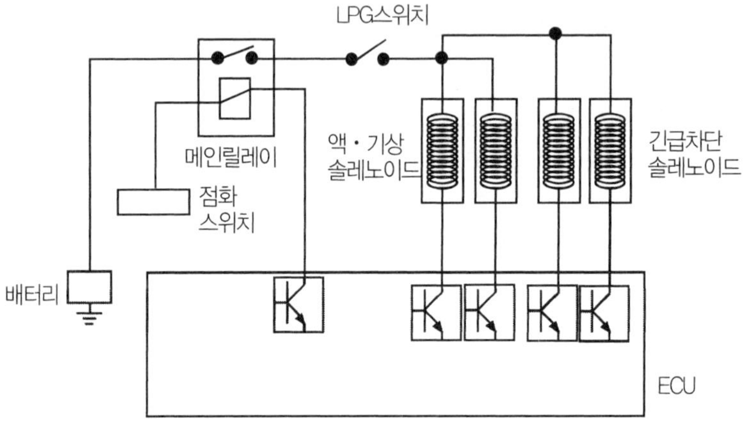

(b) 긴급차단 및 액·기상 솔레노이드 구성회로

그림 10. 긴급차단 및 액·기상 솔레노이드밸브의 구성회로

[3] 베이퍼라이저(vaporizer)

베이퍼라이저는 고압의 액상연료를 대기압의 기체상태로 변화시켜주는 기화장치로 액상의 연료를 기화함과 동시에 감압하는 1차실과 감압된 연료를 다시 대기압으로 감압하는 2차실로 구성된다. 베이퍼라이저 1차실에는 연료가 감압 및 기화되는 과정에서 발생하는 아이싱(icing)현상을 방지하기 위해 온수실과 파손 시 2차 밸브를 닫아 연료의 누출을 막는 2차 록 솔레노이드밸브가 있다.

공회전 조정나사(IAS : Idle Adjust Screw)는 2차실 다이어프램스프링의 장력을 조정하여 공회전상태에서 1차실의 압력을 $0.3kgf/cm^2$로 조압하기 위한 조정나사이다. 베이퍼라이저 2차실은 1차실에서 들어온 연료를 대기압상태로 감압한 후 믹서로 보내고, 2차록 솔레노이드밸브가 설치되어 엔진정지시 2차밸브를 닫아 연료를 차단한다.

(a) 베이퍼라이저의 구성부품

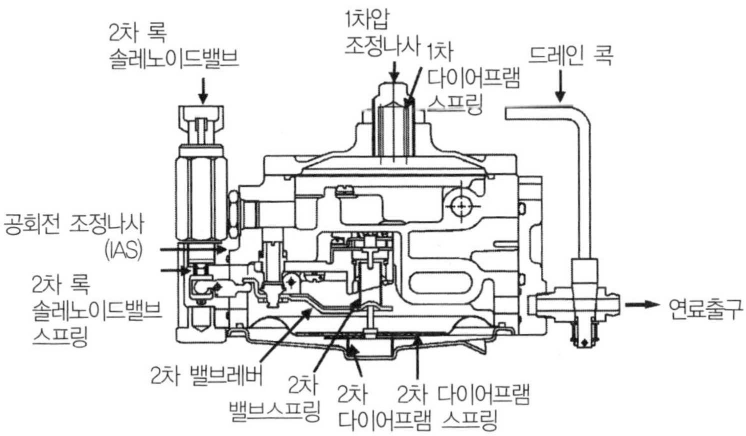

(b) 베이퍼라이저의 내부구조

그림 11. 베이퍼라이저의 구성부품과 내부구조

[4] 피드백믹서(FBM : Feed-Back Mixer)

베이퍼라이저에서 공급된 가스연료를 ECU의 제어에 의해 최적의 혼합기를 피드백 솔레노이드밸브를 통해 연소실에 공급한다. 메인듀티 솔레노이드밸브(MDSV : Main Duty Solenoid Valve)는 믹서의 주 연료라인에 설치되어 ECU의 듀티제어(duty control)를 받아 연소실에 유입하는 가스연료를 제어한다.

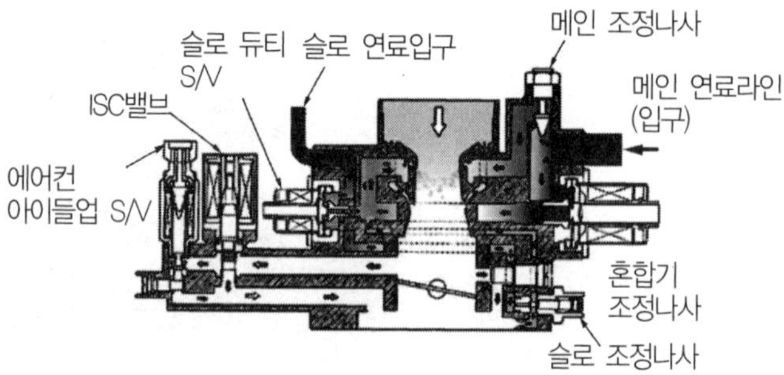

(a) 피드백믹서의 외관 (b) 피드백믹서의 내부구조

그림 12. 피드백믹서의 외관과 내부구조

또한 슬로 듀티 솔레노이드밸브(SDSV : Slow Duty Solenoid Valve)는 베이퍼라이저의 1차실로부터 연료를 공급받으며, 엔진에 각종 부하가 걸리거나 시동시에 부족한 가스를 믹서에 공급하여 최적의 공연비가 될 수 있도록 보조통로를 통하여 듀티 제어한다. 믹서에서 기본적인 공급 가스는 주 조정나사(MAS : Main Adjust Screw)를 통해 조정이 가능하다.

2.4. 베이퍼라이저의 점검 · 정비

2.4.1. 베이퍼라이저의 타르 제거방법

① 엔진을 충분히 워밍-업시킨다.

② 연료차단 버튼 또는 스위치를 이용하여 연료를 차단하고, 엔진이 정지할 때까지 기다린다.

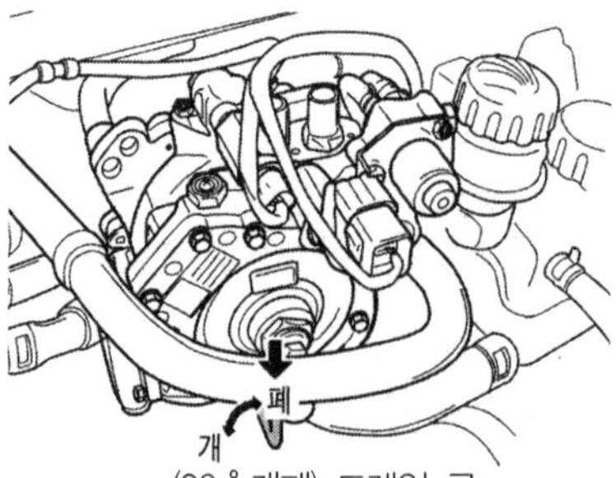

그림 13. 베이퍼라이저의 타르제거

③ 타르배출 드레인콕을 90° 회전시켜 타르(tar)를 외부로 배출시킨다.

④ 배출되는 타르의 양은 계절과 가스에 따라 다르다.

⑤ 약 5분 후 드레인콕의 레버를 90° 원위치 시킨다.

2.4.2. 베이퍼라이저의 1차실 압력점검 및 조정

① LPG 차단버튼 또는 스위치를 OFF하고, 엔진이 정지할 때까지 공회전상태를 유지하여 연료라인의 연료를 연소시킨다.

② 1차실 압력점검 나사를 풀고 연료압력계를 설치한다.

③ LPG 버튼 또는 스위치를 켜고 엔진을 시동한다.

④ 압력계 상의 측정값이 해당차량의 규정 값과 일치하는지를 확인한다.

⑤ 규정과 일치하지 않을 경우 1차실 조정나사를 회전시켜 조정한다.

⑥ 1차실의 압력은 조정나사를 시계방향으로 조이면 높아지고, 풀면 낮아진다.

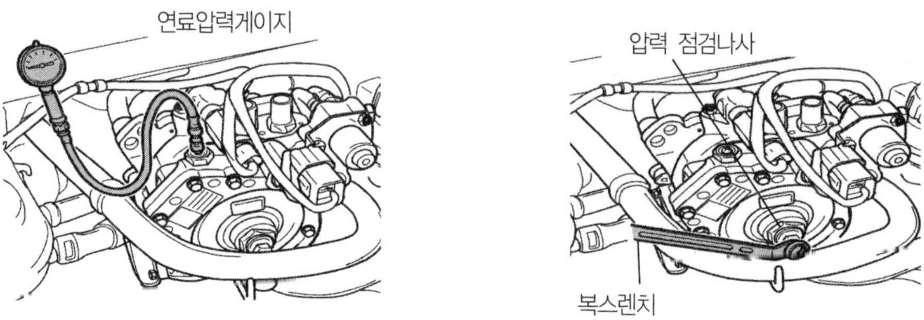

(a) 1차실의 연료압력계 설치 (b) 1차실 압력조정

그림 14. 베이퍼라이저 1차실의 압력섬검 및 조정

2. 5. LPI엔진 연료장치

LPI(Liquid Petroleum Injection) 엔진은 봄베(bombe)의 증기압력을 이용하여 연료를 압송하는 LPG엔진과 달리 봄베 내에 설치된 연료펌프에 의해 가솔린처럼 액상의 연료를 가압(5~15bar)하여 인젝터를 통하여 분사하는 장치이다.

LPI방식은 각종 입력센서로부터 받은 정보를 바탕으로 인젝터를 통해 독립적으로 연소실에 연료를 직접 분사한다.

LPI엔진은 기존 FBM(Feed Back Mixer)엔진에서의 성능저하, 연비저하, 저온 시동성 불량, 역화 및 타르발생 등의 문제점과 배기가스 규제에 한계성 극복이라는 시대적 요구에 부흥하기 위해 적용 되었다.

Reference LPI방식의 액상 유지 원리

LPI는 봄베내에 설치된 전기식 연료펌프에 의해 액화상태의 LPG를 가압하여 인젝터를 통해 고압분사하는 방식으로 엔진 작동 중 연료라인 내 기체발생을 억제하는 것이 매우 중요한 기술이다. 이는 액상의 LPG연료가 기체화 되면 체적이 250배 증가하므로 연료라인 내에 기체가 발생시 연료부족에 의한 여러 가지 문제가 발생할 수 있기 때문이다.

LPI시스템은 연료라인 내의 LPG를 항상 액상상태로 유지하기 위해 기체상태의 LPG를 냉각 또는 가압하면 액화되고, 가열 또는 감압하면 기화되는 특성을 이용한다. 즉 연료펌프에 의해 고압으로 액상 연료를 압송하고, 연료압력 레귤레이터를 이용하여 연료라인 내의 연료압력을 항상 봄베의 압력보다 5bar 높게 유지함으로서 가압에 의한 액상상태를 유지한다.

통상적으로 LPG방식의 상온에서 봄베압력은 2~3bar 정도 LPI시스템은 연료라인의 압력을 이보다 높은 7~8bar 정도로 유지된다.

(사례) 봄베압 3bar인 경우 + 조정압 5bar= 연료 라인압력(8bar)
봄베압 6bar인 경우 + 조정압 5bar= 연료 라인압력(11bar)

2.5.1. LPI 연료분사장치의 작동원리

LPI 연료분사방식은 봄베의 연료를 가압하여 액상상태의 연료를 인젝터를 통해 분사하는 방식으로 가솔린엔진과 유사한 구조로 구성되어 있다. 연료펌프가 구동되면 액상의 연료를 고압으로 압송한다. 압송된 연료는 봄베 측의 연료 차단 및 제어밸브를 거쳐 레귤레이터 유닛의 연료차단 솔레노이드밸브로 공급된다. 이 밸브는 병렬로 연결되어 있고 시동 중에는 항상 ON된다.

연료 차단밸브를 거친 고압의 액상연료는 연료온도센서를 거쳐 인젝터에 공급 분사된다. 인젝터에서 분사하고 남은 연료는 연료압력센서와 압력조절밸브를 거쳐 봄베로 리턴된다. 압력조절 밸브는 라인내의 압력을 봄베압보다 항상 5bar 정도 높게 제어한다. 따라서 고압라인의 압력은 항상(봄베압력 + 5bar)가 되는 것이다.

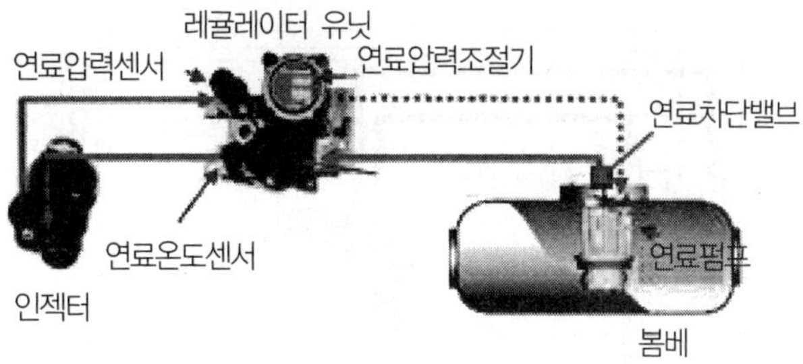

(a) LPI 연료분사장치의 구성부품

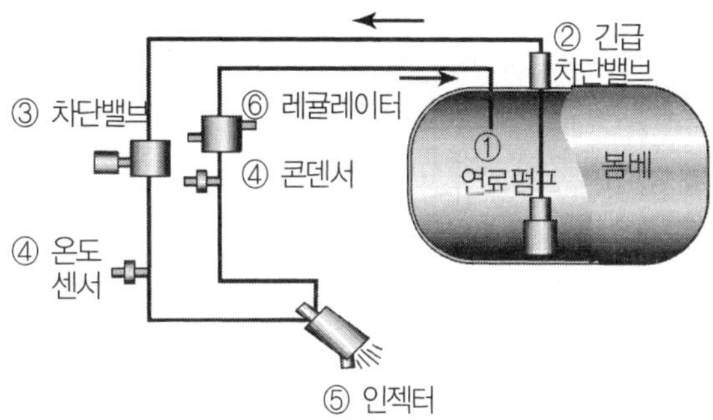

① 연료펌프 ➜ ② 긴급 차단밸브 ➜ ③ 연료 차단밸브 ON(동시 작동) ➜ ④ 콘덴서(연료온도 감지) ➜ ⑤ 인젝터 분사 ➜ ⑥ 레귤레이터(연료압력 조절, 봄베압력 +5bar) ➜ ⑦ 연료리턴

(b) LPI연료 흐름도

그림 15. LPI 연료장치의 구성부품과 연료 흐름도

2.5.2. LPI연료장치의 구성

LPI연료장치는 각종 센서로부터의 입력신호를 기반으로 엔진을 제어하는 ECU (Electronic Control Unit), 연료장치를 제어하는 IFB(Interface Box), 그리고 연료 압력과 펌프의 회전을 다단으로 제어하는 연료펌프 구동드라이버(FPD : Fuel Pump Driver)로 구성된다.

또한 연료장치에는 연료탱크(bombe), 연료펌프와 드라이버모듈(driver module), 레귤레이터유닛(regulator unit), 흡기다기관유닛(intake manifold unit) 등으로 구성된다.

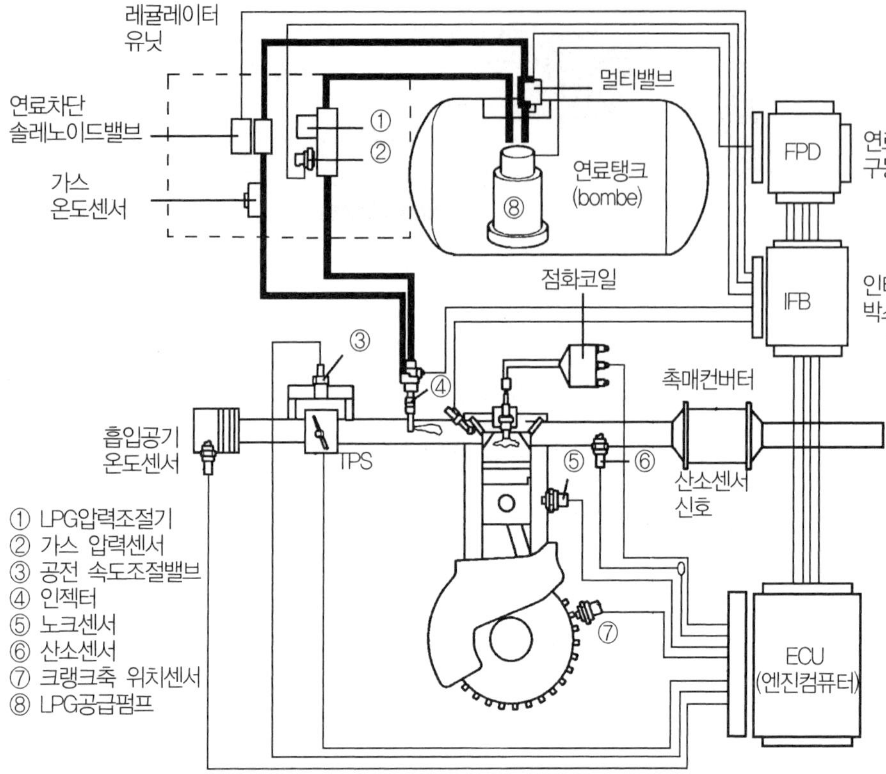

그림 16. LPI 연료분사방식 구성도

[1] 연료펌프 모듈(fuel pump module)

연료펌프 모듈은 봄베에 설치되며, 액화석유가스를 액상상태로 인젝터로 압송하는 역할을 한다. 연료펌프모듈은 연료공급펌프와 모터로 구성된 연료펌프유닛과 연료차단 솔레노이드밸브, 수동밸브, 릴리프밸브 및 과류방지밸브 등으로 구성된 멀티밸브 유닛으로 구성된다.

[2] 연료펌프 유닛(fuel pump unit)

모터와 연료펌프로 구성되어있고, 엔진에서 요구되는 연료량에 따라 IFB(Inter-Face Box)의 신호를 받아 연료펌프 구동드라이버에 의해 모터의 회전수를 다단으로 제어한다.

[3] 멀티밸브유닛(multi -valve unit)

멀티밸브유닛은 과류방지, 매뉴얼, 연료차단, 릴리프, 리턴밸브 등으로 구성된다. 과류방지밸브(over - flow control valve)는 연료라인이 파손되었을 때 봄베의 연료가 급격히 방출되는 것을 방지한다. 매뉴얼밸브(manual valve)는 장시간 차량정지 시 수동으로 연료를 차단하는 수동밸브이다.

연료차단밸브(fuel - cut valve)는 연료펌프에서 엔진으로 공급되는 연료를 솔레노이드에 의해 개·폐한다. 릴리프밸브(relief valve)는 연료라인의 압력이 일정압 이상으로 상승하면 봄베로 리턴시키는 기능을 한다. 리턴밸브(return valve)는 연료리턴라인에 설치되어 리턴되는 연료를 제어하는 기계식밸브이다.

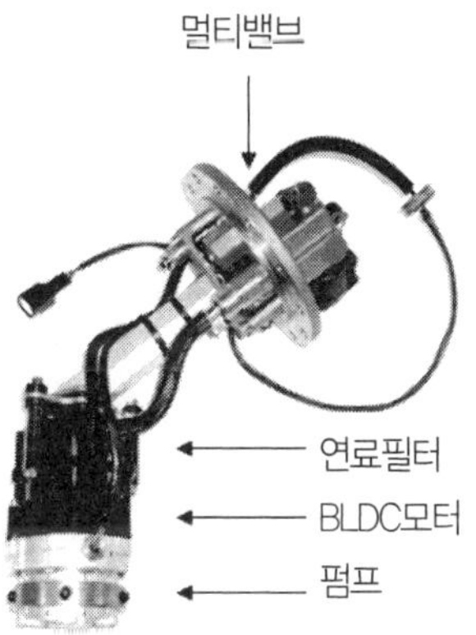

(a) 연료펌프 모듈의 구성부품

(b) 멀티밸브 유닛

그림 17. 연료펌프 모듈과 멀티밸브 유닛의 구성부품

[4] 흡기다기관모듈(intake manifold unit)

흡기다기관, 인젝터, 아이싱 팁 그리고 연료라인으로 구성된다. 흡기다기관모듈에는 가솔린엔진처럼 연료 공급라인에 분배파이프가 별도로 없으며, 엔진 열에 의해 발생하는 베이퍼 록(vapor lock)현상을 방지하기 위해 특수재질의 파이프로 되어 있다.

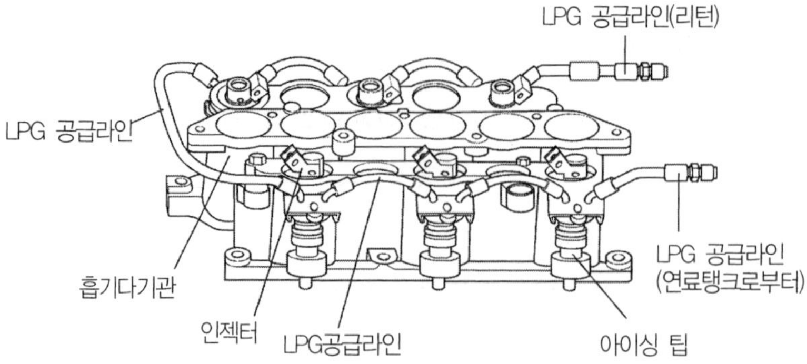

그림 18. 흡기다기관 모듈

[5] 연료압력 레귤레이터유닛(fuel pressure regulator unit)

유닛에는 LP가스의 연료온도를 측정하는 온도센서와 연료압력을 측정하는 압력센서, 레귤레이터로 구성되어 있다. 레귤레이터유닛 내에 설치된 연료압력센서는 연료압력에 따른 분사량을 연산하고 연료온도센서가 고장일 때 대체기능으로 사용된다. 연료온도센서는 연료라인의 온도를 측정하여 분사시기와 공연비제어에 사용된다. 레귤레이터 유닛의 연료흐름은 그림 19와 같다.

연료압력 레귤레이터밸브는 연료펌프에 의해 공급되는 LP가스의 압력을 일정하게 유지하는 역할을 한다. 예컨대, 연료탱크의 압력이 3bar라면 밸브의 차압(△P 5bar)으로 연료라인의 압력은 3bar+5bar(△P)= 8bar의 연료압력을 일정하게 유지시킨다.

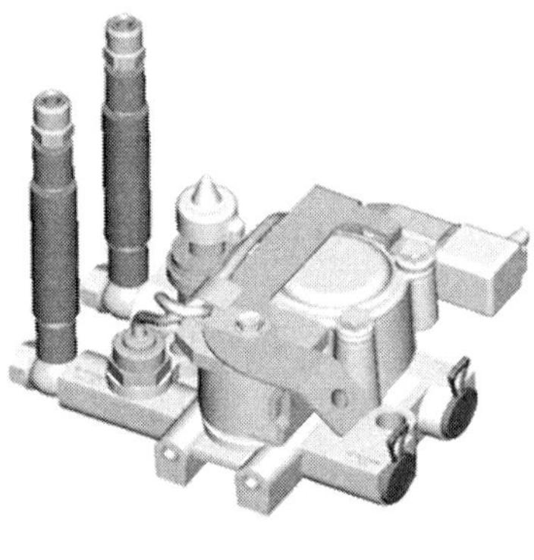
(a) 연료압력 레귤레이터 유닛

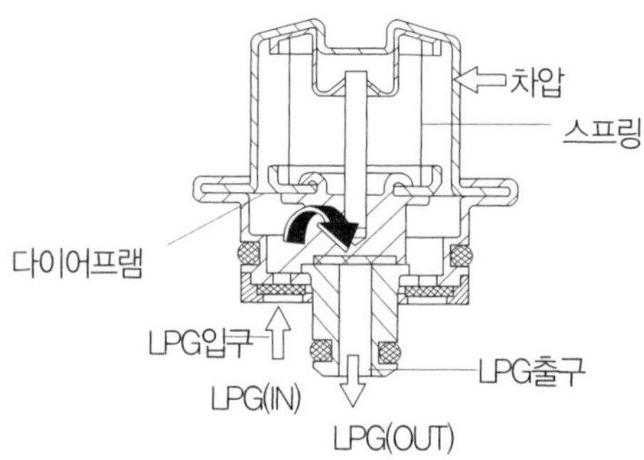

(b) 연료압력 레귤레이터 구성부품

그림 19. 연료압력 레귤레이터유닛과 구성부품

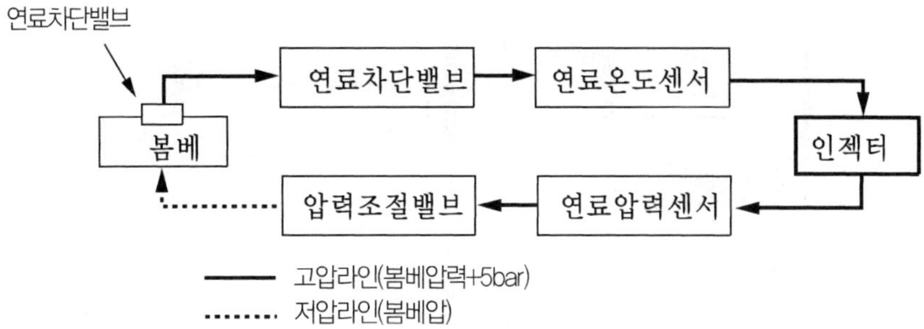

그림 20. 연료압력 레귤레이터의 압력 제어도

[6] 가스 인젝터(gas injector)

가스 인젝터의 분사량은 IFB의 분사신호에 따라 니들밸브가 열리면 액상의 연료는 흡기다기관에 분사된다. 인젝터는 연료분사 후 기화잠열에 의한 빙결현상을 방지하기 위한 아이싱 팁(icing tip)이 부착되어 있다. 아이싱 팁의 외부재질은 황동을 사용하여 엔진에서 발생하는 엔진열의 전도율을 높여 연료의 아이싱을 방지하는 것이다.

2.5.3. LPI 제어장치

ECU는 엔진의 각종 정보를 입력받아 CAN통신을 통해 연료장치를 제어하는 IFB (Interface Box)로 보낸다. IFB는 이 정보를 바탕으로 인젝터와 연료펌프 릴레이, 시동대기 램프 등을 제어한다. 한편 IFB는 펌프드라이버에 펌프 구동신호를 보내고, 펌프드라이버는 연료펌프를 제어한다.

[1] IFB(Interface Box)

IFB는 엔진 ECU의 정보에 의해 LPI연료시스템 제어를 전담하는 소형 컴퓨터로 다음과 같은 기능을 수행한다.

① 엔진ECU와 엔진회전수, 흡입공기, 냉각수온, 대기압, 엔진정지 및 시동신호, 공회전 등의 정보를 IFB와 상호 CAN통신을 수행한다.

② ECU로부터 인젝터 기본 분사량 정보입력을 받아 실린더별로 개별 인젝터 제어한다.

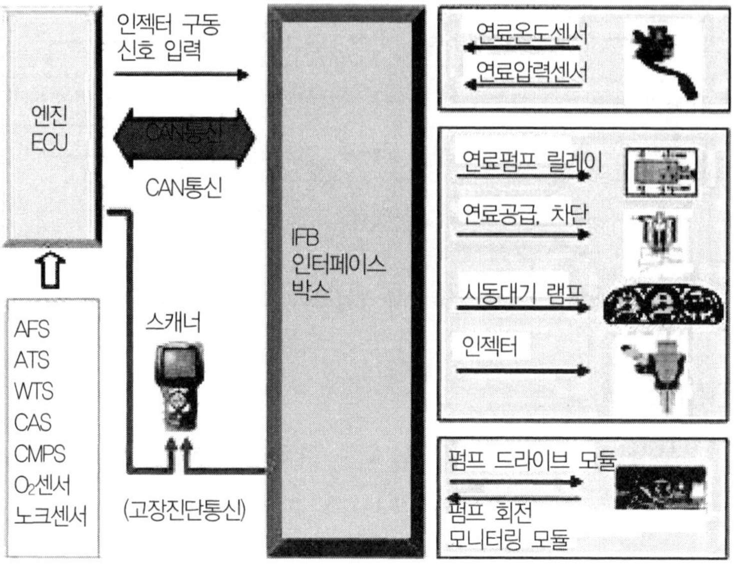

그림 21. 엔진 ECU와 IFB의 제어도

③ 연료라인 내의 압력 및 온도감지, 연료 조성비를 판단한 후 연료분사를 보정 제어한다.

④ 연료펌프 릴레이 및 연료차단, 공급 제어를 수행한다.

⑤ 시동 대기램프 제어한다.

⑥ 인젝터를 구동한다.

⑦ 엔진조건에 따른 구동신호 출력 및 펌프 회전수 모니터링한다.

⑧ LPI연료시스템 관련 서비스데이터 및 고장진단 정보를 스캐너로 고장진단을 수행한다.

[2] 연료펌프 릴레이 제어

(1) 시동키 ON시

시동키가 ON되면 ECU는 메인릴레이를 구동하게 되면 따라서 연료펌프릴레이 코일에 전원이 공급된다. 이때 IFB는 연료펌프릴레이를 최대 10초간 접지시킨다. 따라서 릴레이가 ON되면 전원은 펌프드라이버에 공급된다.

(2) 크랭킹 및 시동 중

엔진 크랭킹시에는 ECU가 크랭크각센서(CAS) 신호로부터 엔진 회전수를 감지하여 CAN통신을 이용하여 IFB로 보낸다. IFB는 엔진회전수가 약 50rpm 이상이 되면 연료펌프릴레이를 접지시킨다. 시동 중에는 연료펌프릴레이는 항상 ON상태이며, 시동이 정지되면 릴레이는 OFF된다.

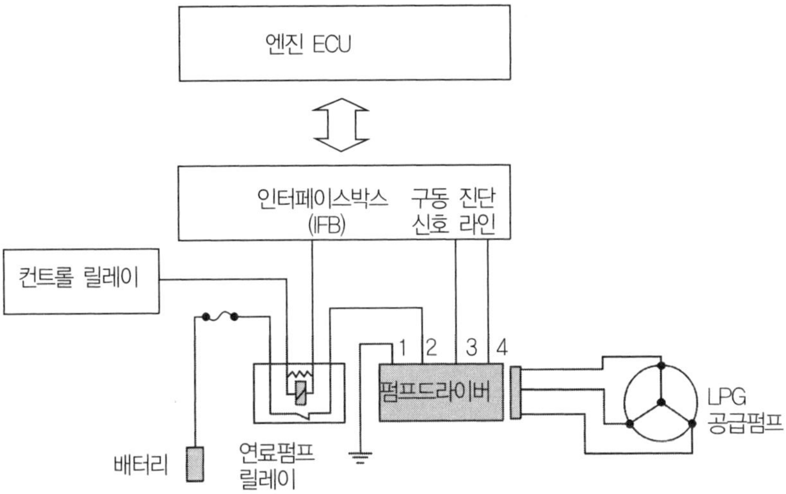

그림 22. 연료펌프 릴레이 제어

[3] 연료펌프 제어

ECU는 CAN통신 라인을 통해 엔진의 각종 센서신호를 IFB로 전달한다. IFB는 엔진의 상황에 따른 연료펌프 작동여부를 판단하고, 출력라인(구동선)을 통해 펌프드라이버로 보낸다.

그림 23. 연료펌프 제어

펌프드라이버는 이 신호에 의해 연료펌프를 구동한다. 또한 펌프드라이버는 연료펌프의 회전수를 감지하여 목표회전수 대비 30%의 차이가 발생하면 진단 라인선을 통해 고장임을 IFB에 알려준다.

[4] 연료분사량 및 분사시기 제어

LPI는 일반적인 전자제어엔진과 달리 인젝터를 엔진ECU에서 제어하는 것이 아니라 IFB에서 제어한다. IFB는 엔진ECU로 부터 기본 연료분사량 및 분사시기를 결정하여 IFB로 보낸다. IFB는 이 정보와 연료라인에 설치된 압력센서와 온도센서에 의해 연료조성에 따른 보정 연료량 및 시기를 계산하고, 최종적으로 인젝터를 구동한다.

LPI에 압력센서와 온도센서를 사용하는 이유는 LPI는 액상의 연료를 분사하기 때문이다. 우선 LPG는 프로판과 부탄의 조성에 따라 온도와 압력변화가 다르게 되고, 또한 프로판과 부탄의 비점은 각각 -45℃, -0.5℃이므로 액상상태로 연료 분사량을 결정하기가 힘들다. 따라서 연료 분사량을 결정하기 위하여 연료펌프에 의해 가압된 액상연료의 압력을 일정하게 유지하여야 하고 또한 온도 및 압력을 감지하여 이에 따른 LPG 연료의 상태를 예측하여 연료 분사량 및 분사시기를 보정하기 때문이다.

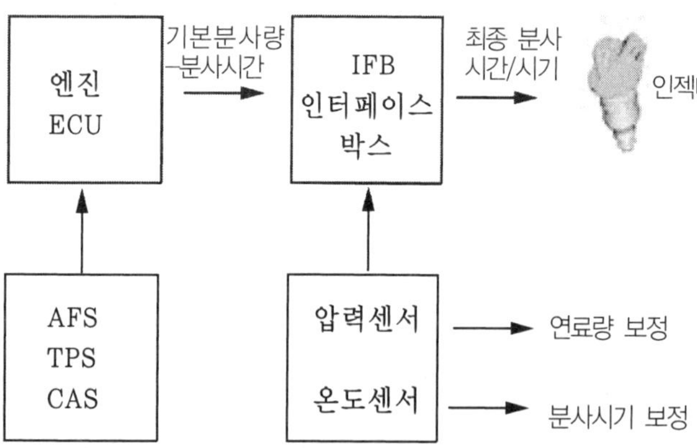

그림 24. 분사시기 및 분사 량 제어

[5] 연료 조성비 제어

LPG의 주요 성분인 부탄과 프로판의 조성비를 판단하기 위해 연료라인에 설치된 레귤레이터 유닛에는 연료온도센서와 연료압력센서가 장착된다. ECU는 이 값을 LPG 연료의 P-T(압력-온도)선도와 비교하여 프로판과 부탄의 조성비를 판단하여 이에 따른 연료 분사량을 보정한다.

[6] 연료펌프 구동 및 진단

IFB는 CAN통신 라인을 통해 엔진의 각종 정보를 전달받아, 엔진의 조건에 따른 연료펌프 구동신호를 펌프 드라이버로 보내고 펌프 드라이버는 펌프의 회전수를 감지하여 고장여부를 다시 IFB로 보낸다.

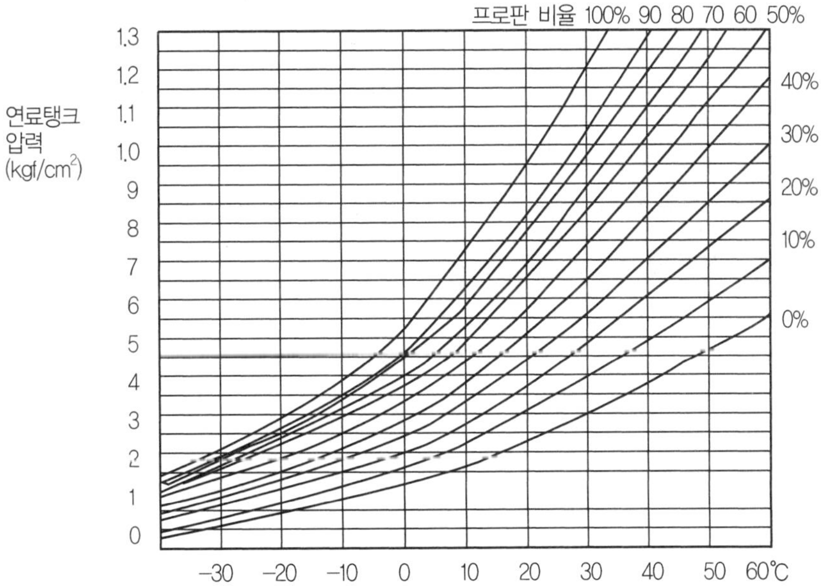

그림 25. LPG 연료의 압력-온도(P-T)선도

IFB는 엔진의 상황에 따라 연료펌프 작동여부를 판단하고 출력선(구동선)을 통해 펌프 드라이버로 5단계의 구동신호(단계별 듀티)를 보낸다. 이는 엔진부하에 따른 펌프 회전속도 제어를 통해 항상 10~15%의 리턴량이 발생되도록 하여 불필요한 부하로부터의 펌프를 보호하기 위함이다.

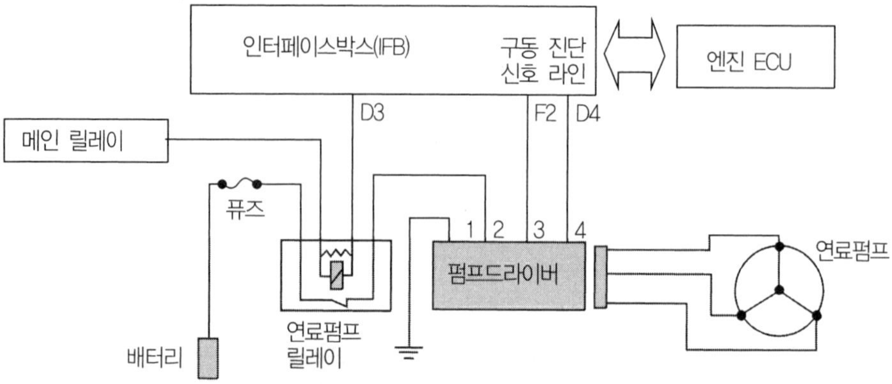

그림 26 연료펌프 구동회로

[7] 시동대기 램프 제어

LPI 장점 중의 하나는 시동성 향상이다. 이는 고압의 액상연료를 인젝터를 통해 분사하므로써 가능해졌다. 그러나 시동시 인젝터로 분사되는 연료압력이 낮아 연료 내에 기체상태의 연료가 존재하게 되면 시동지연의 원인이 된다. 따라서 LPI의 경우 시동키 ON시 연료펌프를 구동하여 연료라인의 압력을 목표압력까지 상승시키는데 이때는 조건에 따라 어느 정도의 시간이 필요하게 된다. LPI시동대기 램프는 이 기간 동안 점등하는 경고등으로 이 시간은 5~7초 정도이다.

2. 6. LPI엔진 연료장치의 점검 · 정비

2.6.1. 연료펌프 드라이버의 구동라인과 진단라인의 출력특성

[1] 진단라인 출력특성

펌프드라이버는 연료펌프의 목표 회전수와 실제 회전수를 비교하여 정상시 5Hz, 비정상시 10Hz의 신호를 진단선을 통해 IFB로 출력한다.

구 분	출력특성
정상 시	5HZ 출력(듀티 50% 고정)
고장 시	10HZ 출력(듀티 50% 고정)

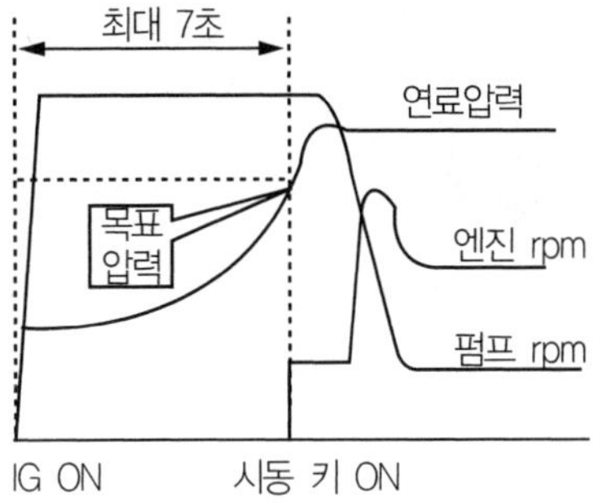

그림 27. 시동대기 램프 제어

[2] 구동라인 출력특성

펌프드라이버는 구동신호에 의해 삼상결선으로 이루어진 연료펌프를 구동한다. IFB는 엔진의 상황에 따라 연료펌프 작동여부를 판단하고, 출력선(구동선)을 통해 펌프드라이버로 5단계의 단계별 듀티(구동) 신호를 보낸다.

구 분	1단	2단	3단	4단	5단
듀티율(%)	15	35	50	65	85
펌프회전수 (rpm)	425	1,000	1,500	2,000	2,800

03. 천연가스(CNG)엔진 전자제어장치

NCS 활용

□ NCS연계 : CNG 전자제어장치정비(1506030211_14v2)

CNG 전자제어장치의 엔진 컨트롤 모듈을 이용하여 진단장비의 서비스데이터 및 관련 측정 장비로 점검·진단, 조정, 교환, 수리, 검사하는 능력을 기른다.

3.1. 천연가스자동차 개요

천연가스자동차는 연료의 사용형태에 따라 압축된 천연가스를 연료원으로 사용하는 압축천연가스(CNG) 자동차, 액화상태의 천연가스를 사용하는 액화 천연가스(LNG) 자동차, 그리고 천연가스를 연료용기에 흡착•저장했다가 사용하는 흡착 천연가스(ANG) 자동차로 구분된다. 이들 모두를 일컬어 일반적으로 천연가스 자동차(NGV : Natural Gas Vehicle)라고 한다.

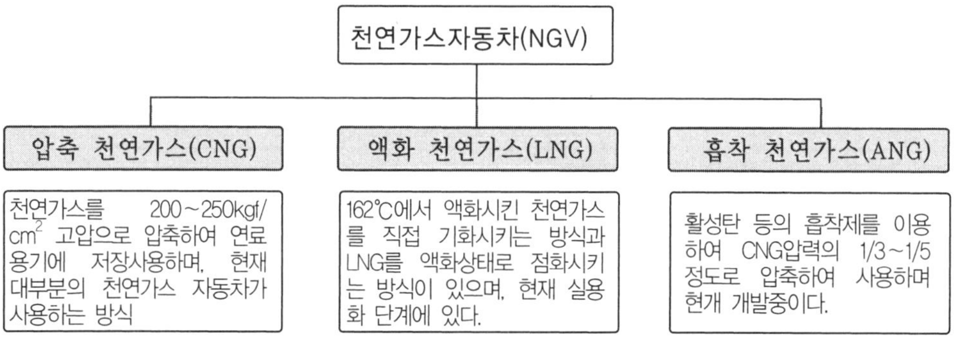

3.1.1. 압축 천연가스자동차(CNGV : Compressed Natural Gas Vehicle)

압축 천연가스(CNG : Compressed Natural Gas)자동차는 LNG를 상온에서 기화시킨 후 다시 200~300bar의 고압으로 압축하여 사용한다. CNG는 이 과정에서 부피가 늘어나 LNG의 3배가 된다. 따라서 같은 크기의 연료탱크에 충전할 수 있는 천연가스는 LNG의 1/3밖에 되지 않기 때문에 1회 충전 시 운행가능한 거리가 LNG보다 짧다는 단점이 있다.

하지만 CNG를 연료로 사용하면 냉각과 단열장치에 필요한 비용을 절감할 수 있어 LNG에 비해 경제적이다. 따라서 CNG자동차는 연료 충전량이 적어도 무리가 없는 시내버스용으로 주로 사용되고 있다. 압축 천연가스자동차는 타 연료와의 혼용 여부에 의해 아래와 같이 구분할 수 있다.

[1] 가솔린/CNG 겸용방식(bi-fuel system)

압축 천연가스와 휘발유를 동시에 자동차에 저장하고 그 중 한 가지를 선택하여 연료로 사용하는 방식으로 가솔린엔진을 개조하여 사용해 왔다. 이 방식은 천연가스 자동차 보급초기에 천연가스의 충전환경이 좋지 않은 지역에서 사용하기에 적합하다.

그러나 기존 엔진의 압축비를 그대로 사용하기 때문에 출력이 저하되고 연료저장 탱크로 인한 차량중량 증가로 인해 연비가 약간 떨어지게 되는 단점이 있다.

[2] 경유/CNG 혼소방식(dual fuel system)

압축 천연가스와 경유를 동시에 저장하여 두 가지 연료를 동시에 사용하는 방식이다. 천연가스는 자기착화 온도가 높아 연소를 위해서는 외부로부터 점화에너지 공급이 필요하며 착화원에 따라 경유 파일럿 방식과 스파크플러그에 의한 불꽃점화 방식으로 나뉜다. 이중 연소실에 CNG와 공기 혼합기를 먼저 공급한 후 디젤유를 적정량 분사(pilot)하여 점화시키는 경유 파일럿방식은 기존 디젤엔진에 CNG공급 시스템만을 추가적으로 장착함으로서 쉽게 CNG엔진으로 변경할 수 있는 장점이 있어 운행차량을 개조하여 사용되고 있다.

그러나 두 종류의 연료를 동시에 공급해야 하므로 연료 공급제어가 복잡하여 많이 보급되지 않고 있다.

[3] 전소방식(dedicated fuel system)

전소방식은 압축 천연가스만을 연료로 사용하는 방식으로, 천연가스의 장점을 살린 엔진 설계가 가능하므로 천연가스 엔진으로 최적화 할 수 있어 출력 및 배출가스 저감 능력이 우수하여 가장 많이 사용되는 방식이다.

3.1.2. 액화 천연가스자동차

액화 천연가스(LNG : Liquefide Natural Gas)자동차는 −162℃로 냉각·액화하여 부피가 1/600로 축소된 천연가스(LNG)를 극 저온 단열용기에 저장하여 연료로 사용하는 방식이다. 천연가스를 액화하면 부피를 크게 줄일 수 있어 연료저장 효율이 좋으므로 1회 충진 당 주행거리를 CNG엔진에 비해 3배 이상 늘일 수 있는 장점이 있다. 하지만 단열 용기를 소형화하는 것도 어렵고 고가이기 때문에 LNG는 상대적으로 크기가 크고 운행거리가 긴 대형버스나 대형화물차에 주로 사용되고 있다.

3.1.3. 흡착식 천연가스자동차

흡착식 천연가스(ANG : Adsorbed Natural Gas)자동차는 활성탄 등의 흡착제에 천연가스를 30∼60kgf/cm^2 가압해 저장하는 방식으로 충전 압축기 등 충전 시설비용의 절감이 가능하나 흡착제의 비용이 고가이고 저장효율이 낮아 현재의 기술 수준으로는 실용화에는 많은 문제점이 있어 많이 사용되지 않고 있다.

Reference CNG와 LNG 자동차의 차이

CNG와 LNG자동차는 연료저장과 공급방식에서 차이가 있다. CNG자동차는 가스 상태의 천연가스를 고압으로 압축해 저장하므로 운행거리가 액체연료보다 짧으며, 고압의 가스를 저장해야 하므로 고강도가 요구되어 용기의 무게가 증가하는 단점이 있다.

반면 LNG자동차는 연료를 액체상태로 저장하기 때문에 다른 액체 석유연료에 상당하는 운행거리를 보여준다. CNG자동차에 비해 약 3배 이상의 운행거리의 증가를 실현할 수 있다. 그러나 액체상태의 천연가스는 저온으로 저장되어야 하므로 단열이 뛰어난 용기에 저장되어야 한다.

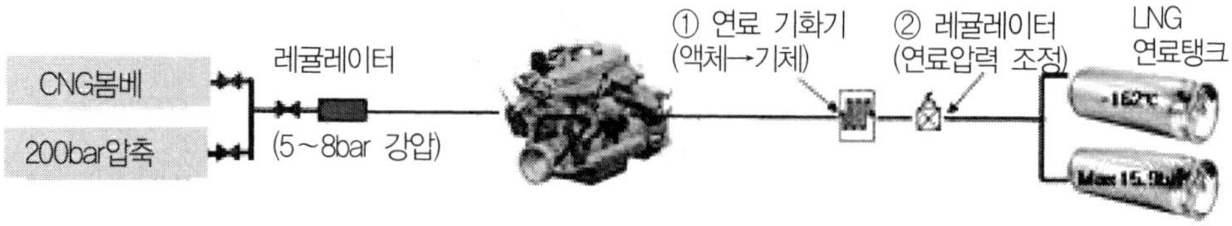

[CNG엔진 시스템] [LNG엔진 시스템]

표 CNG와 LNG 자동차의 연료장치 비교

CNG(Compressed Natural Gas)	LNG(Liquefied Natural Gas)
① 주성분은 메탄이며 천연가스를 200bar 압력으로 한 봄베를 차량에 탑재하여 사용 ② 1회 충전당 주행거리가 짧으며 다수의 연료용기 탑재로 차량 중량 증가(1일 주행거리 약 500km) ③ 노선버스, 쓰레기 청소차, 영업용 밴 등 도시 내 순환 차량 용도로 적합	① 주성분은 메탄이며 천연가스를 영하 -162℃까지 냉각하여 만든 액체연료 ② LNG의 낮은 사용 압력과 환기장치로 안정성 확보 ③ 고속버스나 화물트럭 등 장거리 운행차량용으로 적합 ④ CNG용기 대비 LNG용기 가격 고가

3.2. 천연가스자동차 연료장치의 구조

현재 사용 중인 대부분의 천연가스자동차는 압축천연가스 방식으로 본 항에서는 CNG연료장치를 위주로 설명하기로 한다. 그림 28은 압축천연가스 자동차의 구성도를 나타낸 것이고, 그림 29는 천연가스 버스의 기본 구조를 나타낸 것이다.

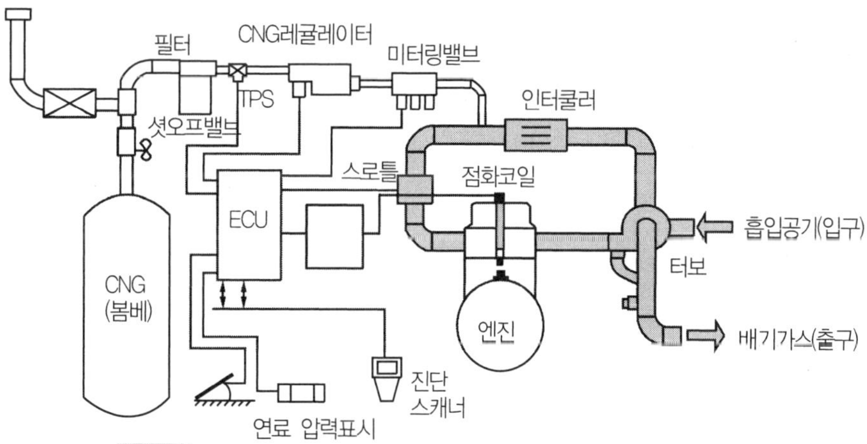

그림 28. 압축 천연가스자동차 연료장치의 구성

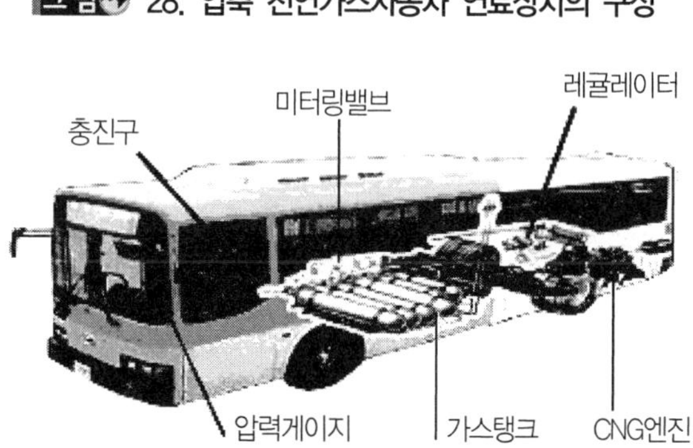

그림 29. 압축 천연가스 버스 연료장치의 구조

3.2.1. 전자제어 유닛(ECU : Electronic Control Unit)

전자제어 유닛은 엔진의 최적운전 제어를 위해 가스온도와 압력, 흡입공기온도와 압력, 냉각수온도, 혼합기 압력, 대기압, 배기가스중의 산소농도 등의 신호를 입력받아 연료량, 점화시기 등을 최적 제어한다.

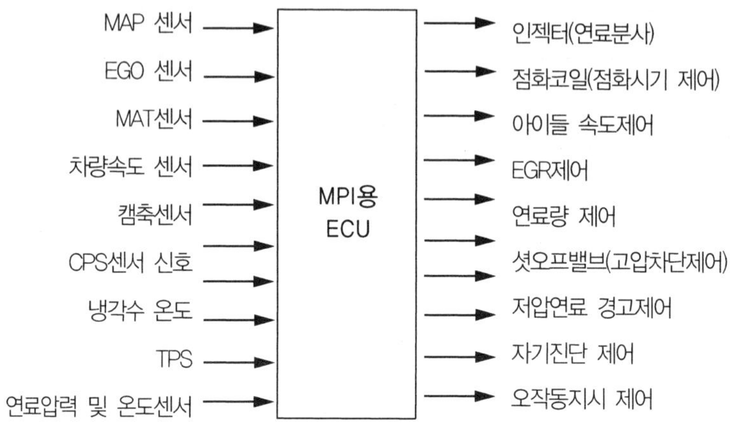

그림 30. 천연가스자동차 입·출력 다이어그램

3.2.2. CNG 봄베

천연가스는 고압 가스용기인 봄베 저장되며 봄베는 자동차부품 중에서 가장 튼튼하게 제작되어 있어 700℃의 고온 속에서도 폭발하지 않고, 30m 높이에서 낙하시켜도 파열되지 않게 설계되어 있다.

내부에는 25~180bar의 압력으로 고압의 천연가스를 저장하고 있으며, 압력이 과다 상승시 외부로 유출시키기 위한 안전밸브가 설치되어 있다.

3.2.3. 고압차단밸브(shut off valve)

시동 OFF시 ECU신호에 의해 고압의 연료를 차단하며, 일반적으로 가스탱크와 가스압력조절기 사이에 장착된다.

3.2.4. 연료압력조절기(FPR : Fuel Pressure Regulator)

가스 실린더 내의 25~180bar의 고압가스를 엔진에 필요한 저압(약 8bar)으로 감압시켜주며, 일반적으로 고압 록-오프 밸브사이에 장착된다. 조절기에는 고압의 가스가 저압으로 감압되기 때문에 가스의 온도가 내려가므로 이를 가열시키기 위해 엔진 냉각수가 압력 조절기 하단부 출입구를 통해 순환된다.

3.2.5. 열 교환기(heat exchanger)

엔진의 냉각수를 이용하여 감압 시 냉각된 가스를 워밍업하여 안정된 연료가 엔진으로 공급되도록 한다. 가스 레귤레이터와 연료량 조절밸브 사이에 장착되며 연료라인과 냉각수라인이 함께 설치되어 있다.

3.2.6. 탱크압력센서(tank pressure sensor)

봄베의 압력을 측정하여 연료게이지를 구동한다.

3.2.7. 가스압력 및 가스 온도센서

레귤레이터밸브에서 조정된 가스압력과 온도를 검출하여 인젝터의 분사량을 결정하는데 사용한다.

단원 종합 평가

01. 액화석유가스와 천연가스의 특성을 고르기를 선택하여 빈칸에 채우세요.

구 분	고르기	(1) 액화석유가스 (LPG)	(2) 천연가스 (CNG, LNG)
주성분	프로판, 메탄, 부탄	①	㉮
연료 상태	안정, 불안정	②	㉯
비중	0.5, 0.6, 1.5, 1.6	③	㉰
열효율	낮다, 높다	④	㉱
액화상태 온도	쉽다(-4~23℃), 어렵다(-162℃)	⑤	㉲
연소범위	좁다, 넓다	⑥	㉳
이산화탄소 배출	많다, 적다	⑦	㉴
적용 엔진	소형, 대형, 모든 엔진	⑧	㉵

02. 천연가스 연료의 종류와 특성을 선으로 연결하시오.

① 압축천연가스 (CNG)	•	• ㉮	천연가스를 약 -162℃ 이하의 초저온으로 단열용기에 저장하므로 시설과 비용이 많이 소요됨
② 액화석유가스 (LNG)	•	• ㉯	천연가스를 약 200~250기압의 높은 압력으로 압축하여 용기에 저장
③ 흡착 천연가스 (ANG)	•	• ㉰	천연가스를 활성탄 등을 이용하여 압축하여 사용하고 중압(50~70기압)으로 저장

03. LPI엔진의 입력센서 및 출력 제어장치를 다음 빈칸에 채우시오.

(1) 입력센서				(2) 출력제어
① ② ③ ④ ⑤ ⑥	➡	ECU (엔진컴퓨터)	➡	① ② ③ ④ ⑤ ⑥
㉮ ㉯	⇨	IFB (인터페이스 박스)	⇨	㉮ ㉯ ㉰ ㉱
ⓐ		펌프 드라이버	⇨	ⓐ

CHAPTER 07

디젤 전자제어 엔진

※ NCS 적용코드 : 1506030210_14V2

디젤엔진은 100여 년 전 독일의 루돌프 디젤(Rudolf Diesel)에 의해 개발되었으며 발전소, 선박, 기차, 트럭, 버스 등에 주로 사용되어 왔으며, 현까지도 사용되고 있다. 디젤엔진의 외관은 가솔린엔진과 흡사하지만 구조와 사용하는 연료가 다르다. 디젤엔진은 공기를 흡입하여 압축과정을 통해 고온의 압축공기를 형성시켜서 고압의 연료를 연소실에 분사한다. 이때 고온의 압축열에 의해 연료가 자기착화(self ignition)하는 압축착화 방식을 사용하는 엔진이다. 본장에서는 디젤엔진의 다양한 특성과 연료장치 종류별 특성. 구성. 원리에 대해 알아본다.

01. 디젤 전자제어엔진의 개요

1.1. 디젤엔진(diesel engine)의 개요

디젤엔진은 경유를 연료로 사용하는 엔진으로 내연기관 분류상으로는 가솔린엔진과 유사하지만 연료의 연소과정에서는 다소 다르다. 가솔린엔진은 공기와 연료의 혼합기를 흡입·압축하여 전기적 불꽃으로 점화하는데 비해 디젤엔진은 공기만을 흡입한 후 높은 압축비(16~22 : 1)로 압축하여 고온(500~600℃)상태에서 연료를 분사시켜 자기착화시킨다는 점에서 다르다. 따라서 디젤엔진에서는 가솔린엔진의 점화장치가 필요하지 않고 연료장치는 직접분사(GDI)방식 가솔린엔진의 연료분사장치와 유사하다.

(a) DOHC방식의 디젤엔진 (b) SOHC방식의 디젤엔진

그림 1. DOHC와 SOHC 디젤엔진

가솔린엔진은 엔진의 회전수를 제어하기 위해 스로틀밸브를 통해 공기량으로 제어하지만, 디젤엔진은 반대로 연료량을 조절하여 엔진의 회전수를 제어한다. 일반적으로 디젤엔진은 가솔린엔진에 비해 압축비가 높아 열효율이 높고 연비가 좋으며 저속토크가 크고 점화장치가 필요하지 않아 엔진구조가 간단하다는 장점을 가지고 있다. 반면 소음과 진동이 크며 가속과 순발력도 떨어지고, 매연이 많아 환경을 오염시킨다는 단점때문에 대형차량에 주로 사용되어 왔다.

하지만 첨단 신기술의 접목을 통해 기존 디젤의 단점을 보완하고 성능을 향상시키는 것은 물론, 매연과 유해가스의 배출도 대폭적으로 줄인 커먼레일식 크린디젤엔진이 개발되면서부터 소형 승용차에도 널리 사용되고 있다.

1.2. 디젤엔진의 발전과정

디젤엔진은 오랜 세월동안 많은 변화를 거쳐 성능향상과 소형화를 이루었고 현재는 가솔린엔진과 함께 내연기관의 양대 산맥을 유지하고 있다. 루돌프 디젤(R. Diesel)이 개발한 초기의 디젤엔진은 크기가 2m가 넘는 대형 세로형 엔진이었다고 한다.

1922년 독일에서는 초기의 디젤엔진을 만들었는데, 자동차에 사용할 수 있을 만큼 가볍고 작았다. 따라서 낮은 출력 때문에 디젤기관이 응용될 수 없었던 많은 분야에 사용되기 시작하였다. 당시의 디젤엔신은 인섹션펌프를 사용하는 기계식 연료분사장치를 사용하였다. 이러한 기계식 디젤엔진은 가솔린엔진에 비해 소음과 진동이 크고 매연이 발생한다는 단점 때문에 주로 대형차에 사용되었다.

그러나 연료소모가 적다는 디젤엔진의 장점때문에 유럽을 중심으로 지속적으로 사용되면서 발전에 발전을 거듭하였다. 그 결과 최근에는 성능과 소음은 물론 유해 배출가스 배출까지 월등히 향상된 소형디젤엔진인 전자제어 커먼레일엔진의 개발에 이르게 되었다.

그림 2. 최초의 디젤엔진

1.2.1. 기계식 디젤엔진

기계식 디젤엔진은 인젝션펌프로 부터 생성된 고압의 연료를 분사노즐을 통해 기계적으로 분사하는 방식이다. 환경규제가 강화되면서 기계식 인젝션펌프에 전자식 솔레노이드를 적용하여 연료분사량 및 분사시기를 전자식으로 제어하는 기계식-전자제어 엔진으로 발전하였지만 이 또한 각종 규제를 만족하기엔 역부족이었다.

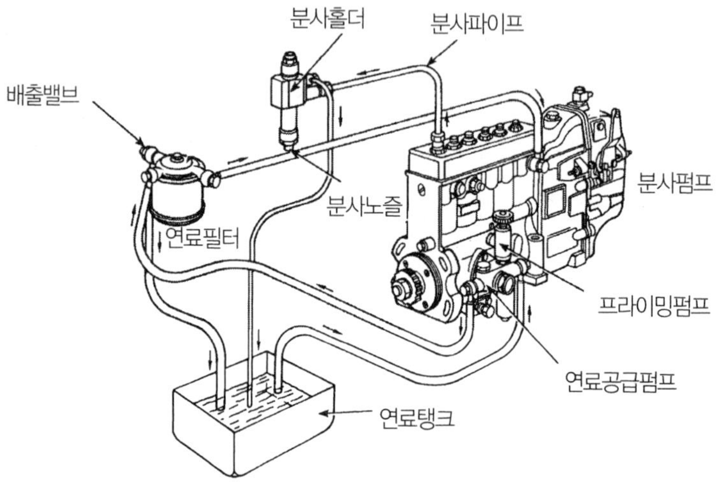

(a) 기계식 디젤분사펌프의 구성도

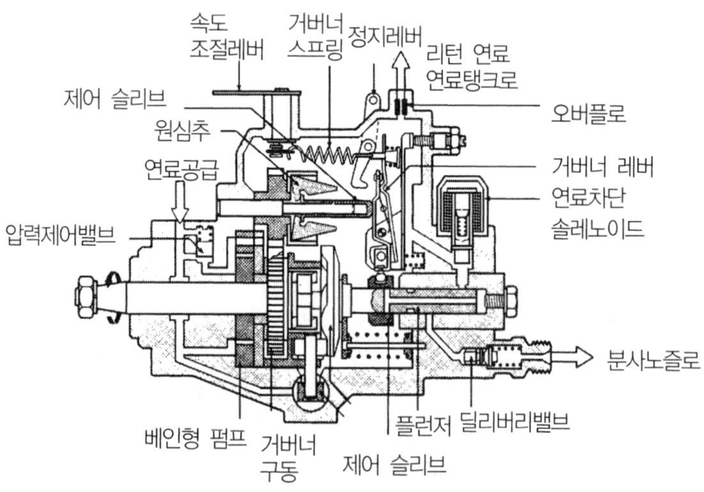

(b) 기계식 분사펌프의 구조

그림 3. 기계식 디젤엔진의 연료분사펌프

현재 이러한 기계식 디젤엔진은 강화되는 연비 및 환경규제에 대응하기 어려워 현재는 사용되지 않고 있다.

1.2.2. 커먼레일 연료장치

커먼레일식 연료분사방식은 고압펌프에 의해 생성된 고압의 연료를 인젝터를 전자제어를 통해 각 실린더에 직접 분사하는 방식이다. 기계식과 달리 완전연소가 되도록 연료 분사량과 분사시기 등을 독립적으로 제어가 가능하다. 이에 따라 기존 엔진에 비해 출력과 토크의 향상은 물론 엔진효율이 높아지고, 공해물질이 적게 배출되며 경량화가 가능하게 되었다.

커먼레일엔진은 연료 분사압력에 따라 세대를 구분하며, 현재는 약 2,000bar 이상의 압력으로 연료를 분사하는 단계에 이르고 있다.

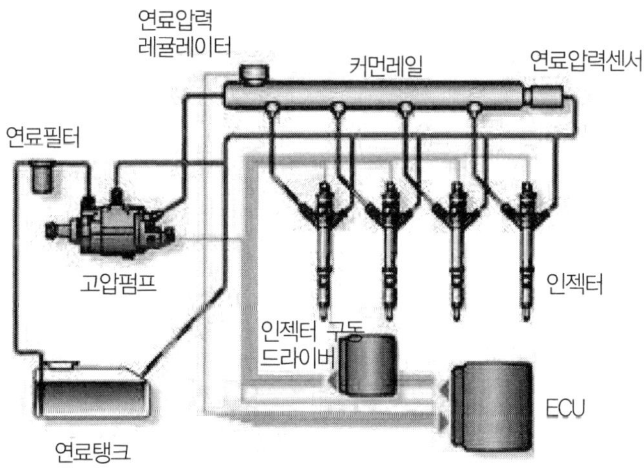

그림 4. 커먼레일 전자제어방식

Reference 커먼레일 연료압력의 변천

1997년 1세대 약 1,350bar
2001년 2세대 약 1,600bar
2003년 3세대 약 1,800bar
2008년 4세대 약 2,000bar

1. 3. 디젤엔진의 연료와 연소특성

1.3.1. 디젤엔진의 연료특성

경유는 흑갈색 또는 담황색이며 원유를 증류할 때 200~350℃에서 추출된다. 비중은 0.84~0.89, 인화점은 40~90℃이고 착화점은 약 350℃, 발열량은 10,500~11,000kcal/kg이다. 경유는 휘발성이 낮아 불이 쉽게 붙지 않기 때문에 폭발의 위험이 적다.

주로 디젤엔진의 연료로 사용되며 그 밖에 석유버너의 연료나 기계세척에 쓰이기도 한다. 경유는 여러 가지 요구특성이 있지만 착화성이 좋고 세탄가가 높아야 하며 적당한 점도와 유동점을 가지고 있어야 한다.

[1] 착화성

착화성이란 연료와 공기의 혼합기가 스스로 착화하는 성질을 말한다. 경유는 착화성이 우수하여 착화지연이 짧아야 노킹을 방지할 수 있다. 경유의 착화성은 세탄가로 표시한다.

[2] 세탄가(cetane number)

세탄가는 디젤연료의 착화성을 나타내는 수치이다. 경유는 가솔린처럼 강제점화가 아니라 자연착화를 해야하므로 자연착화 능력은 매우 중요하다. 따라서 디젤노크를 일으키지 않는 성질의 세탄($C_{16}H_{34}$)과 노크를 잘 일으키는 성질의 α -메틸나프탈렌($C_{10}H_7-\alpha-CH_3$)을 혼합하여 결정하는 기준치인 세탄가를 경유의 척도로 하며, 세탄가가 높을수록 저온에서의 착화성이 좋아 시동성이 좋아진다.

예를들어 세탄값이 35인 경유는 엔진 내 압축공기의 온도가 15℃ 정도에서 시동이 걸리지만 세탄값이 60인 경유는 -1℃에서도 시동이 가능하다. 그러나 세탄가가 무조건 높다고 좋은 것은 아니다. 세탄가 너무높을 경우 연료의 밀도와 점도가 낮아져 분사된 연료의 관통성이 감소되고 조기연소가 발생하여 불완전 연소의 원인이 된다. 그러나 너무 낮은 경우에는 엔진 시동이 걸리지 않거나 백색 매연이 발생하고 탄소침전물의 찌꺼기기 발생하게 된다. 디젤엔진의 경우 세탄가는 보통 40~60 정도가 사용된다.

Reference 세탄가 계산식

세탄을 100으로 하고 α-메틸나프탈렌을 0으로 기준하여 혼합비율로 계산

$$세탄가 = \frac{세탄(체적)}{세탄(체적) + \alpha - 메틸나프탈렌(체적)} \times 100[\%]$$

[3] 점도

고압의 연료분사장치를 사용하는 디젤엔진의 경우 고압펌프나 인젝터와 같은 주요 부품들에 윤활이 필요하기 때문에 경유는 적당한 점도를 가지고 있어야 한다. 또한 경유의 점도는 분무와 깊은 관계가 있고 점도가 낮을수록 분산성이 좋기 때문에 가열 증발도 빨라져 그만큼 착화지연이 단축되고 연소성도 개선된다.

[4] 유동점

유동점은 연료가 유동할 수 있는 최저온도를 말한다. 경유는 각종 탄화수소의 혼합물이기 때문에 일정한 응고점을 나타내지는 않는다. 그러나 연료가 저온으로 내려가면서 경유에 포함된 왁스(wax) 또는 파라핀(paraffin)성분이 굳어지거나 점도가 상승하여 결국은 유동성을 상실하게 된다.

따라서 저온유동성은 저온에서 연료가 연료탱크로부터 여과기를 거쳐 분사노즐까지의 연료공급 관로를 유동할 수 있는지의 여부를 판단하는 기준이 된다. 기온이 낮아져 연료로부터 왁스 또는 파라핀이 굳어져 여과기를 막게 되면 여과능력 저하, 연료공급 불량, 그리고 분사펌프나 분사노즐의 분사기능 저하 등을 유발하여 시동이 불가능하거나 심하면 기관이 정지하게 된다.

또한 분사능력이 저하하여 연소실 내 연료의 미립화 및 분포도가 불량하게 되어 결국은 착화성과 연소성에 나쁜 영향을 미치게 된다. 유동점은 지역별 계절별로 각각 다르게 규제하고 있으며 우리나라의 석유사업법 시행령에서는 여름용은 0℃ 이하, 겨울용은 −25℃ 이하로 규정하고 있다.

Reference 경유의 구비조건

- 인화점은 높고 발화점이 낮으며 착화성(ignition quality)이 좋아야 한다.
- 온도에 따른 점도의 변화가 작고 항상 적당한 점도를 유지해야 한다.
- 연소실에서 자연 발화하기 때문에 미립화(atomization)가 좋아야 한다.
- 발열량과 내폭성이 커야 한다.
- 불순물이나 유황성분이 적고, 연소 후 카본생성이 적어야 한다.

1.3.2. 디젤엔진의 노킹발생과 방지법

노크란 비정상적인 연소에 의해 발생되는 급격한 압력상승 때문에 실린더 내 가스가 진동을 일으켜 피스톤과 크랭크기구에 부하를 가하고 심한 타음을 발생시키는 것을 말한다. 일반적으로 디젤엔진의 노킹은 연소 초기의 착화 지연기간이 길어지면 연료의 축적량이 많게 되어 급격한 연소를 하면서 일어난다.

디젤엔진에서 노킹은 일반적으로 엔진의 회전속도가 너무 빠르거나 압축비가 낮을 때 일어난다. 또한 연료의 착화성이 나쁜 연료에 의해 착화 지연기간이 길어지거나 착화온도가 너무 높을 때, 반대로 실린더 벽 온도나 흡입공기 온도가 너무 낮을 때 일어나는 특성이 있다.

디젤노크를 방지하기 위해서는 착화 지연기간을 단축시켜야 하는데, 그러기 위해서는 착화 지연기간 동안의 연료 분사량, 연료의 무화, 공기와의 혼합상태를 제어하는 것이 중요하다. 다음 표는 디젤엔진의 노킹을 방지하는 방법을 나타낸 것이다.

표 디젤엔진의 노킹 방지 방법

구 분	압축비	세탄가	착화 온도	실린더 체적	회전속도	흡기 및 실린더 벽 온도
디젤노킹 방지방법	높게	높게	낮게	크게	낮게	높게

1.3.3. 디젤엔진의 특성과 장 · 단점

[1] 디젤엔진의 특성

가솔린엔진은 혼합기를 연소실에 흡입하여 압축하고 압축된 혼합기에 스파크플러그를 통해 불꽃을 공급함으로써 강제로 연소시키는 방식인 반면 디젤엔진은 공기만을 연소실에 흡입, 압축하여 고온·고압의 압축공기를 형성시킨 다음 압축 종료직전에 고압의 연료를 분사함으로써 압축열에 의해 연료를 자기착화 하는 자연연소방식이다.

또한 가솔린엔진은 스로틀밸브로 공기량을 조정하여 엔진의 출력변화를 일으키지만, 디젤엔진은 연료량을 조절하여 엔진의 출력변화를 일으킨다는 점이 가장 큰 차이점이라 할 수 있다. 디젤엔진에는 스로틀밸브가 사용되지 않기 때문에 가솔린엔진에 비해서 펌핑로스(pumping loss)가 적은 것이 장점이다.

Reference 펌핑로스(pumping loss)란 ?

엔진의 압축과정이나 공기흡입 과정에서 저항이 증가하면 저항력을 이기고 피스톤이 움직이기 위해서는 큰 힘을 필요로 한다. 즉 엔진이 흡입·압축·배기저항을 받아 출력의 감소가 발생하게 된다. 이러한 엔진출력 손실을 일으키는 현상을 펌핑로스라고 한다.

(1) 혼합비의 특성

디젤엔진은 연료의 분사량, 가솔린엔진은 흡입공기량으로 출력을 제어한다. 따라서 디젤엔진은 저 회전영역에서는 공기의 흡입량이 줄고, 고 회전영역에서는 늘어나므로 저속일 때 농후한 혼합비로 인해 배출가스가 많아지는 특성을 가지고 있다.

(2) 연료의 특성

디젤엔진의 이론 공연비는 약 14.3 : 1로 가솔린보다 낮다. 이것은 디젤연료가 탄소와 수소의 비율이 약 88 : 12이고, 휘발유는 84 : 16이기 때문이다. 경유는 산소와 결합하는 수소의 비율이 가솔린보다 낮기 때문에 동일한 배기량일 때 경유의 출력이 낮아지게 된다.

(3) 구조적 특성

디젤엔진은 가솔린엔진보다 연소압력이 높기 때문에 연소실 관련 부품인 실린더헤드 및 블록, 피스톤 등은 튼튼하고 강하게 제작된다.

(4) 경제성과 환경오염

디젤엔진의 큰 장점은 연료 소모율이 낮고, 배기가스 등의 오염물질이 적다. 또한 연비면에서는 커먼레일 디젤엔진은 기존의 기계식 디젤엔진에 비하여 15% 정도 향상되고 가솔린엔진에 비해서는 약 30~40% 정도 유리하다.

(5) 소음과 진동

가솔린엔진의 경우 스파크플러그에서 연소가 시작되기 때문에 압력상승도 완만하다. 그러나 디젤엔진은 압축착화 방식으로 연소조건이 충족되면 많은 연료가 일시에 연소하여 실린더 내의 압력이 급상승하여 노킹에 의해 독특한 소음과 진동을 발생한다. 냉간 시동 시에는 착화지연이 크기 때문에 연소소음이 특히 커지게 된다.

또한 디젤엔진은 피스톤을 비롯한 운동부 부품이 가솔린엔진보다 튼튼하고 무겁기 때문에 크랭크축의 회전이 부드럽지 못하고 진동을 일으킨다. 이렇게 디젤엔진은 연소 방식과 구조적 차이 때문에 가솔린엔진에 비해 소음과 진동이 크다.

[2] 디젤엔진의 장점

① 열효율이 높고, 흡입공기의 저항이 없으므로 연비가 우수하다.
② 높은 압축비와 폭발압력으로 높은 토크를 얻을 수 있다.
③ 대형엔진 제작이 가능하다
④ 점화장치가 없어 구조가 간단하다
⑤ 값싼 경유를 사용하는 경제적인 이점이 있다.
⑥ 연료의 인화점이 높아 화재의 위험이 적다.

[3] 디젤엔진의 단점

① 압축비 및 최대 폭발압력이 크기에 관련부품의 강성이 필요하다.

② 엔진의 강성보완으로 가솔린엔진 대비 중량이 더 커진다.

③ 마찰손실이 크고 부품의 강도한계로 고회전화가 어렵다.

④ 연료 분사계의 성능한계로 고 회전화가 어렵다.

⑤ 순차연소가 아닌 일시연소로 소음과 진동이 크다.

02. 인젝션 펌프식 디젤엔진의 전자제어장치 정비

NCS 활용

□ NCS 연계 : 디젤 전자제어장치 정비(1506030210_14v2)
디젤 전자제어장치 정비란 디젤 전자제어장치 센서의 엔진 컨트롤 모듈을 진단장비의 서비스 데이터 및 관련 측정 장비로 점검 · 진단, 조정, 교환, 수리, 검사하는 능력을 기른다.

2.1. 인젝션 펌프식 디젤엔진의 개요

인젝션펌프 분사장치(injection pump system)를 저크식(jerk type) 분사장치라고도 하며, 연료는 공급펌프(feed pump)를 거쳐 인젝션펌프에서 고압의 연료를 분사노즐에 공급하여 분사하는 방식이다.

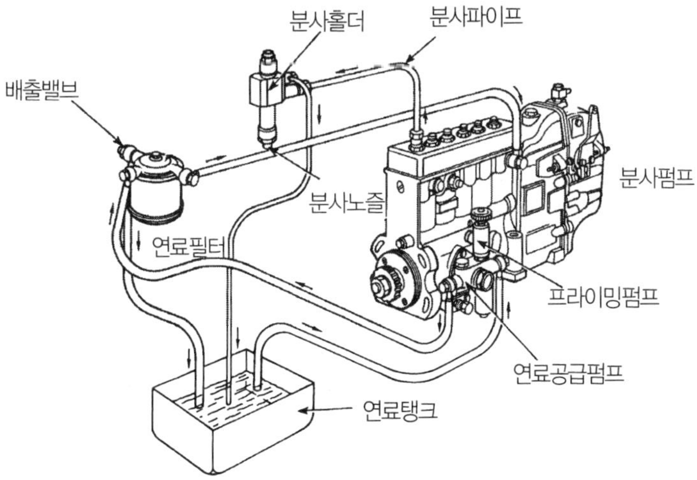

그림 5. 인젝션펌프식 연료분사장치의 구성

디젤엔진의 연료분사장치에 요구되는 기능은 연료의 압송, 엔진의 요구에 맞는 분사량, 분사시기의 조정과 분무의 형성이다. 분사시기는 분사펌프에서 결정되고 분무는 노즐에서 결정된다.

연료공급펌프에 의해 분사펌프에 보내진 연료는 가압되어 분사관을 통해 노즐로부터 연소실내로 분무상태로 분사된다. 노즐에 보내진 연료의 일부는 노즐의 접동부의 윤활을 하고 연료탱크로 돌아간다. 디젤엔진의 연료분사장치는 적정시기에 적정량의 연료를 고압으로 미립화하여 연소실내로 분사하는 기능을 하며 엔진성능에 매우 중요한 역할을 한다.

2. 2. 인젝션 펌프식 디젤엔진의 연료장치

2.2.1. 직렬형 분사펌프

직렬형 분사펌프는 엔진의 각 실린더마다 분사펌프를 1개씩 갖는 방식이며, 구조가 복잡하고 조정이 어려우나 고속용 기관에 적합한 형식이다. 주로 대형 화물자동차, 버스 등에 사용되며 연료장치는 아래와 같이 구성된다.

① 펌프 엘리먼트 : 필요로 하는 수준의 분사압력을 형성한다.

② 제어랙 : 가속페달의 위치(부하)에 따라 정확하게 분사량을 계량한다.

③ 타이머 : 기관의 회전속도에 적합한 분사시기를 선택한다.

④ 조속기 : 공전속도와 최고속도를 제어한다.

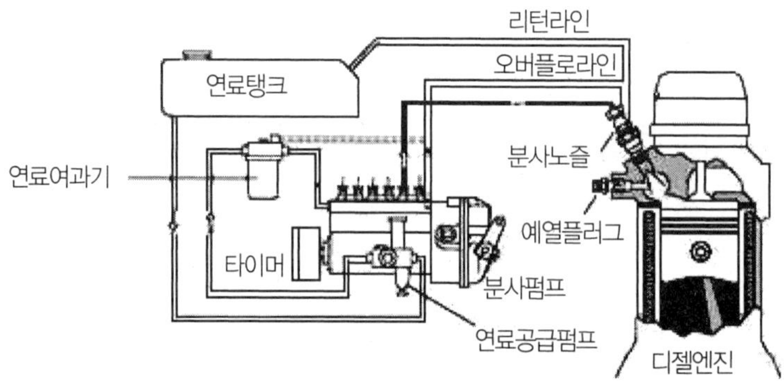

그림 6. 직렬형 분사펌프의 연료장치의 구성도

2.2.2. 분배형 분사펌프

분배형 분사펌프는 실린더수에 관계없이 1개의 분사펌프를 사용하여 각 실린더에 연료를 공급하는 방식이다. 구조가 간단하고 조정이 쉬우나 실린더 수가 많은 경우에는 부적합한 형식이다. 주로 3~4기통의 소형엔진이나 고속 승용 및 소형 트럭엔진에 사용된다. 분사펌프는 엔진동력에 의해 구동되며, 4행정 엔진은 크랭크축 회전속도의 1/2인 캠축의 회전속도와 같은 속도로 구동된다. 구동기구로는 타이밍기어, 타이밍체인 또는 타이밍벨트 등 다양하다. 분배형 분사펌프의 구조와 연료장치 구성부품은 그림 7과 같다.

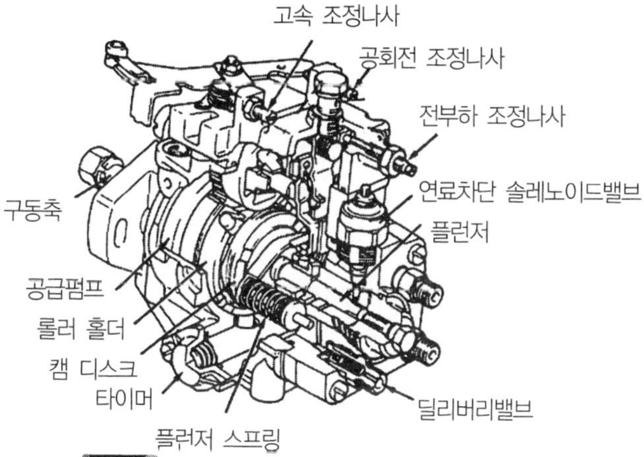

그림 7. 분배형 분사펌프의 구조

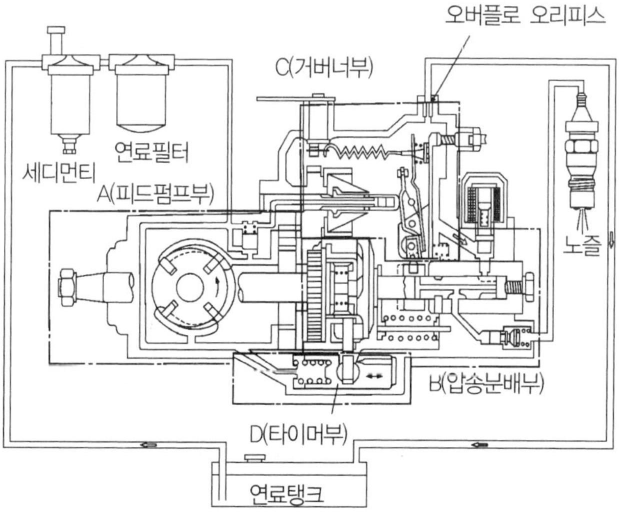

그림 8. 분배형 분사펌프 연료장치의 구성도

[1] 피드펌프(feed pump)

연료탱크의 연료를 압송 분배부에 압송하는 역할을 한다. 분사펌프의 입구에 부착되어 크랭크축에 의해 동력을 전달받아 분사펌프의 구동축에 의해 구동된다.

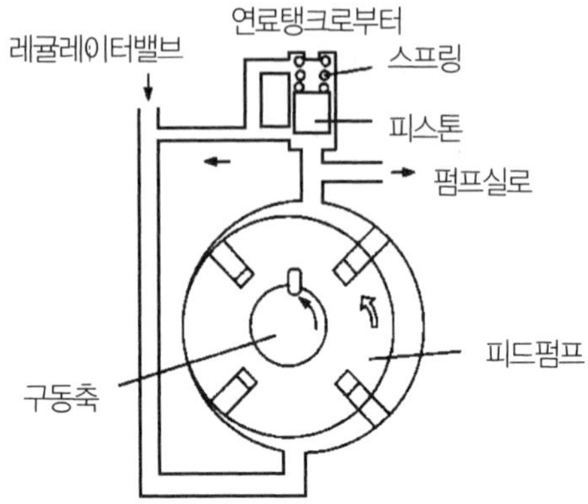

그림 9. 연료공급펌프의 구조

[2] 압송분배부

플런저를 통해 고압을 형성하며 각 실린더로 연료를 분배하는 역할을 한다. 연료는 내부에 분배배럴에 압입되어 있고, 흡입포트 1개, 배송포트(outlet port)는 기통수(4~8개)만큼 있다. 흡입포트 상단에는 연료차단 솔레노이드밸브가 부착되어 엔진정지 시 흡입포트의 입구가 차단되어 연료공급이 중단된다.

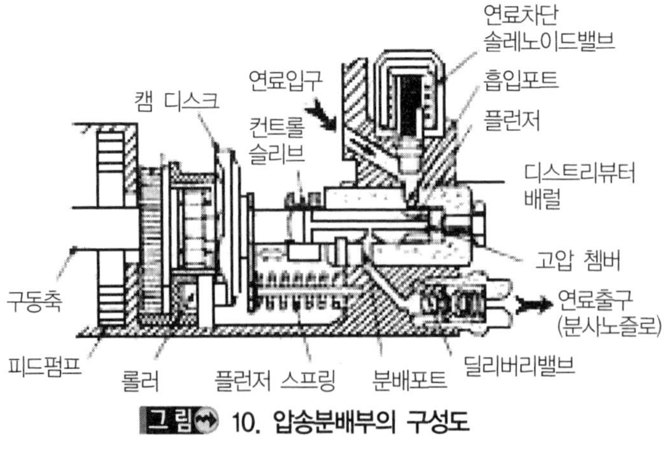

그림 10. 압송분배부의 구성도

[3] 타이머(timer)

(1) 원심식 조속기

거버너(governor)라고도 불리며 연료 분사량을 제어하는 기능을 한다. 원심식과 진공식이 있으며 일반적으로 원심식을 주로 사용한다.

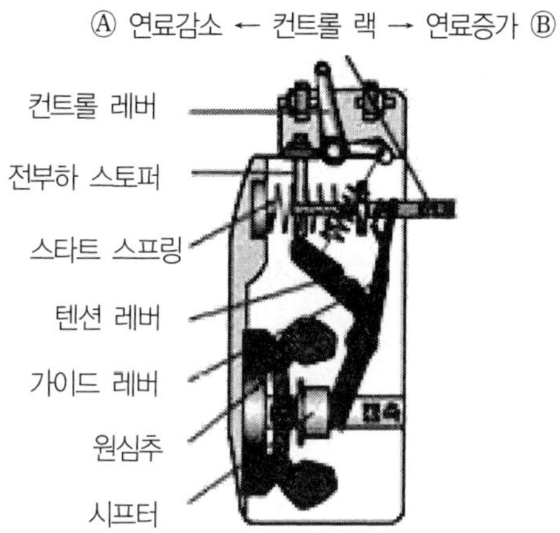

그림 11. 원심식 조속기의 구조

(2) 유압식 타이머

회전속도에 따라 분사시기를 제어하는 역할을 한다. 타이머는 플런저가 상승하여 압송을 개시하는 구동축의 위상각에 따라 분사시기가 결정된다.

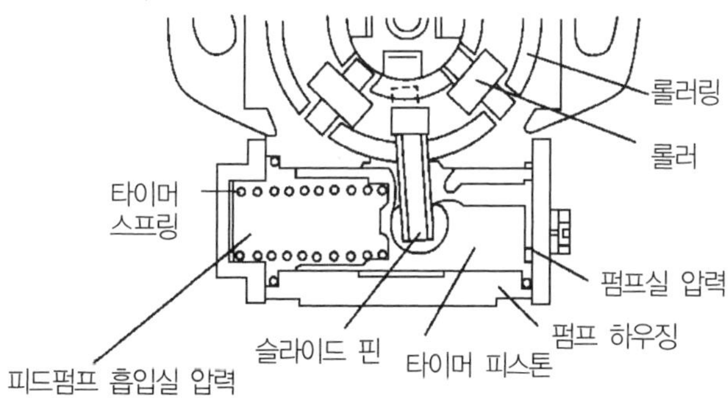

그림 12. 유압식 타이머의 구조

2.2.3. 전자제어식 분사펌프

[1] 전자제어 인젝션펌프 분사장치의 구성

전자제어 인젝션펌프 분사장치(electronic injection pump system)는 기존의 기계식 분사펌프와 비교할 때 기계식 조속기가 전기제어식 액추에이터로 대체되었다는 것이 큰 특징이다.

전자제어 인젝션펌프 분사장치는 분사시기를 제어하기 위해 별도의 솔레노이드밸브를 사용하여 분사타이머에 작용하는 연료압력을 ECU를 이용하여 제어한다. ECU로부터 제어되는 솔레노이드가 컨트롤랙을 이동시키면 플런저의 유효행정이 변화되어 연료의 분사량이 제어된다. 솔레노이드는 플런저배럴 내에 추가로 설치된 컨트롤 슬리브 또는 타이머를 작동시켜 연료의 분사시기를 제어한다.

그림 13은 전자제어식 분배형 분사펌프의 구성을 나타낸 것이다.

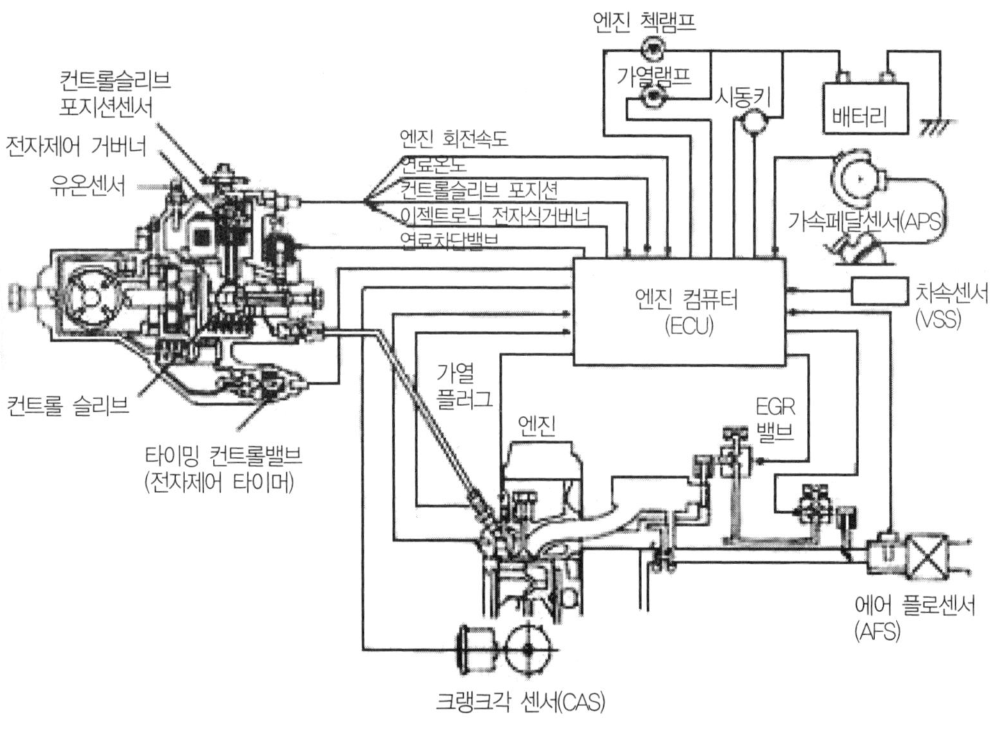

그림 13. 전자제어식 분사장치의 제어

[2] 전자제어 인젝션펌프 분사장치 제어

(1) 연료분사량 제어(injection control)

흡기다기관 압력, 엔진회전속도 센서 등을 기준으로 기본 분사량을 결정하고, 연료 보정을 가속페달의 위치, 차속, 대기압센서 등의 신호에 따라 액추에이터를 통해 제어한다.

(2) 연료 분사시기 제어(injection time control)

엔진 회전속도, 대기압, 냉각수 온도, 타이머 위치센서에서 입력되는 신호에 의해서 연료의 분사시기를 제어한다.

(3) 흡기다기관 압력제어(manifold pressure control)

대기압, 흡기온도, 냉각수 온도에 따라 스로틀플랩(throttle flap)을 통해 흡기다기관의 압력을 제어한다.

(4) 정속운전 제어(cruise control)

엔진의 회전속도가 균일하게 되도록 실린더의 분사량을 선택적으로 제어하는 것이다. 분사펌프의 제작공차, 각 실린더의 마찰저항, 압축비의 치이에 의해서 각 실린더에서 발생되는 엔진 회전력의 불균형을 연료 분사량을 통해 제어한다.

(5) 전부하 분사량 제어(full load control)

엔진의 실제 운전과 전부하 운전특성을 비교하고, 컨트롤 랙 액추에이터를 작동시켜 연료 분사량과 시기를 제어한다.

(6) 서지 댐핑제어(surge damping control)

서지 댐핑제어는 엔진과 동력전달 계통의 유격과 부하변동 시에 발생되는 엔진의 울컥거림 현상을 방지하도록 제어한다. 엔진의 회전속도 센서, 인히비터 스위치 등에서 입력되는 신호를 이용하여 연료 분사량을 보정하여 엔진의 진동

2.3. 인젝션 펌프식 디젤엔진의 점검 · 정비

2.3.1. 인젝션 펌프식 분사장치의 공기와 물 빼기작업

① 연료필터 공기빼기 플러그(A)를 분리한다.

② 순수한 연료가 나올 때까지 연료필터 플런저를 상하로 움직이며 공기를 빼낸다.

③ 연료필터 머리부를 누르면서 공기빼기 플러그를 조립한다.

④ 드레인플러그(B)를 분리한 후 연료필터의 프라이밍펌프를 이용하여 물 빼기를 한다.

⑤ 물 빼기를 실시한 후 연료필터의 공기빼기를 다시 실시한다.

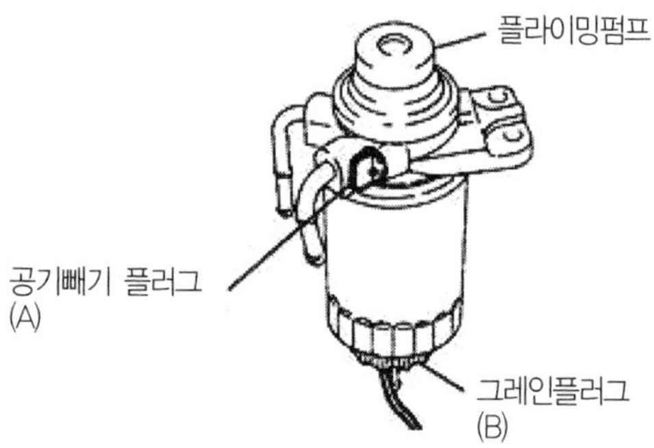

그림 14. 연료필터 공기와 물빼기

2.3.2. 인젝션 펌프식 분사장치의 분사량 시험

① 연료분사펌프에 커플링을 연결한 후 플랜지에 볼트를 사용하여 설치한다.

② 분사펌프와 노즐사이에 고압파이프를 연결한다.

③ 인라인과 로터리 연료호스를 분사펌프의 연료공급 스크루 측에 설치한다.

④ 어댑터를 사용하여 펌프 공급호스를 플로스크루 바깥쪽에, 리턴호스를 어댑터 위쪽에 연결하고 분사펌프의 리턴통로에 설치한다.

⑤ 점화스위치를 ON으로 하고 연료차단 솔레노이드밸브의 리드선을 연결잭에 연결하고, 전압선택 스위치를 이용하여 전압을 선정한다.

⑥ 엔진 스톱스위치를 시계방향으로 돌리고 녹색 버튼을 누른다.

그림 15. 연료분사펌프 시험기

⑦ 자동 및 수동스위치를 수동으로 선택하고 분배형은 0.5K, 독립형은 1.6K에 선정하여 컨트롤레버로 압력을 조정한다.

⑧ 분사량 불균율이란 연료분사펌프에서 각 기통별 노즐에서 분사되는 연료분사량의 차이를 율(%)로 나타낸 것이며 다음 계산식으로 표시한다.

Reference 평균 분사량과 불균율이란 ?

각 분사노즐의 분사량의 합과 실린더 수를 나눈 값을 평균 분사량이라 하며 (+)불균율이란 최대 분사량과 평균 분사량의 차이를 평균 분사량으로 나눈 값이다. 또한 (-)불균율이란 최소 분사량과 평균 분사량의 차이를 평균 분사량으로 나눈 값을 말한다.

- $\text{평균분사량} = \dfrac{\text{각 분사 노즐의 분사량 합}}{\text{실린더 수}} [cc]$

- $\text{(+)분사량 불균율} = \dfrac{(\text{최대분사량} - \text{평균분사량})}{\text{평균분사량}} \times 100[\%]$

- $\text{(-)분사량 불균율} = \dfrac{(\text{평균분사량} - \text{최소분사량})}{\text{평균분사량}} \times 100[\%]$

2.3.3. 인젝션 펌프식 분사장치의 분사량 조정

분사펌프의 분사량 조정은 조절 피니언과 슬리브의 위치를 바꾸어 다음과 같이 조정한다.

① 조절 피니언의 클램프스크루를 가볍게 푼다.

② 조절 슬리브를 렌치나 펀치로 조정구멍을 좌우로 타격하여 회전시킨 후 조인다.

③ 분사량 조정은 아래 표를 참고하여 조정한다.

표 분사량 조정방법

리드 방향	회전방향	분사량의 증감
왼쪽 리드	오른쪽	분사량 증가
오른쪽 리드	왼쪽	분사량 감소

2.3.4. 연료분사 노즐 점검 · 조정

① 분사노즐을 엔진에서 탈거하여 노즐시험기에 노즐을 설치한다.

② 노즐시험기의 펌프레버를 상하로 작동시켜 공기빼기를 실시한다.

③ 펌프레버를 1~2회 천천히 약하게 작동시켰다가 힘껏 1회를 작동시킨다.

④ 압력계의 지침이 천천히 상승하고 분사 중에는 지침이 흔들린다.

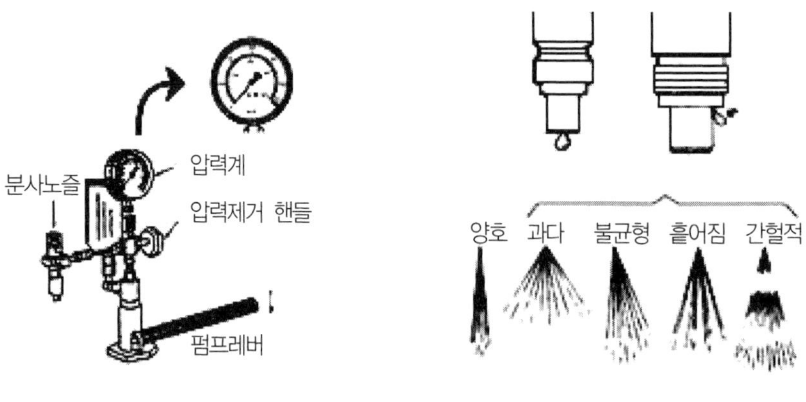

(a) 분사노즐의 설치　　(b) 분사상태 점검법

그림 16. 분사노즐의 설치와 분사상태 점검법

⑤ 분무상태가 양호한지 점검하고, 지침이 흔들리기 시작하는 분사 개시압력을 확인한다.

⑥ 분사개시 압력은 해당차종의 정비지침서를 참고하고, 맞지 않으면 압력조정작업을 실시한다.

⑦ 압력조정은 나사(screw)방식은 조이면 압력이 상승하고, 심(shim)방식은 심을 추가하면 압력이 상승한다.

⑧ 시험기로 노즐압력을 100~110kgf/cm^{2}으로 유지하면서 노즐의 누유나 후적을 확인한다.

2.3.5. 연료 분사펌프의 분사시기 점검 및 조정

① 타이밍라이트의 적색클립은 축전지의 (+), 흑색은 (−), 점검 선을 (+)단자에 연결한다.

② 타이밍라이트의 피에조센서를 1번 실린더 고압파이프의 분사노즐에 가깝게 설치하고 피에조케이블을 연결한 후 접지선을 접지시킨다.

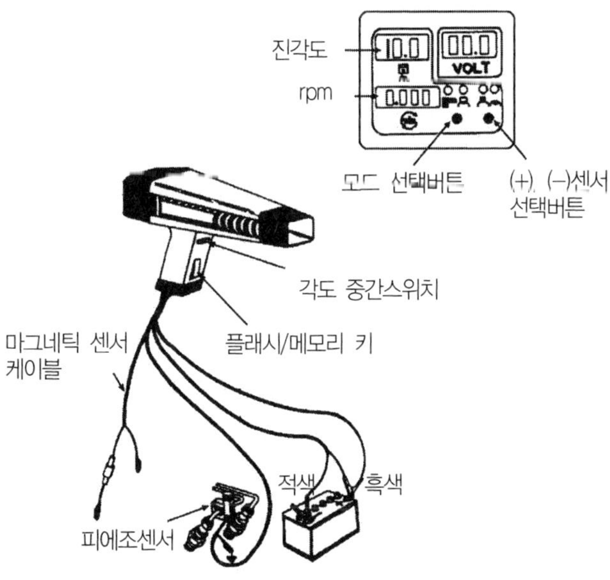

그림 17. 타이밍라이트를 이용한 분사시기 점검

③ 규정된 회전속도로 엔진을 공회전 시킨다.

④ 플래시/메모리 키를 눌러 TDC마크에 라이트를 비춘다. 이때 일치하지 않으면 각도 증감 스위치를 좌·우로 눌러 TDC마크와 일치시킨다.

⑤ TDC마크와 일치하면 플래시/메모리 키를 놓는다. 이때 진각과 회전속도가 약 10초 동안 기억된다. 액정에 나타난 진각도를 읽고 규정 값을 확인하고 분사시기를 조정한다.

03. 커먼레일 디젤기관의 전자제어장치 정비

NCS 활용

□ NCS 연계 : 디젤 전자제어장치 정비(1506030210_14v2)
디젤 전자제어장치 정비란 디젤 전자제어장치 센서의 엔진 컨트롤 모듈을 진단장비의 서비스 데이터 및 관련 측정 장비로 점검·진단, 조정, 교환, 수리 및 검사하는 능력을 기른다.

3.1. 커먼레일 디젤엔진의 개요

기계식 연료분사장치는 분사압력을 얻기 위해 캠 구동장치를 사용하면서 분사압력과 연소실로 분사되는 분사량을 속도증가와 함께 기계적으로 증가하는 방식이다. 하지만 지구 온난화와 에너지 소비 감축방안으로 국제적으로 화석 에너지 사용 및 유해물질 배출 규제, 연비규제로 대변되는 이산화탄소(CO_2) 규제가 강화됨에 따라 고효율 및 친환경적 자동차 개발이 시급하게 되었다. 이 때문에 디젤엔진은 유럽 주도로 지속적인 기술발전이 이루어졌으며, 현재는 전 세계 자동차 제작사에서 터보차저와 함께 첨단기술을 적용한 커먼레일분사(CRDI : Common Rail Direct Injection)방식이 개발되어 적용되고 있다.

이른바 '클린디젤' 이라 불리는 커먼레일 엔진은 분사압력의 발생과 연료 분사과정이 완전히 별개로 이루어지며, 연소실로 초고압의 연료를 직접분사하는 방식으로 디젤엔진 고유의 강점을 살리면서도 엔진의 토크와 출력은 물론 소음과 진동을 개선하였다.

또한 강화되는 배출가스 및 연비규제에도 대응하고 있어 가솔린엔진의 성능을 능가하는 수준에 이르고 있으며, 연비까지 탁월한 클린 디젤엔진을 적용하고 있다.

Reference 클린디젤(clean diesel)이란 ?

클린디젤이란 기존 디젤엔진에 신 연소기술과 첨단 제어기술을 적용하여 연비를 향상시키고, 지구 온난화가스인 이산화탄소(CO_2)의 배출량을 감소시키며, 배출가스를 원천적으로 저감하는 후처리기술을 적용한 디젤자동차를 총칭한다.

[1] 커먼레일엔진의 장점

① 연료압력 발생과 분사과정이 분리되어 엔진 회전수와 관계없이 분사압, 분사량, 분사시기를 독립적으로 제어할 수 있다.

② 파일럿 분사를 통해 배기가스와 소음·진동을 저감할 수 있다.

③ 연료압력을 제어하여 분사하기 때문에 고압을 유지할 수 있어 연소효율을 높일 수 있다.

④ 엔진과 연료분사를 독립적으로 제어하기 때문에 부품수가 줄어들고 경량화가 가능하다.

⑤ 연소효율이 높아 출력이 증가하고, 유해물질의 배출량이 줄어든다.

3.2. 커먼레일 연료분사의 특성

전자제어 커먼레일시스템은 전자제어를 통해 고압펌프에 의해 생성된 고압의 연료를 인젝터를 통해 각 실린더에 직접분사하는 방식이다. 커먼레일 시스템은 디젤엔진의 단점인 소음과 진동, 고속화, 연료의 경제성, 매연 저감을 위해 초고압의 분사압력으로 최적의 연료분사를 제어하는 시스템이다.

연료의 분사압력을 1,600~2,400bar의 초고압으로 압축하여 연소실에 짧은 시간(약 1/1,000초)동안 1/1,000cc 정도의 연료를 분사하여 이상적인 공연비를 형성하고, 완전연소를 유도하고 있다. 커먼레일 엔진은 연료 분사압력에 따라 세대를 구분하며, 현재는 약 2,000bar 이상의 압력으로 제어된다.

기계식과 달리 완전연소가 되도록 연료분사량과 분사시기 등을 독립적으로 제어가 가능하다. 이에 따라 기존 엔진에 비해 출력과 토크의 향상은 물론 엔진효율이 높아지고 공해물질이 적게 배출되며 경량화가 가능하게 되었다.

3.2.1. 고압분사

디젤엔진에서 초 고압분사가 필요한 이유는 연료의 높은 분사에너지가 연소실내에서 공기와의 혼합을 활성화시켜서 분무 당량비를 균일하게 하므로써 엔진의 고 출력화는 물론 매연을 대폭적으로 저감시켜주기 때문이다. 또한 중저속 운전영역의 분무상태를 미립화하기 위해서 인젝터 노즐의 분무 공 직경을 줄이게 되면 고속출력 점에서 분사시간이 길어진다.

Reference 디젤엔진에서 연료 분사압력을 높이면 좋아지는 이유는 ?

분사연료를 미립화시켜 디젤엔진의 성능향상을 위한 3대 요소인 무화와 관통력, 그리고 도달거리를 높이기 위함이다. 연료의 분사압력을 높이면 분사되는 연료는 미립화되고 궁극적으로 디젤엔진의 단점인 소음과 진동의 감소, 엔진의 고 회전 실현, 연료 소모량의 감소, 그리고 배기가스가 저감된다.

3.2.2. 다단분사

다단분사는 디젤연소의 특성에 맞추어 연료를 분할하여 분사하므로 연소효율이 좋아지고 매연(PM : Particle Matter)과 NOx를 동시에 저감시킬 수 있다. 다단분사의 1회 분사에 수회를 작동시켜야 하므로 고성능의 정밀한 인젝터가 적용되고 있다.

다단분사에는 파일럿 인젝션(pilot injection)와 프리 인젝션(pre-injection), 메인 인젝션(main injection), 애프터 인젝션(after injection), 포스트 인젝션(post-injection) 등이 있다.

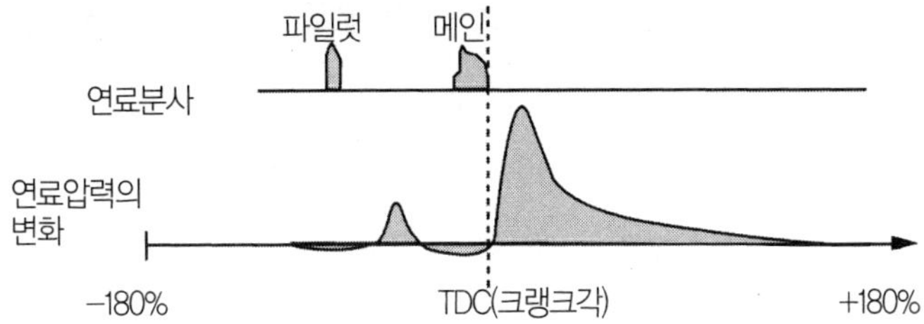

(a) 2단계 다단분사

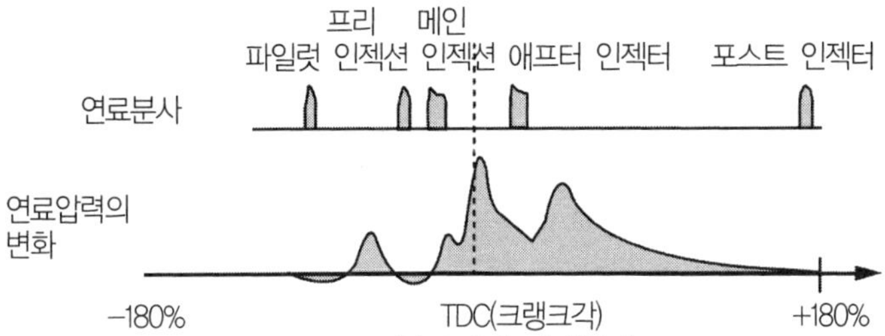

(b) 5단계 다단분사

그림 18. 커먼레일 엔진의 다단분사 사례

Reference 커먼레일엔진의 다단분사와 효과

- 파일럿 인젝션(pilot-injection) : 예비분사를 말하며 예 혼합 연소에 따른 매연을 저감시킨다.
- 프리 인젝션(pre-injection) : 사전분사를 말하며 착화 지연을 단축시켜 NOx와 연소 소음을 저감시킨다.
- 메인 인젝션(main-injection) : 주분사를 말하며 최적제어 연료분사로 출력을 향상시킨다.
- 애프터 인젝션(after-injection) : 후기분사를 말하며 확산 연소 활성화로 PM저감 효과가 있다.
- 포스트 인젝션(post-injection) : 후 분사를 말하며 배기가스 온도상승 및 촉매장치를 활성화시킨다.

3.3. 인젝션방식과 커먼레일방식의 비교

기계식 디젤엔진은 기계식 인젝션펌프에 의해 엔진 회전수에 비례한 분사압력과 연료량을 기계식노즐을 통해 제어하므로서 다양한 엔진부하에 대한 정교한 연료분사량 제어에 어려움이 있다.

그러나 커먼레일엔진은 이와 달리 고압펌프에 의해 발생된 고압(약 1,650~2,400 bar)의 연료를 엔진 ECU가 각종 센서의 정보를 토대로 다양한 엔진 부하에 대한 최적의 압력 및 연료량을 인젝터를 통해 제어한다.

따라서 커먼레일시스템은 연료량 및 분사시기를 정교한 제어가 가능하여 예비분사(Pilot Injection)와 주분사(main injection)를 실시하여 성능향상, 연비향상, 저소음 및 저공해가 가능해 졌다.

표 커먼레일과 기계식 디젤엔진

구 분	커먼레일 연료분사장치	기계식 연료분사장치
인젝터/노즐	전류제어형식의 인젝터	120bar이상 작동되는 노즐
연료량제어	인젝터 구동시간+연료압력	플런저(원심력+스프링장력)
다중 분사	가능	불가능
연료압력제어	연료압력조절밸브	엔진 회전수에 비례하여 상승
연료분사시기	연산에 의한 구동제어	엔진 회전수에 비례하여 상승

3.3.1. 기계식 디젤의 분사특성

그림은 19(a)는 기계식 연료분사장치의 연료분사 특성이다. 기계식 분사장치의 연료분사는 주 분사로만 이루어진다. 기계식 연료 분사장치의 연료압력과 분사량은 엔진 회전수에 따라 증가하고, 실제 분사진행 중에도 분사압력은 증가하며 분사 말기에는 노즐이 닫혀 압력이 떨어지는 특성을 갖는다. 이 때문에 구조적으로 연료 분사량을 제어할 때 연료 분사량이 적을 때는 낮은 압력으로, 많은 양을 분사할 때는 높은 압력으로 분사된다.

결국 최대압력은 평균 분사압력보다 2배 이상 크다. 기계식 연료 분사장치의 연료 분사 특성은 삼각형태를 이루기 때문에 모든 구간에서의 정교한 연료 분사량 제어가 불가능하다.

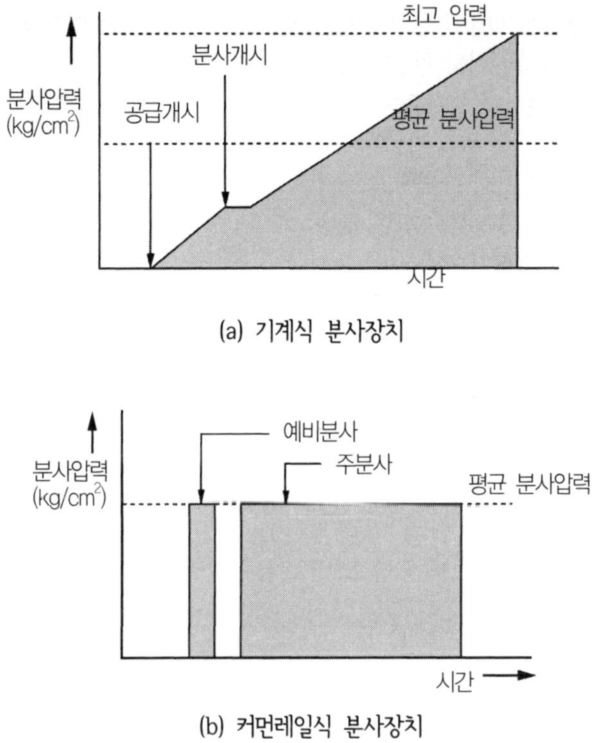

그림 19. 기계식과 커먼레일식 연료분사 특성

3.3.2. 커먼레일 엔진의 분사특성

그림 19(b)는 커먼레일 연료분사장치의 기본적인 연료분사의 특성이며 예비분사와 주 분사로 이루어진다.

[1] 예비분사(pilot injection)

예비분사는 말 그대로 주 분사가 이루어지기 전 연료를 분사하여 연소가 잘 이루어지게 하기위한 분사이며, 예비분사에 의해 엔진의 소음과 진동도 감소되는 효과가 있다. 즉, 연소시 연소실 압력상승을 부드럽게 이루어지도록 해주므로 엔진의 소음과 진동은 물론 연료소비율 및 배기가스를 현저히 감소시킨다.

예비분사의 기본값은 수온과 흡입공기량에 따라 조정되며 기타 제약에 따라 예비분사가 중단될 수가 있다.

Reference 예비분사 금지조건

예비분사는 엔진에 시동이 걸린 상태에선 거의 이루어지지만 아래와 같은 조건에서는 예비분사를 실시하지 않는다.
- 예비분사가 주분사를 앞지르는 경우
- 엔진 회전수가 3200rpm 이상인 경우
- 연료분사량이 너무 적은 경우
- 주분사 연료량이 충분하지 않은 경우
- 엔진에 오류가 발생한 경우
- 연료압력이 최소압(100bar) 이하인 경우

[2] 주 분사(main injection)

엔진출력에 대한 에너지는 주 분사로부터 나온다. 커먼레일 연료분사시스템에서 분사압력은 분사과정 전체를 통해 실질적으로 일정하게 유지된다. ECU는 엔진 요구토크(가속페달센서+RPM)과 각종 보정신호(연료압력, 냉각수온, 흡기온도, 대기압 등)를 받아 주 분사 연료량을 계산하고, 또한 예비분사가 실행되었는지를 고려하여 연료분사량을 계산한다.

[3] 예비분사 유무에 따른 연소압력 특성

그림 20은 예비분사 유무에 따른 연소압력 변화를 나타낸 것이다. 예비분사가 적용되었을 때의 연소압력 변화는 소량의 연료가 분사되는 예비분사에 의해 연소실에서의 초기점화를 향상(착화 지연시간 감소)시키고, 이로 인해 연소효율이 전체적으로 향상되어 아래와 같은 효과가 나타난다.

이러한 효과는 연소소음과 연료 소비율 및 배기가스를 현저히 감소시킨다. 하지만 예비분사가 없는 경우 압력변화를 보면 TDC 이전 압축행정 초기에는 압력이 완만하게 상승하지만, 이 후 최대 압력점에서는 상대적으로 날카로워 진다. 따라서 가파른 압력이 디젤엔진의 연소소음과 진동을 증가시키게 된다.

① 압축·압력은 예비분사와 부분연소 때문에 조금 증가한다.

② 주 분사 점화지연시간이 감소된다.

③ 연소·압력의 상승이 감소되며, 연소압력이 상당히 부드럽게 형성된다.

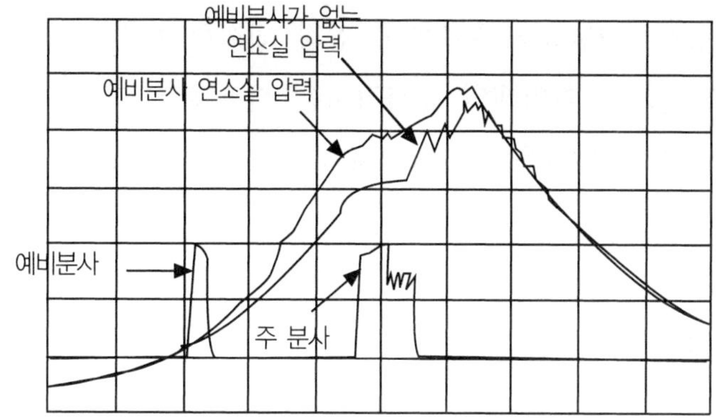

그림 20. 예비분사에 따른 연소실 압력변화

3.4. 커먼레일 디젤엔진의 연료장치

커먼레일(common rail) 직접분사시스템은 ECU에 의해 분사시기, 분사압력, 분사량을 최적화 한 후 커먼레일 연료펌프에서 배송된 연료를 고압의 상태로 저장하는 커먼레일에 저장된 초고압 연료를 연소실에 직접분사하는 시스템이다.

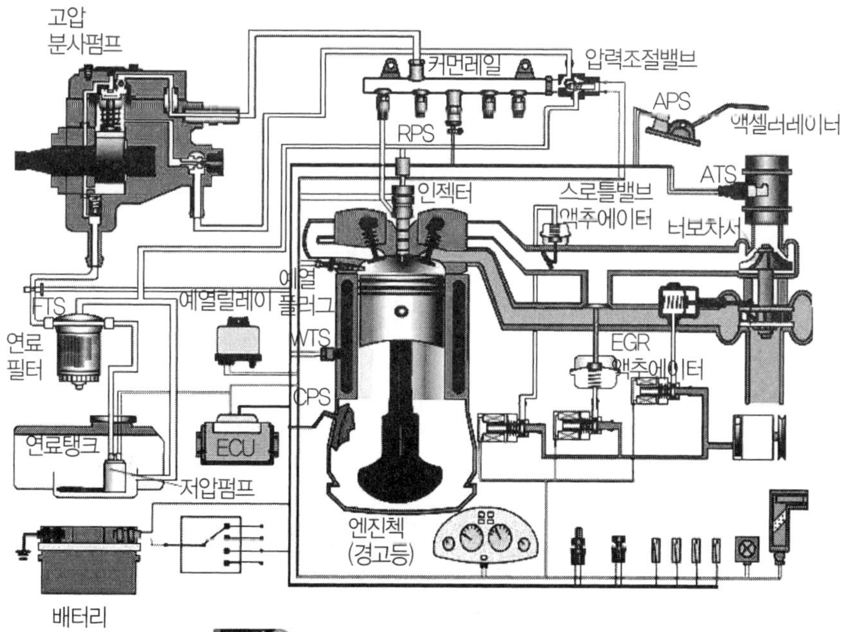

그림 21. 커먼레일 연료장치의 구성도

핵심부품 중의 하나인 인젝터는 솔레노이드방식과 더욱 정밀해진 피에조타입의 인젝터, 분사압력도 초기 1,350bar 수준에서 점점 진화하여 2,000bar 이상의 초고압 분사방식이 적용되고 있다. 커먼레일 분사장치는 연료탱크, 저압으로 연료를 이송하는 저압 연료장치, 이송된 연료를 초고압으로 분사하기 위한 고압 연료장치로 구성된다.

3.4.1. 저압 연료장치

저압 연료장치는 고압펌프까지 충분한 연료를 공급시키는 연료 이송장치로 연료탱크, 저압 연료펌프, 연료필터 등으로 구성되며 저압 연료펌프는 전기식과 기계식으로 나누어진다.

[1] 전기식 저압 연료펌프

전기식 저압 연료펌프는 ECU에 의해 구동되며 점화스위치를 ON으로 하면 3~5초간 작동하고 엔진회전수를 입력받아 지속적으로 작동하게 된다.

만일 엔진의 회전수가 50rpm 이상이면 ECU는 연료펌프 릴레이를 작동시켜 연료펌프를 구동하지만, 점화스위치를 ON으로 하여 방치하면 펌프는 구동되지 않는다.

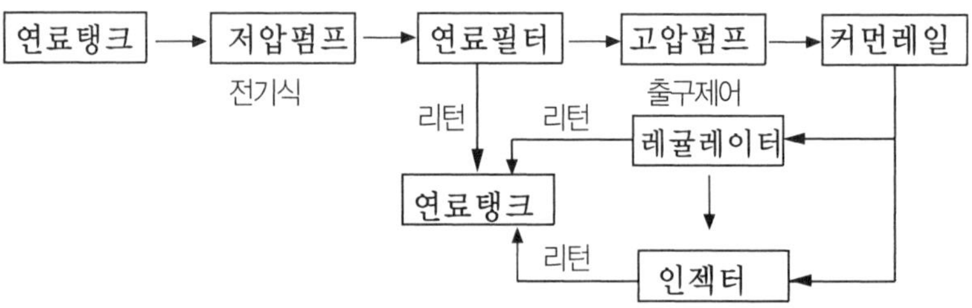

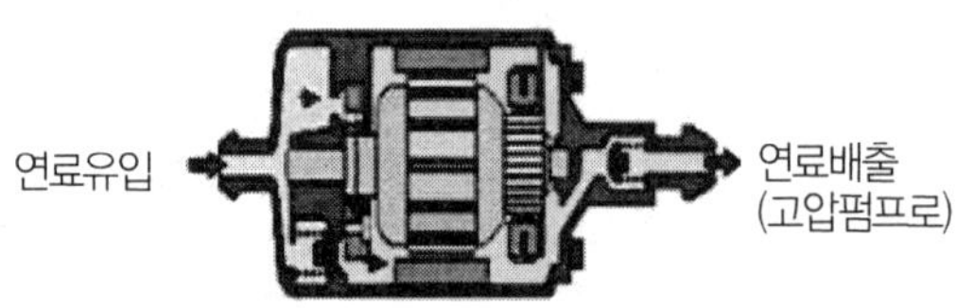

그림 22. 전기식 저압펌프의 연료공급 경로와 구조

[2] 기계식 저압 연료펌프

기계식 저압 연료펌프는 일반적인 기어형식으로 고압펌프와 일체식으로 구성되어있다. 엔진의 회전과 동시에 타이밍체인 또는 벨트로 연결된 고압펌프가 회전하면 고압펌프 내부의 구동축의 의해 펌프가 구동된다.

흡입된 연료는 연료압력 조절밸브에 의해 조절되어 필요한 양의 연료가 고압펌프로 압송되어진다. 저압 연료펌프는 엔진속도에 비례하여 유량이 증가하지만, 엔진 회전수가 높더라도 라인압력은 4~6.5bar 부근으로 일정하게 유지되도록 한다.

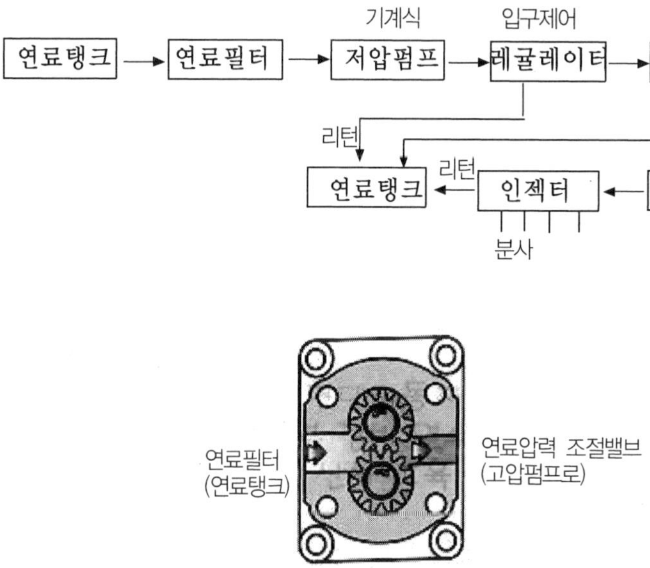

그림 23. 기계식 저압펌프 연료공급 경로와 구조

[3] 연료필터와 가열장치

연료속에 포함된 수분과 오염물질은 고압라인과 인젝터의 손상을 초래할 수 있으므로 세디멘터(sedimentor)기능을 가진 연료필터와 연료라인의 공기빼기 작업을 할 수 있는 프라이밍펌프가 장착된 방식도 있다.

또한 경유는 온도가 낮아지면 연료성분 중 파라핀 성분(CnH2n+2)이 고체화되어 연료필터에서 연료흐름을 방해하므로 연료 히터가 부착되는 가열방식도 있다. 연료필터 가열장치는 ECU와 관계없이 연료필터에 장착된 온도가 약 -3℃에서 릴레이가 작동되면 히터가 작동하여 연료를 가열하는 방식이다.

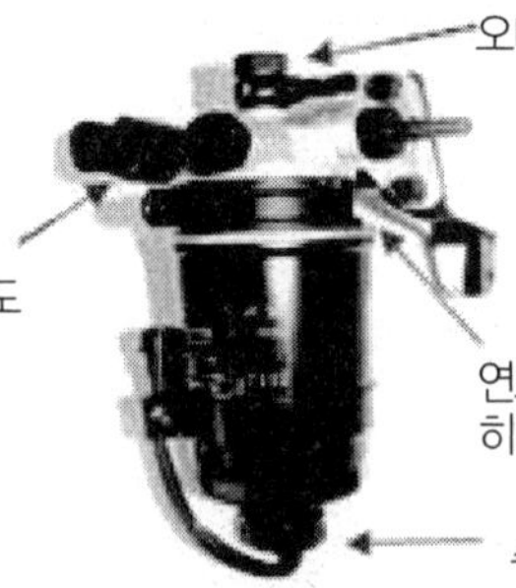

(a) 프라이밍펌프가 없는 연료필터

(b) 프라이밍펌프가 있는 연료필터

그림 24. 연료필터와 가열장치

3.4.2. 고압 연료장치

엔진이 회전하기 전에 커먼레일의 압력은 0bar에 가깝지만 크랭킹 회전수가 250rpm 이상이 되면 연료압력은 엔진회전에 비례하여 상승하고 1,600~2,400bar의 고압으로 ECU에 의해 조절된다.

고압 연료라인은 고압펌프, 레일압력센서, 압력 제한밸브, 고압파이프, 인젝터, 그리고 압력조절밸브(inlet metering valve) 등으로 구성된다. 연료압력 조절밸브는 ECU에서 목표로 하는 설정압력으로 고압의 연료를 분사하기 위해서 레일에 축압된 연료가 항상 일정하게 유지하고 제어될 수 있도록 한다.

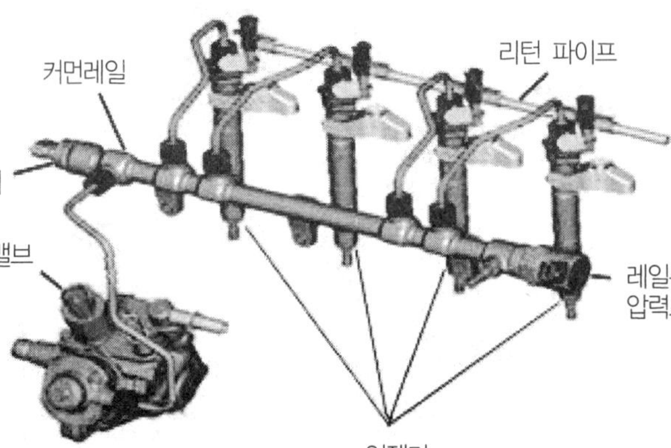

그림 25. 커먼레일 고압연료 장치

[1] 고압펌프(high pressure pump)

고압펌프는 기관 구동 중 필요로 하는 고압을 발생하고, 커먼레일 내에 높은 압력의 연료를 지속적으로 보내주는 역할을 한다. 고압펌프는 캠축 또는 크랭크축에 의해 구동되고 최대 토출압력은 과거에는 1,400bar 정도였지만 최근에는 1,600~2,400bar 정도로 증가되었고 엔진의 파워는 이러한 분사압력과 분사량을 어떻게 제어하느냐에 따라 결정된다.

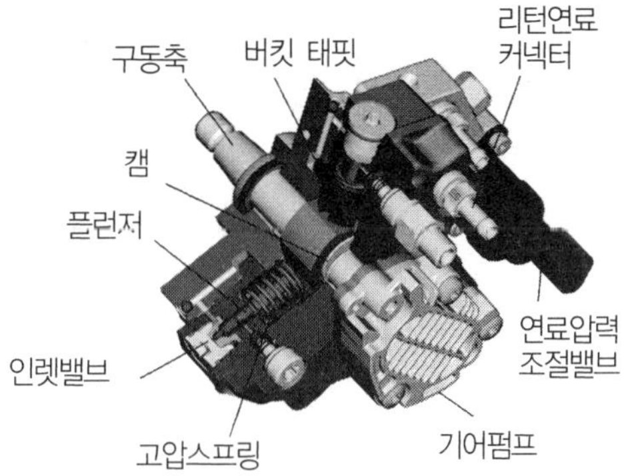

(a) 고압펌프의 구조

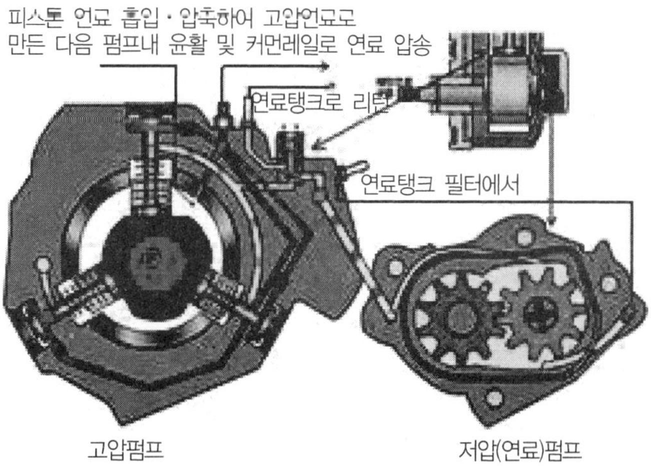

(b) 고압연료 제어

그림 26. 고압펌프의 구조와 고압연료 제어

따라서 커먼레일 엔진은 연료의 누출 또는 압력제어 밸브의 이상 발생 시 엔진 출력에 크게 영향을 주게 된다. 고압펌프의 윤활은 연료속의 윤활재(파라핀 등)으로 인해 이루어진다.

고압펌프는 엔진의 시동이 걸려 엔진이 회전하게 되면 고압펌프도 함께 회전을 시작하고 이때부터 커먼레일 내부의 압력은 고압이 형성되기 시작한다. 엔진회전수가 약 250RPM 이상 상승되면 정상 차량인 경우 분사에 필요한 연료 압력이 고압펌프에 의해 커먼레일에 형성되게 된다.

연료의 압력은 엔진 회전수에 비례하여 상승하는데 보통의 경우 아이들 시 250bar 부근에 있고 엔진회전수가 상승함과 동시에 연료의 압력도 상승하여 최고 2,000bar 부근에서 엔진 ECU에 의해 조절된다.

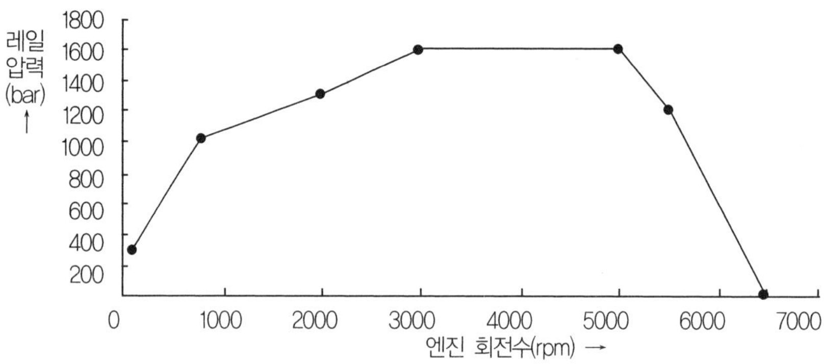

그림 27. 엔진회전수와 연료압력제어

[2] 커먼레일

커먼레일(common rail)은 고압 연료펌프로부터 이송된 연료를 모든 인젝터에 같은 압력으로 연료가 공급될 수 있도록 해주는 일종의 연료저장 레일이다. 고압펌프에서 연료분사 시 발생되는 압력변동은 레일의 체적에 의해 줄어들어 연료분사 시 레일에서 연료가 소모되어도 축압효과에 의해 레일압력은 일정하게 유지한다. 일반적으로 커먼레일에는 레일압력선서와 압력제한 밸브, 그리고 연료압력 조절밸브가 함께 장착된다.

① 연료 압력센서 : 고압라인의 연료 압력을 측정하여 ECU로 보낸다.

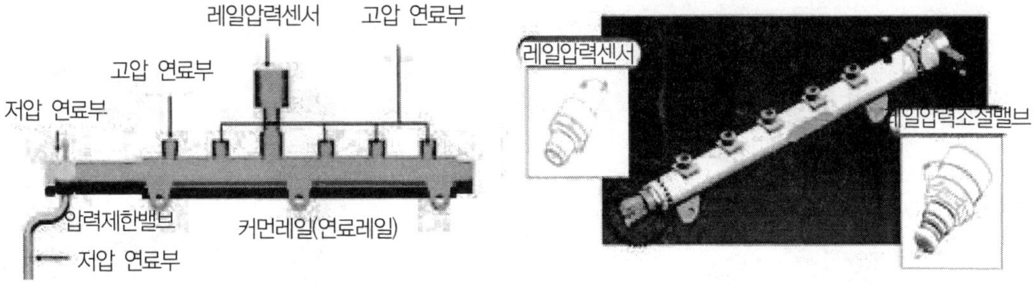

(a) 커먼레일 구성부품 (b) 레일압력센서 및 레일압력조절밸브 위치

그림 28. 커먼레일의 구성부품

② 압력제한밸브 : 고압펌프 출구에 장착되어 고압부문의 압력이 높아지는 것을 방지하는 역할을 한다. 압력 제한밸브는 기계적으로 제어되며 설정압력 이상이 되면 열리게 된다.

③ 연료압력조절밸브 : 연료압력 조절밸브는 ECU에서 목표로 하는 설정압력으로 고압라인의 연료압력을 일정하게 유지하는 역할을 한다.

Reference 커먼레일(common rail)이란 ?

커먼레일이란 고압펌프에서 발생된 고압의 연료를 공통의 연료관을 통해 관리된다는 의미로 불리어진 이름이다.

3.4.3. 인젝터

[1] 솔레노이드 인젝터방식

솔레노이드 인젝터방식은 코일에 전류가 공급되면 밸브가 연료의 압력으로 들어올려진 후 컨트롤 챔버를 통해 연료를 배출하고 그와 동시에 니들과 노즐이 상승되면서 고압의 연료가 연소실로 분사된다.

인젝터의 제어는 ECU 내부 구동 드라이브에서 높은 전압 및 전류로 제어된다. 초기 작동 시에는 약 20A의 전류가 발생되고 이것을 풀인(pull-in) 전류라고 한다. 초기 작동 후 분사구간에는 12A 정도의 비교적 적은 전류로 제어하며 이것을 홀드인 전류라고 한다.

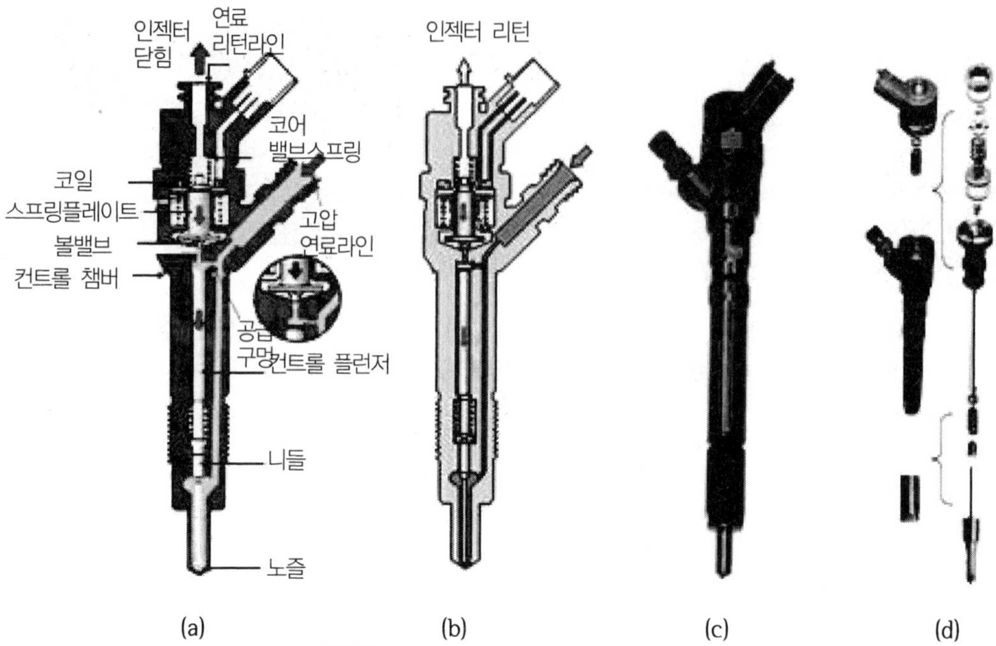

그림 29. 솔레노이드 인젝터방식의 구조

Reference 디젤엔진의 연료분사 3가지 조건

■ 무 화

연료의 증발과 연소는 연료입자가 작아질수록 신속하게 이루어지므로, 연료입자를 미세한 입자로 만들어 주는 것이 필요하다. 이와 같이 분사노즐에서 분사되는 분무의 연료입자를 미세하게 깨뜨려서 미립화하는 것을 무화(atomization)라고 한다.

■ 관통력

연소실 내로 분사되는 연료는 연료의 미립자가 가능한 한 먼 곳까지 관통하여 도달할 수 있는 힘이 있어야 한다. 이와 같이 연료 분무 입자가 압축된 공기 속을 관통하여 도달하는 능력을 관통력(penetration)이라고 한다.
연료입자가 지나치게 작으면 압축공기 속을 관통할 수 없어서 노즐 주위에 연료입자들이 모이게 되고, 이러한 현상은 불완전 연소나 디젤노크를 일으키는 원인이 된다.

■ 분포

분사된 연료의 입자가 연소실 내의 구석까지 균일하게 분포(distribution)되어 알맞게 공기와 혼합되어야 한다. 이 밖에도 연료가 분사된 후 열분해를 일으키지 않고 그대로 기화되어 균일한 혼합기가 만들어져야 한다.

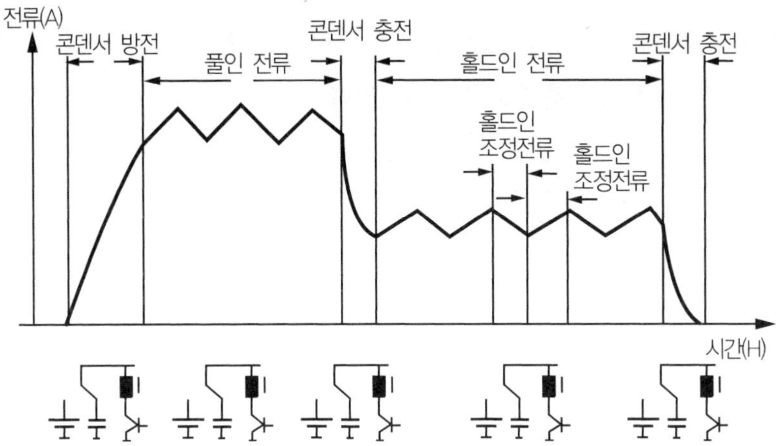

그림 30. 인젝터 작동전류

[2] 피에조 인젝터(piezo injector)방식

피에조 인젝터방식은 1,800~2,400bar의 높은 압력에도 분사 응답성이 빠르고, 다중 분사와 극소량의 프리인젝션이 가능하다. 또한 유연한 간격조절이 가능하여 연료 소비율과 매연은 각각 3%, 20%가 줄어들고 엔진출력은 약 7%가 향상된다.

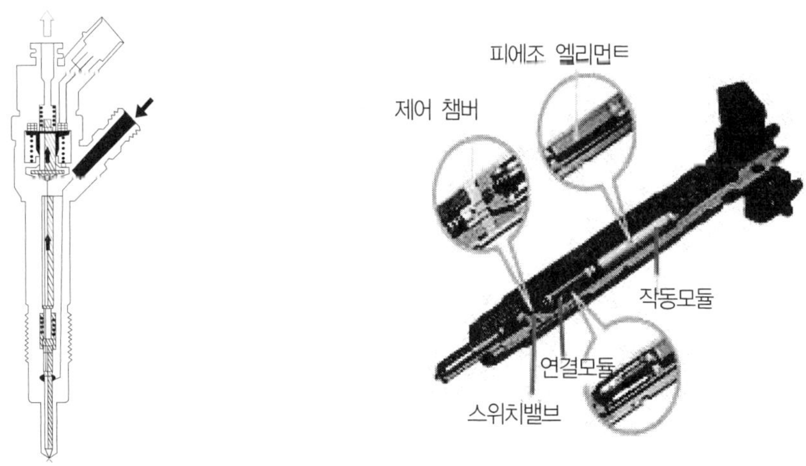

(a) 솔레노이드형 (b) 피에조형

그림 31. 피에조방식의 인젝터

피에조 인젝터는 100V 이상의 높은 전압을 가하면 피에조 적층이 팽창되고 전압을 해제하면 수축되는 피에조원리를 이용하여 인젝터를 구동하기 때문에 응답성이 좋다. 또한 피에조 인젝터는 유압증폭기능을 갖고 있다.

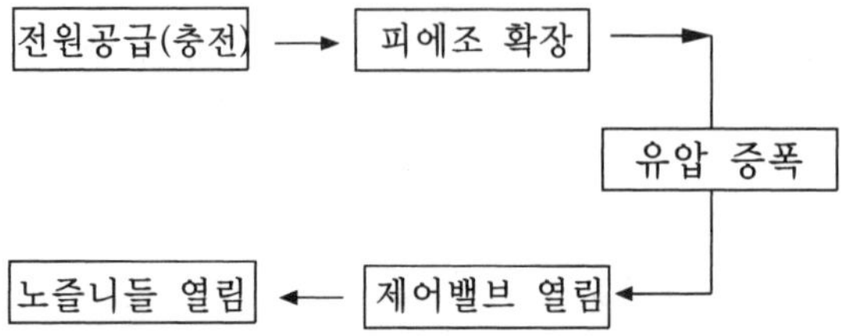

(a) 분사시작시

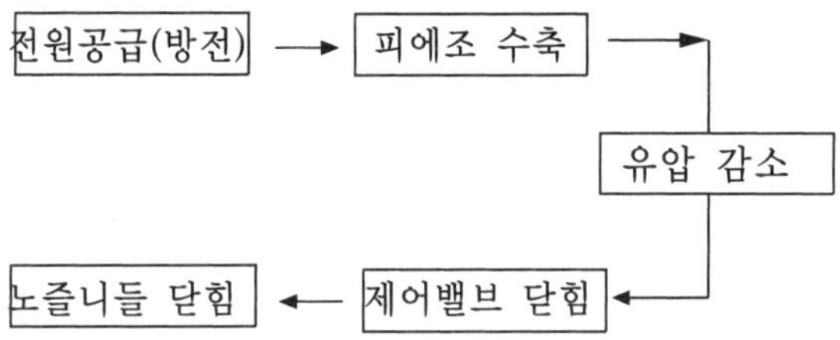

(b) 분사종료시

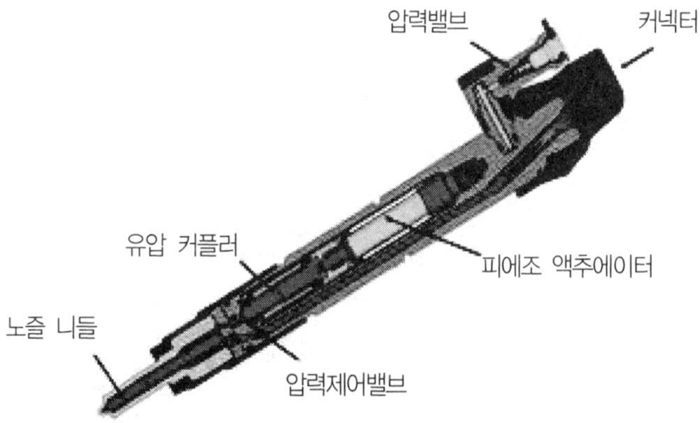

그림 32. 피에조방식 인젝터의 작동과 구조

유압커플러 내부의 유압피스톤은 피에조에 의해 전달된 힘을 상·하부 피스톤의 단면적(1.4 : 1)의 비율만큼 증폭하여 유효 스토로크를 증대시키는 역할을 한다. 즉, 유압 커플러 내의 큰 피스톤은 피에조 액추에이터와 연결되고, 작은 피스톤은 유압제어 밸브와 연결되어 그 사이에 연료가 유입되면 파스칼의 원리에 의해 피에조의 구동력이 1.4배 증폭되어 밸브를 구동하는 것이다.

Reference 피에조(piezo) 원리란?

그림 (a)와 같이 수정의 표면에 힘이 수직으로 가해질 경우 일정한 방향으로 전하가 발생, 이 전하들을 검출하여 증폭함으로써 전기적인 신호를 만들 수 있다. 반대로 그림 (b)에서와 같이 전기적인 신호를 가한 경우 소자가 확장하거나 축소되어 진동이 일어나는 원리를 이용한 것이다. 즉 전기적인 신호가 수정에 가해지면 수정의 진동으로 매질내의 음파를 보내는 현상을 피에조 원리라고 한다.

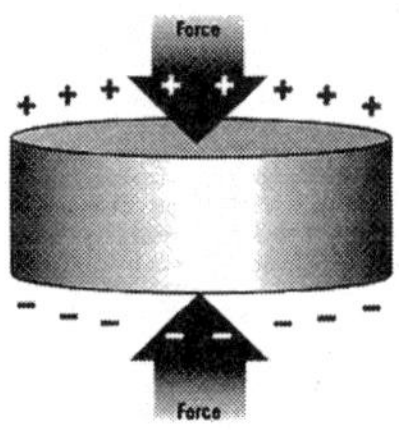

(a) 표면에 힘이 가할 경우 전하발생

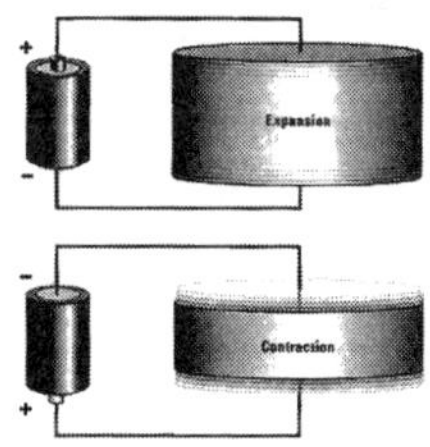

(b) 전기적 신호를 줄 경우 소자가 진동발생

3.5. 디젤엔진 예열장치

3.5.1. 예열장치의 구성

예열장치는 가열장치 또는 글로시스템(glow system)이라고도 한다. 냉각된 상태의 디젤기관은 압축누설 및 연소실벽을 통한 열손실 때문에 압축·압력과 압축온도가 낮아져 시동이 어렵게 된다. 따라서 냉각된 상태의 디젤기관에서는 연소실(또는 흡기통로)의 공기를 추가적으로 가열하지 않으면 시동이 불가능할 수도 있다.

따라서 냉 시동을 용이하게 하고 원활한 공회전 및 공회전 상태의 안정화, 그리고 유해 배출물 저감을 위해 예열장치(pre-heating system)를 사용한다. 예열장치의 주요 구성품은 예열플러그에 전원을 공급하는 글로 릴레이와 글로 컨트롤유닛으로 구성된다.

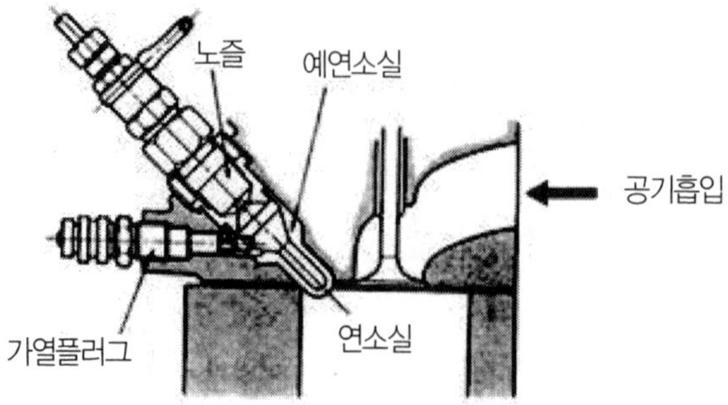

그림 33. 디젤엔진 예열장치

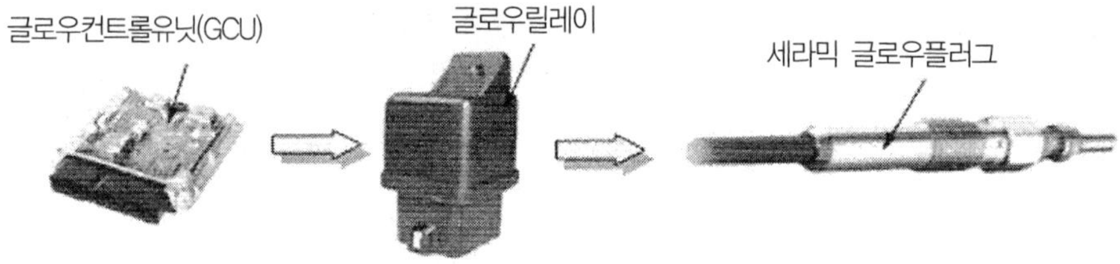

그림 34. 예열장치의 구성품

3.5.2. 예열장치의 제어

예열장치는 예열플러그가 설치되어 있고, 냉각수온과 흡기온도와 그리고 연료 분사량과 엔진의 회전수에 의해 제어된다. 예열플러그의 온도가 올라가면 전류를 감소시키는 방법으로 제어하고 일반적으로 3단계 예열로 진행된다.

① 1단계 글로(pre－glow) : 점화스위치를 ON과 동시에 냉각수온 및 배터리 전압에 따라 작동하고 엔진회전수가 45rpm, 480ms 이상 초과하면 해제한다.

② 2단계 글로(start－glow) : 1단계 글로우를 종료하고 엔진회전수가 45rpm, 480ms 이상 초과하면 시작된다. 또한 냉각수온이 60℃ 이하일 때 작동하여 60℃ 이상이거나 최대 30초 후에는 해제된다.

③ 3단계 글로(post－glow) : 4000rpm 이상일 때 해제하고 Post제어는 전원공급 후 단 1회만 실시한다. 수온센서가 고장일 때는 -24.9℃로 대응하여 작동한다.

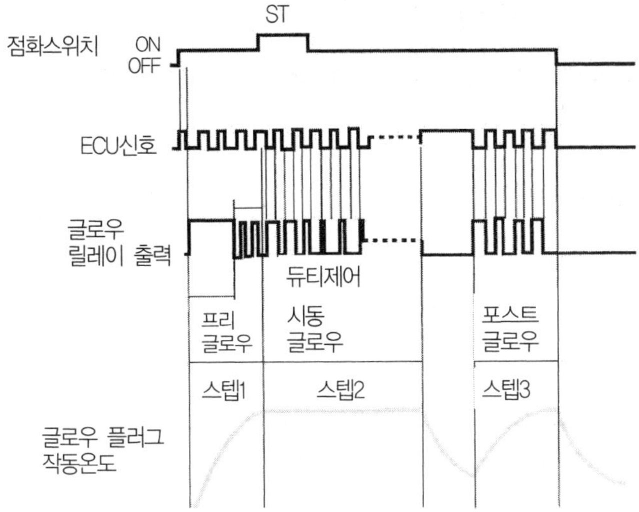

그림 35. 예열장치 3단계 제어

3. 6. 커먼레일 엔진의 점검 · 정비

3.6.1. 전기모터식 저압라인의 점검

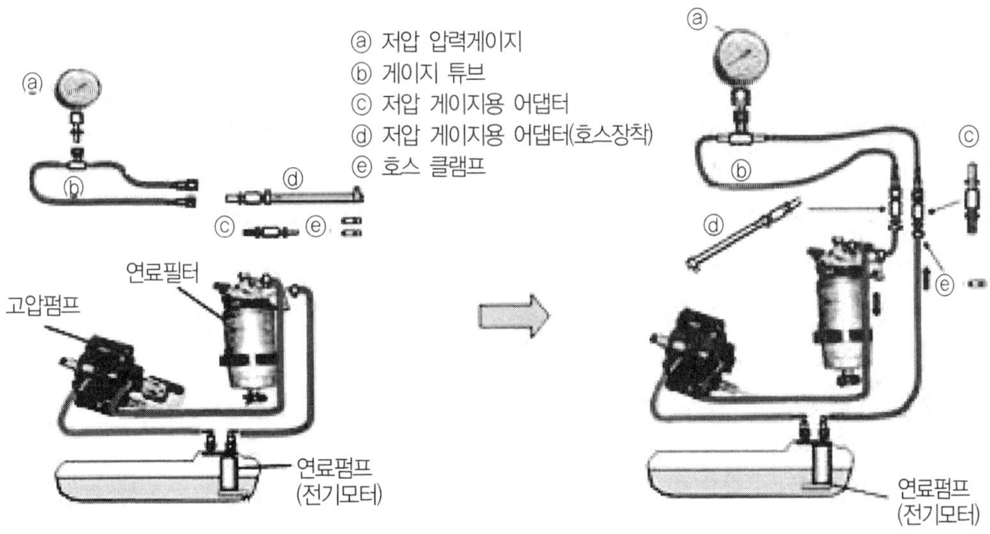

(a) 연료라인과 저압 압력게이지 (b) 저압 압력게이지 설치

그림 36. 전기모터식 저압라인의 구성부품

① 연료필터로부터 연료호스를 탈거 후 저압용 압력 게이지를 연결한다.

② 시동을 걸고 약 5초 후 시동을 끈다.

③ 압력 게이지에 표시된 압력을 읽고 아래 표와 같이 판정한다.

압 력	판 정
2.0~4.5kgf/cm^2	정상
5.0~7.0kgf/cm^2	연료필터 & 저압 연료라인 막힘
0~2.0kgf/cm^2	저압라인 누설 & 전기펌프 손상

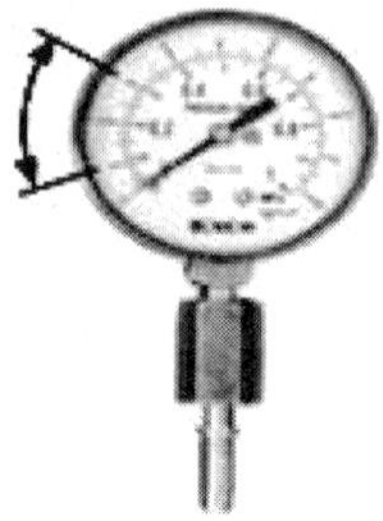

그림 37. 전기모터식 저압라인의 압력과 판정

3.6.2. 기계식 저압펌프 저압라인 점검

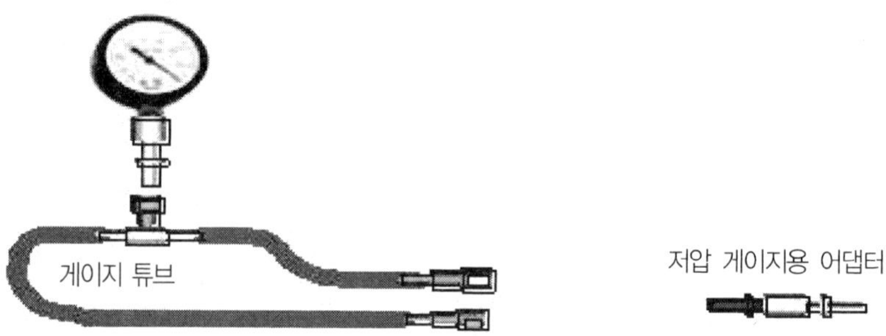

① 연료필터로부터 연료호스를 탈거한 후 진공게이지를 연결한다.

② 시동을 걸고 약 5초 후 시동을 끈다.

③ 진공게이지에 표시된 압력을 읽고 아래 표와 같이 판정한다.

진 공	판 정
8～19cmHg	정상
20～60cmHg	연료필터 & 저압 연료 라인 막힘
0～7cmHg	저압라인 누설 & 전기 펌프 손상

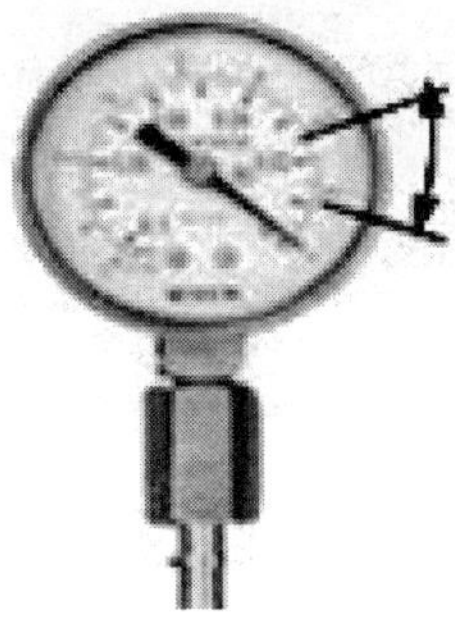

그림 38. 기계식 저압라인의 진공압력과 판정

3.6.3. 고압라인 점검

① 커먼레일에서 인젝터로 연결된 모든 인젝션 파이프를 탈거한다(체결 토크 : 250～290kgf · cm).

② 커먼레일에 레귤레이터밸브ⓐ와 플러그ⓑ 3개를 장착한 후 인젝터 커넥터를 탈거한다.

③ 레일압력센서의 커넥터를 탈거하고, 레일압력센서 어댑터 ⓒ와 고압 압력게이지 ⓓ를 레일압력 센서와 배터리에 각각 연결한다.

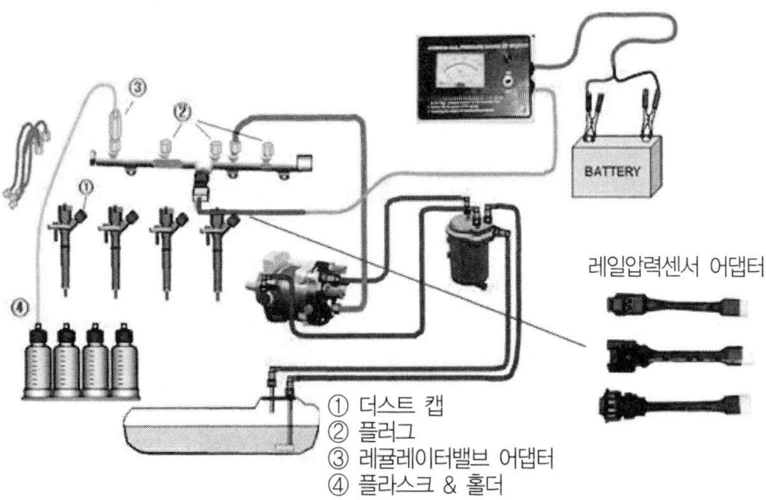

그림 39. 고압라인의 구성부품과 점검법

(a) 레귤레이터밸브와 플러그장착

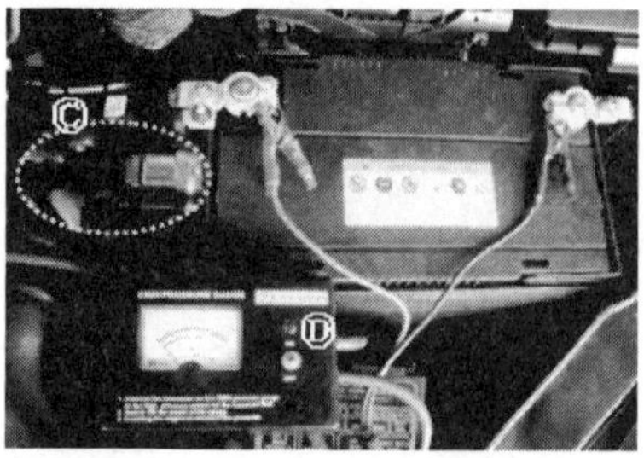

(b) 압력센서 및 게이지연결

(c) 압력조절밸브 배터리 전원연결

그림 40. 커먼레일 고압라인 점검

④ 고압펌프 입구측 유량 조절밸브의 커넥터를 탈거한다.

⑤ 커먼레일의 출구 측 레일압력조절밸브 커넥터를 탈거하고, 레일압력조절밸브 케이블 ⓔ에 배터리 전원을 연결한다.

⑥ 탈거한 출구 측(ECU측) 레일압력조절밸브 배선에는 더미저항을 연결한다.

Reference

레일압력 조절밸브의 전기적 손상방지를 위해 테스터 시에만 배터리 전원을 공급한다(약 5분 이내).

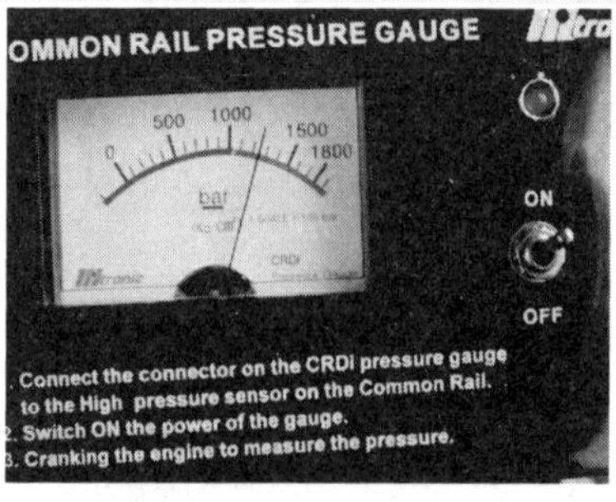

그림 41. 압력게이지

⑦ 고압 압력게이지 스위치를 ON한다.

⑧ 엔진을 5초간 크랭킹한다(배터리의 방전상태에 따라 압력변화가 달라질 수 있다).

⑨ 고압 압력게이지의 최대 압력(1000mar 이상) 값을 측정한다.

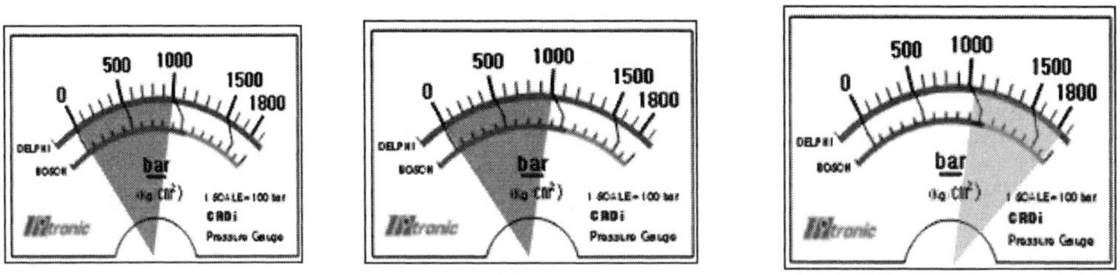

(a) 레일압력센서 불량 (b) 고압펌프 및 조절밸브 불량 (c) 정상압력

그림 42. 커먼레일 고압라인 점검결과

3.6.4. 레일압력센서의 점검

① 레일압력센서의 전원단자 전압을 측정한다.

② 레일압력센서의 접지단자 전압을 측정한다.

③ 레일압력센서의 출력단자 전압을 측정한다.

④ 각단자의 측정값이 규정 값과 일치하는지 확인한다.

⑤ 레일압력센서의 압력의 파형을 점검한다.

⑥ 회전수 증가에 따라 출력전압이 변화가 있는지 확인한다.

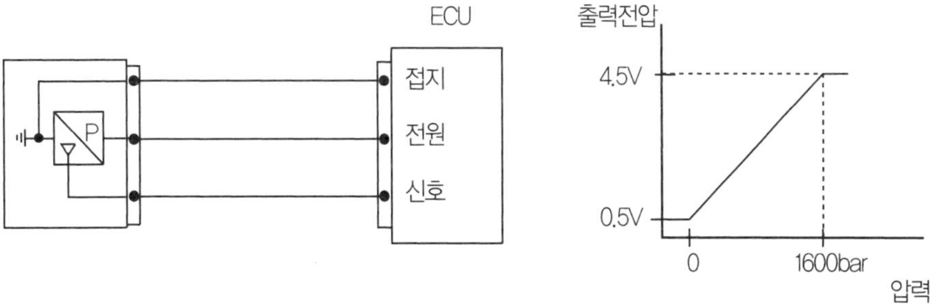

(a) 연료압력센서의 회로구성 (b) 연료압력센서 출력특성

그림 43. 연료압력센서의 회로와 출력특성

⑦ 레일압력센서 고장 시 목표 레일압력을 450bar로 유지시키며, ECU의 설정된 값을 대체하여 압력이 상승하여 공회전 상태를 안정적으로 유지하고 가속 시에는 3,000rpm으로 제한된다.

3.6.5. 레일압력조절밸브의 점검

① 커먼레일 접합부위의 연료 누유상태를 점검한다.
② 고정 볼트의 봉인상태를 점검하고 레일압력 조절밸브의 커넥터를 분리한다.
③ 회로시험기로 밸브 두 단자의 저항 값을 측정한다.
④ 레일압력 조절밸브의 저항값은 차종에 따라 상이하므로 정비지침서를 참고한다.
⑤ 파형을 측정하여 점화스위치 ON시 듀티율이 약 9%, 크랭킹시 약 90%로 제어되는지 확인한다.

(a) 레일압력 조절밸브

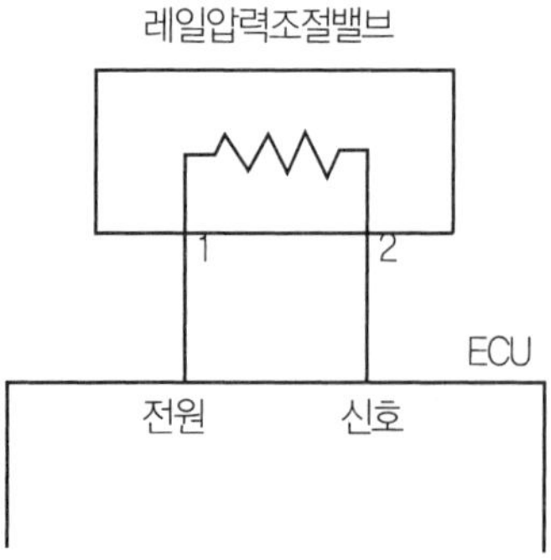

(b) 레일압력 조절밸브 구성회로

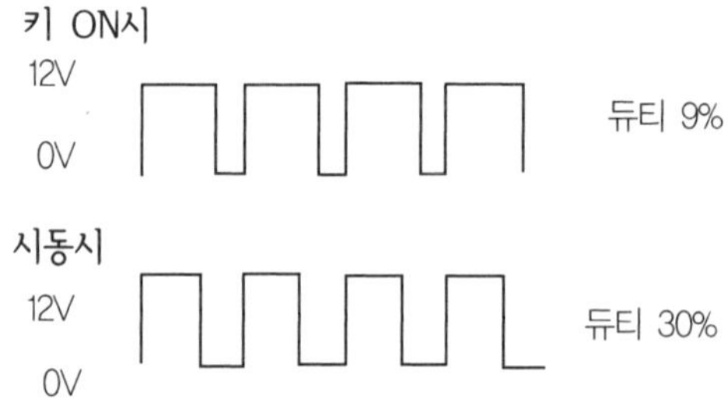

(c) 레일압력 조절밸브 출력특성

그림 44. 레일압력 조절밸브의 구성회로와 출력특성

3.6.6. 피에조 인젝터의 점검

① 엔진을 시동하여 워밍업한다.

② 피에조방식의 인젝터 저항을 측정한다.

③ 오실로스코프 스코프를 이용하여 작동 시 전압 및 전류파형을 측정한다.

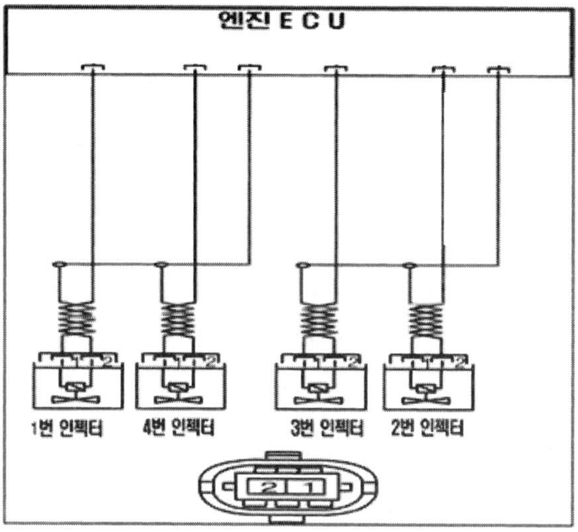

(a) 피에조 인젝터 구성회로

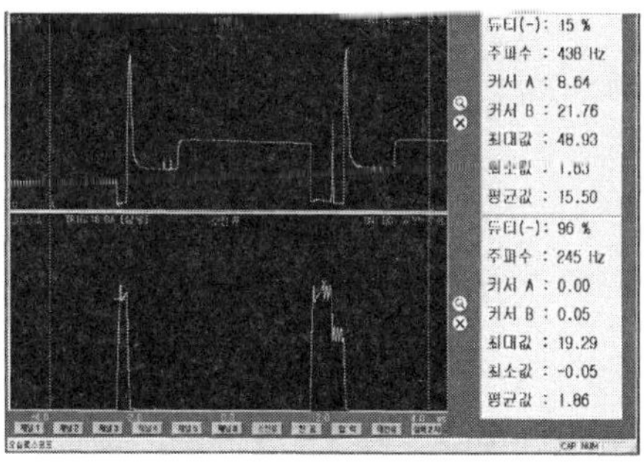

(b) 솔레노이드 인젝터의 출력특성

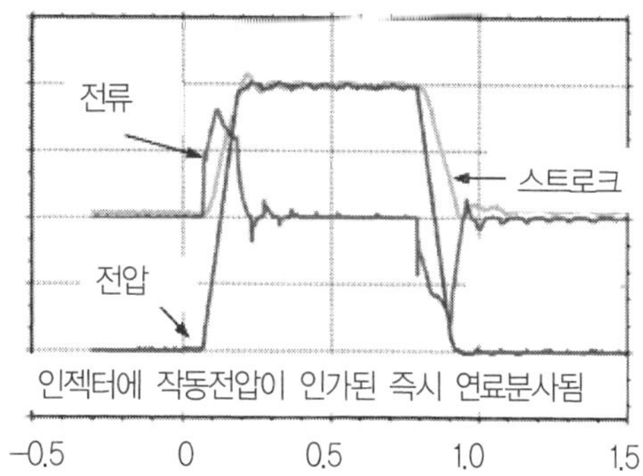

(c) 피에조 인젝터의 출력특성

그림 45. 피에조 인젝터의 회로와 출력 특성

3.6.7. 예열장치의 점검

① 배터리 (-)단자에서 배터리케이블을 분리한다.

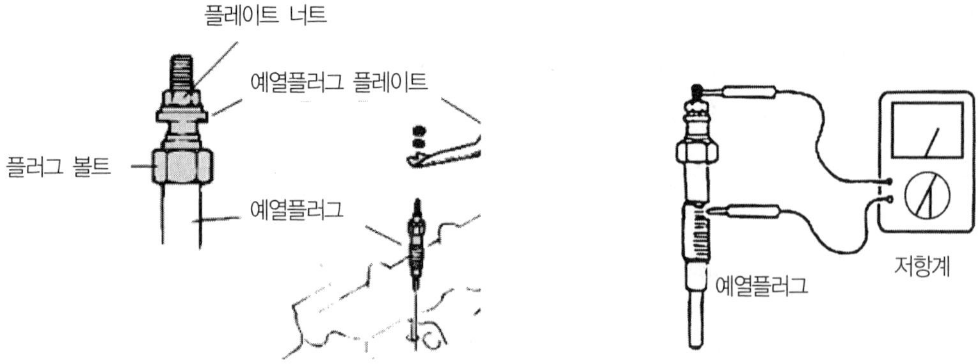

(a) 예열플러그의 구성　　(b) 예열플러그 저항 점검

그림 46. 예열플러그의 구성과 점검

② 예열플러그의 고정 플레이트를 떼어 낸다.

③ 플러그 파손방지를 위해 렌치를 사용하여 1회전 정도 푼 다음 손으로 풀어낸다.

④ 저항계를 이용하여 단자와 나사부의 몸체사이의 저항을 측정한다.

⑤ 예열플러그의 저항값은 형식에 따라 상이하므로 해당 차종의 정비지침서를 참고한다.

단원 종합 평가

01. 다음 디젤엔진의 특성을 빈칸에 채우시오.

연소 방식	압축압력(kgf/cm^2)	압축온도(℃)	압축비
①	②	③	④

02. 디젤기관의 연소과정을 맞게 설명한 것끼리 선으로 연결하시오.

① 착화지연기간 •	• ㉮	착화와 화염전파가 동시에 일어나는 구역으로 연소실 내의 압력이 급상승하여 동력이 발생하며 확산연소 또는 급격 연소기간이라 한다.
② 화염전파기간 •	• ㉯	연료가 분사되면 연소 가능한 기간이지만 실제는 착화가 되지 않는 기간이다.
③ 직접연소기간 •	• ㉰	분사종료 후 연소가 끝날 때까지 기간이다.
④ 후기연소기간 •	• ㉱	혼합기의 연소가 동시에 발생하는 구역으로 분사량의 영향을 가장 많이 받으며 제어연소 기간이라고 한다.

03. 디젤엔진의 노킹방지 방법을 빈칸에 기록하시오.

(고르기 : 크게, 작게, 높게, 낮게)

구 분	압축비	세탄가	흡기/실린더벽 온도	실린더체적	회전속도	착화온도
노킹방지법	①	②	③	④	⑤	⑥

04. 커먼레일 엔진에서 다단분사의 효과에 따른 분사방식을 (　　)안에 기록하세요.

① 예혼합 연소에 따른 매연 저감효과 → (　　　　)인젝션

② 착화지연을 단축시켜 NOx와 연소 소음저감 → (　　　　)인젝션

③ 확산연소 활성화로 PM저감효과 → (　　　　)인젝션

④ 배기가스 온도상승 및 촉매활성화 효과 → (　　　　)인젝션

⑤ 메인 인젝션 최적제어 연료분사로 출력상승 → (　　　　)인젝션

05. 커먼레일 디젤엔진의 입·출력센서 및 제어장치를 다음 빈칸에 채우시오.

(1) 입력센서				(2) 출력제어
① ② ③ ④ ⑤ ⑥	➡	ECU (엔진컴퓨터)	➡	㉮ ㉯ ㉰ ㉱ ㉲ ㉳

CHAPTER

08 배출가스제어장치

※ NCS 적용코드 : 1506030212_14V2

과학기술이 고도로 발달함에 따라 인류는 3대 공해로 지목되고 있는 수질 및 대기오염, 소음과 같은 환경문제에 직면하고 있다. 이러한 환경문제는 인간의 건강과 생활환경을 해치면서 인류의 생존을 위협하고 있다. 특히 자동차 배출가스에 의한 대기오염은 심각한 사회문제로 대두되고 있으며, 또한 지구온난화의 주범으로 인식되고 있다. 따라서 자동차 배출가스를 최소화하기 위한 노력과 대책이 국제사회의 주요 선진국을 중심으로 활발히 진행되고 그 규제도 강화되고 있다. 본 장에서는 자동차 배출가스의 종류와 배출가스 저감장치의 구성 및 원리, 그리고 점검 및 정비방법에 대하여 학습하기로 한다.

01. 배출가스제어장치의 개요

1.1. 배출가스의 개요

자동차 연료인 휘발유나 경유 등 석유계 물질이 산소와 결합하여 완전연소되면 인체에 무해한 물(H_2O)과 이산화탄소(CO_2)만을 생성하게 된다. 그러나 실제로 연료가 내연기관 내에서 완전연소되는 것은 불가능하므로 가솔린차량은 불완전 연소 등에 의해 일산화탄소(CO), 탄화수소(HC), 질소산화물(NOx) 등이 배기가스에 섞여 배출되며, 디젤엔진의 경우에는 입자상 물질인 매연(PM : Particulate Matters)이 추가로 배출된다.

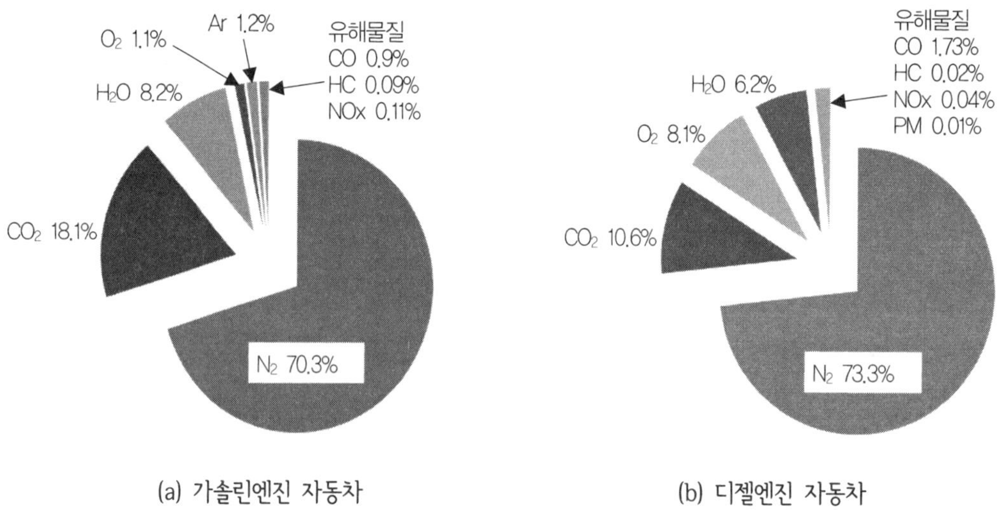

그림 1. 자동차에서 배출되는 배출가스

1.2. 배출가스 생성과 인체에 미치는 영향

1.2.1. 일산화탄소

일산화탄소(CO : Carbon Monoxide)는 무색·무취의 유독가스이다. 주로 공기가 부족할 때 불완전 연소에 의해 발생된다. 즉 공연비(연료/공기)가 농후할수록 증가한다. 하지만 공기과잉이라 할지라도 공기와 연료가 잘 혼합되지 않아도 생성된다.

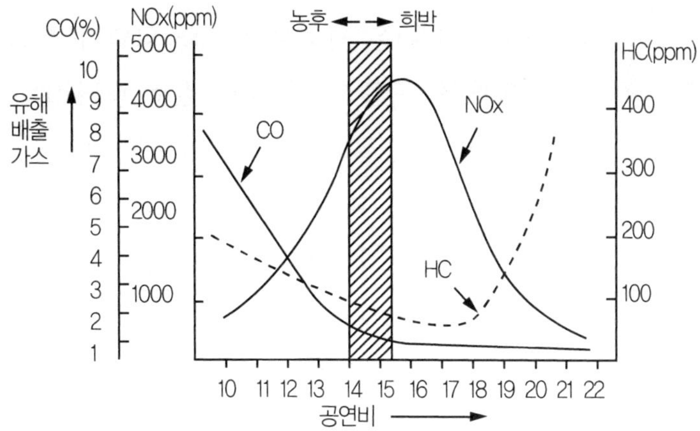

그림 2. 혼합비와 배기가스 관계

일산화탄소는 혈액 속에서 산소를 운반하는 헤모글로빈(Hb)과 결합하여 산소운반 능력을 저하시키며, 인체의 직접적인 영향은 두통, 구토, 집중력이 감소하고 심할 경우 사망할 수 있다.

1.2.2. 탄화수소

탄화수소(HC : Hydro Carbon)는 탄소(C)와 수소(H)로 조성된 화합물로 배기가스 뿐 아니라 블로바이가스나 증발가스 중에도 포함되어 있다. 탄화수소는 CO와 마찬가지로 공연비가 농후할수록 배출량은 증가한다. 또한 공연비가 초 희박상태가 되면 실화(miss fire)가 발생하여 다량으로 배출되는 특성이 있다.

또한 연소실 표면과 같이 충분히 화염이 전달되지 않는 구석진 곳에서도 발생한다. HC는 호흡기계통과 눈을 자극하고 암을 유발하거나 악취의 원인이 되기도 한다.

Reference 블로바이가스와 증발가스의 차이점

- 블로바이가스(blow-by gas) : 엔진 연소과정에서 연소실 내의 연료가스가 피스톤과 실린더사이의 틈새를 통해 크랭크실로 새어나가는 가스를 말한다.
- 증발가스(purge gas) : 자동차의 연료탱크에서 연료가 증발되어 대기중으로 새어 나가는 가스를 말한다.

1.2.3. 질소산화물

질소산화물(NOx : Nitrogen Oxide)은 연소실 온도와 압력이 높고, 공연비가 이론 공연비보다 약간 희박한 영역에서 주로 생성된다. 질소산화물(NOx)은 일산화질소(NO), 이산화질소(NO_2) 등의 여러가지 질소산화물을 말한다. 이 중 90~98%를 차지하는 NO는 무색, 무미, 무취인 물질로 대기 중에서 서서히 산화되어 대부분 NO_2로 변환된다. NO_2는 적갈색이며 독성이 있고 자극적인 냄새가 난다. 특히 호흡을 통해 점막 분비물에 흡착되면 산화성이 강한 질산으로 바뀐다.

이렇게 생성된 질산은 호흡기 질환인 기관지염, 폐기종 등을 유발하고 폐에 수종이나 염증을 유발할 수도 있으며 눈에 자극을 준다. 또한 오존의 생성, 광화학 스모그 발생, 수목의 고사에 영향을 미치는 것으로 알려져 있다.

1.2.4. 입자상 물질(PM : Particulate Matter)

입자상 물질은 디젤엔진에서 주로 배출된다. 입자상물질은 공연비가 희박한 상태에서 경유가 연소될 때 탄소핵이 생성되고, 이 탄소핵입자들이 뭉쳐진 평균입경 0.1~0.3㎛ 정도의 고형 미립자를 말한다. 이는 머리카락 지름 100㎛의 1/300~1/1000 정도의 초미세 입자로 호흡기 질환, 폐암 등을 유발하는 발암물질로 알려져 있다. 가솔린엔진의 경우 입자상 물질은 디젤기관의 1/20~1/200 수준이다.

1.2.5. 이산화탄소

이산화탄소(CO_2 : Carbon di-Oxide)는 석유계 연료와 모든 유기 화합물질이 연소할 때에 생성되며 탄산가스라고도 부른다. 지구 평균기온이 상승시키는 지구 온난화의 주범으로 알려지면서 현재는 그 배출량도 규제하고 있다.

02. 배출가스제어장치

NCS 활용

□ NCS 연계 : 배출가스장치 정비 · 검사(1506030212_14V2)

- 배출가스장치 점검 · 진단, 조정, 교환, 수리, 검사하기(1506030212_14V2, 3, 4, 5)

본 단원은 배출가스장치 정비 · 검사를 위해 진단장비의 서비스데이터 및 배출가스의 수치를 상호 비교분석하여 엔진 연소상태와 배출가스 정화장치의 작동여부 및 촉매의 이상 유무를 점검, 조정, 교환, 수리 및 검사하는 단원이다.

2.1. 배출가스제어장치의 구성

자동차 배출가스는 블로바이가스, 증발가스, 배기가스로 구분할 수 있다. 자동차에서 배출되는 전체 배출가스 중 증발가스는 약 15%, 블로바이가스가 약 25%, 배기가스는 약 60% 정도이다. 자동차에는 이러한 배출가스를 저감하기 위한 다양한 배출가스 저감장치를 적용하여 강화되는 배출가스 규제에 대응하고 있다.

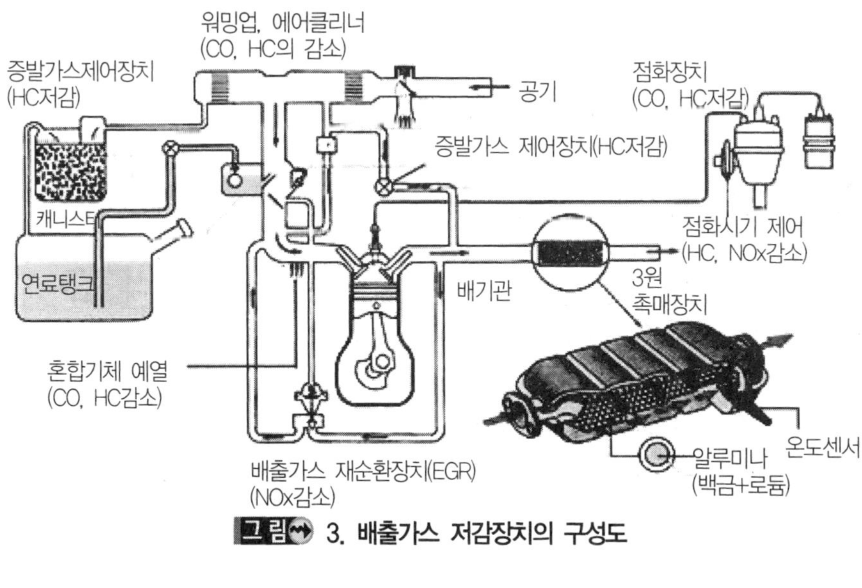

그림 3. 배출가스 저감장치의 구성도

2.1.1. 블로바이가스 제어장치

블로바이가스(blow-by gas)는 연소과정에서 피스톤과 실린더, 밸브사이로 빠져나온 탄화수소가 포함된 연소가스를 말한다. 블로바이가스 제어장치는 크랭크케이스 내로 유입된 블로바이가스가 외부로 배출되지 않도록 흡기계통으로 보내 재 연소시키는 장치이다. 블로바이가스 제어장치는 PCV(Positive Crankcase Ventilation)밸브와 신기를 공급하는 브리드 호스(bleed hose)로 구성된다. 블로바이가스는 고온이고 산성물질을 많이 함유하고 있어 엔진오일을 열화 및 산화시킨다.

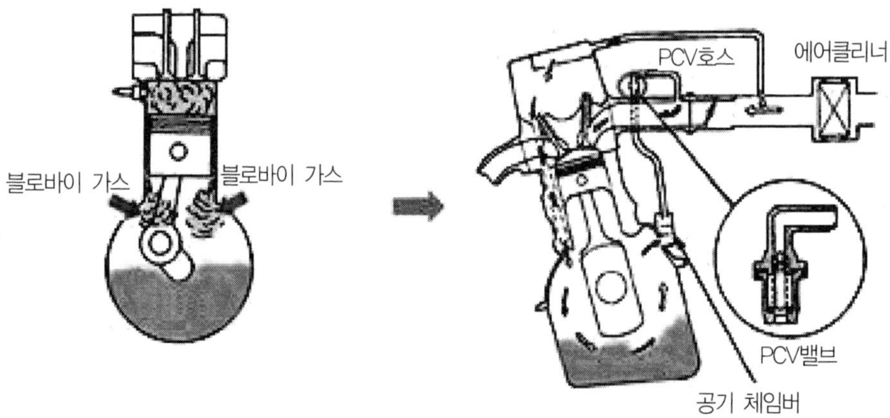

그림 4. 블로바이 가스 제어장치

Reference 블로바이가스의 영향

블로바이가스의 주요성분은 탄화수소이며, 일부는 연소 후 엔진오일의 미스트(mist)가 포함된 강한 산성으로써 엔진 내부를 부식시키고 기관 오일과 희석되어 엔진오일의 기능을 저하시키는 원인이 되기도 한다.

PCV밸브는 엔진 정지 시에는 밸브통로를 닫아 작동하지 않으나 엔진이 공회전하거나 경부하, 또는 감속 시에는 흡기관의 진공도가 커져서 완전하게 열려 작동한다. 또한 엔진이 고부하로 작동할 때는 밸브는 적당히 작동하여 진공통로를 크게 열게 된다. 엔진이 가속·고부하시에는 흡기관의 진공도는 작아지므로 밸브는 조금 열려 작동한다.

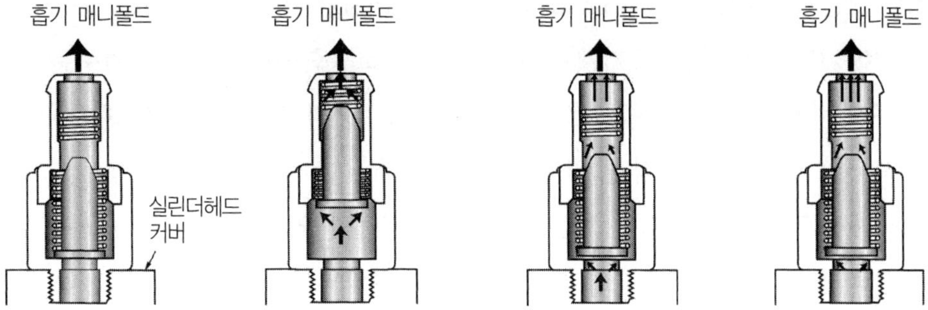

(a) 엔진 정지시 (b) 공회전/감속시 (c) 정상작동시 (d) 가속/고부하시

그림 5. PCV밸브의 작동

2.1.2. 증발가스 제어장치

증발가스는 연료탱크에서 연료의 증발에 의해 발생하며, 주요 성분은 탄화수소(HC)이다. 증발가스 제어장치는 증발가스를 저장하는 차콜 캐니스터(charcoal canister), 캐니스터에 저장된 흡착연료를 제어하는 퍼지 컨트롤 솔레노이드밸브(PCSV) 등으로 구성되며 연료탱크에서 증발된 증발가스는 캐니스터에 포집되고 필요에 따라 ECU에 의해 작동되는 퍼지 컨트롤 솔레노이드밸브(PCSV : Purge Control Solenoid Valve)를 통해 흡기계통으로 보내어 재 연소시킨다.

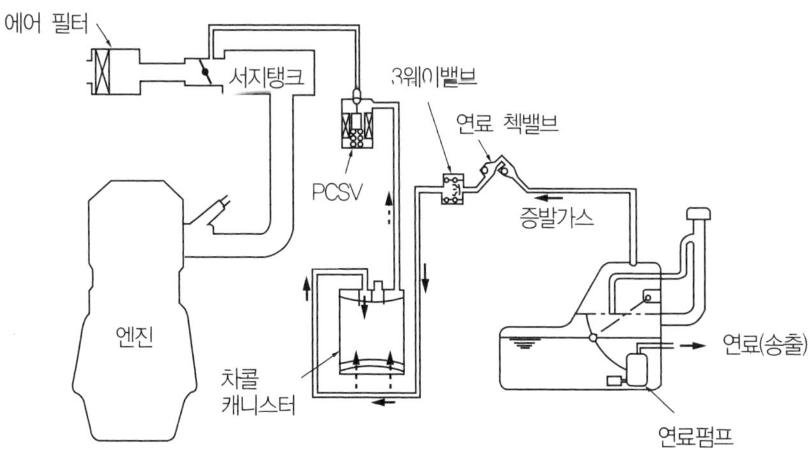

그림 6. 증발가스 제어장치의 구성

2.1.3. 배기가스 재순환장치

배기가스 재순환장치(EGR : Exhaust Gas Recirculation)는 배기가스 중의 불활성 가스(H_2O, N_2, CO_2) 일부를 흡기계로 유입시켜 질소산화물(NOx)을 줄여주는 장치이다. 일반적으로 질소산화물을 줄이기 위해 배기가스 중의 일부를 재연소하면 연소 온도가 낮아져 질소산화물의 생성을 억제시킬 수 있다.

배기가스 재순환장치는 EGR컨트롤 솔레노이드밸브와 EGR쿨러로 구성되며 일반적으로 질소산화물(NOx)의 배출량이 많은 중속 운전영역에 작동된다. ECU는 최적의 EGR량을 제어하기 위해 EGR컨트롤 솔레노이드밸브를 듀티제어한다. 튜티율(duty ratio)은 엔진 회전수와 흡입공기량에 따른 기본 듀티와 냉각수온도 및 배터리 전압에 의한 보정량으로 결정된다. 또한 EGR밸브의 위치를 검출하여 EGR율을 정밀하게 제어하기도 한다.

EGR쿨러는 수냉식을 주로 적용되며 EGR 작동 시 연소실로 흡입되는 배기가스의 온도를 낮추어 공기의 밀도를 증가시키고, EGR 효율을 향상시키기 위해 사용된다.

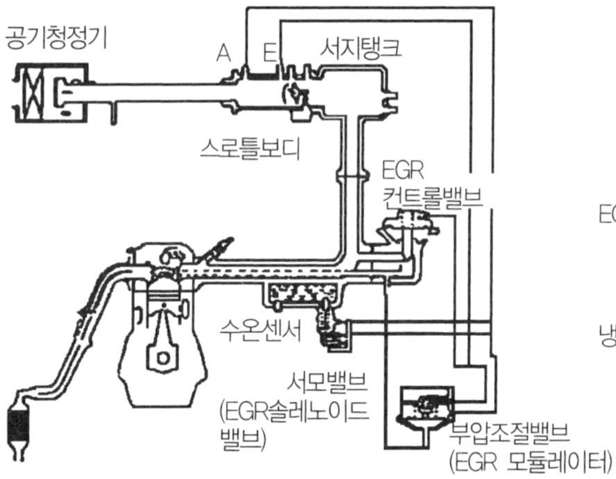

(a) 서모밸브방식의 EGR시스템

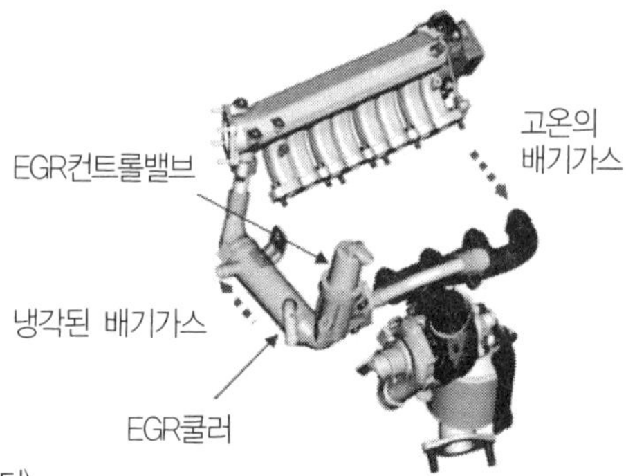

(b) 리니어방식의 EGR컨트롤시스템

그림 7. 배기가스 재순환장치의 구성부품

Reference EGR이 작동하지 않는(EGR cat) 조건

EGR이 작동하면 새 혼합기의 충진율이 낮아져 연소의 안정도가 저하되어 가속주행성능이 떨어지고, HC의 발생이 증가하며 연료소모량도 많아진다. 따라서 자동차의 운행조건에서는 EGR을 작동하지 않도록 한다. 그 영역은 다음과 같다.

■ EGR이 작동하지 않는 영역

① 엔진의 냉각수가 일정온도 이하 또는 이상일 때 차단한다.
② 시동성능을 향상시키기 위해 시동 시 차단한다.
③ 공회전 시 안정성 향상과 공회전 부조를 방지하기 위해 차단한다.
④ 가속성능의 향상을 위해 급가속 시 차단한다.
⑤ 연료분사계통, 흡입공기량센서, EGR 밸브 등이 고장 시 차단한다.

■ 저압EGR과 고압EGR이란 ?

일반적으로 EGR시스템은 고압의 가스를 사용하는 고압(HP : High Pressure) EGR과 저압(LP : Low Pressure) EGR, 듀얼루프(DR : Dual Roof) EGR 3가지가 사용된다.

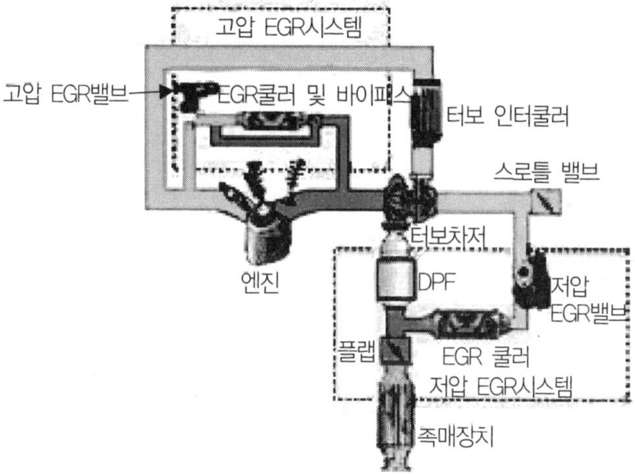

그림 8. 듀얼-루프 EGR시스템

■ 고압 EGR시스템

고압(HP) EGR시스템은 배기가스를 흡기쪽으로 바로 재순환시키는 일반적인 방식으로 EGR가스의 압력이기 때문에 응답성이 빠르다. 하지만 흡기와 배기간의 압력차이가 크지 않기 때문에 EGR의 한계가 낮다는 것이 단점이다. 또한 후처리장치도 통과하지 않고 그대로 재순환되기 때문에 엔진을 비롯한 시스템 오염에도 취약하다.

■ 저압 EGR시스템

저압(LP) EGR장치는 DPF를 통과한 가스를 재순환시키는 구조다. 반응성은 느리지만 온도를 낮출 수 있는 시간을 벌어 EGR 반응률을 높일 수 있다. 그만큼 연료소비와 출력저하 방지에도 효과적이다.

하지만 엔진 밖으로 배출된 가스가 EGR을 지나 터보차저 컴프레셔를 거쳐 유입되기 때문에 터보차저의 내구 성능에 영향을 미칠 수도 있다는 단점이 있다.

■ 듀얼 루프 EGR시스템
최근에는 강화되는 배기가스 규제에 대응하기 위해 2가지 방식이 모두 적용된 듀얼 루프 EGR시스템이 적용되기도 한다. 듀얼 루프 EGR시스템은 가·감속이 잦은 구간에서 응답성이 빠른 고압 EGR을 사용하고, 정속구간에서는 응답성이 늦은 LP EGR을 사용한다. 즉 운전상황에 따라 선택적으로 사용함으로써 빠른 응답성과 높은 EGR효율을 달성하고 있다.

2.2. 배출가스 제어장치의 점검·정비

2.2.1. 블로바이가스 제어장치 점검

[1] PCV밸브 호스 진공점검

① PCV밸브에서 진공호스를 분리한 후 PCV밸브를 실린더헤드 커버에서 분리하고 진공호스에 재 연결한다.

② 엔진을 공회전시키며 PCV밸브의 개방된 끝을 손가락으로 막았을 때 진공이 느껴지는지 확인한다.

③ 진공을 못 느끼면 PCV밸브와 진공호스를 깨끗이 청소하거나 필요시 교환한다.

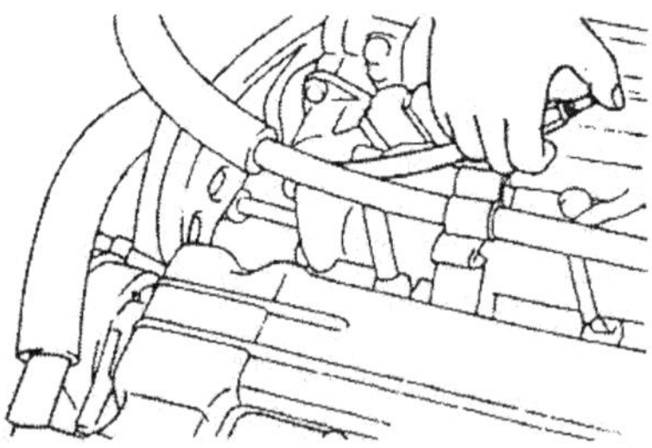

그림 9. PCV밸브 호스의 진공점검

[2] PCV밸브 점검

① 브리더호스와 PCV밸브를 탈거한다.

② 얇은 막대를 PCV밸브의 실린더헤드 커버측으로 삽입하여 플런저가 움직이는지 확인한다.

③ 탈거 절차의 역순으로 조임 토크를 준수하여 PCV밸브를 장착한다.

④ 점검결과 진공상태에 따라 PCV밸브의 플런저는 전후로 움직여야 한다.

⑤ PCV밸브 점검 시 플런저가 움직이지 않을 경우 PCV밸브 막힘을 점검하거나 밸브를 청소하고 교환한다.

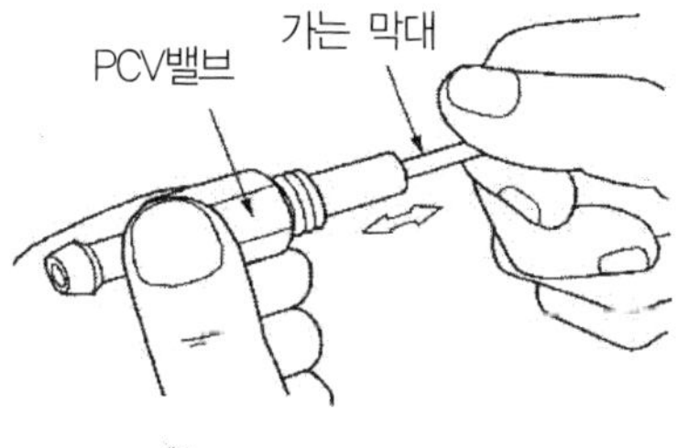

그림 10. PCV밸브 점검

2.2.2. 증발가스 제어장치 점검

[1] PCSV의 작동점검

① 퍼지 컨트롤 솔레노이드밸브(PCSV)에서 진공호스와 커넥터를 분리시킨다.

② 핸드 진공펌프를 진공호스가 연결되었던 니플에 연결하고 진공을 가한다.

③ 퍼지컨트롤 솔레노이드밸브 단자에 배터리전원(+)의 (-)단자를 연결하였을 때(밸브 작동)와 연결하지 않았을 때(밸브 작동안함)의 진공상태를 점검한다.

배터리 전압	정상상태
공급 했을 때	진공이 해제됨(밸브 열림)
공급치 않았을 때	진공이 유지됨(밸브 닫힘)

[2] PCSV의 저항점검

① 점화스위치를 OFF로 위치한다.

② 퍼지 컨트롤 솔레노이드밸브 커넥터를 분리한다.

③ 퍼지 컨트롤 솔레노이드밸브 단자 1과 2사이의 저항을 측정한다.

④ 당해 차량의 정비지침서상의 제원을 참조하여 측정된 저항이 정상인지 확인한다.

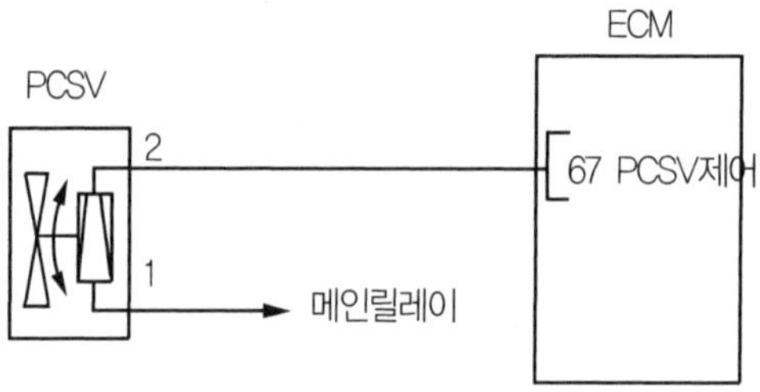

그림 11. PCSV 회로

2.2.3. 배기가스재순환(EGR)장치 점검

[1] 전자식 EGR밸브 점검

① 점화스위치나 버튼을 OFF로 하고 전자식 EGR컨트롤밸브 커넥터를 탈거한다.

② 전자식 EGR컨트롤밸브에 이물질이 흡착되이 있는지 확인한다.

③ 모터의 (+)와 (-)제어단자 사이의 코일저항을 측정한다.

④ 포지션센서의 전원공급 단자와 접지 단자사이의 저항을 측정한다.

⑤ 해당차종의 정비지침서를 참조하여 점검시의 저항이 제원과 상이한지 확인한다.

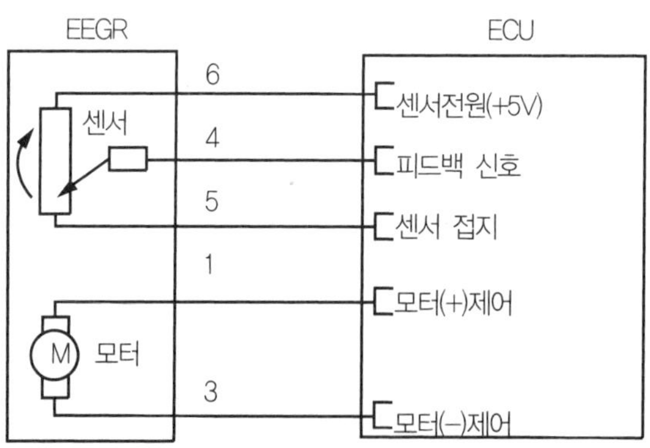

그림 12. EGR밸브 제어회로

03. 배기가스 후처리장치

NCS 활용

□ NCS 연계 : 배출가스장치 정비 · 검사(1506030212_14V2)

- 배출가스장치 점검 · 진단, 조정, 교환, 수리, 검사하기(1506030212_14V2, 3, 4, 5)

본 단원은 배출가스 후처리장치 정비 · 검사란 진단장비의 서비스데이터 및 배출가스수치를 상호 비교분석하여 엔진 연소상태와 배출가스 제어장치의 작동여부 및 촉매의 이상 유무를 점검, 조정, 교환, 수리, 검사하는 능력을 학습하는 단원이다.

자동차 배기가스 규제가 강화됨에 따라 엔진 내부에서의 유해가스 저감기술만으로는 강화된 규제를 만족하는데 한계가 있다. 따라서 자동차에는 배기가스 후처리장치를 적용하고 있다.

가솔린엔진의 경우에는 대표적으로 CO, HC, NOx를 저감시키기 위해 삼원촉매장치를 디젤엔진의 경우에는 DOC, DPF, LNT, SCR 등의 후처리장치를 적용하여 강화되는 배기가스 규제에 대응하고 있다.

Reference 후처리장치 용어

- DOC(Diesel Oxidation Catalyst) : 디젤산화 촉매장치
- DPF(Diesel Particulate Filter) : 디젤 미립자 필터
- CPF(cAtalyzed Particulate Filter) : 미립자 촉매필터
- LNT(Lean Nox Traps) : 희박 질소촉매
- SCR(Selective Catalytic Reduction) : 선택 환원촉매

3.1. 배기가스 후처리장치의 종류와 특성

3.1.1. 촉매장치(catalytic converter)

촉매장치는 파라듐(Pd), 백금(Pt), 로듐(Rd) 등의 촉매제를 이용하여 배출가스 중의 HC, CO, NOx를 산화 및 환원작용에 의해 무해한 가스로 배출시키는 장치이다. 촉매장치에는 기능에 따라 산화촉매, 환원촉매가 있다.

[1] 산화촉매(oxidation catalyzer)

산화촉매는 백금 또는 팔라듐이 사용되며 CO, HC를 산화 반응시켜 CO_2와 H_2O로 변환시킨다. 산화촉매장치의 단점으로는 NOx처리가 되지 않기 때문에 환원촉매를 추가로 설치하거나 EGR제어장치를 강화하여야 NOx 배출량을 줄여주고 있다.

[2] 환원촉매(reduction catalyzer)

환원촉매는 NOx의 환원을 목적으로 설치되며, 배기가스의 환원반응을 위해 농후한 공연비가 요구된다. 환원촉매 장치는 CO, HC의 처리가 불충분하기 때문에 산화촉매 및 2차 공기 도입장치를 추가로 설치할 필요가 있다.

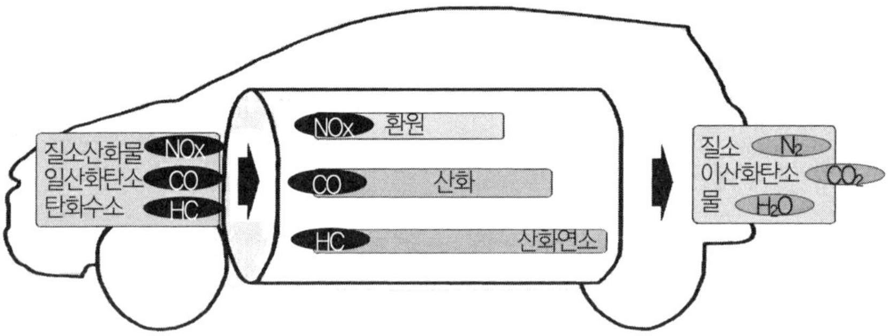

그림 13. 삼원 촉매장치의 역할

[3] 삼원촉매(3-way catalytic convertor)

삼원촉매는 배기가스 중의 HC, CO, NOx의 3가지 원소를 동시에 저감시키는 장치이다. 배기가스가 고온의 촉매를 지나면서 백금(Pt), 파라듐(Pd), 로듐(Rd) 등에 의해 산화 및 환원작용으로 CO_2, H_2O, N_2로 정화된다.

[4] 촉매제의 역할

① 파라듐(Pd) : 주로 HC를 정화하는데 사용되며, 내열성이 우수한 특징이 있다. 파라듐 단독으로 사용되며 Pd-Rh의 형태로도 사용되기도 한다.

② 백금(Pt) : 주로 CO와 NOx의 정화에 사용되며, 파라듐에 비해 내열성이 떨어진다. 주로 Pt-Rh의 형태로 주로 사용되나 Pd-Pt-Rh로도 사용하고 있다.

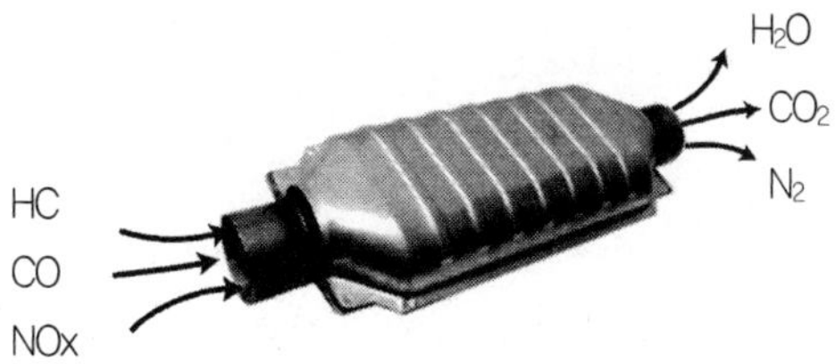

배기가스		귀금속		정화가스
$CO+O_2$		백금(Pt)		CO_2
$HC+O_2$	→	파라듐(Pd)	→	CO_2+H_2O
NOx		로듐(Rh)		H_2O, CO_2+N_2

그림 14. 촉매장치의 정화작용

③ 로듐(Rh) : HC, CO, NOx 정화 성능이 파라듐과 백금보다 우수하나 주로 NOx 정화를 위해 사용된다. 파라듐이나 백금에 비하여 3~4배 고가이므로 사용량의 제한을 받는다.

[5] 가솔린엔진 촉매장치

촉매장치(catalytic converter)는 가솔린과 디젤엔진에 기본적으로 적용되는 후처리 장치이다. 가솔린엔진은 다른 유해물질에 비해 질소산화물(NOx)의 양이 적으므로 HC, CO, NOx의 3가지 원소를 하나의 촉매장치로 정화하기 때문에 삼원촉매라 한다.

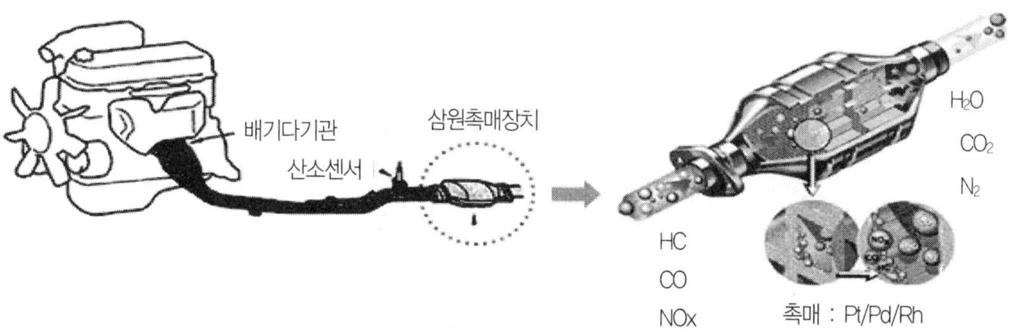

그림 15. 가솔린엔진의 삼원촉매

Reference 삼원촉매장치

3개의 유해물질(HC, CO, NOx)을 무해한 가스로 변화시켜주는 장치이다.

[6] 디젤엔진 촉매장치

디젤엔진의 경우에는 DOC(Diesel Oxidation Catalyst) 산화촉매를 이용하여, CO, HC 등의 물질은 처리할 수 있지만 NOx(질소산화물), PM(매연)는 처리하기 어렵다. 따라서 이를 해결하기 위해 별도의 후처리장치가 필요하게 된다.

그림 16. 디젤엔진의 산화촉매

3.1.2. 디젤 미립자 필터(DPF : Diesel Particulate Filter)

DPF는 CPF(Catalyzed Particulate Filter)라고도 하며, 디젤엔진의 배기가스 중에 포함된 입자상물질(PM)인 Soot(그을음, 검댕)를 포집 후 연소시켜 저감시키는 장치를 말한다.

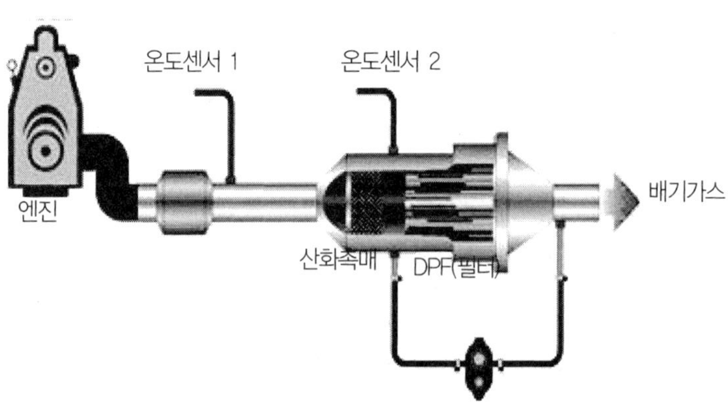

그림 17. DPF의 구성부품

디젤연료는 분자당 산소요구량이 많아 완전연소가 잘 되지 않아 불완전 연소된 탄소 알갱이 즉 입자상 물질이 발생하게 된다. 따라서 터보차저 등을 이용하여 공기량을 높이면 탄소들이 풍부한 산소와 결합하여 완전연소가 될 수 있다. 하지만 공기가 풍부해지면 공기 중의 질소와 산소가 남아돌아 질소산화물량이 증가된다. 이러한 문제를 해결하기 위해 적용되는 장치가 DPF(Diesel Particulate Filter)이다.

DPF는 온도센서, 압력센서, 산화촉매, DPF필터로 구성되며 포집된 PM의 양이 많아지면 배압이 걸려 엔진성능이 나빠지므로 일정량 이상의 PM이 포집되면 이를 연소시켜 재생(regeneration)하는 기능을 가지고 있다. DPF는 매연저감 성능면에서는 우수하나 PM이 포집됨에 따라 엔진의 배압이 증가하여 출력이 낮아지고 연료소모가 높아지는 단점이 있다.

Reference 매연(soot)이란 ?

Soot(그을음)는 카본이 포함된 매연 또는 그을음으로 탄소 등을 함유하는 연료가 불완전연소 되면 발생하는 흑색의 미립자 분말을 말한다.

[1] DPF 필터의 구조

엔진에서 배출된 배기가스는 DPF필터 바로 앞에 있는 DOC(Diesel Oxiclation Catalyst)를 거치게 되는데 이 장치는 배기가스 중 일산화탄소(CO)와 탄하수소(IIC)를 촉매를 통해 산화시켜 이산화탄소와 물로 바꿔주는 역학을 한다. DOC를 통과한 배기가스는 DPF에 이르게 되는데 이때 입자상 물질인 PM(Particulate Matter)이 포집이 된다.

DPF의 내부는 사실상 교대로 막혀 있으며, 내부 격벽은 다공질로 되어 있고 촉매의 단면은 벌집 모양처럼 되어 있다. 입자가 작은 공기는 통과를 시키고 입자가 큰 PM은 통과시키지 않는 구조로 되어 있다.

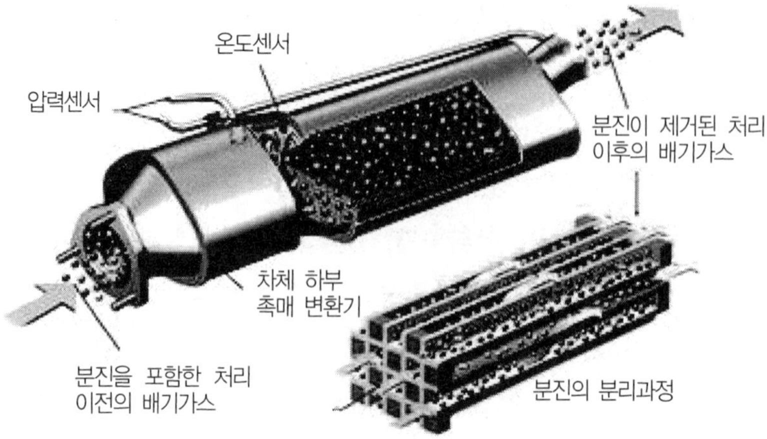

그림 18. DPF의 구조

[2] DPF 필터 재생과정

(1) PM포집

배기가스 성분 중 PM(탄소입자나 매연)은 필터에 걸러지고 나머지는 통과하여 배출된다.

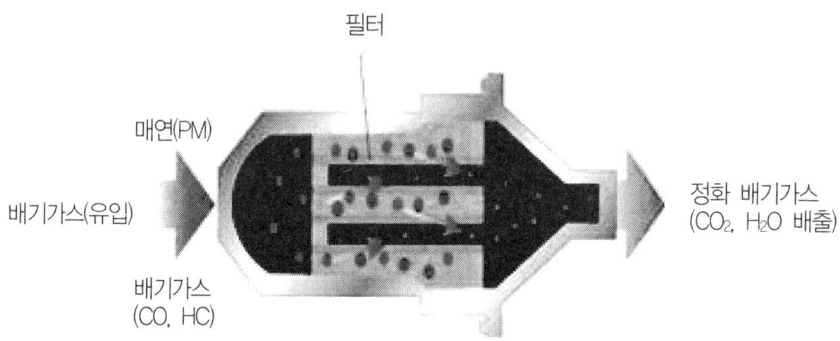

그림 19. DPF 재생

(2) PM량 계측

PM량의 계산은 필터 전후에 장착된 차압센서의 압력차로 계산한다.

(3) 재생(regeneration)

필터 양단의 압력차가 일정 이상으로 검출되면 포집된 PM의 양이 많은 것으로 판단하고 포집된 PM을 태워 재생한다. 재생방법은 ECU의 포스트 분사(post injection) 제어를 통해 DPF 필터를 PM의 발화온도인 550~600℃까지 가열하여 PM을 연소시켜 재생한다. 재생은 10~15분가량 지속되며 DPF 필터의 온도를 600℃ 이상으로 유지하기 위해 포스트 분사는 지속적으로 그림과 같이 이루어진다.

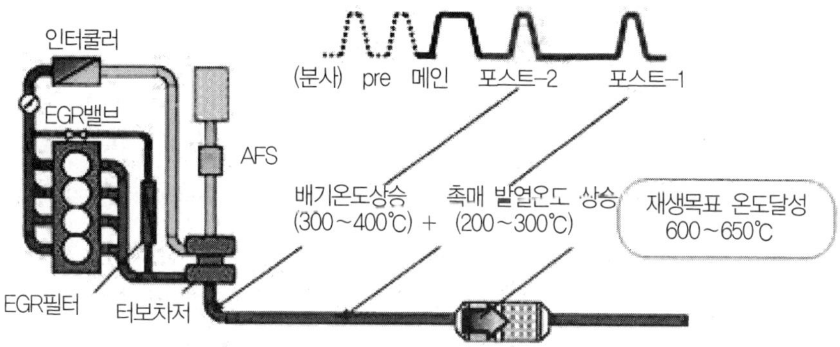

그림 20. DPF 재생 제어

(4) 포스트-2분사(post-2 injection)

주 분사에 가까운 포스트-2분사(post-2 injection)를 상사점 후(ATDC 10~50°)에서 실시하여 배기가스 온도를 약 300~400℃ 가량 상승한다.

(5) 포스트-1분사(post-1 injection)

이후 포스트-1 분사(post-1 injection)를 배기과정(약 ATDC 70°)에서 실시하여 촉매(DOC)의 발열온도를 상승시킨다. 포스트-1 분사는 배기과정에서 이루어지므로 연소되지 않은 HC는 그대로 배출되고, 이로 인해 산화촉매(DOC)에서 산화 및 발열반응에 의해 배기가스 온도는 약 200~300℃ 가량 상승된다.

DPF필터의 재생은 두 번의 후 분사(post-injection)에 의해 목표 배기가스 온도를 PM의 발화온도인 600~650℃까지 상승시켜 PM을 연소시킴으로써 이루어진다. 온도센서는 재생에 필요한 DPF 발열온도를 피드백하는 역할을 한다.

Reference DPF 재생조건

① 차압 : DPF 필터 양단의 압력차가 발생할 때
② 주행거리 : 일정 주행거리(예 500Km)에 도달하였을 때
③ 엔진구동시간 : 이전 재생시점으로부터 일정시간(예 15시간)이 경과 되었을 때
④ 시뮬레이션 : ECU의 모델링 값에 의해 PM이 축적이 예상될 때
⑤ 스캐너 재생 : 진단장비를 이용하여 수동으로 재생할 때

3.1.3. 희박 질소촉매(LNT : Lean Nox Trap)

[1] LNT의 개요

기존의 DPF + DOC방식은 EGR과 결합하여 Euro 5 배기가스 규제에는 무난히 대응할 수 있었지만, Euro 6 배기가스 규제에 대응하기에는 부족하다. 이는 PM을 태워서 없애는 과정 중에 DPF 필터온도 1000℃까지 가는 경우도 있어 새로운 NOx(질소산화물)를 만들어내기 때문이다. 이러한 문제를 해결하기 위해 등장한 기술이 희박 질소촉매(LNT : Lean Nox Traps)와 선택적 촉매산화법(SCR : Selective Catalytic Reduction)이다.

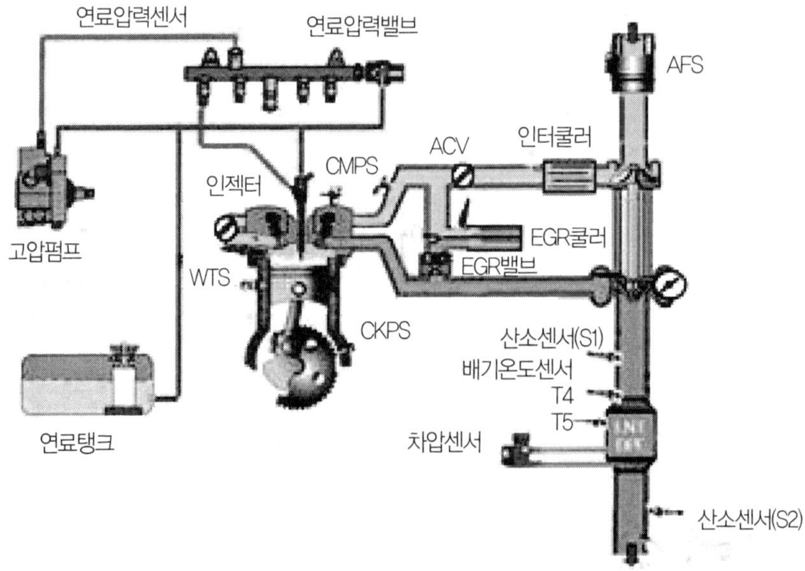

그림 21. LNT시스템의 구성

LNT는 배출가스 중에 포함된 질소산화물을 저감시키기 위한 후처리장치로 가솔린 삼원촉매의 NOx 정화원리와 동일하다. LNT는 희박공연비 조건에서 NOx를 촉매 중의 흡장물질에 흡장하고, 일정량 이상 NOx가 흡장되면 주기적으로 엔진을 농후한 공연비 운전으로 전환하여 흡장된 NOx를 배기가스 중의 환원제(CO, HC, H_2)와 반응시켜 질소(N_2)로 환원시킨다. LNT의 적정 작동온도는 150~450℃로 20~30초에 걸쳐 주기적으로 이루어진다.

최근 엔진의 연소효율과 연비 개선으로 배기가스 온도가 저하되어 LNT 촉매의 저온 활성효율을 개선하기 위해 저온에서도 흡장성능이 우수한 탄산바륨($BaCO_3$)을 NOx 흡장물질로 사용하고 있는 추세이다.

[2] LNT시스템의 작동원리

(1) 희박공연비 조건(lean condition)

디젤엔진은 대부분분의 운전영역에서 희박연소가 진행되기 때문에 CO, HC보다 NOx PM이 많이 생성된다. 이 때 생성된 NOx는 백금(Pt), 팔라듐(Pd), 바륨(Ba) 등의 귀금속이 코팅된 LNT촉매에 흡장된다. 이때 NOx는 탄산바륨과 반응하면서 질산염(NO_3)상태로 저장된다.

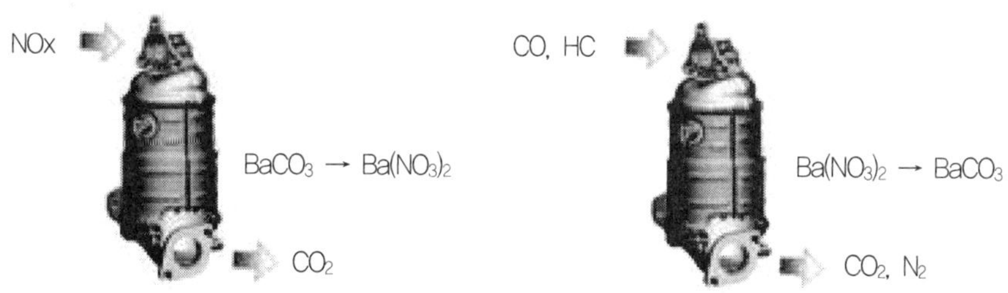

(a) NOx 흡장(탄산바륨 → 질산바륨) (b) NOx 탈장(질산바륨 → 탄산바륨)

그림 22. LNT의 정화원리

(2) 농후공연비 조건(rich condition)

NOx 정화시에는 LNT촉매에 흡장된 NOx를 환원시키기 위해 후분사(post-injection)를 통해 혼합기를 농후하게 하여 NOx를 배기가스 중의 CO, HC 등과 반응시켜 질소(N_2)로 환원시킨다. 이 과정에서 질산바륨은 다시 원래의 탄산바륨으로 되돌아간다.

[3] LNT시스템의 재생 제어

① NOx 흡장량 : 엔진의 운전조건에 따른 NOx 발생량이 모델링 값보다 높은지 계산한다.

② NOx 재생 : 후분사(post-injection)를 통해 혼합기를 농후하게 하여 NOx를 배기가스 중의 CO, HC 등과 반응시켜 질소(N_2)로 환원시킨다.

③ NOx 탈장량 : 전・후방 산소센서를 이용하여 LNT 촉매에 흡장된 NOx량을 계산한다.

④ 재생 종료 : 산소(O_2)센서가 전・후방 농후한 상태면 NOx 흡장 량이 없다고 판단한다.

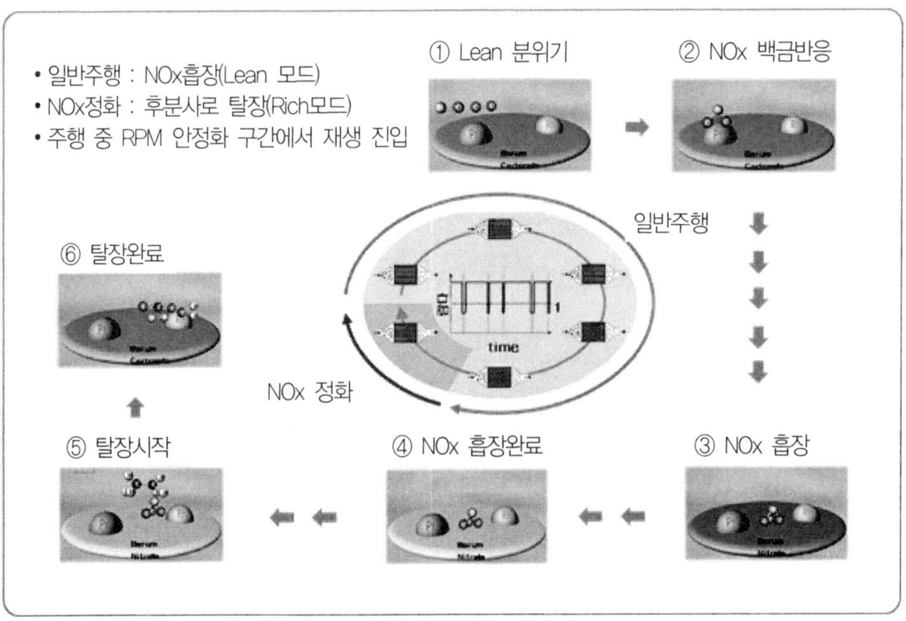

그림 23. LNT 재생과정

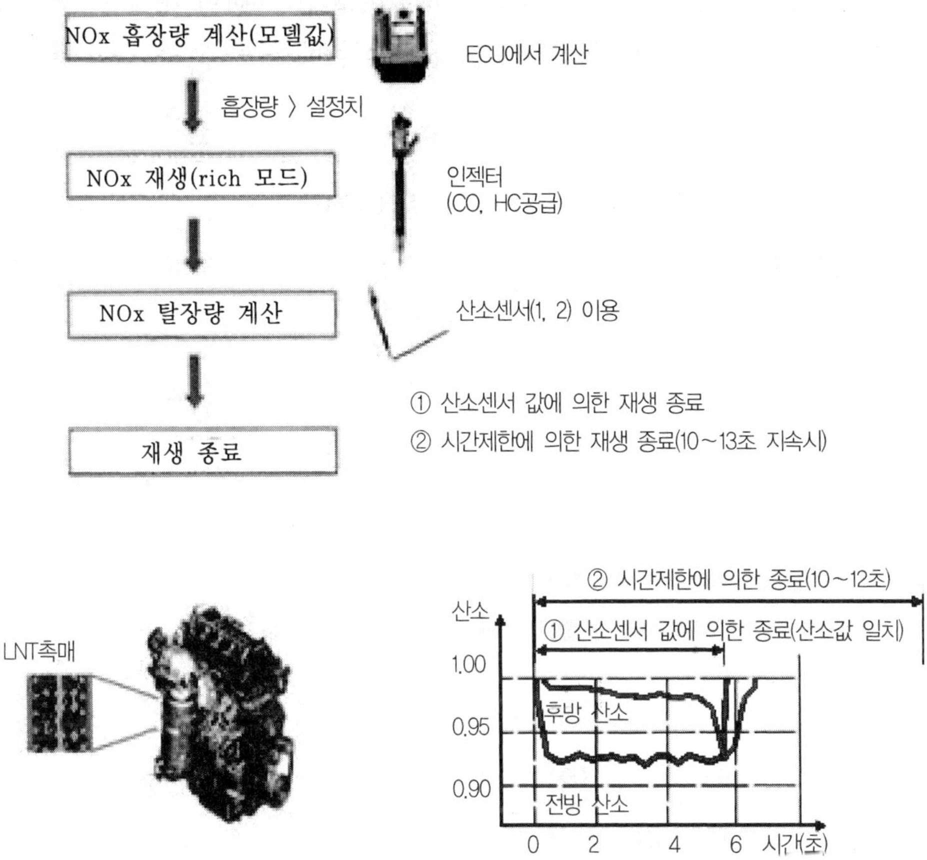

그림 24. LNT 재생 제어

[4] LNT시스템의 장 · 단점

LNT는 약 150℃의 저온영역에서도 질소산화물 저감율을 확보할 수 있으며, 정화 효율도 70~90% 수준으로 우수하다. 또한 SCR대비 부피가 작고 외부 촉매저장 공간이 필요하지 않으며 가격이 저렴하다는 장점이 있다.

하지만 LNT는 NOx를 정화하는 과정에서 농후한 조건을 만들어야 하기 때문에 연비 하락이 불가피하다. 또한 촉매의 크기는 엔진 배기량에 비례하고, 온도가 높아짐에 따라 효율도 떨어지기 때문에 2.5리터급 이상의 엔진에서나 고성능을 요구하는 디젤엔진에는 적합하지 않다는 단점이 있다.

3.1.4. 선택 환원촉매(SCR : Selective Catalytic Reduction)

선택적 촉매 산화방식은 배기가스에 요소수(urea)를 분사하여 촉매반응을 유도하여 질소산화물을 보다 적극적으로 정화시키는 장치이다.

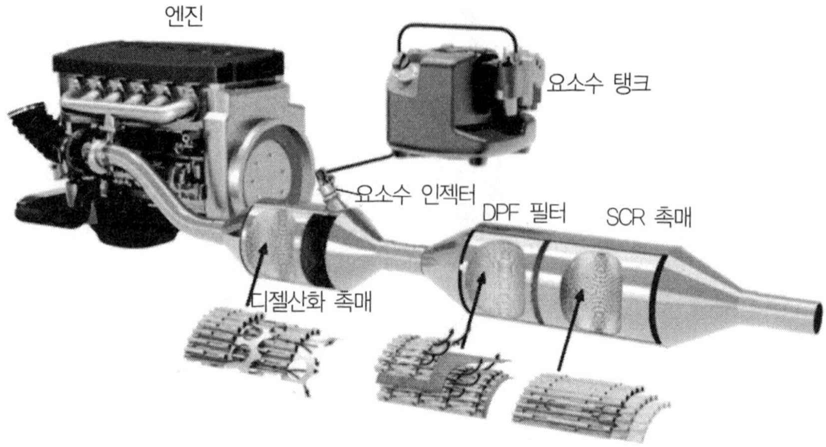

그림 25. SCR의 구조

Reference 요소수(urea)란?

요소수는 요소 32.5%, 물(증류수) 67.5%의 비율의 혼합액을 말한다. 요소수는 액상의 화학물질로 우리가 흔히 알고 있는 요소비료의 원료인 요소(urea) 32.5%와 순수한 물 67.5% 혼합해 만든 무독, 무색, 무취의 수용성 화학물질이다.

[1] SCR 작동원리

SCR은 환원제로는 요소수를 사용한다. 요소수를 DPF필터와 SCR컨버터 배기가스 중에 분사하면 요소수가 열을 받아 암모니아(NH_3)로 변하게 되고 촉매 안에 일정 농도의 암모니아를 농도를 유지한다. 이 암모니아가 NOx와 화학반응을 일으켜 NOx를 물, 질소, 이산화탄소로 변환된다.

요소수가 아닌 암모니아를 직접 사용해도 되지만 암모니아 가스는 폭발성이 있기 때문에 안전한 요소수를 사용한다. 요소수는 배기온도가 180℃ 이상에서 분사되며, 이는 요소수 성분 중의 물은 기화시키고, 요소는 열을 받아 암모니아로 변해야 하기 때문이다.

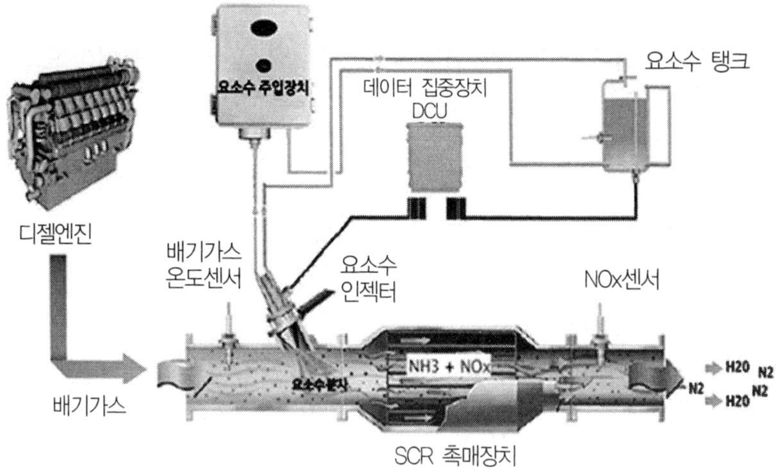

그림 26. SCR 작동원리

SCR은 상용트럭의 경우 수년전부터 보편적으로 탑재되어 왔으며, 질소산화물을 저감효과가 충분히 검증된 기술로 90% 이상의 질소산화물을 정화시킬 수 있다.

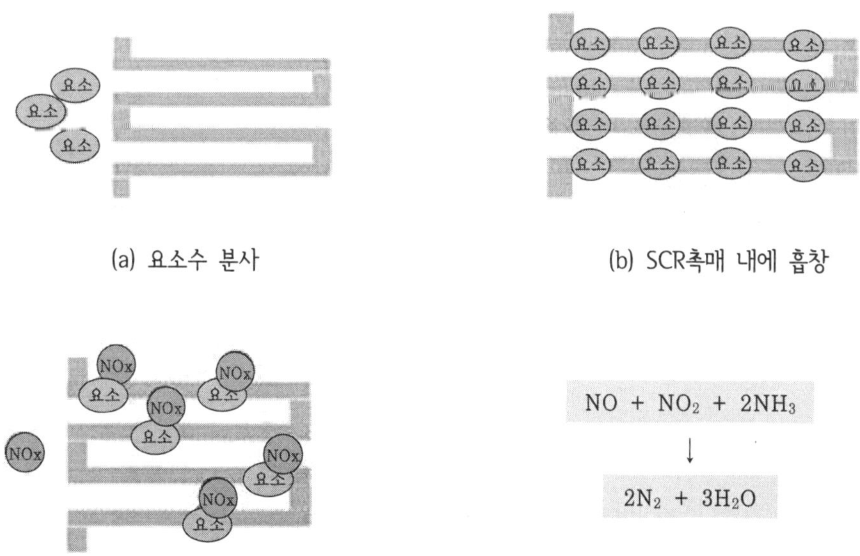

(a) 요소수 분사

(b) SCR촉매 내에 흡창

(c) NOx와 반응

$$NO + NO_2 + 2NH_3$$
$$\downarrow$$
$$2N_2 + 3H_2O$$

그림 27. SCR 정화과정

[2] 구성요소

① 엔진 ECU : 엔진제어 및 SCR 경고등을 제어한다.

② DUC(Data Control Unit) : SCR제어, 펌프 및 인젝터 제어, 요소수 모니터링, 촉매효율 및 비정상 요소수를 진단한다.

③ 요소수 펌프모듈 : 시동 후 배기온도 90℃ 이상에서 요소수를 펌핑하고, 시동 OFF시 요소수를 회수하고 요소수 레벨을 검출한다.

④ SCR 인젝터 : SCR 촉매내로 요소수를 분사한다.

⑤ 열선호스 : 요소수는 영하 11에서 빙결되기 때문에 요소수의 빙결을 방지한다.

⑥ NOx 센서 : 배기가스 내 질소산화물이 어느 정도 제거됐는지 실시간 감시한다. 배기가스 내 질소산화물이 설정값보다 높게 감지되면 촉매 안에 암모니아 농도가 부족함을 의미하기 때문에 요소수를 추가로 분사한다. 또한 SCR시스템의 고장을 감시하고 비정상 요소수도 감지한다.

⑦ 배기가스 온도센서 : 배기가스 온도가 200℃ 이상에서 분사하고 요소수 분사기기 및 분사량 결정한다.

⑧ SCR 경고등 : SCR 고장 또는 요소수가 부족하거나 비정상 요소수를 검출할 때 점등된다.

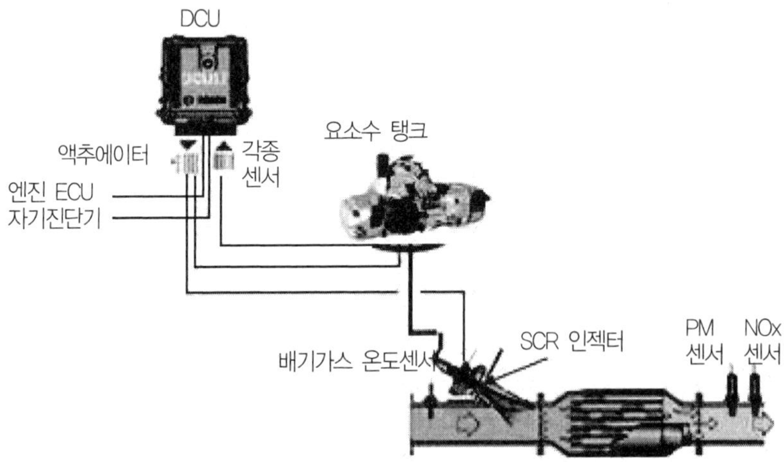

그림 28. SCR의 주요구성

[3] SCR의 장 · 단점

SCR은 넓은 온도범위에서 사용되며 처리할 수 있는 질산화물(NOx)량이 많아 주로 대형 화물차에 주로 사용된다. 장점으로는 2.0리터 이상의 엔진에서 경제성이 높고, 연비성능에 변화가 없으며 질소산화물을 비롯한 배기가스 배출량이 적다는 장점이 있다.

하지만 가격이 비싸고 주기적으로 요소수(암모니아)를 일정기간마다 보충해줘야 한다. 또한 요소수를 저장하는 별도의 탱크를 설치해야하며 요소수의 빙결을 방지하기 위한 시스템도 필요하다.

3. 2. 배기가스 후처리장치의 점검 · 정비

3.2.1. 삼원촉매장치의 외관점검

① 촉매장치 누설, 막힘 또는 손상, 풀림, 오 장착 여부를 점검한다.

② 촉매장치를 탈거하여 과열로 인한 변색, 변형, 촉매 내부손상으로 인한 소음 등을 점검한다.

③ 산소센서의 손상 여부, 센서와 ECU 커넥터의 터미널 부식 여부를 점검한다.

④ 해당차량 정비지침서를 참조하여 공회전 시 삼원촉매 전 · 후 산소센서 파형을 측정하여 삼원촉매의 정화능력을 검사하고 기록한다.

3.2.2. 삼원촉매장치의 정화능력 점검

① 고장진난 스캔툴을 이용하여 산소센서 파형을 측정한다.

② 산소센서 S_1(촉매 앞)과 S_2(촉매 뒤)가 정상 작동하는지 점검한다.

③ 산소센서 S_2의 신호는 거의 변하지 않는 안정적인 값을 유지해야 한다.

④ 산소센서 S_2의 출력이 일정하게 유지하지 못한다면 배기시스템의 전반적인 육안점검을 한다.

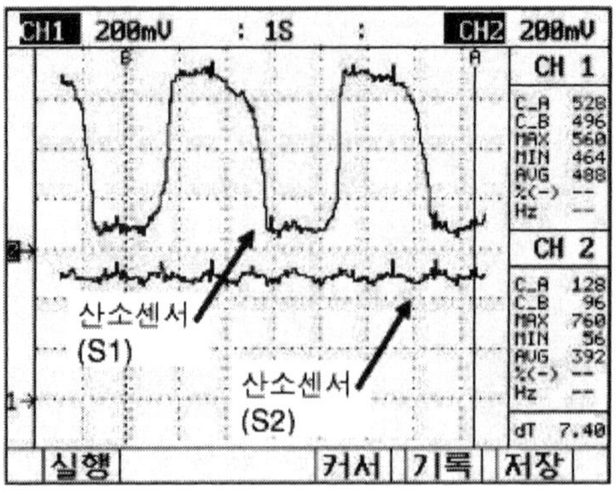

그림 29. 촉매장치 정화능력(S1, S2) 점검

3.2.3. 디젤미립자 필터(DPF) 검사

① 시동버튼 또는 스위치를 OFF하고, 고장진단 스캔툴을 자기진단 커넥터에 연결한다.

② 시동버튼 또는 스위치를 ON하고, 고장진단 스캔툴의 기능을 강제재생으로 선택한다.

③ 주차(P) 또는 중립(N) 상태에서 시동을 건 후, 공회전시킨다.

④ 차량을 최대 전기부하(에어컨, 블로어모터, 헤드램프를 ON) 상태로 한다.

⑤ DPF 재생기능을 선택하고, 시작 버튼을 선택하여 강제 재생을 실시한다.

⑥ 강제 재생조건을 만족하지 않아 DPF재생기능 실패 시, 강제 재생조건을 확인 후 재실행 한다.

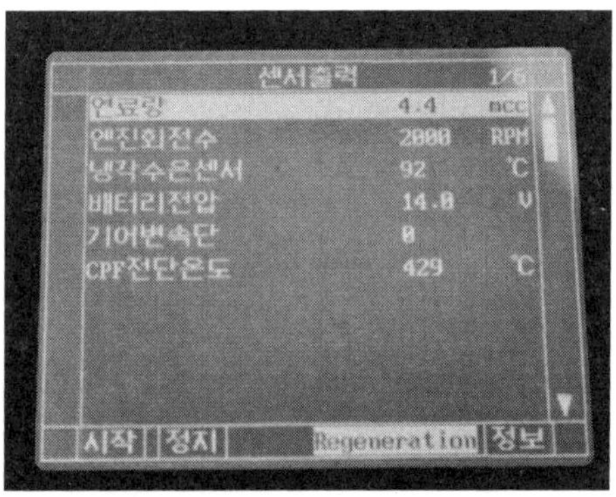

그림 30. DPF(매연필터) 검사

04. 배출가스 측정 및 검사하기

NCS 활용

□ NCS 연계 : 배출가스장치 정비 · 검사(1506030212_14V2)
- 배출가스장치 점검 · 진단, 조정, 교환, 수리, 검사하기(1506030212_14V2, 3, 4, 5)

본 단원은 배출가스 후처리장치 정비 · 검사를 위해 진단장비의 서비스데이터 및 배출가스수치를 상호 비교분석하여 엔진 연소상태와 배출가스 정화장치의 작동여부 및 촉매의 이상 유무를 점검, 조정, 교환, 수리, 검사하는 능력을 학습하는 단원이다.

4.1. 배출가스 규제

자동차에서 배출되는 유해가스 저감을 위해 국제기구과 수요 선진 국가들을 중심으로 그 규제는 더욱 강화되고 있다. 자동차 배기가스 규제는 크게 북미와 유럽에서 주도하고 있으며 사용하는 용어가 조금 다를 뿐 그 내용에는 큰 차이가 없으며, 궁극적으로는 유해배출가스 제로화를 지향하고 있다.

우리나라의 경우 자동차 등록대수는 1985년 100만대, 1997년 1,000만대에 이르렀고, 2012년 1,800만대에서 2년 후인 2014년에는 2,000만대를 돌파했다. 따라서 여기에서 배출되는 오염물질을 줄임으로써 대기오염 영향을 저감할 필요성이 절대적이라 할 수 있다. 우리나라는 1987년부터 자동차 배출가스 규제를 단계적으로 강화해 왔다.

4.1.1. EURO 배출가스 규제

EURO규제는 유럽의 배출허용 기준으로 매연과 NOx 배출이 많은 디젤자동차에 적용되는 규제이다. EURO규제는 1992년 재정된 EURO-Ⅰ을 시작으로 단계적으로 배출가스 허용 규정을 강화하고 있다.

우리나라의 경우 2006년에는 EURO-Ⅳ, 2009년 EURO-Ⅴ, 2015년 EURO-Ⅵ를 도입하고 있다. 특히 EURO-Ⅵ의 배출허용기준 중에서 입자상물질(PM : particulate matter) 기준은 0.0045g/km로서 EURO-Ⅳ기준인 0.25g/km의 18% 수준이다. NOx의 기준은 0.08g/km로 유로-Ⅳ 기준인 0.25g/km의 32%로 대폭 강화된 것이다.

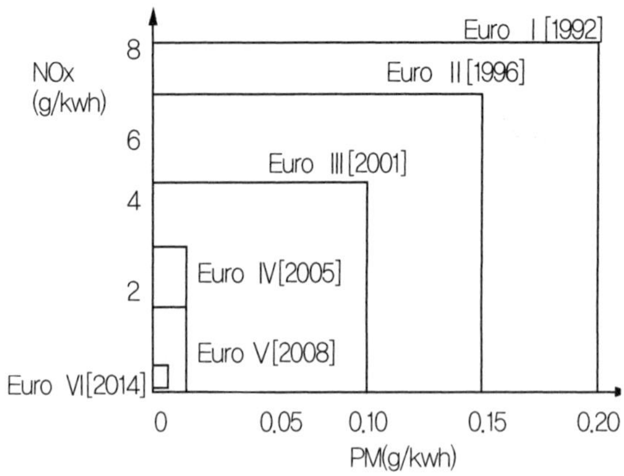

그림 31. EURO 배기가스 규제

이러한 기준을 만족하기 위해서 경유자동차의 NOx를 저감하기 위한 기술로는 EURO-Ⅴ기준까지는 EGR(Exhaust Gas Recirculation) 등 주로 엔진 저감기술이 적용되었다.

그러나 EURO-Ⅵ부터는 NOx 저장촉매(LNT : Lean Nox Trap)와 SCR(Selective Catalytic Reduction) 촉매 등의 엔진 후처리기술을 적용하고 있다. 또한 입자상물질(PM : Particulate Matter)을 저감하기 위한 장치로는 EURO-Ⅳ 적용시점부터 후처리장치인 DPF(Diesel Particulate Filter)를 장착하고 있다.

Reference EURO 규제란?

유럽연합의 배기가스 배출기준(european emission standards)으로 EURO Ⅰ부터 Ⅵ까지 단계별로 부르고 있다. 각 단계별로 NOx, CO, CO_2 등을 단계적으로 줄이게 돼 있으며 유럽연합에 판매되는 자동차라면 반드시 준수해야 한다.

- EURO-Ⅰ(1993년) : 일반 승용차와 경트럭 대상
- EURO-Ⅱ(1996년) : 승용차 대상
- EURO-Ⅲ(2000년) : 전 자동차가 대상
- EURO-Ⅴ(2010년) : 전 자동차가 대상
- EURO-Ⅵ(2014년) : 전 자동차가 대상

4.1.2. 북미 배출가스 규제

북미 배출가스 규제는 미국의 주도로 진행되며 가솔린 및 LPG자동차에 적용된다. 미국은 대기정화법과 기업평균연비(CAFE : Corporate Average Fuel Economy) 두 가지로 배기가스 규제를 하고 있다. 미국 환경보호청(EPA : Environment Protection Agency)이 배기가스 규정을 제정하고 있는데, 캘리포니아주에서는 연방정부보다 더 엄격한 기준을 채택하고 있다.

캘리포니아주는 1960년「자동차 오염방지법」을 제정하고 1966년부터 엔진 배기가스 규제를 실시했으며 현재에도 가장 엄격한 배기가스 규제를 실시하고 있다. 우리나라의 경우 2006년부터 세계적으로 가장 엄격하게 규정하는 미국의 캘리포니아 LEV(Low Emission Vehicle)2 프로그램에 해당하는 ULEV(Ultra Low Emission Vehicle)기준을 도입하고 있다.

표 미국 캘리포니아 자동차 배기가스 규제(CARB 규제)

단계(기준)		보증기간	CO	NMOG	NOx	PM(GDI시스템)
1	LEV	8만km	2.11	0.047	0.031	0.004 14.1(신차) 15.1(기준차)
		19.2만km	2.61	0.066	0.044	
2	ULEV	8만km	1.06	0.025	0.031	
		19.2만km	1.31	0.034	0.044	
3	SULEV	19.2만km	0.625	0.00625	0.0125	
4	ZEV	19.2만km	0	0	0	

Reference 배기가스 규제 약어

- LEV : Low Emission Vehicle
- ULEV : Ultra Low Emission Vehicle
- SULEV : Super Ultra Low Emission Vehicle
- ZEV : Zero Emission Vehicle
- GDI : Gasoline Direct Injection

■ 이산화탄소(CO_2)규제란 ?

친환경차 시장의 성장을 가속화시키는 요인으로 더욱 강화되고 있는 각 국가별 연비 규제 및 배기가스 배출기준을 들 수 있다. 특히 연비 규제는 CO_2를 규제하는 것으로 전 세계적으로 강화되는 추세이며, 국가에 따라 차별적으로 진행 중이다.

국내의 경우 2016년부터 2020년까지 자동차의 배기가스 배출 허용기준은 97g/km, 연비기준은 24.3km/l로 개정되었다.
미국 캘리포니아 주의 연비 및 배기가스 규제는 미국을 넘어 세계에서 가장 엄격하기로 유명하다. 캘리포니아 주는 1960년 자동차 오염방지법을 제정하고 1966년부터 자동차 배기가스 배출 규제를 실시하고 있다. 2003년부터는 무공해차량(ZEV : Zero Emission Vehicle)의 의무 판매를 규정하고 업체별 자동차 판매대수에 따라 전기차, 하이브리드카, 초저공해 가솔린차(ULEV : Ultra Low Emission Vehicle) 등 무공해 차량을 일정비율 이상 판매하도록 의무화하는 전략으로 전기차 시장 규모를 늘리고 있다. 또한 해당 주에서 3년간 연평균 2만대 이상을 판매하는 자동차 업체에 대해 2018년부터 매년 자동차 판매의 4.5%를 배기가스 무배출 차량으로 채워야 한다는 규정을 세웠다. 이에 따라 캘리포니아 주에 자동차를 판매하는 업체들은 2020년에는 연간 자동차 판매의 9.5%, 2023년에는 17%, 2025년에는 22%를 배기가스 무배출 차량으로 판매해야 한다.
유럽연합(EU)이 평균연비 기준을 오는 2020년까지 33km/l로 제시한 유럽 시장 또한 친환경차의 시장 확대 여부는 자명하다. 유럽연합은 2015년까지 모든 자동차 업체의 배기가스 배출량을 130g/km 이하로 낮추도록 했는데, 이 수치는 2020년에는 95g/km로 더욱 떨어질 예정으로 이 수치를 만족시키지 못하면 벌금을 내야 한다. 특히 초과 배출량이 3g을 넘으면 g당 95유로의 벌금이 적용될 예정이다. 2020년까지 미국은113g/km, 중국은 110g/km, 일본은 100g/km로 낮추기로 했다.

표 주요국 연비 규제 현황

국가	규제 현황
미국	•2015년까지 연비 16.1km/ℓ 배기가스 155g/km수준, 2024년까지 연비 23.8km/ℓ 배기가스 101g/km수준으로 규제 •평균 연비가 기준치 미달일 경우 0.1mog에 5.5달러의 벌금을 전체 판에 차량에 부과
유럽	•2020년까지 배기가스 85g/km 수준으로 개선(연비환산시 33.1km/ℓ 수준) •2015년부터 자동차의 이산화탄소 배출량이 130g/km를 초과할 경우 초과 배출량 기준으로 5~95유로의 누진벌금 부과
한국	•2015년까지 연비 17km/ℓ 배기가스 140g/km수준, 2020년까지 연비 24.3km/ℓ , 배기가스 97g/km 수준으로 규제 •2016년부터 연비 혹은 배기가스 기준 미달성시 과징금 부과 예정

[자료 : KB경영연구소]

4. 2. 배출가스 측정 및 검사

4.2.1 가솔린차량의 배기가스 측정

그림 32의 배기가스 측정기는 자동차 배기가스 중 CO, CO_2, HC, O_2, λ , NOx 농도를 분석하는 가솔린용 계측기이다. 가솔린 배기가스 측정기를 이용하여 다음순서에 따라 배기가스를 측정한다.

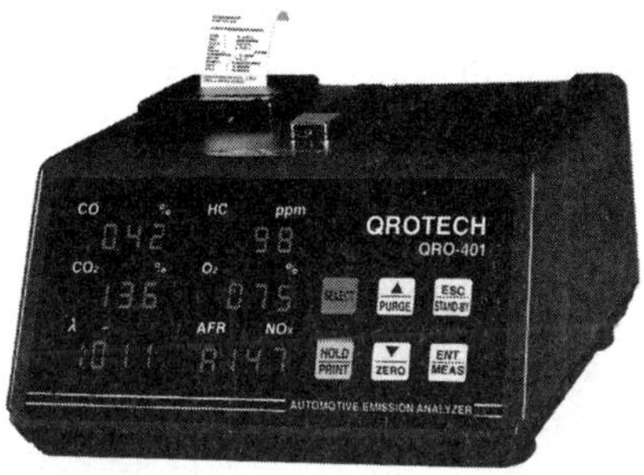

그림 32. 디지털식 배기가스 측정기

[1] 측정 전 준비사항

① 차량을 시동하여 정상온도가 되도록 워밍-업한다.

② 에어컨과 전기부하를 OFF, 자동변속기는 P나 N, 차량을 공회전 무부하 상태로 둔다.

③ 엔진 머플러의 누설은 없는지 확인한다.

④ 엔진오일 량을 확인하고 부족하면 보충한다.

[2] 측정순서

① 배기가스 측정기의 전원 스위치를 ON(워밍업 & 필요시 0점 조정)한다.

② 측정을 선택하고 기다린다.

③ 약 3분 후 캘리브레이션(calibration)을 2분 정도 실시하고, 이때까지 채취 프로브(probe)를 삽입해서는 안 된다

④ 화면에 CO, CO_2, HC 등이 출력되면 프로브(probe)를 배기관에 약 20cm 이상 삽입한다.

⑤ 5~8초 정도가 지나 측정값이 안정되었을 때 값을 허용기준에 따라 판정한다.

⑥ 흡입 채취 프로브를 빼내고 모든 스위치를 OFF한다.

4.2.2. 디젤 차량의 매연 및 배기가스 측정

[1] 여과지식 매연 측정기

그림 33은 여과지식 매연측정기로 배기가스에 의해 오염된 매연여과지에 광센서가 가하고 이때 반사된 값을 전기적 신호로 바뀌는 방식의 광반사식 계측기이다. 매연 측정기를 이용하여 다음순서에 따라 배기가스를 측정한다.

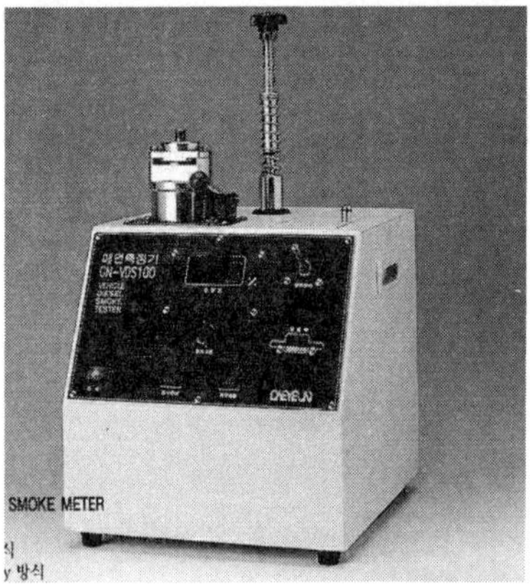

그림 33. 여과지식 매연측정기

(1) 측정 전 준비사항

① 차량을 시동하여 정상온도가 되도록 워밍업하고, 공회전 무부하 상태를 유지한다.

② 전원코드를 연결하고 체취 프로브와 가속스위치 및 공기호스를 연결한다.

③ 채취 프로브를 배기관에 약 20cm 정도 삽입하고, 고정시킨 뒤 전원을 ON한다.

④ 표준 검출지를 넣고 버튼을 눌러 표시된 농도(예 40%)에 맞게 세팅한다.

⑤ 표준 검출지를 제거하고 다음 측정 순서에 따라 매연을 측정한다.

(2) 측정순서

① 에어 버튼을 눌러 관속에 있는 불순물을 제거한 후 흡입펌프를 아래로 누른다.

② 여과지 레버를 아래로 누르고 깨끗한 여과지를 1매를 넣는다.

③ 측정 차량을 약 2초 동안 급가속하며 머플러 내부에 부착된 잔여 매연을 배출시킨다.

④ 공회전을 5~6초간 실시하고 잔여 매연을 2~3회 반복하여 배출시킨다.

⑤ 에어버튼을 3~4초간 누르고 난후 풋 스위치를 측정차량의 가속페달에 올려놓고 함께 빠른 속도로 밟아 약 4초 동안 기다린다.

⑥ 채취된 여과지를 깨끗한 여과지 10장위에 올려 검출대에 넣고 검출버튼을 눌러 측정값을 판독한다.

⑦ 그림 34와 같은 모드에 따라 3회 실시하고, 최대와 최소값의 편차가 5%가 벗어나면 다시 측정한다.

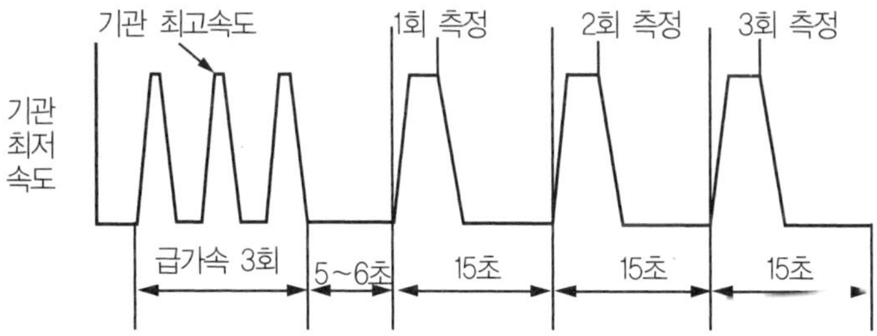

그림 34. 여과지식 매연 측정모드

[2] 광투과식 매연측정

그림 35은 광 투과식 매연측정기이다. 광투과방식은 실시간 배기온도 및 매연농도, 엔진오일 온도(−5~180℃)를 측정할 수 있으며 매연농도는 0~100% 범위까지 측정이 가능하다. 광투과식 매연측정기를 이용하여 다음순서에 따라 매연을 측정한다.

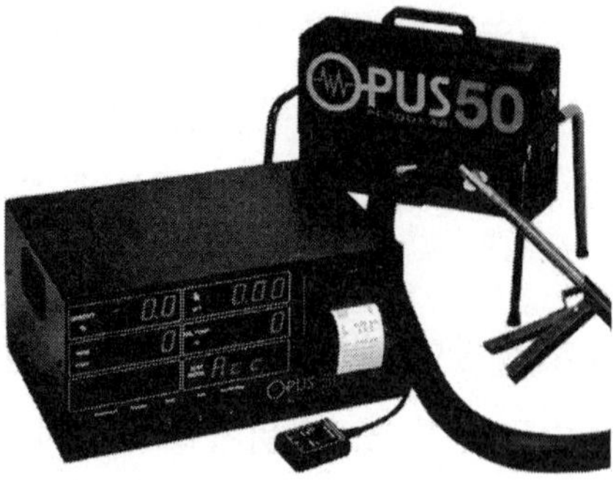

그림 35. 광투과식 매연측정기

(1) 측정전 준비사항

① 차량을 시동하여 정상 온도가 되도록 워밍업하고, 공회전 무부하 상태를 유지한다.

② 전원코드를 연결하고 체취 프로브와 가속스위치 및 공기호스를 연결한다.

③ 채취 프로브를 배기관에 약 20cm 정도 삽입하고 고정시킨 뒤 전원을 ON한다.

④ 표준 검출지를 넣고 버튼을 눌러 표시된 농도(예 40%)에 맞게 세팅한다.

⑤ 표준 검출지를 제거하고 다음 측정순서에 따라 매연을 측정한다.

(2) 측정순서

① 차량의 오일레벨게이지를 뽑은 다음 오일 온도센서를 레벨게이지 길이에 맞게 한 후 삽입하고 RPM 센서를 배터리 양단에 연결한다.

② 챔버에 전원을 연결하여 챔버를 예열한다.

③ 본체 전원을 「ON」으로 하고 측정차량의 차량의 엔진형식을 선택한다.

④ 측정 프로브를 배기관에 약 25cm 이상 삽입한다.

⑤ 차량을 공회전 상태로 유지한다.

⑥ 가속페달을 최대로 밟아 엔진 최고, 회전수에 도달한 상태에서 4초간 유지하여 최고 속도가 되었을 때 측정 값 읽은 후 공회전 상태에서 5~6초간 유지한다.

⑦ 이 과정을 3회 반복하여 측정하여야 하며 최대와 최소치의 편차가 5%를 벗어날 경우 다시 측정하여야 한다.

4.2.3. OBD 감시기능과 시스템의 점검

OBD는 On-Board Diagnostics의 약어로 운행 중인 자동차에 고장이 발생할 경우 감시를 강화하는 배기가스 감시장치를 말한다. 예컨대 ECU에 입력되는 각종 센서가 고장이거나 EGR, 촉매, 실화, 산소센서 또는 연료계통에 문제가 발생하거나, 연료탱크의 증발가스가 누설될 때 경고하거나 감시를 강화해야하는 기능이다.

Reference OBD-Ⅰ/Ⅱ, E/K-OBD 란?

■ OBD-Ⅰ

자동차가 운행 중 심각한 고장이 발생할 경우 계기판에 경고등이 점등되어 운전자에게 알리는 장치를 말한다.

■ OBD-Ⅱ

배출가스 기준을 초과하는 고장 뿐아니라 관련 부품의 결함발생 시에도 경고등을 점등하여 운전자에게 의무적으로 알리는 장치를 말하며 미국의 배기가스 규제이다.

■ E-OBD

유럽에서 실시하는 배기가스 규제법규로서 2000년부터 시행되었으며, 미국과 달리 증발가스 누출감지를 제외하고 있다.

■ K-OBD(Korea On-Board Diagnosis)

국내에 적용되는 법규로 가솔린 및 가스차량은 미국의 OBD-Ⅱ 법규를 기본으로 2005년부터 시행하여 2007년부터 전면 시행되고 있으며, 디젤차량은 EURO-4 법규를 기준으로 2005년부터 시행하여 2008년부터 전면시행 되고 있다.

■ OBD-Ⅱ(K-OBD)시스템의 감시기능

- 촉매 고장 감시기능
- 실화 감시기능
- 산소센서 고장 감시기능
- 증발가스 누설 감시기능
- 연료계통 감시기능
- EGR계통 감시기능
- 기타 엔진부품의 고장 감시
  - 차속 센서(VSS)와 스로틀포지션센서(TPS)
  - 크랭크각 센서(CAS)와 캠각센서(CMP)
  - 수온센서(WTS)와 노크센서(KS)
  - 공회전속도 제어장치(ISA, ISC)
  - 블로-바이가스 제어장치의 PCV밸브

[1] 촉매고장 감시기능 점검

촉매의 고장을 감시하려면 촉매의 정화효율을 확인해야 한다. 촉매 정화율은 그림 36과 같이 이론공연비에 가깝게 제어할 필요가 있다. 이론공연비는 산소센서를 통하여 알 수 있고, 이러한 촉매의 정화특성과 산소센서의 성질을 이용해서 촉매의 이상 유무를 감시할 수가 있다. 촉매가 부착된 차량에 공연비가 이론공연비로 제어되면 촉매의 정화 율은 높다.

하지만 촉매의 성능이 떨어지게 되면 정화율은 낮아지고 배기가스의 배출량 또한 많아지게 되어 산소센서에서 검출되는 전압도 높아지므로 이 방식을 이용하는 것이 촉매장치 고장감시 시스템이다.

일반적으로 촉매의 전·후방에 설치된 2개의 산소센서를 이용해 촉매의 고장을 감시하며, 산소센서의 출력곡선의 기울기와 전압의 변화폭을 이용해 고장을 판단한다.

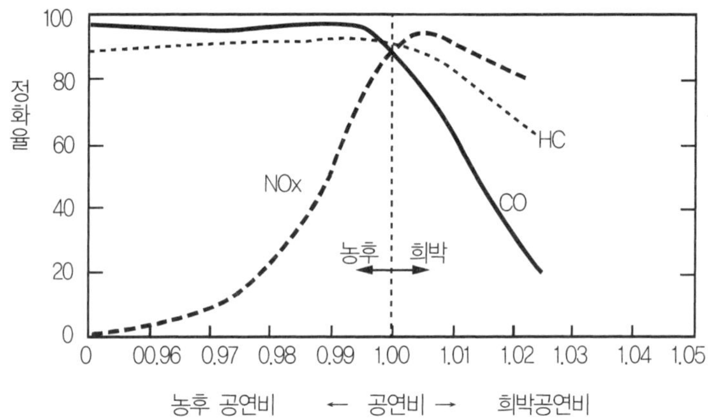

그림 36. 공기과잉률(λ)과 촉매장치의 정화율

[2] 실화 감시기능 점검

엔진에서 압축압력이 부족하거나 혼합기가 희박할 때, 또는 점화장치가 불량한 경우는 정상연소가 이루어 지지 않아 실화(miss fire)가 발생한다. 엔진의 실화에 의한 급격한 온도와 압력의 상승은 노킹과 촉매의 손상을 가져올 수 있다.

만일 촉매를 손상시키는 실화가 발생될 경우 실화 감시기능에서는 배기가스 규제치의 1.5배 이상의 배출가스가 발생할 수 있는 실화의 경우에 대해서 계기판에 경고등을 점등하여 운전자에게 알리도록 한다.

Reference 실화의 발생원인

- 점화장치 불량 : 화염의 핵이 형성되지 않고 불완전 연소로 이어진다.
- 압축압력 부족 : 연소실 내의 연료가 착화온도에 도달하지 않는다.
- 혼합기 불량 : 희박하거나 농후한 경우, 혼합기가 충분히 섞이지 않으면 실화가 발생한다.

ECU는 엔진의 실화상태를 크랭크 각센서(CAS), 캠각센서(CMP), 차속센서(VSS)를 통해 간접적으로 판단하도록 되어있다. ECU에서는 크랭크각과 캠각센서를 이용해 폭발 직후 피스톤이 하사점으로 향하는 순간 피스톤의 가속도를 읽어서 이때의 속도를 각 실린더마다 비교해서 어떤 실린더의 폭발압력이 낮은지 다음과 같이 분석한다.

① ECU는 크랭크각과 캠각 센서를 이용해 실린더의 위치를 정확히 알아내어 어느 실린더가 점화위치에 도달했는지를 기억한다.

② 크랭크각과 캠각의 회전 각속도를 기준으로 하여 폭발 직후 피스톤이 하사점으로 내려가는 순간의 각속도를 읽고 이때의 엔진 속도를 실린더마다 비교하여 각 속도의 차이가 발생하면 실화라고 판난한다.

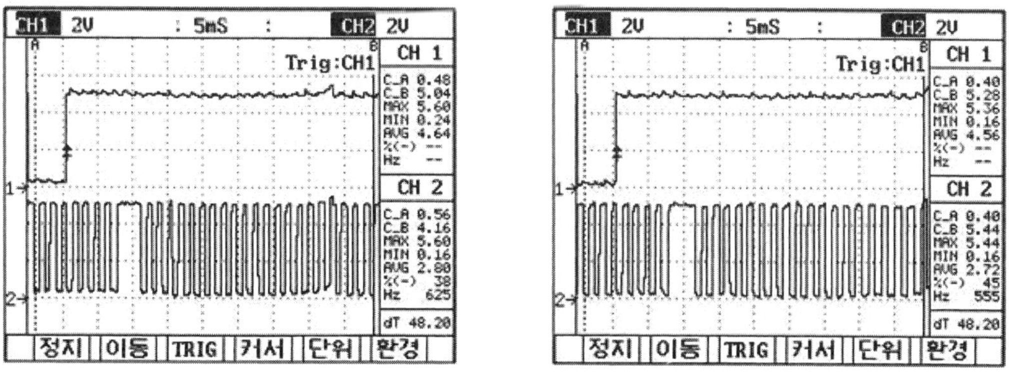

(a) 정상 공회전 상태의 CKP/CMP 파형 (b) 1기통 실화 상태의 CKP/CMP 파형

그림 37. 정상과 실화상태의 크랭크각과 캠각 파형비교

③ 이때 엔진에서 어떤 실린더의 폭발압력이 낮은가를 비교할 수 있고, 압축압력 또는 인젝터의 불량에 의해서도 실화를 감지할 수 있다.

④ 그림 37(a)과 같은 정상 공회전 상태에서 주파수 625Hz시 크랭크각 센서의 주파수의 폭이 일정하다.

⑤ 그림 37(b)과 같은 실화상태에서 주파수 555Hz로 느리게 나타나며 크랭크각 센서 신호 주파수 폭의 변화가 심하다.

⑥ 운행 도중 움푹 파인 도로를 지날 때에는 한쪽 휠이 지면에서 뜨는 경우 휠의 회전력이 증가하면서 엔진의 회전에 영향을 주고 이를 ECU에서 실화로 잘못 판단할 수도 있게 된다.

⑦ 따라서 K-OBD 적용 엔진은 차속센서를 이용해서 신호를 잘못 판단하지 않도록 해준다. 물론 ABS가 없는 차량에는 우측 앞 휠에 따로 차속센서를 장착해 실화 감시를 위한 보정용으로 사용하기도 한다.

[3] 산소센서 감시기능 검사

ECU는 흡입되는 공기량과 EGR율을 계산하여 연료를 분사하며 배기가스 중에 산소량이 많으면 증량 분사하고, 산소량이 적으면 연료량을 줄여서 이론 공연비로 유지하도록 한다. 이와 같이 피드백제어(feed back control)시에 산소센서의 감시기능을 위해 그림 38과 같이 출력전압은 일정한 기울기를 갖게 되며, 출력전압의 기울기(a-b)와 주파수(c)를 이용해 산소센서를 감시 하도록 한다.

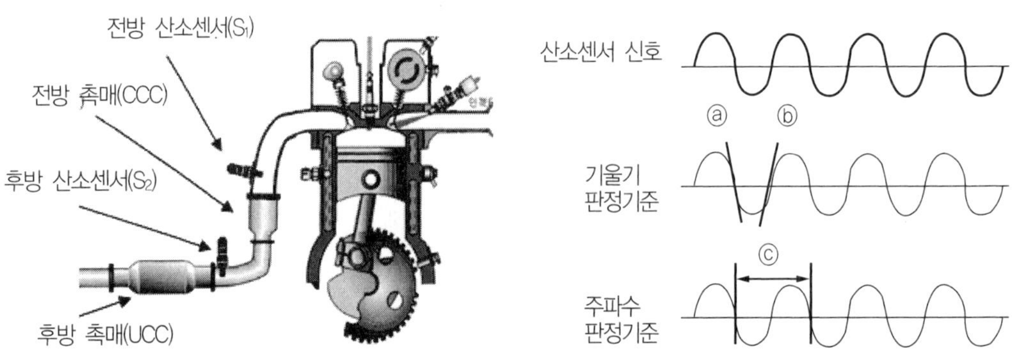

(a) 차량의 촉매장치 감시 (b) 산소센서의 성능저하 감시

그림 38. 산소센서의 촉매장치 감시기능

OBD규정에는 산소센서의 출력전압, 응답성 및 기타 배출가스 특성에 영향을 미칠 수 있는 고장을 감시하도록 규제하고, 배출가스 허용기준의 1.5배를 초과하는 고장일 경우 경고등을 점등시키도록 되어 있다.

① 산소센서 감시방법은 출력전압의 기울기와 주파수를 이용해 감시한다.

② 산소센서 감시기준은 센서 및 히터의 고장을 감시하고 배출가스 허용기준의 1.5배를 초과하는 고장일 경우 경고등을 통해 경고한다.

단원 종합 평가

01. 자동차 배출가스가 인체에 미치는 영향을 맞는 것끼리 선으로 연결하시오.

① 일산화탄소(CO)	•	• ㉮	호흡기에 침투하여 기관지염이나 천식을 일으키고 심장병과 독감을 악화시킨다.
② 탄화수소(HC)	•	• ㉯	불완전연소에서 생기며 광화학 스모그 현상이 생긴다.
③ 질소산화물(NOx)	•	• ㉰	높은 연소온도에서 생기며 광화학 스모그와 호흡기에 영향을 준다.
④ 입자상물질(PM)	•	• ㉱	혈액속의 헤모글로빈과 결합하여 산소 운반기능이 저하되어 두통, 구토, 집중력저하를 가져오며 심하면 사망한다.

02. 가솔린엔진에서 혼합비와 배기가스의 유해가스 배출 상관관계를 빈칸에 채우세요.

(고르기 : 증가, 감소)

공연비 상태	일산화탄소 (CO)	탄화수소 (HC)	질소산화물 (NOx)
(1) 이론 공연비보다 농후할 때	①	②	③
(2) 이론 공연비보다 약간 희박할 때	①	②	③
(3) 이론 공연비보다 아주 희박할 때	①	②	③

03. 디젤 후처리장치의 용어의 약어를 (　　)안에 기록하세요.

① 디젤 산화 촉매장치 - (　　　)

② 선택 환원 질소산화물 제거 촉매 - (　　　)

③ 미립자형 촉매 필터 - (　　　)

④ 디젤 미립자형 필터 - (　　　)

⑤ 연속 촉매 재생법- (　　　)

04. 가솔린과 디젤엔진의 배출가스 제어장치의 주요 구성부품과 저감가스를 빈칸에 채우세요.

구 분	배출가스 제어장치	(1) 저감가스 (CO,HC,NOx,매연)	(2) 주요 구성부품
가솔린 엔진	증발가스 제어장치	①	㉮
	블로바이가스 제어장치	②	㉯
	배기가스 재순환장치	③	㉰
	3원 촉매장치	④	㉱
디젤 엔진	배기가스 재순환장치	⑤	㉲
	후처리장치	⑥	㉳

(1) 저감가스 : CO / HC / NOx / 매연

(2) 주요구성부품

DPF / DOC / SCR / EGR콘트롤밸브 / 산화촉매 / 환원촉매 / PCSV / 차콜 캐니스터 / PCV / bleed hose / EGR솔레노이드

CHAPTER

09

엔진 흡·배기 및 과급장치

※ NCS 적용코드 : 1506030206/7_14V2

자동차용 엔진은 고성능, 저배기, 그리고 저연비를 동시에 추구해야하는 과제를 안고 있다. 이 단원에서는 자동차 엔진의 흡·배기장치 중에서 성능향상을 위해 자동차에 가장 많이 적용하고 있는 전자제어 스로틀시스템, 가변밸브 타이밍시스템 및 전자제어 터보시스템을 선정하여 시스템의 구조와 작동원리를 이해하고, 시스템의 고장진단과 정비에 활용하기 위한 지식을 쌓도록 한다.

01. • 흡·배기장치

NCS 활용

□ NCS 연계 : 흡·배기장치 정비(1506030206_14v2)

•흡·배기장치 점검·진단, 조정, 교환, 수리, 검사하기(1506030206_14V2

본 단원은 흡·배기장치의 제어·공기 누설, 오염상태를 점검·진단하며 흡·배기장치의 막힘, 손상누설의 문제 부분을 조정, 수리 교환하는 능력을 학습하는 단원이다.

1.1. 흡기장치

흡기장치는 엔진을 구동하기 위해 대기중의 공기와 연료를 혼합되어 연소실로 유입시키는 장치를 말한다. 흡기계통은 에어클리너, 흡기관, 스로틀바디, 서지탱크로 구성되어 있다. 또한 배기장치는 연소된 배기가스를 배기다기관, 각종 배기가스 저감장치와 소음기인 머플러를 통하여 배출시키는 장치를 말한다.

1.1.1. 에어클리너(air cleaner, air filter)

엔진 내부와 연소실에 이 물질이 유입되면 실린더와 피스톤의 기밀이 나빠지고 엔진출력이 저하된다. 에어클리너는 이를 방지하기 위해 스로틀보디 앞단에 장착되어 엔진으로 흡입되는 공기 중의 불순물을 제거하는 역할을 한다.

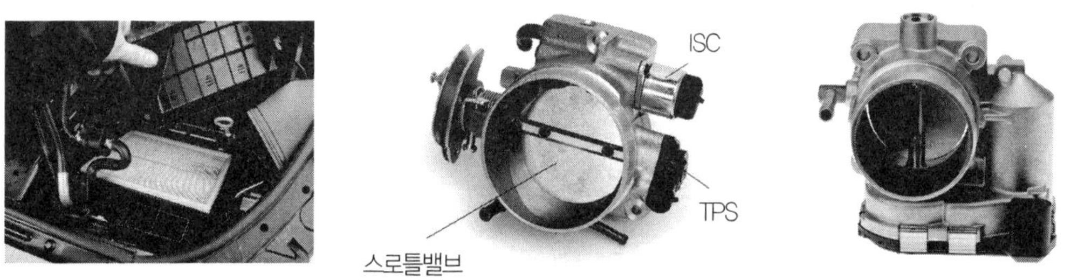

(a) 에어클리너 (b) 기계식 스로틀바디 (c) 전자식 스로틀바디(ETS)

그림 1. 에어클리너와 스로틀바디의 형상

1.1.2. 스로틀바디(throttle body)

스로틀바디는 흡입공기량을 제어하는 장치로서 가속페달과 연동되어 운전자의 가속의지에 따라 케이블 또는 ECU에 의해 구동된다. 스로틀바디는 제어방식에 따라 그림 1과 같이 기계식과 전자식 스로틀시스템(ETS : Electroic Throttle System)으로 구분된다.

기계식 스로틀바디 시스템은 흡입공기량을 제어하는 스로틀밸브(throttle valve), 스로틀밸브의 열림 량을 검출하는 TPS(Throttle Position Sensor), 공회전시 공기량을 조절하는 ISC(Idle Speed Control)장치 등으로 구성된다. 또한 전자식 스로틀시스템은 가속페달의 밟는 양을 감지하는 APS(Acceleration Position Sensor), ECU에 의해 스로틀밸브의 개폐를 직접구동하는 ETM(Electroic Throttle Motor)로 구성된다. 엔진은 공기와 함께 유입되는 각종 이물질 및 블로바이 가스 재순환으로 스로틀바디와 ISA 등에 이물질로 오염될 수 있기 때문에 정기적인 청소가 필요하다.

1.1.3. 서지탱크와 흡기매니폴드

서지탱크(surge tank)는 엔진의 가·감속 시 흡입행정에서 발생하는 흡기맥동을 저감하기 위해 흡기다기관과 에어클리너사이에 설치된 일종의 공기탱크를 말한다. 서지탱크와 흡기매니폴드의 재질은 알루미늄합금 또는 특수 플라스틱을 사용하고 있나.

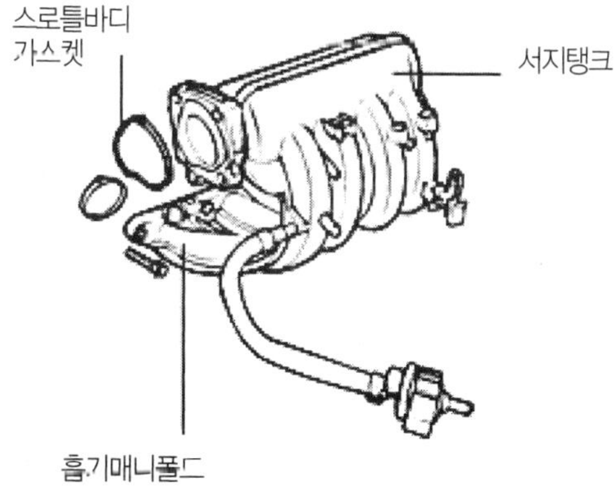

그림 2. 서지탱크와 흡기매니폴드

일반적으로 흡기매니폴드(intake manifold)의 형상은 그림 2와 같이 공기나 혼합기를 각 실린더에 균등히 배분시켜주고 공기와 연료가 잘 섞이도록 와류(swirl)가 발생하는 형상이며 서지탱크와 흡기매니폴드를 일체로 제작한다.

1.2. 배기장치

배기장치는 배기다기관, 촉매장치, 머플러 등으로 구성되어 있으며, 연소된 배기가스를 저감시켜 배출하고 소음을 저감하는 역할을 한다. 연소가스는 실린더헤드의 배기밸브를 지나 배기매니폴드를 거쳐 배기파이프, 촉매변환기와 머플러를 통하여 배출된다.

배기장치는 각 실린더에서 배출된 배기가스가 서로 충돌하여 서로의 흐름을 방해하지 않도록 하는 것이 배기효율을 증대시켜 엔진의 체적효율을 높여주기 때문에 중요하다.

1.2.1. 배기다기관(exhaust manifold)

배기다기관은 각 실린더로부터 배출되는 배기가스를 한곳으로 모아서 배출시키는 것으로 연소가스가 실린더 내에 잔류하여 체적효율이 저하하지 않도록 배기저항을 최대한 줄이는 구조로 되어야 한다.

1.2.2. 머플러(muffler)

머플러는 배기가스가 대기 중으로 방출될 때 급격한 팽창에 의해 격렬한 폭음이 발생되는 것을 방지하기 위하여 소음기 내부에 강판의 칸막이를 설치하여 배기가스의 온도와 압력을 저하시킴으로서 배기소음을 줄여주는 장치이다.

일반적으로 배기효과를 증대시키기 위하여 소음기의 저항을 너무 크게 하면 소음은 작아지나 배압(back pressure)이 높아져 기관의 출력이 저하한다. 따라서 머플러는 가능한 한 배압을 높이지 않고 출력손실 없이 소음을 줄이는 구조로 설계되어야 한다.

(a) 배기다기관

(b) 머플러

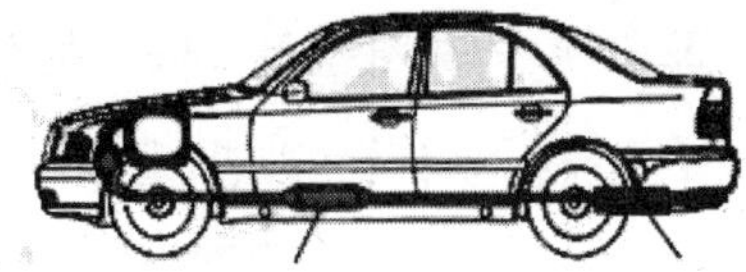

(c) 촉매장치 및 머플러

그림 3. 배기다기관과 머플러 및 촉매장치의 설치

1.2.3. 배기가스 촉매장치(catalytic converter)

촉매변환기는 배기다기관과 머플러(muffler)사이에 설치되며 이속을 배기가스가 통과할 때 배기가스중의 CO, HC, NOx를 무해한 CO_2, H_2O, N_2, O_2로 산화 및 환원시키는 장치이다. 배기가스 촉매장치의 세부내용은 제8장 배출가스제어장치 항을 참고하기 바란다.

1. 3. 가변 흡기제어장치

자동차 엔진의 회전력은 중 · 저속영역에서 회전력을 크게 하면 고속영역에서는 낮아지고, 반대로 고속주행에서 회전력이 크면 중 · 저속영역에서 낮아지는 특성을 가지고 있다.

(a) 가변 흡기제어장치의 장착

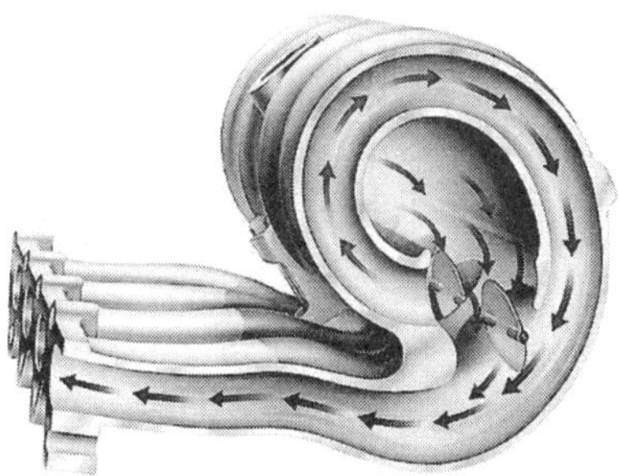

(b) 가변 흡기제어장치의 구조

그림 4. 가변 흡기제어장치의 장착과 구조

가변 흡기제어장치(VIS : Variable Induction System)는 이러한 단점을 보완하기 위해 엔진 회전수와 부하의 상태에 따라 흡기다기관의 길이나 단면적을 변화시켜 저속에서 고속에 이르기까지 모든 운전영역에서 흡입효율을 향상시켜 엔진 출력을 극대화시켜 주는 장치이다. 가변 흡기제어장치의 구조는 흡기다기관 내에 모터나 진공 액추에이터로 작동되는 VIS밸브를 ECU가 제어하도록 되어 있다.

1.3.1. 가변흡기장치의 구조

가변흡기장치는 그림 5와 같이 서보모터방식과 다이어프램방식에 따라 그 구조가 상이하다. 서보모터방식은 VIS밸브를 구동하기 위한 서보모터에는 감속을 위한 스피드기어가 부착되어 있고 감속기어는 웜기어와 웜휠을 구동시켜 웜휠에 부착되어 있는 VIS밸브를 구동한다.

VIS밸브의 위치를 감지하기 위해 모터 축에 밸브위치 감지센서를 장착하였다. 엔진 시동을 위해 점화스위치를 ON에 놓으면 ECU는 모터를 구동시켜 밸브가 밸브 스톱퍼에 닿을 때까지 닫히게 한다. 이 상태가 초기 세팅상태이고 이후에는 엔진 ECU의 펄스신호에 따라 밸브의 열림을 계산하여 모터가 구동된다.

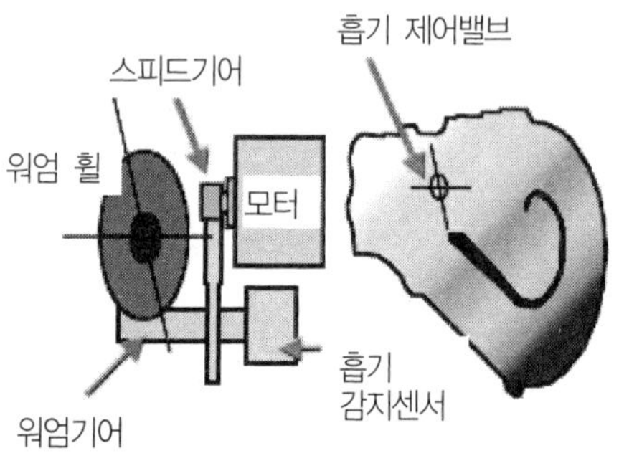

(a) 서보모터방식

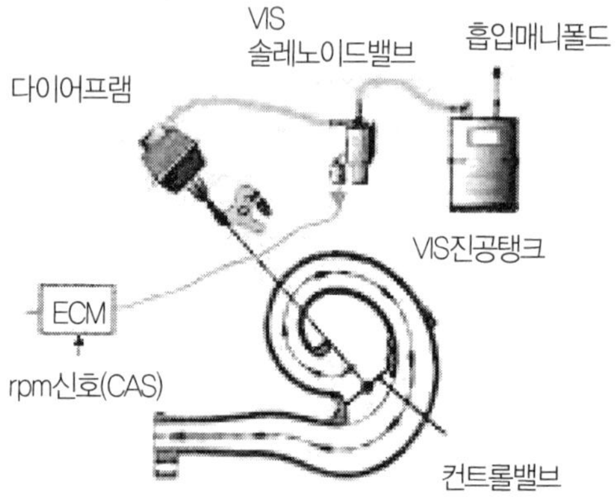

(b) 다이어프램방식

그림 5. 서보모터와 다이어프램 방식의 가변흡기관 시스템의 구성

1.3.2. 저속에서의 작동

엔진회전수가 중·저속이고 스로틀밸브의 열림이 작은 경우에는 가변흡기제어 밸브를 닫아 흡기통로의 길이가 길어지도록 한다. 엔진이 저속 시에는 피스톤의 속도가 느리므로 흡기통로를 길게 하면 흡입관성에 의한 와류(swirl)가 증가하여 하사점을 지나 흡입밸브가 닫히기 전까지 흡입공기를 계속해서 밀어줄 수 있어 흡입효율을 향상시켜 저속 회전력은 증대된다.

(a) 저속시 VIS의 작동 (b) 고속시 VIS의 작동

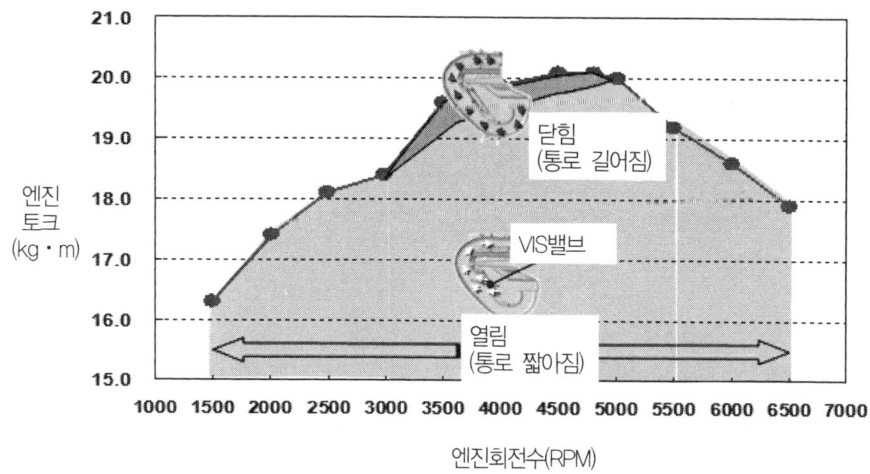

(c) VIS 작동시의 효과

그림 6. 가변 흡기제어장치의 장착과 구조

1.3.3. 고속에서의 작동

엔진의 회전수와 스로틀밸브의 열림이 일정 이상 고속(약 3,000~5,000rpm)일 경우에는 흡기제어밸브를 개방하여 흡기통로의 길이가 짧아지도록 제어한다. 흡입통로가 짧아지면 흡입저항이 감소되어 짧은 시간에도 충분한 공기를 유입할 수 있다.

1.4. 공회전속도 제어장치

차량이 공회전(idling)을 유지할 때는 스로틀밸브가 닫히게 되고, 흡입되는 공기가 차단하게 되며 이때 스로틀바디에 설치된 공회전속도 조절장치를 통해 적정 흡입공기를 바이패스하면서 안정된 공회전을 유지시킨다. 이와 같이 ECU에 의해 공회전속도를 유지시키는 장치를 ISA(Idle Speed Actuator), 또는 ISC(Idle Speed Control)밸브라 하며 일반적으로 스로틀바디에 부착되어있다.

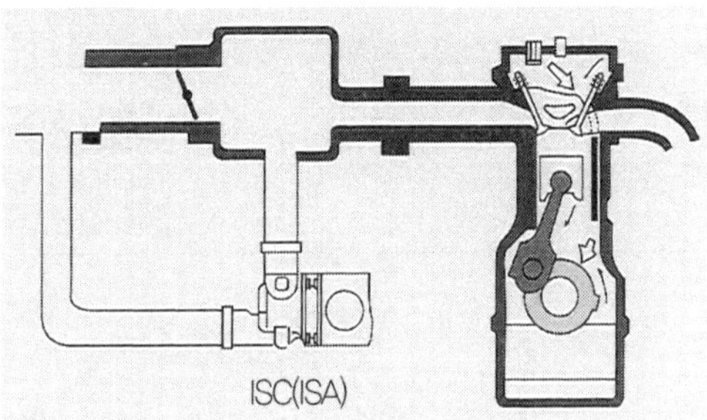

(a) 공회전속도 제어장치 개념도

(b) ISA의 구조

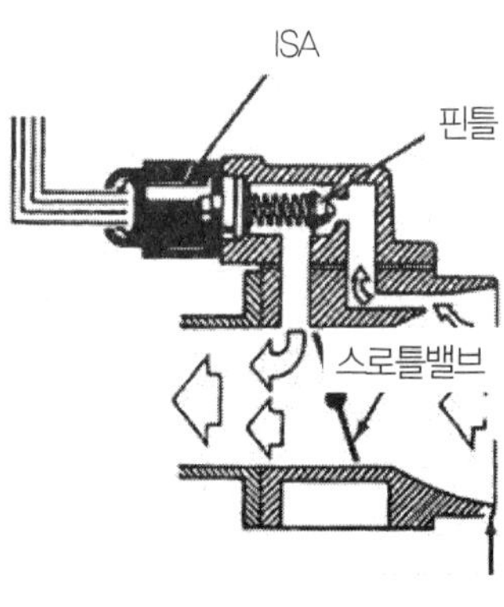

(b) ISA의 작동

그림 7. 공회전속도 제어장치의 구조와 작동

1.5. 전자스로틀시스템

전자스로틀시스템(ETS : Electronic Throttle System)은 엔진이 공회전 또는 가속시에 APS(Acceleration Position Sensor)의 신호를 받아 ECU가 스로틀밸브를 구동시키는 ETM(Electronic Throttle Motor)을 통해 어떠한 운전조건에서도 가속과 공전속도를 일정하게 제어하여 최적의 연비 및 가속성을 유지하도록 하는 시스템이다.

일반적으로 공회전 RPM은 가능한 낮을수록 연비나 소음, 진동측면에서 유리하지만, 너무 낮은 경우에는 엔진의 작은 부하변동에 의해서도 회전수가 불안정하게 되고 엔진이 정지하는 경우가 발생할 수 있다.

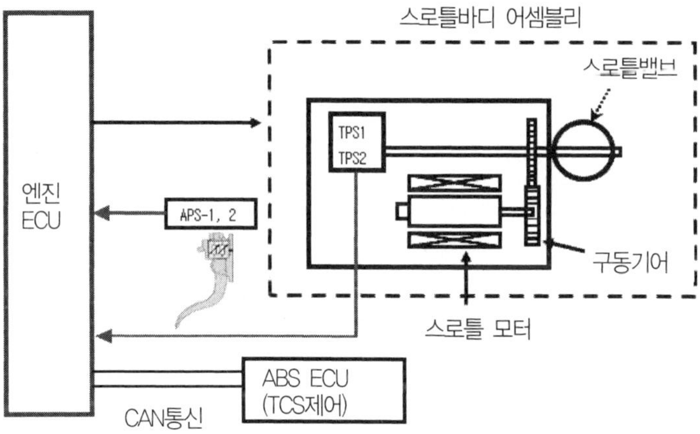

(a) ETS 제어 회로

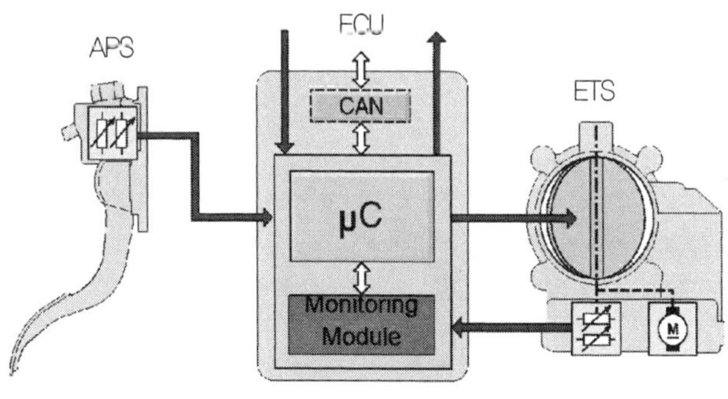

(b) ETS 제어장치의 구성부품

그림 8. 전자제어 스로틀시스템의 제어회로와 구성부품

반대로 너무 높은 경우에는 연비가 악화되며, 유해배기가스 발생량도 증가하게 된다. 따라서 전자스로틀시스템은 ECU가 가속페달센서(APS), 스로틀포지션센서(TPS)의 위치정보와 다양한 센서정보를 이용하여 목표개도를 연산한 후 스로틀바디와 일체로 되어있는 ETC모터를 통해 모든 운전 영역에서의 엔진회전수를 정밀하게 제어한다. 전자스로틀시스템의 제어회로와 구성부품은 그림 9와 같다.

운전자의 가속의지와 운전조건에 따라 ECU가 스로틀밸브 모터를 구동시켜 흡입공기량을 정밀하게 제어함으로써 최적의 엔진성능과 배출가스제어를 실현하고 있다. 또한 기존의 스로틀 케이블, 공회전속도 제어장치(ISC)를 대체하고, 자동정속 주행장치(ACCS : Auto Cruise Control System), 트랙션컨트롤시스템(TCS : Traction Control System) 등을 통합 제어할 수 있다는 장점을 가지고 있다.

(a) ETS의 내부구조

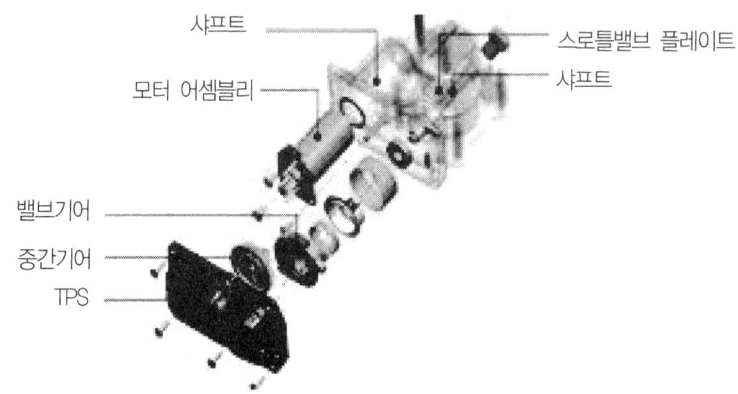

(b) ETS 제어구성부품

그림 9. 전자제어 스로틀시스템의 구조와 제어 구성부품

1.5.1. 가속페달센서(APS : Accelerator Position Sensor)점검

ETS ECU용 APS-1과 ECU용 APS-2의 2중 회로로 구성된다. APS-1은 ETS 목표 개도를 계산하면서 APS-1의 고장판단을 위한 센서이고, APS-2는 가속페달의 위치를 ECU에 입력하고 APS-2의 고장 시 보정신호로 사용된다.

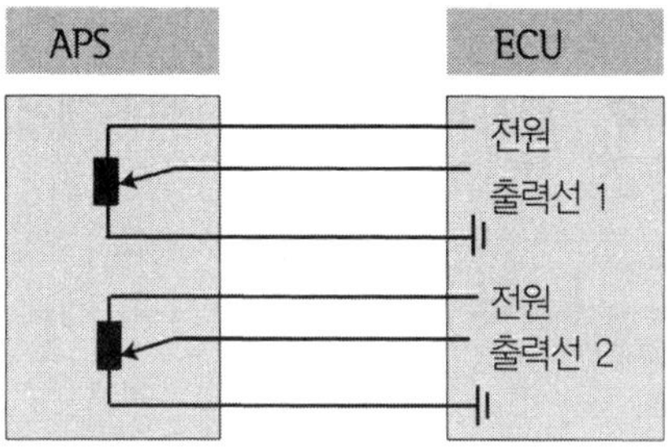

(a)

(b)

그림 10. 가속페달센서의 입·출력회로와 센서모형

1.5.2. 스로틀포지션센서(TPS : Throttle Position Sensor)점검

ETS에 내장되어 있고 그림 11과 같이 ETS ECU용 TPS-1과 ECU용 TPS-2의 2중 회로로 구성된다. TPS-1은 ETS목표 스로틀 개도에 대한 피드백제어와 모터구동을 보정하고, TPS-1의 고장을 감지하기위한 센서이고 TPS-2는 스로틀밸브의 위치를 ECU에 입력하여 분사량 보정을 실시하고 TPS-2의 고장 시 보정신호로 사용된다.

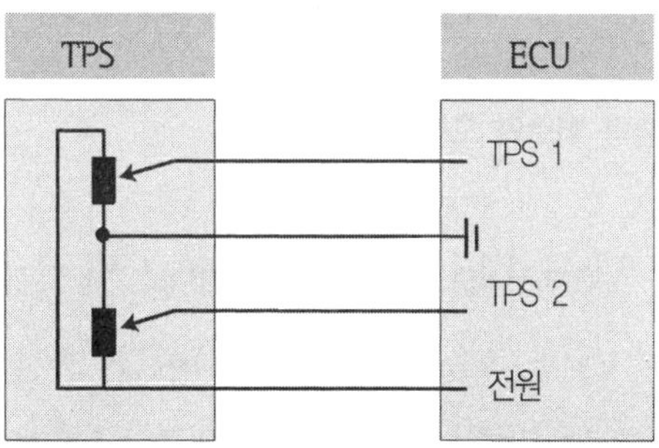

(a)

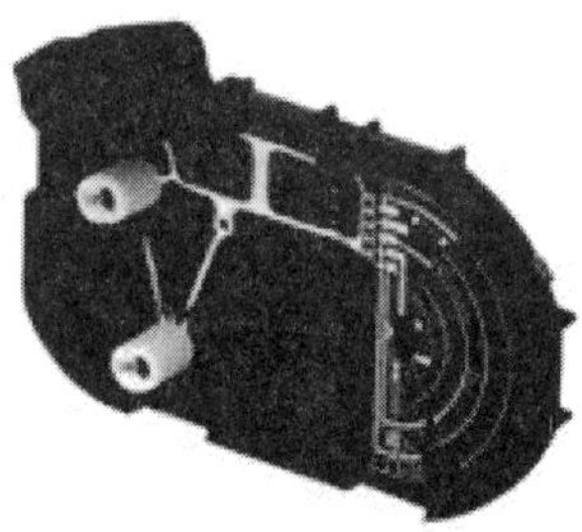

(b)

그림 11. 입·출력회로와 ETS구조

1.5.3. 페일세이프기능 점검

ETS가 고장 시에는 고장 대응 기능으로 페일세이프(fail safe) 밸브가 작동하여 안전운행이 가능하도록 한다. 만약 스로틀 모터 구동시 스로틀밸브가 고착되었거나 모터가 고장 또는 단선, 단락되면 즉시 모터는 정지되고 림프홈 모드(limp home mode)로 전환된다. 이때의 스로틀 각은 약 5° 이다.

림프홈 상태의 공회전 회전수는 약 1,000rpm으로 고정되며, 가속을 하게 되면 공기량은 변화가 없고 점화시기와 연료분사량, 밸브타이밍 등을 이용해서 약 1,700 rpm까지 올려주는 것이다.

1.5.4. ETS의 출력장치 점검

ETS모터와 출력회로는 그림 12와 같이 단상전류제어 방식으로 2개의 회로로 구성되어 있다. 모터를 구동하는 드라이버를 따로 두지 않고 ECU에서 직접제어하는 방식이며 모터가 회전할 때에는 극성이 바뀌는 H-브리지(bridge) 방식이 쓰인다.

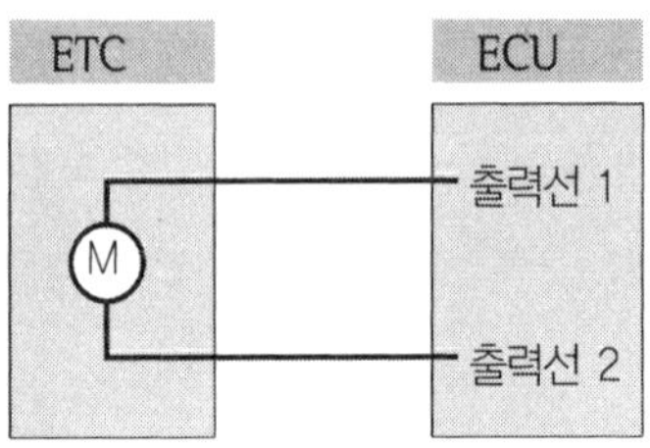

(a)

(b)

그림 12. ETS 입·출력 회로와 모터의 구조

1.6. 가변밸브 타이밍시스템(VVTS : Variable Valve Timing System)

가변밸브 타이밍시스템(VVTS : Variable Valve Timing System)이란 엔진의 부하와 속도에 따라 밸브 진각특성을 최적 제어하는 장치이다. 일반적으로 엔진에 흡입되는 새로운 공기와 배기가스의 유동은 피스톤의 속도에 따라 달라지고, 충전효율과 체적효율 역시 엔진의 회전수와 부하에 따라 변화한다. 고속·고부하시 밸브타이밍은 저속에서는 불리하고, 저속회전에 맞춘 밸브타이밍은 고속에서는 불리하다.

밸브의 개·폐시기가 고정되면 고속과 저속에서 동시에 엔진효율을 높이는 것은 불가능하다. 또한 밸브오버랩(valve over lap)은 밸브타이밍에 의해 결정되며 엔진성능에 영향을 준다. 밸브오버랩을 작게하면 공회전이 안정되고, 저속회전에서는 출력이 증가하지만, 고속회전에서는 출력이 저하되는 현상이 나타난다.

반면 밸브오버랩을 크게하면 고속회전 시에는 체적효율이 향상되어 출력이 높아지지만, 저속회전에서는 피스톤이 하강할 때 배기가스가 역류하는 잔류가스의 영향으로 연소가 불안정하고 출력이 저하된다. 엔진속도와 밸브오버랩의 관계는 표와 같다.

표 엔진속도와 밸브오버랩의 특성

구 분	오버랩이 작은 경우	오버랩이 큰 경우
저속엔진 영역	- 출력 상승 - 아이들 안정화	- 내부 EGR 증가 - 연소불안정 - 회전수 불안정 - 출력 저하
고속엔진 영역	- 출력 저하	- 연소 에너지의 효율적 이용

따라서 하나의 밸브타이밍만으로는 저속과 고속영역 모두에서 엔진효율을 높이는 것은 불가능하다. 즉 저속회전 위주의 밸브타이밍은 고속에서 불리하고, 고속·고부하 위주의 밸브타이밍은 저속에서 불리하다.

가변밸브 타이밍시스템은 이러한 문제점을 해결하기 위한 장치로 엔진의 회전수와 부하에 따라 캠축의 위상을 변화시켜 최적의 밸브 개·폐시기가 되도록 제어한다. 즉 엔진회전수가 느린 저속에서는 흡기밸브의 열림시기를 늦춰 밸브오버랩을 최소로 하고, 중·고속구간에서는 흡기밸브의 열림시기를 빠르게 하여 밸브오버랩을 크게 하여 엔진에 흡입되는 혼합기의 유동을 증가시키고 신기의 충전효율을 극대화 한다.

Reference 가변밸브 타이밍시스템의 장점

① 시동과 공회전시 흡기밸브를 최 지각시켜 오버랩을 최소로 하여 흡기의 역류를 막고 연소를 안정시켜 시동과 공회전 안정성을 향상시킨다.
② 중부하 운전 시 밸브오버랩을 크게 하여 NOx와 HC를 저감시킨다.
③ 중부하 운전 시 밸브오버랩을 크게 하여 펌핑손실을 줄여주어 연비가 향상된다.
④ 고부하, 중·저속 운전 시 흡기밸브를 빨리 열어 진각시켜서 체적효율이 향상된다.

1.6.1. 가변밸브 타이밍시스템의 형식

VVT시스템은 엔진의 흡기 또는 배기밸브의 타이밍, 즉 밸브가 열리고 닫히는 시기를 운전조건에 맞도록 가변 제어한다. VVT시스템은 흡기밸브의 타이밍을 변하는 싱글(single) VVT와 흡 · 배기밸브의 타이밍을 모두 가변제어 제어하는 듀얼(Dual) VVT로 구분한다.

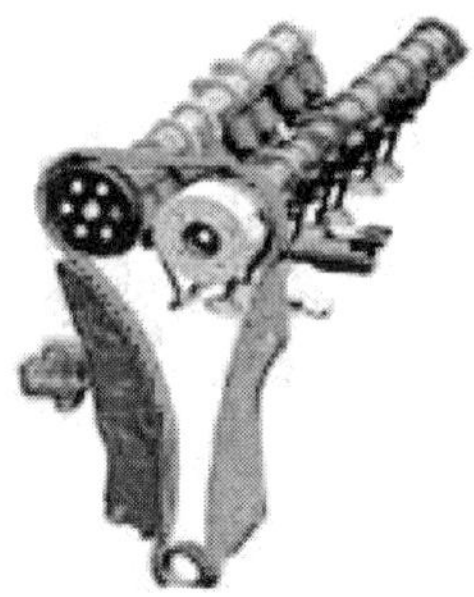

(a) 싱글방식의 VVT

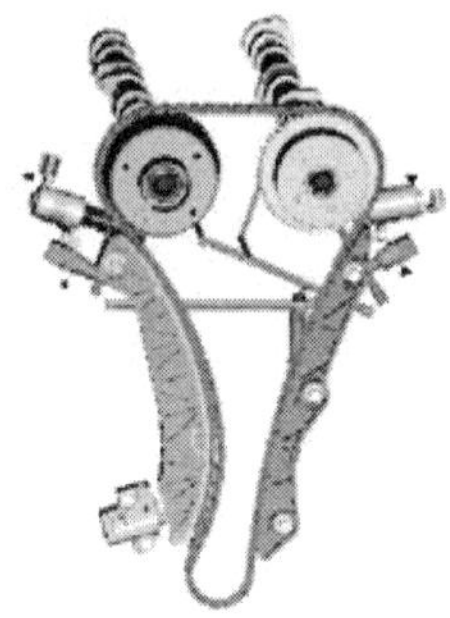

(b) 듀얼방식의 VVT

그림 13. 가변밸브 타이밍시스템의 방식의 구조

1.6.2. 가변밸브 타이밍시스템의 구성

가변밸브 타이밍시스템은 축의 위상을 변화시키는 VVT 유닛, 유압제어를 위한 오일컨트롤밸브(OCV : Oil Control Valve)로 구성된다.

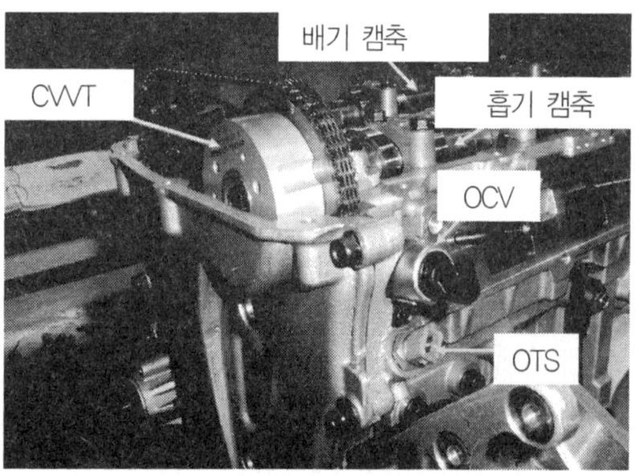

(a) VVT의 구성부품

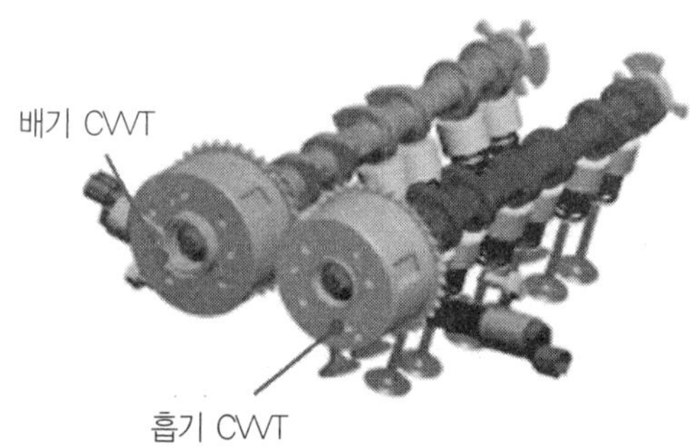

(b) 더블방식의 VVT 구성

그림 14. 가변밸브 타이밍시스템의 구성

[1] VVT 유닛

VVT 유닛은 로터하우징, 베인, 그리고 이를 구동시키기 위한 스프로킷이 일체로 캠축에 결합된다. 흡기측 VVT 유닛의 경우 평상시에는 스프링에 의해 최 지각상태로 유지되며, 오일이 공급되어 엔진 회전방향으로 하우징이 베인보다 앞서 회전하면 회전하는 각도만큼 캠축의 타이밍은 진각 된다. 배기 VVT 유닛의 경우 반대로 작동된다.

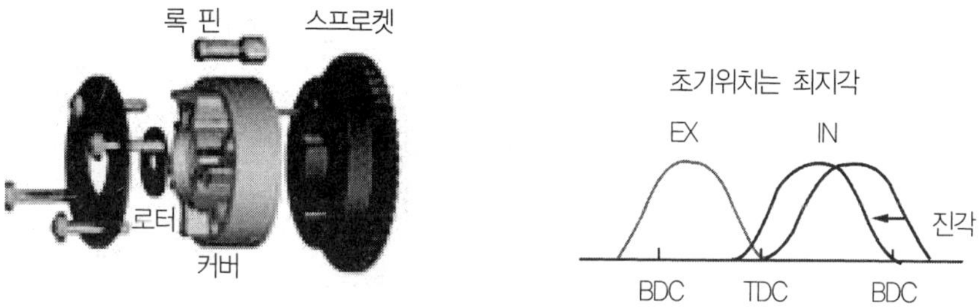

(a) 흡기 CVVT

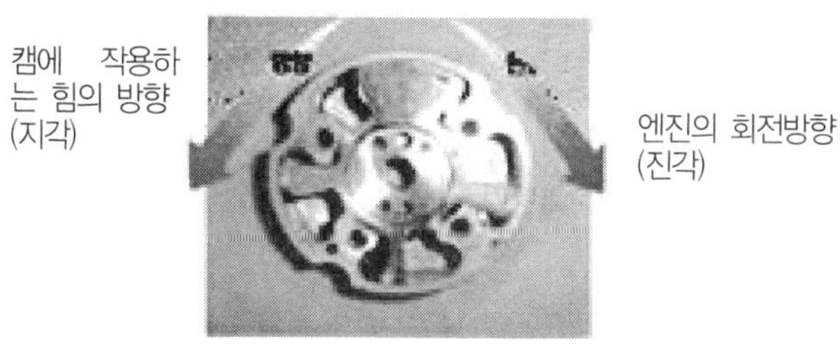

(b) 흡기 어셈블리 초기위치

그림 15. 더블방식의 VVT 유닛의 구조와 제어방법

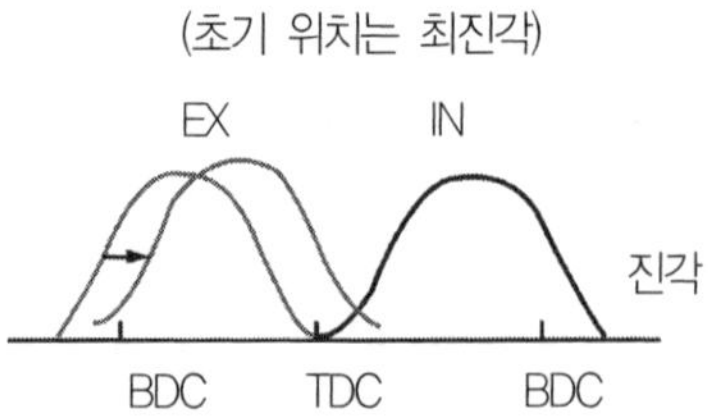

(a) 배기 CVVT

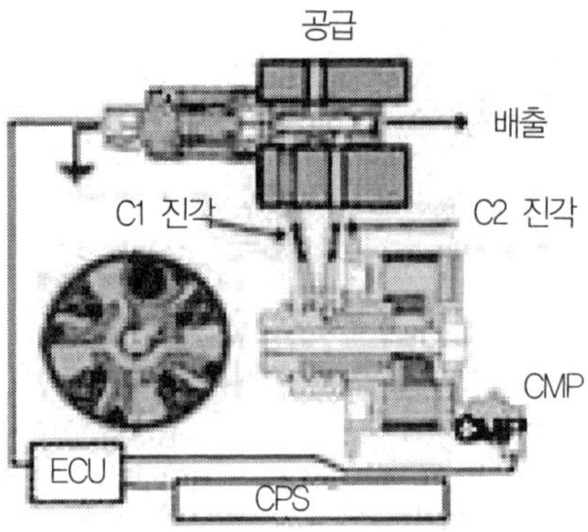

(b) 배기 흡·배기 회로

그림 16. 더블방식의 VVT 유닛의 구조와 제어방법(배기)

[2] 오일 컨트롤밸브(OCV : Oil Control Valve)

오일 컨트롤밸브는 ECU의 신호를 받아 VVT로 공급되는 오일의 통로를 바꾸어서 밸브개폐시기를 바꾸는 역할을 한다. 오일 컨트롤밸브는 플런저와 스풀, 리턴스프링과 슬리브로 구성된다.

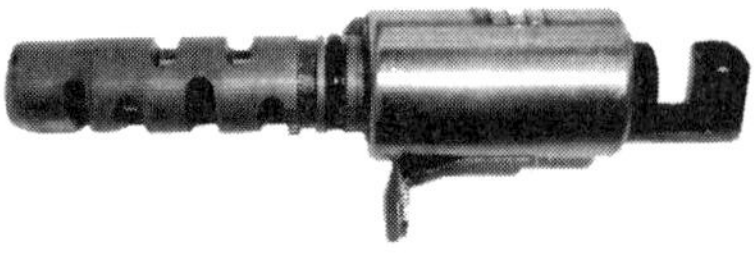

(a)

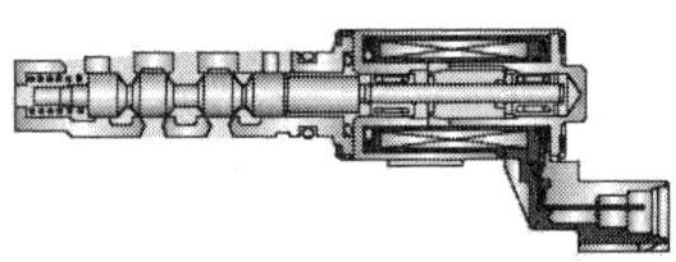

(b)

그림 17. 오일 컨트롤밸브의 구조

코일에 전원이 인가되면 플런저와 같이 부착된 스풀이 스프링을 밀고 이동하면서 슬리브의 홀과 스풀사이의 상대위치가 변하여 유로가 변경된다. 오일은 오일컨트롤 밸브에 형성된 유로를 따라 캠축을 거쳐 VVT의 유압실로 유입된다.

1.6.3. 가변밸브 타이밍시스템의 작동

오일 컨트롤밸브(OCV : Oil Cotrol Valve)는 ECU의 제어를 받아 지각, 홀드, 진각 모드로 오일을 제어하며, 일반적인 운전상황에서는 지각모드로 고정된다. 진각과 지각의 중간구간에서는 OCV의 유로가 차단되어 홀드모드를 유지하고, 엔진회전수가 높거나 진각이 필요할 때는 진각실에 오일이 공급되어 진각모드에 진입한다.

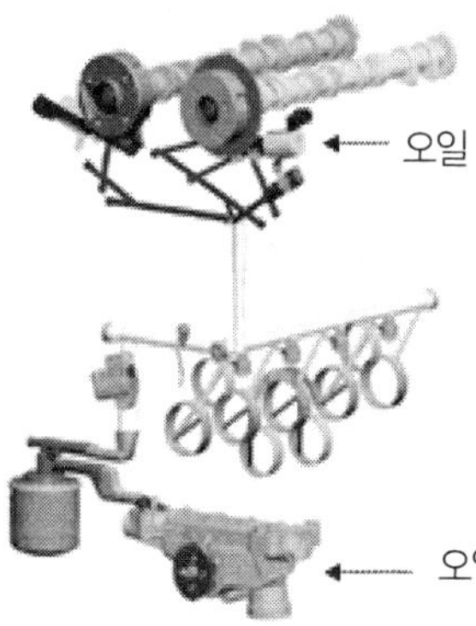

그림 18. VVT 오일제어 경로

[1] 지각모드(retard mode)

시동을 끄거나 저온시동, 공회전, 고속·고부하 상태에서 작동하는 모드이다. 이때는 ATDC 10° 까지 지각되어 밸브오버랩이 없는 상태이다.

[2] 홀드모드(hold mode)

밸브타이밍을 지속적으로 유지하도록 하는 모드이다. 밸브타이밍을 변화없이 BTDC 10° 를 유지하도록 피드백제어를 실시한다.

[3] 진각모드(advance mode)

오일 컨트롤밸브의 진각포트가 열리도록 제어하여 밸브타이밍이 진각이 되도록 한다. 진각모드는 BTDC 30° 까지 흡기밸브를 빠르게 제어하는 모드이다. 그림 19는 VVT시스템의 모드별 OCV의 오일제어 상태를 나타낸 것이다.

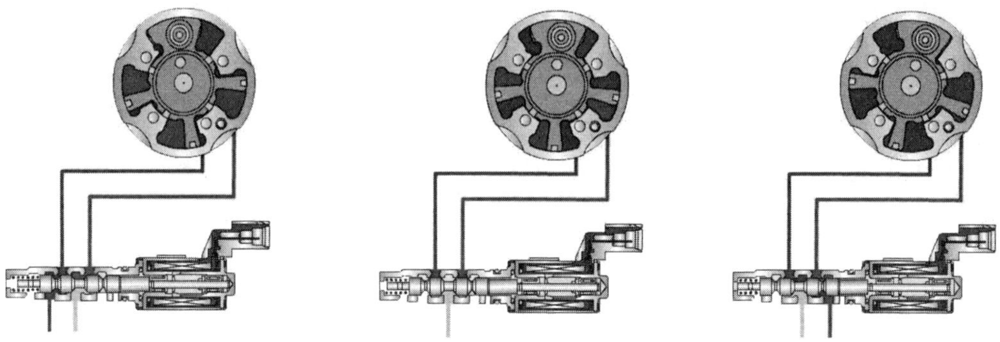

(b) 지각모드　　(c) 홀드모드　　(d) 진각모드

그림 19. VVT시스템의 각 모드별 OCV의 작동

1.6.4. E-VVT 제어

E-VVT(Electronic-Variable Valve Timing)는 전동식 가변 밸브타이밍장치로, 캠샤프트의 회전각도를 모터를 이용하여 최적의 밸브타이밍을 제어한다. 이 방식은 유압식과 달리 모터의 전류제어(duty 신호)를 통해 제어하기 때문에 응답성 향상은 물론 보다 정밀한 제어가 가능하다. 따라서 시동성 개선과 함께 배기가스 저감효율이 증대될 뿐 아니라 제어할 수 있는 밸브타이밍의 범위가 확대되어 출력 향상 및 연비 향상을 실현할 수 있다.

1.6.5. 가변 밸브타이밍시스템 점검

[1] VVT시스템의 점검

VVT시스템은 그림 20과 같이 로터하우징, 로터 베인, 그리고 이를 구동시키기 위한 스프로킷으로 구성되어 흡기캠축과 로터 베인(rotor vane)에 결합되어있다. 최 지각상태에서는 엔진회전 방향으로 하우징이 베인보다 앞서 회전하고 회전하는 각도만큼 흡기 캠축의 타이밍은 진각 된다.

(a) VVT와 스프로킷　(b) 로터 하우징　(c) 로터 베인

그림 20. VVT의 구조

[2] 오일 컨트롤시스템 점검

오일 컨트롤밸브는 ECU의 지시를 받아 VVT로 공급되는 오일의 통로를 바꾸어서 밸브개폐시기를 변경하는 역할을 한다. 오일 컨트롤밸브는 그림 21과 같이 플런저와 스풀, 리턴스프링과 슬리브로 구성된다. 코일에 전원이 인가되면 플런저와 같이 부착된 스풀이 스프링을 밀고 이동하면서 슬리브의 홀과 스풀사이의 상대위치가 변하여 유로가 변경된다.

오일 컨트롤밸브로 공급된 오일이 형성된 유로를 따라 캠축을 거쳐 VVT의 유압실로 오일이 유입되는 것이다.

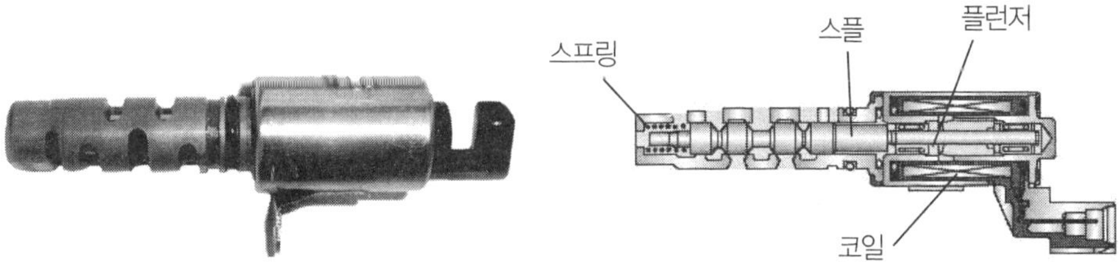

(a) OCV 외관　(b) OCV 구조

그림 21. OCV의 구조

[3] VVT시스템의 제어모드 점검

ECU의 제어를 받아 OCV는 그림 22와 같이 지각, 홀드, 진각모드로 오일을 제어하며, 일반적인 운전상황에서는 지각모드로 고정된다.

진각과 지각의 중간 구간에서는 오일 컨트롤밸브의 유로가 차단되어 홀드 모드를 유지시키고, 엔진회전수가 높거나 진각이 필요할 때는 진각실에 오일이 공급되어 진각모드에 진입한다.

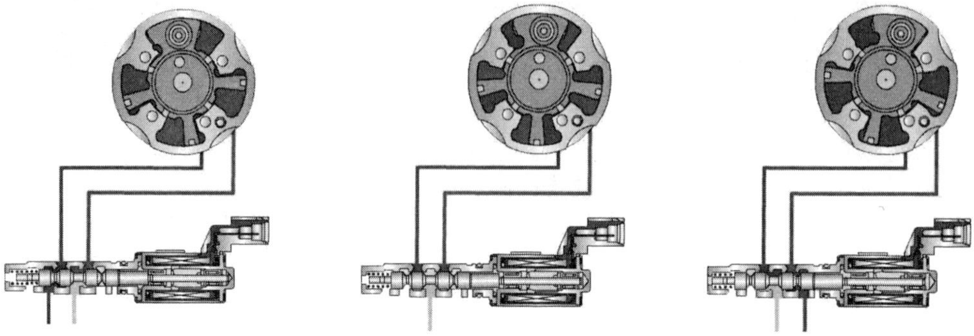

(a) 지각모드 제어 (b) 홀드모드 제어 (c) 진각모드 제어

그림 22. VVT시스템의 유압제어 모드

(1) 지각모드(retard mode)

흡기밸브를 지각으로 제어할 경우는 엔진의 시동을 OFF했을 때, 저온 시동 시, 공회전 상태에서 작동하는 모드이다. 이때는 그림 22(a)와 같이 지각 실에 오일이 공급되어 최 지각상태로 구동되면서 스톱퍼 핀(stoper pin)에 의해 CVVT 하우징에 고정되며 ATDC11° 가 되어 오버랩구간이 없는 상태이다.

(2) 홀드모드(hold mode)

홀드모드는 엔진이 일정한 밸브타이밍을 유지하는 모드이다. 엔진이 가동시 일정한 밸브 타이밍을 유지하는 것은 제어밸브의 오일 누유로 어렵다. 조금씩 변하는 밸브 타이밍 타이밍을 캠 포지션센서(CMPS)의 신호를 비교하면서 밸브타이밍을 변화 없이 유지하도록 피드백제어를 실시하는 모드를 홀드 모드라고 한다. 홀드모드는 그림 21(b)와 같이 진각실과 지각실 양쪽에 오일이 공급되어 평형을 유지하는 상태를 말한다.

(3) 진각모드(advanced mode)

최 진각모드는 BTDC 29° 까지 흡기밸브 타이밍을 변경하여 제어하는 모드이다. CVVT의 진각 실에 오일이 공급되면 그림 22(c)와 같이 엔진회전 반대 방향으로 캠축이 회전하여 열림 시기를 진각 시킨다.

[4] CVVT제어 점검

가변 밸브타이밍시스템의 입력요소로는 흡입공기량(AFS), 엔진 회전수CAS), 캠축 포지션센서(CMPS), 냉각수온(WTS), 오일온도(OTS) 및 배터리 전압이며, 출력제어요소는 오일 컨트롤밸브(OCV)이다.

(1) 엔진오일 온도센서(OTS : Oil Temperature Sensor)

작동유체는 엔진오일이고 엔진오일은 온도에 따라 점도의 변화가 생기고 점성에 따라 CVVT의 작동시간도 달라진다. 이러한 온도에 따른 변화량을 보상하기 위하여 오일 온도센서를 적용한다.

(2) 클리닝 모드(cleaning mode)

시동키를 OFF시에 엔진 ECU는 이 물질에 의해 OCV밸브가 작동되지 않는 상태를 방지하기 위해 솔레노이드밸브를 작동 시키게 되는데 이를 클리닝 모드라고 한다. 즉, OCV밸브 내의 스풀밸브와 하우징사이에 이물질이 있어 OCV밸브가 작동하지 않는 경우가 있는데 이를 방지하기 위한 모드이다.

(3) OCV제어

솔레노이드 코일의 듀티(duty)제어로 전자력을 발생시켜 OCV의 플런저를 이동시킨다. 플런저의 이동에 의해 스풀(spool)밸브도 동시에 움직인다. 이에 따라 슬리브의 유로가 개폐하여 오일의 유입과 배출을 제어한다.

유압의 힘과 리턴스프링의 힘 상관관계에 의해 플런저의 이동 량은 결절되고 이에 따라 스플밸브의 위치 즉, 유로 개폐의 상태가 결정되는 것이다.

1.7. 가변밸브 리프트시스템

가변밸브 리프트(VVL : Variable Valve Lift)시스템은 CVVL(Continuously Variable Valve Lift)라고도 한다. 밸브 리프트를 가변 제어하는 장치이다. VVT는 엔진 부하에 따라 캠축의 위상각, 즉 밸브개폐 시기를 조절하는 장치인 반면 VVL은 밸브타이밍 뿐아니라 밸브의 열림양까지 제어하여 공기량에 대한 최적 제어가 가능하다. 즉, 저속구간에서는 밸브리프트를 작게 하여 흡입공기량을 적당하게 하고, 고속구간에서는 밸브리프트를 크게 하여 흡입공기량을 증대시키는 것은 물론 흡·배기과정에서 발생하는 펌핑손실을 줄여줌으로써 엔진의 모든 운전 영역에서 성능을 향상시킨다.

(a) 흡기밸브리프트 고정(약 10mm)　　(b) 흡기밸브리프트 가변제어(약 1-10.7mm)

그림 23. 가변 밸브리프트시스템의 작동

1.7.1. VVL의 구성

VVL 구동기구는 캠샤프트와 편심축으로 되어있는 컨트롤 샤프트가 평행하게 링크 형태로 장착되어 있다. 컨트롤 샤프트는 모터에 의해 구동되며 컨트롤 샤프트의 회전각은 위치센서가 검출하여 ECM의 피드백 신호로 사용한다.

① 모터 : ECU의 제어에 따라 컨트롤 샤프트의 웜 휠을 구동하여 이와 연결된 컨트롤 샤프트를 좌·우로 회전시키는 역할을 한다.

② 컨트롤샤프트 : 모터의 구동에 의해 컨트롤 샤프트의 편심 캠이 회전하면, 편심 캠의 변화량만큼 밸브리프트는 변화된다.

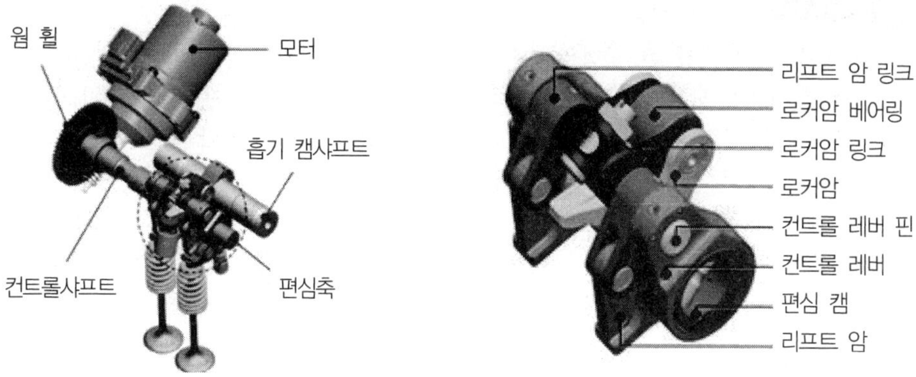

(a) VVL 구동 (b) VVL구성부품

그림 24. 가변밸브 리프트시스템의 구동과 구성부품

③ 위치센서 : 컨트롤샤프트의 위치를 검출하여 ECU는 제어의 정상 유·무를 판단한다.

1.7.2. VVL의 작동

ECU는 부하조건에 따라 VVL모터를 구동하여 편심 캠이 장착된 컨트롤 샤프트를 회전시킨다. 컨트롤 샤프트가 회전하면 VVL링크가 회전되고 이 회전각에 의해 밸브 리프트가 결정된다. 밸브리프트는 1~10.7mm 범위 내에서 연속적으로 가변하게 되는데, 저속 저 부하에서는 리프트를 낮춰 흡입공기량을 줄이고, 고속 고부하 영역에서는 리프트를 높여 연소실내 흡입공기의 충진량을 높여 체적효율을 향상시킨다.

(a) 저속 시의 작동 (b) 고속 시의 작동

그림 25. 가변밸브 리프트시스템의 저속과 고속 시 작동

Reference VVL의 장점

VVL시스템의 가장 큰 장점은 엔진의 펌핑손실을 줄여 엔진의 중·저속 성능과 연비를 높이는데 있다. 스로틀밸브의 열림량에 따라 공기량을 제어하는 일반 엔진과는 달리 VVL엔진은 스로틀 양과 밸브 리프트의 길이에 따라 흡입 공기량이 달라진다. 따라서 서지탱크의 부압으로 인해 발생하는 흡입, 압축행정의 부하를 최소화시켜 엔진의 출력을 높일 수 있다. 하지만 스로틀밸브의 열림 양이 많아지는 만큼 서지탱크의 부압이 약해지기 때문에 제동성능 저하를 방지하기 위해 별도의 브레이크 부스터용 진공펌프를 두어야 한다.

1.8. 흡·배기장치의 점검·정비

1.8.1. 에어클리너(air-cleaner) 점검

정비지침서를 참조하여 해당차량의 에어클리너를 다음과 같이 점검하고 교환한다.

① 공기 유량센서 커넥터를 분리하고 공기 흡입호스와 공기청정기에 연결된 에어덕트(air duct)를 분리 후 공기청정기를 탈거한다.

② 공기청정기의 몸체, 커버, 패킹의 변형, 부식 및 손상을 점검한다.

③ 공기청정기 엘리먼트의 막힘, 오염, 손상 및 하우징의 손상 등을 점검하여 오염물질을 제거한 후 필요하다면 교환한다.

그림 26. 에어클리너 점검 및 교환

1.8.2. 스로틀바디(throttle body) 점검

정비지침서를 참조하여 스로틀바디를 탈거 후 스로틀바디를 다음과 같이 점검 및 교환한다.

① 카본 청소 대상 차량 여부를 확인한다.

② 엔진 커버를 탈거한다.

③ 스로틀바디 상단부의 배큠호스를 탈거한 후 각종 커넥터를 탈거한다.

④ 스로틀바디에 연결되어 있는 에어 흡기 및 에어클리너 커버를 탈거한다.

⑤ 스로틀바디의 스테이측 볼트를 탈거한 후 바이패스 에어밸브 커넥터 및 쿨런트 호스를 탈거한다.

⑥ 스로틀바디 고정용 볼트(4개)를 탈거한 후 스로틀바디를 탈거한다.

⑦ 스로틀바니에서 가스켓을 떼어낸다.

(a) 스로틀바디 분리

(b) 스로틀바디 분리

(C) 스로틀바디 청소

그림 27. 스로틀바디의 점검 및 청소

⑧ 스로틀바디의 스로틀밸브 및 보어부에 묻어있는 카본을 세척제와 헝겊으로 닦아 낸다. 이때 스로틀밸브 개폐작업을 위해 공구 등으로 강제적이나 인위적인 힘을 가하지 않도록 한다.

02. 전자제어 과급장치

NCS 활용

□ NCS 연계 : 흡・배기장치 정비(1506030206_14v2)

• 흡・배기장치 점검・진단, 조정, 교환, 수리, 검사하기(1506030206_14V2

본 단원은 흡・배기장치의 제어 및 공기 누설, 오염상태를 점검・진단하며 흡・배기장치의 막힘, 손상누설의 문제 부분을 조정, 수리 교환하는 능력을 학습하는 단원이다.

2.1. 과급장치의 개요

일반적인 자연 흡기(NA : Naturally Aspirated)방식 엔진은 피스톤이 흡입행정을 할 때 연소실내에 발생하는 부압으로 혼합기를 흡입한다. 그러나 자연급기 방식은 한정된 체적효율로 인하여 엔진의 출력향상을 기대하기 어렵다. 특히 고속으로 작동중인 엔진에서는 흡입 부압의 증가로 흡입효율이 더욱 감소한다. 엔진출력을 향상시키기 위해서는 압축비 향상, 흡입 및 체적효율 향상, 배기량 및 회전속도 증가 등의 여러 가지 방법이 있다.

그림 28. 과급장치 적용 엔진

그러나 배기량을 증대시키거나 실린더수를 증가시키면 기관의 중량이나 크기가 커지게 되고, 또한 회전속도의 증가에도 한계가 따른다. 따라서 흡기다기관에 공기펌프를 설치하고 흡입공기에 압력을 가하여 강제로 많은량의 공기를 실린더에 공급하여 기관의 출력 및 회전력 증대, 연료를 향상시키는 장치를 설치하는데 이를 과급장치(過給裝置)라 한다.

과급장치는 공기가 희박한 높은 고도에서 안정적으로 엔진을 유지하기 위해 항공기 엔진에 장착되어 배기가스를 이용하여 흡입공기를 과급시키는 원리가 사용되었다. 자동차에는 1970년대를 시작으로 본격적으로 적용되기 시작하였다. 터보는 대부분의 디젤자동차에 적용되고 있으며, 직접분사나 터보제어 기술의 발전으로 현재는 가솔린자동차에도 적용되고 있다.

흡입 공기량은 엔진의 출력에 직접적인 영향을 비친다. 과급장치는 동일 배기량의 엔진에서 보다 많은 공기를 흡입함으로서 흡입효율을 극대화시켜 엔진의 출력을 향상시키는 장치로 다음의 효과를 얻을 수 있다.

Reference 흡입공기 제어방식의 변화

① NA(Naturally Aspirated) : 피스톤의 흡입과정에 의해 공기가 유입되는 자연흡기방식이다.
② TC(Turbo Charger) : 흡기장치에 터보를 부착하여 배기가스를 이용해 흡입공기를 추가로 공급하는 장치이다.
③ TCI(Turbo Charger Intercooler) : 터보 인터쿨러 방식으로 터보가 압축한 고온의 공기를 인터쿨러를 통해 낮추어 주는 장치이다.
④ VGT(Variable Geometry Turbo Charger) : 가변용량 터보차저 방식으로 배기가스의 토출량을 가변날개를 이용하여 제어하는 방식이다.

2.1.1. 과급장치의 효과

[1] 출력향상

자연흡기방식에 비해 출력이 약 35~45% 정도 향상되고, 상대적으로 저속영역을 많이 사용할 수 있기 때문에 엔진의 수명이 길어진다.

[2] 체적효율 증가

체적효율이 향상되기 때문에 평균유효압력과 엔진의 회전력이 증대된다.

[3] 소음감소

과급장치 엔진은 저속 및 고속작동 영영에서 거의 완전연소가 이루어지므로 소음감소 효과가 있다. 자연흡기방식에 비해 소음 감소율은 약 6~10% 정도이다.

[4] 유해 배출가스 저감

과급장치 기관은 충분한 공기가 유입되므로 완전연소에 가깝게 연소되므로 디젤엔진의 경우 매연발생이 적고, 가솔린엔진에서는 일산화탄소(CO), 탄화수소(HC) 등이 현저히 감소된다.

[5] 고지대에서의 성능향상

과급장치 엔진과 자연흡기 엔진의 성능차이는 고 지대로 올라갈수록 급격한 차이를 보인다. 자연 흡기방식의 경우 고지대에서 약 10% 이상의 출력저하가 발생하지만 과급장치 엔진은 출력변화가 거의 발생하지 않는다.

[6] 기관의 중량감소

동일 배기량 엔진에서 과급장치가 적용될 경우 출력은 35~45% 정도 증대된다. 따라서 과급장치 엔진은 배기량과 무게를 감소시키면서도 출력을 유지하거나 향상시킬 수 있는 대표적인 엔진 다운사이징의 핵심기술로 각광 받고 있다.

Reference 엔진 다운사이징(engine downsizing)이란 ?

엔진 다운사이징이란 엔진의 배기량이나 실린더 수를 줄여 엔진의 크기와 무게를 줄이면서도 높은 출력을 유지하는 것은 물론 연비로 획기적으로 향상시키는 것을 말한다. 터보차저는 엔진 다운징의 핵심기술로 꼽히고 있다.

2.2. 과급장치의 종류

과급장치는 모터나 기관의 출력을 이용하여 기계적으로 펌프를 구동하는 슈퍼차저(super charger)와 배기가스의 압력을 이용하는 터보차저(turbo charger)로 구분된다. 일반적으로 저·중속 디젤기관에는 슈퍼차저방식을 사용하고, 가솔린엔진이나 고속 디젤엔진의 경우 터보차저를 사용한다.

2.2.1. 수퍼차저(super charger)

수퍼차저는 압축기를 엔진이 직접 구동하는 방식으로 연비를 중시하는 승용차에는 거의 사용되지 않는다. 수퍼차저는 엔진에서 직접 압축기를 구동하기 때문에 저속에서고속까지 전 영역에서 동작이 가능하여 터보차저에 비해 응답성이 뛰어나다. 터보랙(turbo-lag)이 없나는 장점이 있다.

단점은 엔진출력을 사용하는 만큼 기계구동 효율이 떨어지고 높은 압력을 생성할 수 없어 고 회전영역에서는 충전효율의 저하로 출력이 떨어진다. 수퍼차저는 여러 형식이 사용되며 아래는 그 중 2가지 예를 나타낸 것이다.

그림 29. 슈퍼차저 적용사례

Reference 터보랙(turbo-lag)이란 ?

터보 랙(turbo-lag)이란 엔진이 저 회전운전 시 배기가스의 배출량이 적어 터보는 회전력이 거의 없기 때문에 일정 회전력이 생길 때 까지 터보작동 지연이 발생되는 현상을 말한다. 즉 스로틀밸브가 열리고 터보차저가 추가 동력을 공급할 때까지 느껴지는 지연시간으로 공회전 상태의 터빈이 과급 압에 도달하는 데 요구되는 시간이다.

[1] 원심식 슈퍼차저(centrifugal type super charger)

원심식 수퍼차저는 터보차저와 동일한 방식으로 압축을 한다. 터보차저에서 배기측의 터빈 대신 풀리를 장착한 것으로 슈퍼차저 형식 중 가장 작은 부피를 가지고 있고, 높은 회전수를 얻을 수 있는 장점이 있다. 원심식 수퍼차저는 내부에 변속기어 장치가 있어 기어비나 풀리비를 변경하면 쉽게 과급압력을 조절할 수 있다.

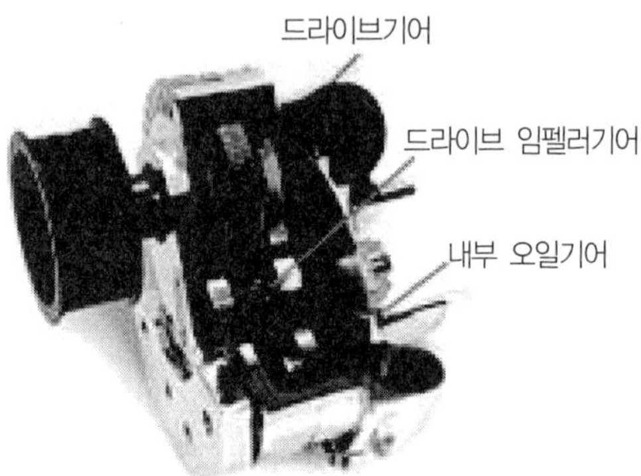

그림 30. 원심식 수퍼차저

[2] 트윈스크류 슈퍼차저(twin screw super charger)

트윈 스크류 슈퍼차저는 로터 블레이드를 오목형과 볼록형으로 만들어 스크루 모양으로 꼬아놓은 2개의 로터 블레이드를 사용한다. 이 방식은 복잡하고 정교한 형상의 스크루를 사용하기 때문에 다른 방식의 수퍼차저에 비해 가격이 비싼 편입니다.

그림 31. 트윈스크류식 수퍼차저

2.2.2. 터보차저(tur-bo charger)

터보차저는 엔진의 출력을 향상시키고 회전력을 증대시키며, 연료소비율을 향상시키기 위하여 흡기통로에 설치한 공기펌프이다. 터보차저는 달팽이 같이 생긴 용기에 1개의 축 양 끝에 각도가 서로 다른 터빈과 임펠러가 설치되어 있다. 이 중 임펠러는 흡기 다기관에 연결하고 터빈은 배기다기관에 연결된다. 배기가스에 의해 터빈이 회전하면 임펠러도 회전함으로서 강제적으로 많은 공기량을 실린더에 공급한다. 결국 체적효율이 증대되어 엔진의 출력이 향상된다.

이론상으로는 공급되는 흡입공기의 양이 많을수록 높은 출력을 낼 수 있으나 온도 및 재질 등 성능 및 내구에 문제가 되기 때문에 터보의 운전영역을 일정영역으로 제어하여 사용한다. 통상적으로 가솔린엔진의 경우 과급압은 0.8~1.2bar, 디젤엔진은 1.0~2.0bar 정도로 제어된다.

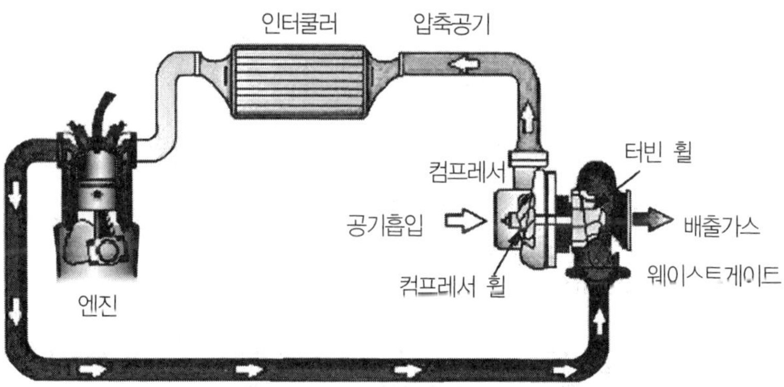

그림 32. 터보차저의 구성도

[1] 터보차저의 구성

터보차저는 배기가스의 압력에 의해서 고속으로 회전되어 공기를 가압하는 임펠러, 배기가스의 열에너지를 회전력으로 변환시키는 터빈, 터빈 축을 지지하는 플로팅 베어링, 과급압력이 규정 이상으로 상승되는 것을 방지하는 과급 압력조절기, 과급된 공기를 냉각시키는 인터쿨러장치 등으로 구성되어 있다.

(1) 터빈(turbine)

배기쪽에 설치된 날개로서 배기가스 압력에 의해 회전한다. 배기가스는 터빈의 하우징 안에서 바깥 둘레로부터 터빈의 날개와 접촉되어 회전시키고 배기관을 통하여 배출된다. 이 때 동일 축 반대편에 설치된 임펠러도 회전하게 된다.

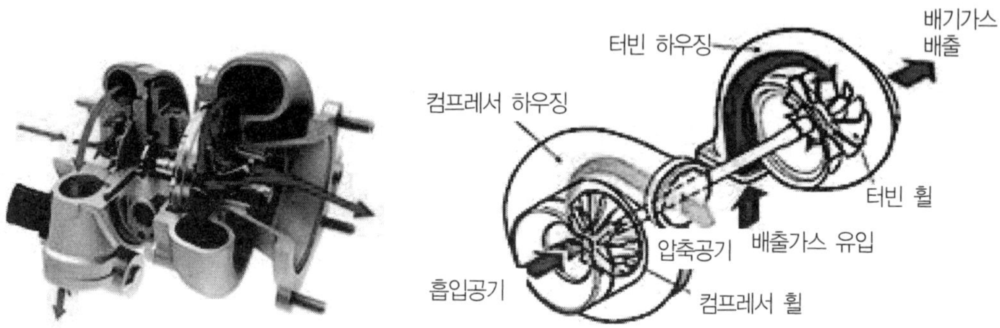

(a) (b)

그림 33. 터보차저의 작동

(2) 임펠러(impeller)

컴프레셔(compressor)라고도 하며, 흡입쪽에 설치된 날개로 공기를 실린더에 가압시키는 역할을 한다. 임펠러는 디젤기관에서는 직선으로 배열되어 고속에 유리한 레이디얼형(radial type), 가솔린기관에서는 저속회전에도 효율이 좋은 나선형(spiral)으로 배열된 백워드형(backward type impeller)이 주로 사용된다.

(3) 플로팅 베어링(floating bearing)

약 250,000rpm의 고속으로 회전하는 터빈축을 지지하는 베어링으로 엔진으로부터 공급되는 오일로 윤활된다. 고속주행 직후 엔진을 곧바로 정지시키면 플로팅 베어링에 오일이 공급되지 않기 때문에 소결이 되는 경우가 있으므로 충분히 공회전하여 터보장치를 냉각시킨 후 엔진을 정지시켜야 한다.

(4) 웨이스트게이트 밸브(waste-gate valve)

과급압(boost pressure)이 규정값 이상으로 상승되는 것을 방지하는 역할을 한다. 과급압력을 조절하지 않으면 허용압력 이상으로 상승하여 기관이 파손될 수 있다. 웨이스트밸브는 과급압력이 일정이상 상승하면 터빈에 유입되는 배기가스의 일부를 바이패스시켜 과급압력이 규정값 이상으로 상승되지 않도록 하는 역할을 한다.

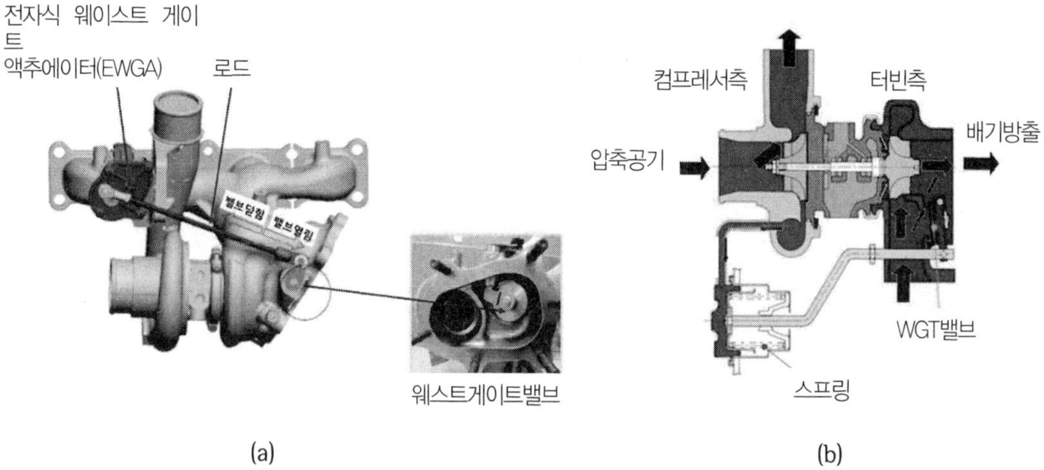

그림 34. 웨이스트 게이트밸브의 구성

(5) RCV(Recirculation Control Valve)

이 밸브는 흡기관에 장착되어 과급압이 규정 이상이 되면 열려 과급공기를 대기 중으로 배출시켜 과급압력 자체를 조절하는 역할을 한다. 이 밸브는 갑자기 스로틀이 닫히게 되면 흡기관 내에 과급압력이 상승하여 상승된 압력이 흡기매니폴드로 유입되지 않고, 역방향으로 이동하면서 컴프레서 측 임펠러와의 충돌음이 발생하게 된다. 이를 보호하기 위해서 ECU는 RCV컨트롤 솔레노이드밸브를 작동하여 과급압을 배출하여 충돌음을 방지한다.

(6) 인터쿨러(inter cooler)

임펠러와 흡기다기관사이에 설치되어 과급으로 상승된 흡입공기를 냉각시키는 역할을 한다.

특히 가솔린엔진은 흡기온도가 상승하면 공기의 밀도가 높아져 충전효율이 감소하고, 노킹이 발생되므로 과급된 공기를 식혀주는 인터쿨러를 반드시 함께 사용하여야 한다. 인터쿨러의 방식에는 공기로 냉각하는 공랭식과 냉각수를 이용하는 수랭식이 있다.

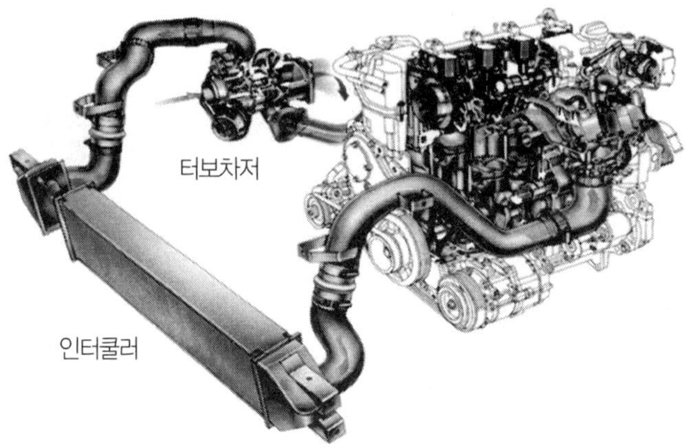

그림 35. 터보차저와 공랭식 인터 쿨러

2.2.3. 가변용량 터보차저(VGT)와 E-VGT

가변 용량 터보(VGT : Variable Geometry Turbo)는 기계식 터보차저(WGT)를 대체, 배기가스 유로를 효율적으로 정밀제어 할 수 있는 전자제어방식의 가변용량 제어형 터보차저로 저속 및 고속 전 구간에서 최적의 동력성능을 발휘하는 방식이다.

그림 36. VGT의 구조

일반 터보차저방식(WGT)은 배기가스 유로를 가변할 수 없지만 VGT는 액추에이터를 이용해 배기가스 통로를 좁게 또는 넓게 가변적으로 제어하여 배기가스에 의한 과급효과를 최대한으로 상승시킬 수 있는 장점이 있다. e-VGT시스템은 VGT시스템의 진공식 액추에이터를 모터제어를 통해 정밀도를 높인 방식을 말한다.

(b) 고속 고부하 시 VGT 작동

(c) 저속 저부하 시 VGT 작동

그림 37. VGT의 구조와 작동원리

2.3. 인터쿨러

기체를 압축하면 온도가 상승하게 되는데 터보차저에 의해 압축된 공기도 온도가 상승하게 된다. 온도가 상승하면 공기밀도의 변화로 충전효율이 저하하고 너무 높은 고온의 흡입공기는 자연발화와 노킹의 원인이 된다. 따라서 인터쿨러에 의해 흡입공기를 냉각시켜 실린더에 공급해야 한다.

인터쿨러는 쿨러의 열교환방식에 따라 그림 38(b)과 같고 그림 38(a)의 공랭식(air cooler type)과 엔진의 냉각수를 이용하는 그림 38(b)의 수냉식(water cooler type)이 있다.

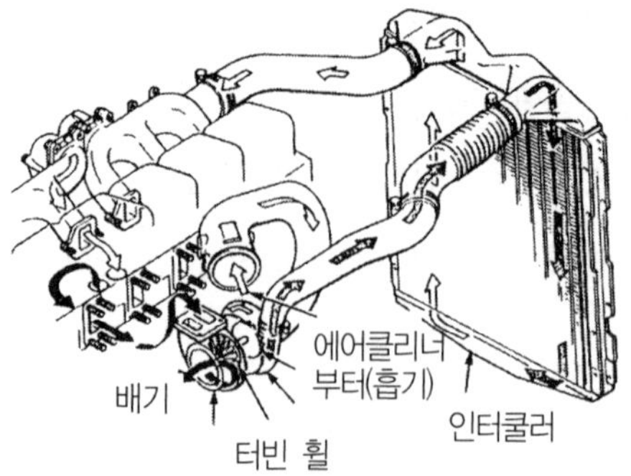

(a) 공랭식 인터쿨러

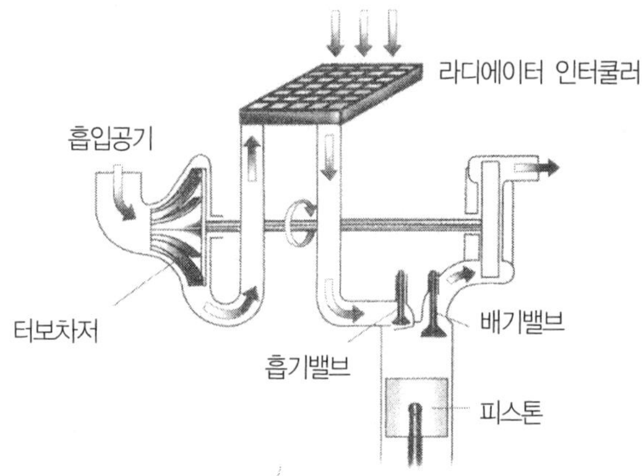

(b) 수랭식 인터쿨러

그림 38. 인터쿨러의 종류

공랭식은 열교환기가 커지게 되어 탑재성이나 배관의 배치 등에 문제가 있으나 자동차용의 경우 주행 풍을 이용할 수 있어서 급기온도를 약 50℃ 정도까지 저하가 가능하다. 그리고 수랭식은 열교환기가 컴팩트하고 엔진과 일체로 할 수 있는 장점이 있으나 급기온도를 냉각수온도 이하로 저하시킬 수가 없어서 자동차용으로는 효율이 낮다고 할 수 있겠다.

Reference 인터쿨러의 필요성

- 터보에서 가압된 흡기는 온도가 상승하고 충전효율이 저하한다.
- 온도의 상승으로 공기의 밀도가 떨어지기 때문에 과급 율이 나빠진다.
- 불완전 연소에 의한 노킹으로 토크가 저하된다.
- 배기온도가 과다하게 높아지면 터빈의 내구성이 낮아진다.

단원 종합 평가

01. 과급장치의 효과를 기술하라.

02. 흡입공기 제어방식을 분류하고 특징을 설명하라.

03. 터보 인터쿨러의 필요성을 설명하라

04. VGT의 구조와 작동원리를 기술하라.

05. VGT 작동 금지조건을 들고 설명하라.

06. 전자제어 스로틀시스템(ETS)의 기능과 특성에 대해 논하라.

07. 전자제어 스로틀시스템(ETS)의 페일세이프 기능을 설명하라.

08. 가변밸브 타이밍시스템(CVVT)의 효과를 기술하라.

찾아보기

숫자

A

B

C

D

E

F

G

H

I

J

K

L

M

N

O

P

R

S

T

U

V

W

Z

가

나

다

라

마

바

사

아

자

차

카

타

파

하

참고문헌

01. 교육과학기술부, 「고등학교 자동차기관」, 두산동아주식회사, 2012.
02. 교육과학기술부, 「고등학교 자동차기관」, 두산동아주식회사, 2002.
03. 한국산업인력공단, 「자동차기관 (09-201-275)」, 한국산업인력공단, 2009.
04. 한국산업인력공단, 「자동차기관 실기(09-201-298)」, 한국산업인력공단, 2009.
05. 서울특별시교육청, 「고등학교 자동차기관」, 서울교과서(주), 2013.
06. 정찬문, 「자동차가솔린 엔진공학」, 미전사이언스출판사, 2012.
07. 강원석 외 4명, 「자동차 유형별 기능사실기」, 골든벨출판사, 2012.
08. 신현승 외 4명, 「신세대 자동차기관실습」, 골든벨출판사, 2011.
09. 문학훈 외 2명, 「신세대 자동차기관문화」, 골든벨출판사, 2011.
10. 김홍헌 외 2명, 「커먼레일 디젤엔진」, 골든벨출판사, 2009.
11. 김민복, 「자동차용 센서」, 골든벨출판사, 2006.
12. 현대/기아자동차, 「신차 교육 프로그램 DM신차 교재」, 현대/기아자동차 기술교육실, 2012.
13. 현대/기아자동차, 「신차 교육 프로그램 K9신차 교재」, 현대/기아자동차 기술교육실, 2012.
14. 현대/기아자동차, 「스포티지[R] 신차 교재」, 현대/기아자동차 기술교육실, 2010.
15. 현대/기아자동차, 「쏘나타[YF] 신차 교재」, 현대/기아자동차 기술교육실, 2009.
16. 전영선, 「고종 캐딜락을 타다」, 인물과 사상사, 2010
17. Motor Fan, 「ENGINE Technology」, 골든벨출판사, 2009.
18. 박영기, 「과학으로 만드는 자동차」, 지성사, 2010.
19. 정한식 외, 「자동차와 생활」, 경상대학교출판부, 2006.

20. 이교승 외, 「자동차 기관 일반」, 미전사이언스, 2008.
21. 김양술 외, 「최신 자동차공학개론」, 청문각, 2007.
22. 현영석, 「처음 읽는 미래과학교과서-미래자동차」, 김영사, 2006
23. 신성출판사편집부(역), 「What's 자동차 속이 보인다」, 골든벨, 2010.
24. 사와타리 쇼지, 「엔진은 이렇게 되어 있다」, 골든벨, 2009.
25. 안정기, 「자동차 정비 공구」, 동신출판사, 2011.
26. 이철승 외, 「자동차 기관 실습」, 미전사이언스, 2009.
27. 김광수 외, 「New 자동차 정비 실기 교본」, 골든벨, 2012.
28. 교육인적자원부, 「자동차기관」, 두산동아주식회사, 2011.
29. 현대/기아자동차, 「소나타 하이브리드 신차 교재」, 현대/기아자동차 기술교육실, 2010.
30. 현대/기아자동차, 「블루온 전기차 교재」, 현대/기아자동차 기술교육실, 2011.
31. 김종우 외 3, 「New AUTO ENGINE」, 골든벨출판사, 2012.
32. 사와타리 쇼지, 「엔진은 이렇게 되어 있다」, 골든벨출판사, 2012.
33. Tom Denton, 「Automobile Mechanical and Electrical Systems」, ELSEVIER, 2011.
34. 전영선 「한국자동차 110년의 이야기」, 인물과 사상사